Fundamente
der Mathematik

Niedersachsen
Gymnasium G9 · Klasse 7

Herausgegeben von
Dr. Andreas Pallack

Begleitmaterialien zum Lehrwerk

für Schülerinnen und Schüler

Arbeitsheft Klasse 7
978-3-06-008009-0

Arbeitsheft Klasse 7 mit CD-ROM
978-3-06-008010-6

für Lehrerinnen und Lehrer

Serviceband Klasse 7
978-3-06-041308-9

Lösungsheft Klasse 7
978-3-06-041324-9

Autoren: Kathrin Andrae, Dr. Frank Becker, Dr. Wolfram Eid, Dr. Ralf Benölken, Dr. Detlef Dornieden, Dr. habil. Lothar Flade, Daniel Geukes, Klara Götte, Anna-Kristin Kracht, Brigitta Krumm, Dr. Hubert Langlotz, Arne Mentzendorff, Thorsten Niemann, Dr. Andreas Pallack, Dr. habil. Manfred Pruzina, Melanie Quante, Dr. Ulrich Rasbach, Nadeshda Rempel, Reinhard Schmidt, Christian Theuner, Dr. Christian Wahle, Florian Winterstein, Anne-Kristina Wolff, Dr. Sandra Wortmann, Dr. Wilfried Zappe

Beraten durch: Thomas Brill (Naumburg), Dr. Wolfram Eid (Möckern), Dr. habil. Lothar Flade (Halle/Saale), Günter Kämpfert, Andrea Penne (Zahna-Elster), Dr. habil. Manfred Pruzina (Petersberg), Stefan Schlie, Ulrike Siebert, Dr. Wilfried Zappe (Ilmenau)

Herausgeber: Dr. Andreas Pallack

Redaktion: Juliane Arnold, Maya Brandl, Nils Dörffer, Matthias Felsch, Dr. Karen Reitz-Koncebovski, Dr. Günter Liesenberg, Dr. Sonja Thiele

Illustration: Gudrun Lenz, Matthias Pflügner, Niels Schröder

Technische Zeichnungen: Christian Böhning, zweiband.media, Berlin

Umschlaggestaltung und Zwischentitel: hawemannundmosch GbR

Layoutkonzept: klein & halm GbR

Technische Umsetzung: zweiband.media, Berlin

www.cornelsen.de

Die Webseiten Dritter, deren Internetadressen in diesem Lehrwerk angegeben sind, wurden vor Drucklegung sorgfältig geprüft. Der Verlag übernimmt keine Gewähr für die Aktualität und den Inhalt dieser Seiten oder solcher, die mit ihnen verlinkt sind.

1. Auflage, 7. Druck 2025

Alle Drucke dieser Auflage sind inhaltlich unverändert und können im Unterricht nebeneinander verwendet werden.

© 2015 Cornelsen Schulverlage GmbH, Berlin
© 2016 Cornelsen Verlag GmbH, Mecklenburgische Str. 53, 14197 Berlin,
E-Mail: service@cornelsen.de

Das Werk und seine Teile sind urheberrechtlich geschützt.
Jede Nutzung in anderen als den gesetzlich zugelassenen Fällen bedarf der vorherigen schriftlichen Einwilligung des Verlages. Hinweis zu §§ 60a, 60b UrhG: Weder das Werk noch seine Teile dürfen ohne eine solche Einwilligung an Schulen oder in Unterrichts- und Lehrmedien (§ 60b Abs. 3 UrhG) vervielfältigt, insbesondere kopiert oder eingescannt, verbreitet oder in ein Netzwerk eingestellt oder sonst öffentlich zugänglich gemacht oder wiedergegeben werden. Dies gilt auch für Intranets von Schulen und anderen Bildungseinrichtungen.

Der Anbieter behält sich eine Nutzung der Inhalte für Text- und Data-Mining im Sinne § 44b UrhG ausdrücklich vor.

Druck: Livonia Print, Riga

ISBN 978-3-06-008007-6

PEFC zertifiziert
Dieses Produkt stammt aus nachhaltig bewirtschafteten Wäldern und kontrollierten Quellen.
www.pefc.de

PEFC/12-31-006

Inhaltsverzeichnis

		Seite
	Bauplan zu „Fundamente der Mathematik"	5
1.	**Zuordnungen**	**7**
	Dein Fundament	8
1.1	Zuordnungen	10
1.2	Grafische Darstellung von Zuordnungen	13
1.3	Proportionale Zuordnungen	18
1.4	Dreisatz für direkt proportionale Zuordnungen	23
1.5	Antiproportionale Zuordnungen	27
1.6	Dreisatz für antiproportionale Zuordnungen	32
	Streifzug: Tabellenkalkulation	35
1.7	Vermischte Aufgaben	37
	Prüfe dein neues Fundament	40
	Zusammenfassung	42
2.	**Prozent- und Zinsrechnung**	**43**
	Dein Fundament	44
2.1	Grundbegriffe der Prozentrechnung	46
2.2	Prozentwert	49
2.3	Grundwert	51
2.4	Prozentsatz	53
	Streifzug: Prozentuale Veränderungen	55
2.5	Zinsrechnung	59
	Streifzug: Zinseszins	63
2.6	Vermischte Aufgaben	65
	Prüfe dein neues Fundament	68
	Zusammenfassung	70
3.	**Rationale Zahlen**	**71**
	Dein Fundament	72
3.1	Ganze und rationale Zahlen	74
3.2	Koordinatensystem mit vier Quadranten	78
3.3	Rationale Zahlen ordnen	81
3.4	Zustandsänderungen beschreiben	84
3.5	Rationale Zahlen addieren	87
3.6	Rationale Zahlen subtrahieren	90
3.7	Rationale Zahlen multiplizieren und dividieren	93
3.8	Vereinfachte Schreibweise beim Rechnen	97
3.9	Rechengesetze und Rechenvorteile nutzen	100
	Streifzug: Rechenspiele	102
3.10	Vermischte Aufgaben	104
	Prüfe dein neues Fundament	106
	Zusammenfassung	108
4.	**Kongruente Figuren**	**109**
	Dein Fundament	110
4.1	Kongruenz	112
4.2	Kongruenzsatz (sss)	115
4.3	Kongruenzsatz (sws)	117
4.4	Kongruenzsatz (wsw)	119
4.5	Kongruenzsatz (SsW)	121
4.6	Anwendung der Kongruenzsätze	123
4.7	Eindeutige Konstruierbarkeit von Dreiecken	126
	Streifzug: Dynamische Geometrie-Software	130

4.8	Vermischte Aufgaben	134
	Prüfe dein neues Fundament	136
	Zusammenfassung	138

5. Geometrische Konstruktionen — 139
Dein Fundament — 140
- 5.1 Mittelsenkrechte und Winkelhalbierende — 142
- 5.2 Linien am Kreis — 145
- 5.3 Umkreis und Inkreis beim Dreieck — 148
- 5.4 Seitenhalbierende und Höhen im Dreieck — 152
- 5.5 Satz des Thales — 154
- Streifzug: Beweise in der Geometrie — 158
- 5.6 Vermischte Aufgaben — 160
- Prüfe dein neues Fundament — 162
- Zusammenfassung — 164

6. Zufall und Wahrscheinlichkeit — 165
Dein Fundament — 166
- 6.1 Zufallsexperimente und Wahrscheinlichkeit — 168
- 6.2 Lange Versuchsreihen — 173
- 6.3 Laplace-Wahrscheinlichkeit — 176
- 6.4 Prognosen durch Simulationen — 179
- 6.5 Vermischte Aufgaben — 183
- Prüfe dein neues Fundament — 186
- Zusammenfassung — 188

7. Gleichungen — 189
Dein Fundament — 190
- 7.1 Variablen und Terme — 192
- 7.2 Äquivalente Terme und Termumformungen — 196
- 7.3 Gleichungen — 199
- 7.4 Äquivalenzumformungen — 202
- 7.5 Sonderfälle beim Lösen von Gleichungen — 207
- Streifzug: Termjagd — 210
- 7.6 Mit Gleichungen modellieren — 212
- 7.7 Verhältnisgleichungen — 214
- 7.8 Vermischte Aufgaben — 216
- Prüfe dein neues Fundament — 218
- Zusammenfassung — 220

8. Komplexe Aufgaben — 221

9. Digitale Mathematikwerkzeuge — 229
- Mit einer dynamischen Geometrie-Software arbeiten — 230
- Mit einer Tabellenkalkulation arbeiten — 234

10. Anhang — 237
- Lösungen — 238
- Wichtige Tätigkeiten im Mathematikunterricht — 252
- Stichwortverzeichnis — 254
- Bildquellenverzeichnis — 256

Das Kapitel 7. Gleichungen wird auch als **erstes Kapitel vom Band 8** angeboten.
Je nach Schulcurriculum können die Inhalte **in Jahrgang 7 oder in Jahrgang 8** unterrichtet werden. Auch eine **Wiederholung** der Inhalte in Jahrgang 8 ist möglich.

* Streifzüge sind fakultative Inhalte.

Bauplan zu „Fundamente der Mathematik"

Aktivieren

Dein Fundament:
An die Auftaktseite eines Kapitels schließt sich eine Doppelseite mit Wiederholungsaufgaben zur Vorbereitung auf das Kapitel an. Die Lösungen dazu findest du im Anhang.

---

8 | **Dein Fundament** | 1. Zuordnungen

Lösungen ↗ S. 238

Koordinatensystem

1. Stelle die Punkte A(1|1), B(2|0), C(3|1) und D(2|2) in einem Koordinatensystem dar. Zu welcher Viereckart gehört das Viereck ABCD?

2. Gib die Koordinaten der Eckpunkte des Dreiecks EFG in nebenstehender Darstellung an.

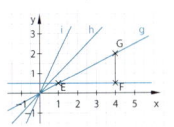

Aufbauen

Einstiegsaufgaben:
Jede Lerneinheit beginnt mit einer Aufgabe, die dich an das neue Thema heranführt.

---

152 | 5. Geometrische Konstruktionen

5.4 Seitenhalbierende und Höhen im Dreieck

■ Falte ein Dreieck aus Zeichenpapier entlang der drei markierten Linien. Jede der drei Linien ist senkrecht zu einer Seite des Dreiecks und halbiert diese.

Was fällt dir auf? ■

In Dreiecken gibt es Linien mit besonderen Eigenschaften.

Wissenskästen:
Hier findest du wichtigen Merkstoff.

Beispiel:
Neues wird an Beispielaufgaben mit Musterlösungen erklärt.

Basisaufgaben:
Du kannst die Aufgaben nutzen, um dein neu erworbenes Wissen und Können sofort auszuprobieren.

Wissen: Regel für das Multiplizieren rationaler Zahlen mit gleichen Vorzeichen

Bei **gleichen Vorzeichen** multipliziert man zwei rationale Zahlen wie folgt:
1. Man nimmt das **Vorzeichen** „+".
2. Man **multipliziert** die **Beträge**.

$$(+)\cdot(+) = (+)$$
$$(-)\cdot(-) = (+)$$

Beispiel 2: Löse die Aufgabe.
a) $-3\cdot(-7)$ b) $4{,}2\cdot 2$

Lösung:
a) Nimm als Vorzeichen „+". Vorzeichen des Produktes: „+"
   Berechne den Betrag des Produktes. Multiplizieren der Beträge: $|-3|\cdot|-7| = 21$
   Gib das Ergebnis an. $-3\cdot(-7) = +21$

b) Gehe wie bei a) vor. Vorzeichen des Produktes: „+"
   Multiplizieren der Beträge: $|4{,}2|\cdot|2| = 8{,}4$
   $4{,}2\cdot 2 = +8{,}4$

Hinweis: Positive rationale Zahlen werden wie gebrochene Zahlen multipliziert.

Basisaufgaben

4. Multipliziere im Kopf.
   a) $-7\cdot(-8)$ b) $(-3)\cdot(-3)$ c) $(-9)^2$ d) $-0{,}7\cdot(-10)$ e) $-1{,}6\cdot\left(-\frac{1}{10}\right)$
   f) $\left(-\frac{1}{7}\right)\cdot 0$ g) $-1{,}3\cdot(-1)$ h) $(-1)^2$ i) $\left(-\frac{3}{4}\right)\cdot\left(-\frac{2}{3}\right)$ j) $(-2)^2$

5. Ersetze ■ durch eine rationale Zahl, sodass die Aussage wahr ist.
   a) $-7\cdot■ = 21$ b) $■\cdot(-9) = 81$ c) $2\cdot■ = 24$ d) $-0{,}9\cdot■ = 9$ e) $■\cdot\left(-\frac{1}{2}\right) = 1$

Weiterführende Aufgaben:
Die Aufgaben werden anspruchsvoller.

Zwei der Aufgaben sind besonders gekennzeichnet:

Stolperstelle und **Ausblick**

 **Stolperstelle:**
Bei diesen Aufgaben sollst du typische Fehler erkennen.

---

198 | 7. Gleichungen

Weiterführende Aufgaben

Hinweis zu 8: Hier findest du die Lösungen zu ① bis ③.

8. a) Berechne die Werte der Terme für die vorgegebenen Werte der Variablen.

	x = 2	x = 0,5	x = –0,5	x = –2
① $8x - 4$				
② $-1 + 4x - 3 + 4x$				
③ $4\cdot(1 - 2x)$				
④ $2x + x\cdot 6 - 2\cdot 2$				

b) Erkläre anhand der Tabelle, welche Terme äquivalent sein können.
c) Bestätige durch Termumformungen, dass die in b) genannten Terme äquivalent sind.

9. **Stolperstelle:** Finde die Fehler und korrigiere sie. Erläutere, wie die Fehler entstanden sind.
   a) ① $3 + x + 4x = 7x$ ② $9x - x = 9$ ③ $9x - 9 + 1 = x + 1$
   b) Maria behauptet: „Wenn ich 1 oder 2 für x in die Terme $4x - 2$ und $x\cdot(x + 1)$ einsetze, stimmen die Termwerte überein. Die Terme sind äquivalent."

10. Welche Malpunkte darf man weglassen? Erkläre.
    a) $3{,}5\cdot a$ b) $2\cdot 2\cdot x$ c) $5\cdot x + 5\cdot 3$ d) $3\cdot\frac{1}{4}\cdot x$ e) $2\cdot 2\cdot x + 2\cdot 3$

11. Ein Spielwürfel wurde mehrmals geworfen. Das Diagramm zeigt die Ergebnisse.
    a) Beschreibe die dargestellte Zuordnung.
    b) Wie oft wurde der Würfel geworfen? Begründe deine Aussage.
    c) Erstelle eine Wertetabelle.
    d) Welches Ergebnis erwartest du, wenn du den gleichen Versuch durchführst?

👥 12. a) Arbeitet mit einer Briefwaage und erstellt eine Wertetabelle mit sechs Wertepaaren für folgende Zuordnung:
    Anzahl Zahnstocher ↦ Gesamtgewicht (in g)
    b) Ermittelt mithilfe der Wertetabelle, wie viele Zahnstocher zusammen etwa 20 g wiegen.

13. Ausblick: Du brauchst für dieses Experiment eine Dose und eine 1 m lange Schnur, die du um die Dose wickeln kannst.
    a) Bestimme die Anzahl der Wicklungen, wenn die Schnur vollständig aufgewickelt ist.
    b) Wie viele Wicklungen wären es, wenn die Schnur eine Länge von 1,5 m (2,7 m) hätte.
    c) Ermittle wie viele Wicklungen bei einer 5 km langen Schnur theoretisch wären.
    d) Wie lang sollte die Schnur sein, damit 1000 Wicklungen theoretisch möglich sind?

Die mit 👥 gekennzeichneten Aufgaben sollten in Partner- oder in Gruppenarbeit gelöst werden.

Ausblick:
Die letzte Aufgabe in der Lerneinheit ist schwierig. Viel Spaß beim Knobeln.

104   3. Rationale Zahlen

3.10 Vermischte Aufgaben

1. Welche Zahl liegt auf der Zahlengeraden genau in der Mitte zwischen folgenden Zahlen:
   a) −1,8 und 1,2   b) −4,5 und −1,5   c) −$\frac{3}{8}$ und $\frac{1}{4}$ d) 1,4 und −1,4

Tipp zu 2:
Tausche deine Ergebnisse mit einem Partner und lasse sie kontrollieren.

👥 2. Notiert Zahlen aus dem orangen Feld.
   a) Sie sind alle größer als −3.
   b) Sie liegen alle zwischen −1 und 1.
   c) Sie sind alle kleiner als −2.

−4	−2,2	3	0	−0,5	−1,5
$\frac{3}{4}$	−8	6,5	−1	$\frac{1}{3}$	−$\frac{5}{2}$
10	−5,5	2	0,02	−5	

Vermischte Aufgaben:
Für diese Aufgaben benötigst du das Wissen aus allen Lerneinheiten des Kapitels.

Bei „Blütenaufgaben" kannst du selbst entscheiden, in welcher Reihenfolge du die Teilaufgaben lösen willst.

106   **Prüfe dein neues Fundament**   3. Rationale Zahlen

Lösungen
↗ S. 242

1. a) Übernimm die Tabelle ins Heft, fülle sie aus und gib alle gebrochenen Zahlen an.

x	−0,2	0,6		−$\frac{3}{4}$	3,3		−0,6	1$\frac{1}{3}$
|x|								
−x			5			−$\frac{10}{3}$		−3,33
|−x|								

   b) Ordne die Zahlen, die in der ersten Zeile stehen. Beginne mit der kleinsten Zahl.

2. Gib von folgenden Zahlen alle Zahlen mit gleichen Beträgen und die Abstände zur Null an:
   $\frac{1}{4}$; 3; −0,25; −$\frac{3}{5}$; −2,9; 0,6; 2$\frac{2}{3}$; −$\frac{3}{8}$; 0,4; 56; −$\frac{1}{4}$; −$\frac{2}{5}$; 1

Sichern

Prüfe dein neues Fundament:
Hier kannst du dein Wissen selbstständig überprüfen, auch in Vorbereitung auf Tests und Klassenarbeiten. Die Lösungen der Aufgaben findest du im Anhang.

164   **Zusammenfassung**   5. Geometrische Konstruktionen

Winkelhalbierende und Mittelsenkrechte

Auf der **Winkelhalbierenden** eines Winkels α liegen alle Punkte, die von den beiden Schenkeln des Winkels jeweils den gleichen Abstand haben.

Konstruktion der Winkelhalbierenden eines Winkels α:

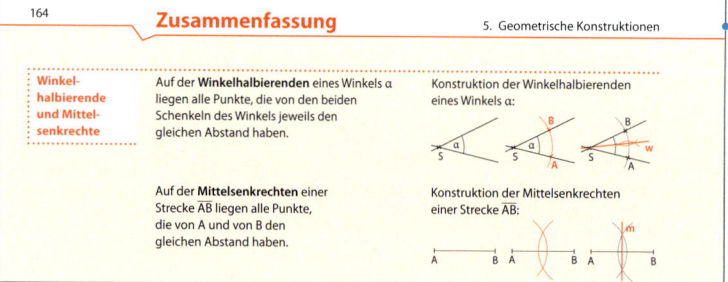

Auf der **Mittelsenkrechten** einer Strecke $\overline{AB}$ liegen alle Punkte, die von A und von B den gleichen Abstand haben.

Konstruktion der Mittelsenkrechten einer Strecke $\overline{AB}$:

Zusammenfassung:
Die letzte Seite eines Kapitels enthält kurz und knapp das Wichtigste aus dem Kapitel. Sie dient dem schnellen Nachschlagen des gelernten Stoffes.

Streifzug   **Streifzug**   63

Zinseszins

■ Torsten meint, dass sich ein Geldbetrag von 10,00 € bei einem Zinssatz von 7 % p. a. etwa verdoppelt, wenn die Zinsen am Jahresende dem Konto immer gutgeschrieben werden und das Konto 10 Jahre ohne weitere Ein- und Auszahlungen besteht.

Was meinst du? Überprüfe, ob Torsten Recht hat. ■

Bei mehrjährigen Kapitalanlagen werden die Zinsen oft nicht ausgezahlt, sondern zum vorhandenen Geldbetrag hinzugefügt. Die Zinsen werden in den Folgejahren immer mitverzinst. Man spricht dann von **Zinseszinsen**.

Zusätzliches

Streifzüge:
Es gibt auch Sonderseiten, die Ergänzungen zum regulären Lernstoff beinhalten.

1. Zuordnungen

Mithilfe von Wärmebildkameras lassen sich Temperaturunterschiede sichtbar machen. Die unverkleidete Haushälfte ist kälter als die mit Dämmplatten verkleidete Haushälfte. Jeder Farbe auf dem Wärmebild kann genau einer Temperatur zugeordnet werden.

Nach diesem Kapitel kannst du …
- Zuordnungen beschreiben, auf Proportionalität untersuchen und Proportionalitätsfaktoren ermitteln,
- proportionale und antiproportionale Zuordnungen grafisch darstellen und
- Berechnungen mithilfe des Dreisatzes ausführen.

Dein Fundament

1. Zuordnungen

Koordinatensystem

1. Stelle die Punkte A(1|1), B(2|0), C(3|1) und D(2|2) in einem Koordinatensystem dar. Zu welcher Viereckart gehört das Viereck ABCD?

2. Gib die Koordinaten der Eckpunkte des Dreiecks EFG in nebenstehender Darstellung an.

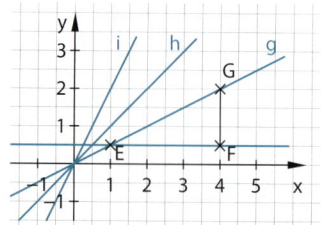

3. Betrachte die Abbildung zu Aufgabe 2. Untersuche, welche der Punkte $P_1(1|1)$, $P_2(2|\frac{1}{2})$, $P_3(3|3)$, $P_4(3|2)$, $P_5(1|\frac{1}{2})$, $P_6(1,5|3)$, $P_7(3|1\frac{1}{2})$, $P_8(-1|-1)$ und $P_9(\frac{1}{2}|1)$ auf einer Geraden liegen.

   a) auf der Geraden g
   b) auf der Geraden h
   c) auf der Geraden i
   d) auf der Geraden EF

Tabellen

4. Übertrage die Tabellen in dein Heft und fülle sie aus.

a)

x	Das Doppelte von x
$\frac{1}{2}$	
1,5	
2	
	7

b)

y	$\frac{1}{2} \cdot y$
1	
2	
	1,5
11	

c)

z	1,2 · z
2	
2,5	
	3,6
	6

5. Ines verkauft zur Elternversammlung Kuchen. Ein Stück Napfkuchen soll 0,85 € kosten. Um sich beim Verkauf nicht zu verrechnen, legt sie sich eine Preistabelle an. Erläutere, wie solch eine Preistabelle aussehen könnte.

Diagramme

6. Das Diagramm zeigt Temperaturen an einem Apriltag am Flughafen Hannover.
   a) Lies die höchste und niedrigste Temperatur ab, die an diesem Tag gemessen wurde.
   b) Zeichne die Tabelle in dein Heft und fülle sie aus.

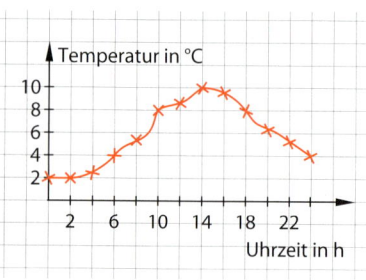

Uhrzeit	6 Uhr	10 Uhr	14 Uhr	18 Uhr
Temperatur (in °C)				

7. Zum Sportverein „Rot-Weiß" gehören 135 Erwachsene, 127 Jugendliche und 98 Kinder. Stelle den Sachverhalt in einem geeigneten Diagramm dar.

Dein Fundament

8. 36 Schülerinnen und Schüler wurden nach ihrem Lieblingsfach gefragt. Das nebenstehende Diagramm gibt das Befragungsergebnis wieder. Dabei haben $\frac{1}{6}$ der Befragten Mathematik als Lieblingsfach angegeben. Stelle das Befragungsergebnis in einem Säulendiagramm dar.

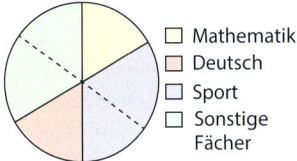

Sachaufgaben lösen

9. a) Gustav kauft 7 Rosinenbrötchen. Er bezahlt insgesamt 3,15 €. Wie viel Euro kostet eins dieser Brötchen?
   b) Zwei Stück Apfelkuchen kosten insgesamt 2,50 €. Wie viel Euro kosten 5 Stück von dem Kuchen?

10. Martin kauft sich 5 Schreibblöcke für 1,35 € pro Stück im Schreibwarenladen. Kai kauft seine 5 Schreibblöcke im Internet. Er muss für einen Schreibblock 1,01 € und zusätzlich noch 2,70 € Versandkosten zahlen.
    a) Prüfe, wer von beiden günstiger eingekauft hat. Begründe deine Antwort.
    b) Berechne, wie viel Euro der Kauf von 10 solcher Schreibblöcke im Internet kostet, wenn die Versandkosten unverändert bleiben.

11. Die Seerosen in einem See vermehren sich so schnell, dass sich die von ihnen bedeckte Fläche jedes Jahr verdoppelt. Nach fünf Jahren ist nur noch die Hälfte des Sees frei von Seerosen. Ermittle, wie lange es noch dauern wird, bis der Teich vollständig mit Seerosen bedeckt ist.

Kurz und knapp

12. Überprüfe, ob die Aussage immer wahr ist.
    a) Je länger eine Elektropumpe betrieben wird, umso höher sind die Stromkosten.
    b) Je älter ein Mensch wird, umso schwerer wird er.
    c) Je mehr Personen gleichzeitig einen Graben zuschütten, umso schneller ist er gefüllt.

13. Übertrage ins Heft und ersetze ■ so, dass die Gleichung wahr ist.
    a) $8 \cdot 25 = ■ \cdot 50$
    b) $22 \cdot ■ = 11 \cdot 10$
    c) $6 \cdot 8 = 2 \cdot ■$
    d) $■ \cdot \frac{1}{2} = 5 \cdot 2$
    e) $14 : 7 = 28 : ■$
    f) $100 : 25 = ■ : 5$
    g) $■ : 6 = 36 : 12$
    h) $24 : ■ = 8 : 2$

14. Übertrage ins Heft und rechne in die angegebene Einheit um.
    a) $2,3 \text{ cm} = ■ \text{ mm}$
    b) $3 \text{ t } 321 \text{ kg} = ■ \text{ t}$
    c) $1\frac{1}{2} \text{ h} = ■ \text{ min}$
    d) $■ \text{ Liter} = 1025 \text{ ml}$

15. Übertrage ins Heft und schreibe eine sinnvolle Einheit dazu.
    a) Katrins Schulweg ist ungefähr 1750 … lang.
    b) Ein Papierstapel von 15 Blatt ist etwa 2 … hoch.
    c) 65 Herzschläge dauern etwa 1 …
    d) Dein Mathematikbuch ist leichter als 1 …
    e) Eine kleine Flasche Mineralwasser hat ein Volumen von etwa 500 …

1.1 Zuordnungen

■ Hier ist ein verschlüsselter Text vorgegeben. Dabei wurde jedem Buchstaben nach einem bestimmten Verfahren ein anderer Buchstabe zugeordnet. Die erste Zeile des Textes ist bereits entschlüsselt.

Entschlüssle die zweite Zeile des Textes. ■

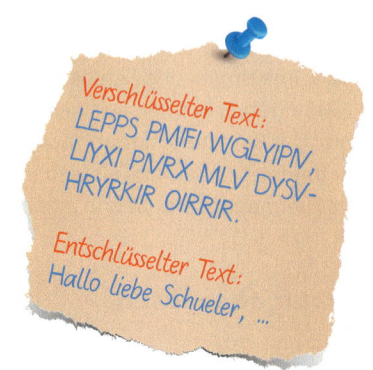

Verschlüsselter Text:
LEPPS PMIFI WGLYIPN, LIYXI PNRX MLV DYSVHRYRKIR OIRRIR.

Entschlüsselter Text:
Hallo liebe Schueler, ...

Zusammenhänge zwischen zwei Größen können auf verschiedene Arten dargestellt werden:

Hinweis: Es treten immer Paare auf.

Wertetabelle	Diagramm	Worte	Pfeile
Zusammenhang: *Uhrzeit ↦ Temperatur*	Zusammenhang: *Zensur ↦ Schüleranzahl*	Zusammenhang: *Anzahl ↦ Preis*	Zusammenhang: *Buchstabe ↦ Buchstabe*
Uhrzeit | Temperatur 10.00 | 13 °C 11.00 | 16 °C 12.00 | 18 °C 13.00 | 21 °C 14.00 | 23 °C	(Balkendiagramm Zensur 1–6, Anzahl 3, 8, 10, 5, 2)	Für Fahrten mit dem Riesenrad auf der Kirmes kostet 1 Chip genau 1,50 €, für 4 Chips sind 5,00 € zu zahlen.	A → E B → F C → G D → …

In allen Fällen wird einem Ausgangswert eine anderer Wert zugeordnet und in Kurzform mit einem Pfeil geschrieben: *Ausgangswert ↦ zugeordneter Wert*

Hinweis: Nicht für jede Zuordnung ist jede der Darstellungsformen sinnvoll oder möglich.

> **Wissen: Zuordnungen**
> Bei einer Zuordnung wird (werden) **jedem Ausgangswert x ein Wert (mehrere Werte)** y zugeordnet. *Schreibe kurz:* x ↦ y
> **Darstellungsformen** für Zuordnungen sind:
> Wortvorschrift, Tabelle, Diagramm, Pfeildarstellung

Beispiel 1: Im Nahverkehr sind für eine Zone 2,10 € und für jede weitere Zone 1,00 € mehr zu zahlen. Ab sieben und mehr Zonen zahlt man 8,00 €.
a) Gib den Ausgangswert und den zugeordneten Wert in Pfeildarstellung an.
b) Stelle die Zuordnung in einer Wertetabelle dar.
c) Petra hat 6,00 €. Wie viele Zonen kann sie dafür höchstens durchfahren?

Lösung:
a) Entscheide, was Ausgangswert, was zugeordneter Wert sein soll.   Zuordnung: Anzahl Zonen ↦ Fahrpreis

b) Stelle eine Wertetabelle auf.

Anzahl	1	2	3	4	5	6	7 und mehr
Preis (in €)	2,10	3,10	4,10	5,10	6,10	7,10	8,00

c) Lies die Wertepaare aus der Wertetabelle ab.   Für 3 Zonen sind 4,10 € zu zahlen.   (3 → 4,10 €)
Für 6,00 € sind es höchstens 4 Zonen.   (4 → 5,10 €)

1.1 Zuordnungen

Basisaufgaben

1. Schreibe die einander zugeordneten Größen in der Form:
   Ausgangswert ↦ zugeordneter Wert
   Gib auch drei Wertepaare der Zuordnung an.

   a)
Gewicht (in kg)	0,5	1	1,5	2
Preis (in €)	0,90	1,80	2,70	3,60

   b)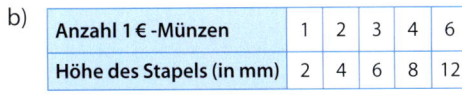

   c) Eintrittspreis im Schwimmbad:
   1 h → 3 €
   2 h → 6 €
   4 h → 12 €
   Tageskarte → 14 €

   d)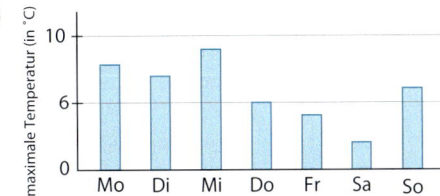

   e) Die Parkgebühren betragen 50 Cent für 30 min, maximal 3,00 € pro Tag.

2. Ein Verleih für Tretboote berechnet für jede angefangene halbe Stunde 2,00 €. Übertrage die Tabelle ins Heft und fülle sie aus.

Zeit (in min)	30	45	60	80	120
Preis (in €)					

3. a) Erstelle mit den Angaben im Kreisdiagramm eine Wertetabelle.

   b) Erstelle mit den Angaben im Balkendiagramm eine Wertetabelle.

   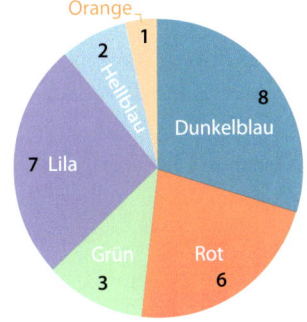

   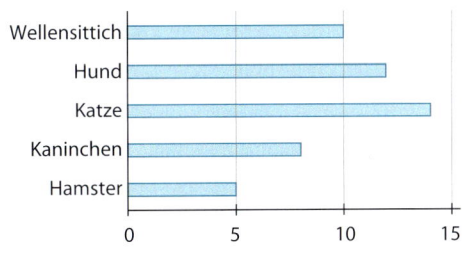

4. Eine Fahrt mit der Achterbahn kostet 3,00 €, drei Fahrten 8,00 €. Erstelle eine Wertetabelle für die günstigsten Preise von einer Fahrt bis sechs Fahrten.

5. c) Schätze, wie viele Mathematikbücher du brauchst, damit der Stapel in deinem Klassenraum vom Boden bis zur Decke reicht. Führe eine Umfrage zur Schuhgröße der Schülerinnen und Schüler in deiner Klasse durch.

6. Führe eine Umfrage zur Schuhgröße der Schülerinnen und Schüler in deiner Klasse durch. Stelle dann die Zuordnung *Schuhgröße ↦ Anzahl der Schülerinnen und Schüler* in einer Wertetabelle und in einem Säulendiagramm dar.

Weiterführende Aufgaben

7. Die Abbildung zeigt einen Umtauschkurs zwischen Euro und britischen Pfund.

„Für 70 Euro bekommt man 50 Pfund."

   a) Stelle eine Wertetabelle mit sechs Wertepaaren auf.
   b) Wie viel Euro bekommt man für 200 Britische Pfund?
   c) Wie viel Britische Pfund bekommt man für 1400 Euro?

8. **Stolperstelle:** Martin hat eine Wertetabelle aufgestellt und ein Säulendiagramm gezeichnet, um die Zuordnung *Anzahl der Geschwister* ↦ *Anzahl der Schülerinnen und Schüler* seiner Klasse darzustellen. Beurteile beide Darstellungen.

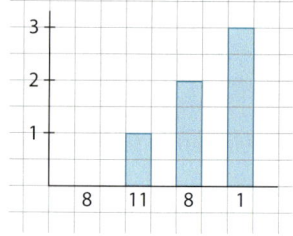

Anzahl der Schülerinnen und Schüler	8	11	8	1
Anzahl der Geschwister	0	1	2	3 und mehr

9. Erstelle eine Wertetabelle und beschreibe folgende Zuordnung mit Worten:
   Länge einer Quadratseite (in cm) ↦ *Umfang des Quadrats (in cm)*

10. Übertrage die Wertetabelle ins Heft und fülle sie aus.

Zahl	1	2	3	4	5	6	7	8	9	10
Teiler	1			1; 2; 4						

11. Ein Spielwürfel wurde mehrmals geworfen. Das Diagramm zeigt die Ergebnisse.
    a) Beschreibe die dargestellte Zuordnung.
    b) Wie oft wurde der Würfel geworfen? Begründe deine Aussage.
    c) Erstelle eine Wertetabelle.
    d) Welches Ergebnis erwartest du, wenn du den gleichen Versuch durchführst?

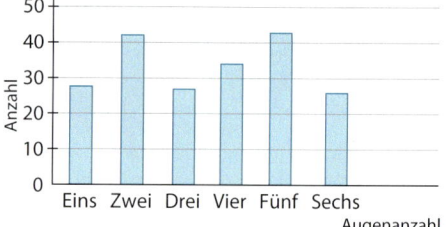

12. a) Arbeitet mit einer Briefwaage und erstellt eine Wertetabelle mit sechs Wertepaaren für folgende Zuordnung:
       Anzahl Zahnstocher ↦ *Gesamtgewicht (in g)*
    b) Ermittelt mithilfe der Wertetabelle, wie viele Zahnstocher zusammen etwa 20 g wiegen.

13. **Ausblick:** Du brauchst für dieses Experiment eine Dose und eine 1 m lange Schnur, die du um die Dose wickeln kannst.
    a) Bestimme die Anzahl der Wicklungen, wenn die Schnur vollständig aufgewickelt ist.
    b) Wie viele Wicklungen wären es, wenn die Schnur eine Länge von 1,5 m (2,7 m) hätte.
    c) Ermittle wie viele Wicklungen es bei einer 5 km langen Schnur theoretisch wären.
    d) Wie lang sollte die Schnur sein, damit 1000 Wicklungen theoretisch möglich sind?

1.2 Grafische Darstellung von Zuordnungen

■ Ein Heißluftballon startet auf einem Feld und landet acht Stunden nach dem Start in 25 km Entfernung auf einer Wiese.

*Beschreibe die Fahrt des Heißluftballons mit Worten. Welche Höhe hat der Ballon 3 Stunden nach dem Start erreicht?
Wie viel Minuten nach dem Start hat der Ballon seine maximale Höhe erreicht?* ■

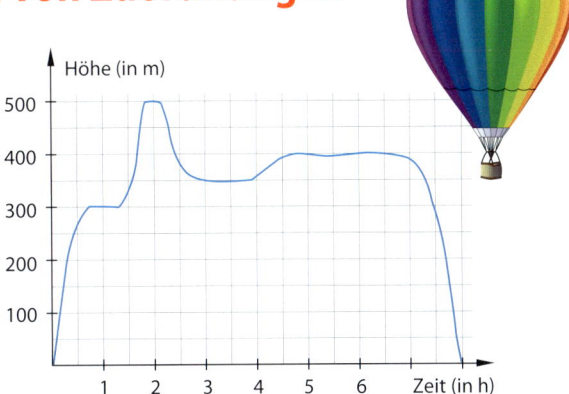

Zuordnungen wie *Uhrzeit* ↦ *Temperatur* lassen sich in einem Koordinatensystem darstellen. Zu jedem **Wertepaar** gehört dabei ein **Punkt** des Koordinatensystems.

Uhrzeit	Temperatur (in °C)
0:00 Uhr	5
1:00 Uhr	3
2:00 Uhr	−1
3:00 Uhr	−2
4:00 Uhr	0
5:00 Uhr	2

Zum Wertepaar (5:00 Uhr | 2 °C) gehört der Punkt (5 | 2).

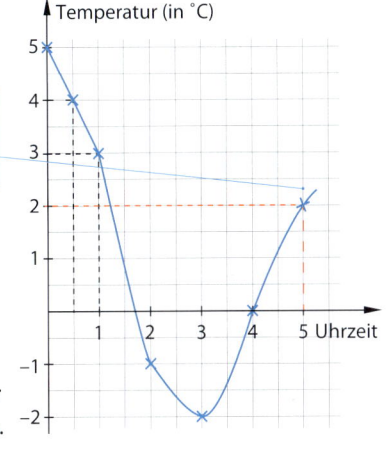

Hinweis:
Im Koordinatensystem ist ein möglicher Temperaturverlauf dargestellt.

Alle diese Punkte bilden den **Graphen der Zuordnung**.
Da auch zu jeder anderen Uhrzeit Temperaturen messbar sind, dürfen die Punkte zu einer Linie verbunden werden.

Am Graphen lassen sich weitere Wertepaare ablesen:
Die Temperatur betrug um 0:30 Uhr beispielsweise etwa 4 °C.

Am Graphen lässt sich der Temperaturverlauf gut beschreiben:
Die Temperatur nimmt scheinbar zunächst ab und erreicht um 3:00 Uhr ihren tiefsten Wert (Minimum). Danach steigt sie wieder an. Zwischen kurz vor 2:00 Uhr und 4:00 Uhr liegt sie unter 0 °C.

Hinweis:
Es gibt auch Zuordnungen, bei denen die Punkte nicht verbunden werden dürfen. Ein Beispiel dazu gibt es in den Aufgaben.

> **Wissen: Grafische Darstellung von Zuordnungen**
> Zuordnungen lassen sich durch **Graphen** in Koordinatensystemen darstellen. Zu jedem **Wertepaar** gehört dabei genau ein **Punkt** im Koordinatensystem.
>
> Am Graphen kann man ablesen:
> – positive und negative Werte
> – tiefster und höchster Wert (Minimum und Maximum)
> – Abnahme und Zunahme der Werte (fallend und steigend)

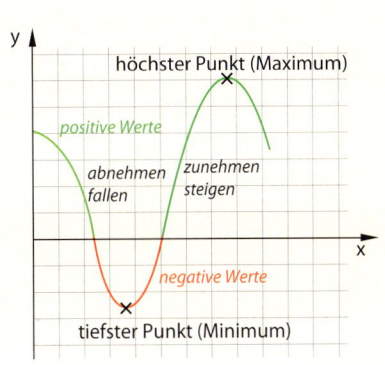

1. Zuordnungen

Beispiel 1: Auf dem Brocken wurde während eines Schneesturms alle zwei Stunden die Schneehöhe gemessen:

Uhrzeit	0:00 Uhr	2:00 Uhr	4:00 Uhr	6:00 Uhr	8:00 Uhr
Schneehöhe	3 cm	6 cm	12 cm	14 cm	11 cm

a) Zeichne einen Graphen der Zuordnung in ein Koordinatensystem.
b) Äußere dich zur Schneehöhe um 3:30 Uhr.
c) Zu welchen Zeitpunkten lag der Schnee (jeweils) 12 cm hoch?

Lösung:

Hinweis:
Die Punkte dürfen (bei konstantem Schneefall) verbunden werden, da zu jedem Zeitpunkt eine Schneehöhe messbar ist.

a) Beschrifte die waagerechte Achse mit der ersten Größe (Uhrzeit), wähle 2 Kästchen für eine Stunde. Beschrifte die senkrechte Achse mit der zugeordneten Größe, wähle 2 Kästchen für 1 cm. Zeichne dann alle Wertepaare ein.

b) Zeichne eine Senkrechte zur „Zeitachse" bei 3:30 Uhr bis zum Graphen und von dort eine Parallele zur „Zeitachse" bis zur „Höhenachse". Lies die Höhe ab.

Der Schnee lag um 3:30 Uhr zwischen 10 cm und 11 cm hoch.

c) Zeichne eine Senkrechte zur „Höhenachse" bei 12 cm bis zum Graphen und von dort Parallelen zur „Höhenachse". Lies die Uhrzeiten ab.

Um 4 Uhr und zwischen 7 und 8 Uhr lag der Schnee 12 cm hoch.

Basisaufgaben

1. Daniel hat in einem Diagramm die Werte seiner Radtour dargestellt.
   Er ist auf einer Höhe von 240 m über NN gestartet.
   a) Auf welcher Höhe war er 20 min nach dem Start?
   b) Nach wie viel Minuten war er erstmals unter 100 m?
   c) Zu welchem Zeitpunkt hat er die Maximalhöhe bei seiner Tour erreicht?

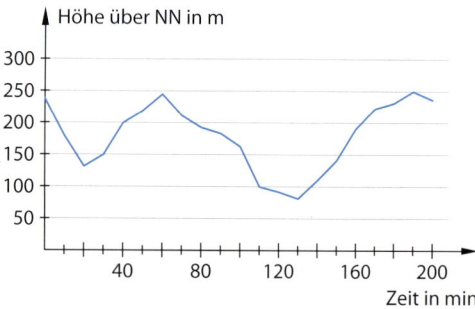

2. Zeichne einen Graphen der Zuordnung jeweils in ein eigenes Koordinatensystem:

a)

Uhrzeit	0 Uhr	2 Uhr	4 Uhr	6 Uhr	8 Uhr	10 Uhr	12 Uhr
Temperatur	−3 °C	−4 °C	−2 °C	0 °C	4 °C	7 °C	10 °C

b)

Zeit (in min)	0	1	2	3	4	5	6	7	8
Höhe über NN (in m)	0	10	25	60	50	55	30	40	15

1.2 Grafische Darstellung von Zuordnungen

3. Im Jahr 2015 stieg der Hochwasserpegel eines Flusses auf eine Rekordhöhe von 12,6 m. Die Pegelstände wurden ab 0 Uhr zehn Stunden lang aufgezeichnet.
   a) Zu welcher Uhrzeit wurde die kritische Hochwassermarke von 12 m überschritten?
   b) Ab wann konnte wieder Entwarnung gegeben werden?
   c) Gib den höchsten Pegelstand während der Messung an, wann wurde er erreicht? Notiere das zugehörige Wertepaar.

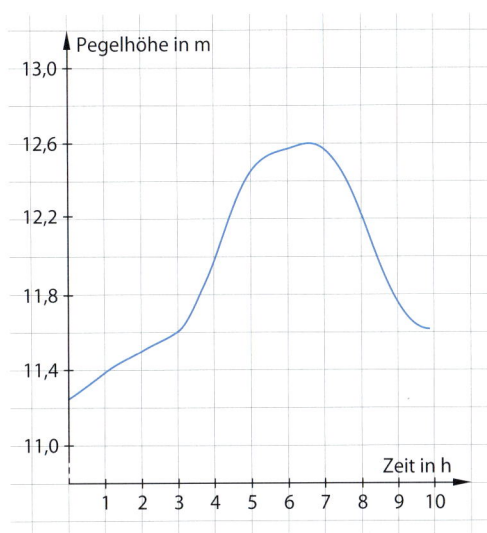

4. Julia, Lea und Darius haben jeweils Graphen zur Wertetabelle gezeichnet.

Anzahl	1	2	4	6	10
Preis	0,25 €	0,50 €	1,00 €	1,50 €	2,50 €

Julia: Lea: Darius:

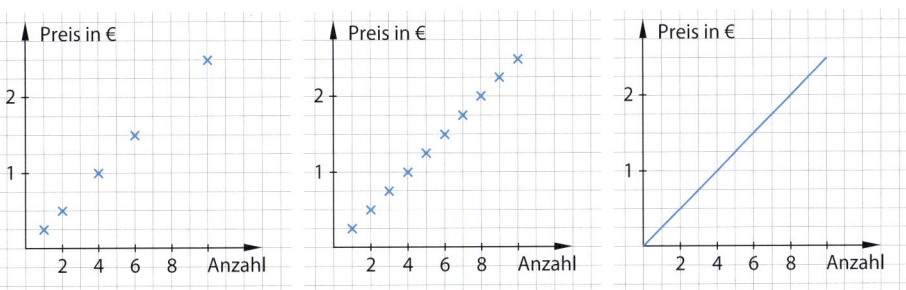

   a) Vergleiche die Ergebnisse und beschreibe, worin sich die Graphen unterscheiden.
   b) Entscheide und begründe, welche Graphen passend sind und welche nicht.

5. Begründe, ob das Verbinden der Punkte des Graphen sinnvoll ist.
   a) *Jahr ↦ Anzahl der Geburten*
   b) *Geschwindigkeit ↦ Bremsweg*

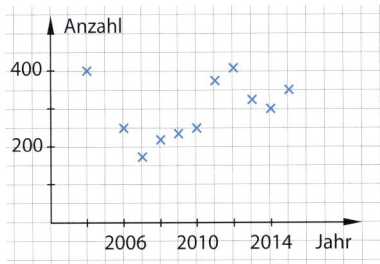
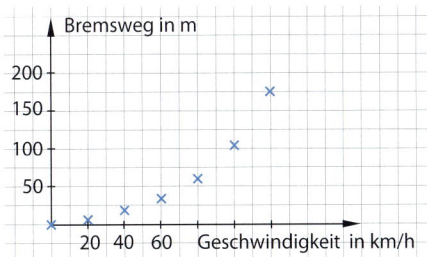

6. Durch die Wertetabelle ist eine Zuordnung gegeben. Entscheide jeweils, ob das Wertepaar (3,5 | ■) existiert oder nicht. Sollte es existieren, gib den Wert für ■ an.

a)

Anzahl (Stifte)	1	3	5	7
Preis in €	1,50	4,50	7,50	10,50

b)

Spargel (in kg)	0,5	1,0	1,5	5
Preis (in €)	4,00	8,00	12,00	40,00

Weiterführende Aufgaben

7. Der Vater von Tobias ist Hobby-Meteorologe. Er ermittelt täglich die mittleren Tagestemperaturen und berechnet hieraus monatlich die Durchschnittstemperaturen. Er hat folgende Werte für die Zuordnung *Monat ↦ Durchschnittstemperatur (in °C)* notiert:
(1|1,0), (2|0,9), (3|4,9), (4|11,6), (5|13,9), (6|16,5), (7|16,1), (8|17,7), (9|15,2), (10|9,4), (11|4,5), (12|3,9)
   a) Übertrage die Werte in eine Tabelle.   b) Stelle die Werte in einem Diagramm dar.
   c) Dürfen die Punkte im Diagramm verbunden werden? Begründe deine Antwort.

8. **Stolperstelle:** Die 7a hat das Verkehrsaufkommen vor der Schule beobachtet und jeweils die Anzahl der Autos pro Stunde notiert. Tim meint, dass um 9:30 Uhr 100 Autos durchgefahren sind.
   a) Was meinst du? Schreibe deine Meinung ins Heft.
   b) Stelle die Daten in deinem Heft so dar, dass derartige Missverständnisse nicht auftreten können.

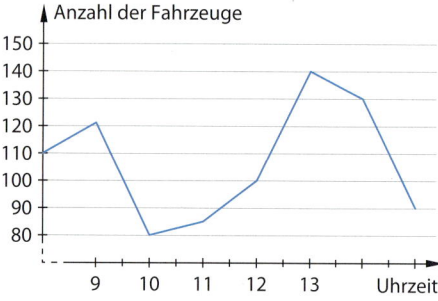

9. a) Erstelle für die Zuordnung eine Wertetabelle. Verwende ganzzahlige Seitenlängen.
   Seitenlänge eines Quadrats ↦ Umfang für die Seitenlängen von 1 cm bis 5 cm
   Zeichne auch den zugehörigen Graphen.
   b) Erstelle eine Wertetabelle für folgende Zuordnung:
   Seitenlänge eines Quadrats ↦ Flächeninhalt für die Seitenlängen 1 cm bis 5 cm
   Zeichne auch den zugehörigen Graphen.

10. Sina hat die Höhe des Wasserstandes in der Regentonne im Garten ihrer Eltern gemessen:
    Montag (35 cm), Dienstag (39 cm), Mittwoch (42 cm), Donnerstag (42 cm),
    Samstag (44 cm), Sonntag (44 cm), Montag (45 cm), Dienstag (48 cm)
    a) Zeichne mit den Messwerten von Sina ein Diagramm.
    b) Am Freitag hat Sina vergessen, den Wert zu notieren. Wie hoch könnte er gewesen sein?
    c) An welchen Tagen gab es keinen Regen? Wann war er besonders stark?

Tipp zu 10 c: Die Skala der y-Achse muss nicht bei 0 beginnen.

11. Tobias gibt eine Wegbeschreibung:
    „Ich bin mit meinem Hund zügig bis zum Park gegangen. Dort hat mein Hund zuerst an einer Birke geschnüffelt und ist dann weitergerannt zu einem Busch. Dort hat er auf der Suche nach einem Kaninchen recht lange in der Erde gegraben. Schließlich sind wir gemächlich wieder zurückgegangen."

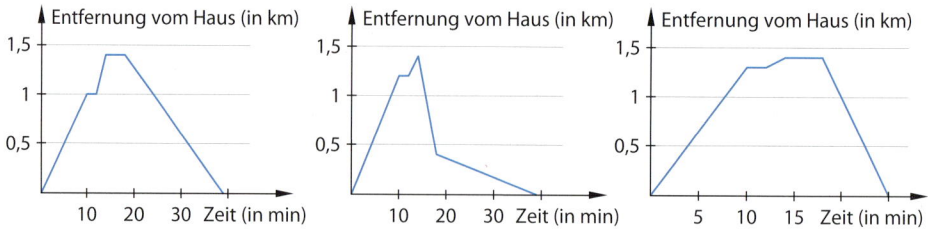

   a) Welches Diagramm passt zur Wegbeschreibung? Begründe deine Antwort.
   b) Erstelle ein Diagramm für deinen heutigen Schulweg und gib eine Wegbeschreibung.

1.2 Grafische Darstellung von Zuordnungen

12. Selim und Luca laufen gemeinsam im Sportunterricht 100 m. Der Graph zeigt die Zuordnung *Zeit (in Sekunden)* ↦ *Strecke in m*.
    a) Wer hat gewonnen?
       Wer lag bei 50 m vorn?
    b) Wie würdest du als Sportreporter den Lauf beschreiben?

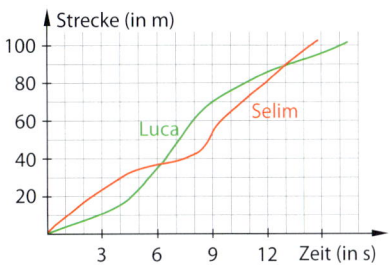

13. Judith fährt mit ihrem Fahrrad zur Oma. Der Graph zeigt ihre Geschwindigkeit dabei an.
    a) Beschreibe ihre Fahrt und berücksichtige dabei, warum sie manchmal langsam und manchmal schnell fährt.
    b) Erfinde selbst eine Geschichte für eine Fahrt mit dem Fahrrad oder einem anderen Verkehrsmittel. Zeichne einen passenden Graphen dazu.
    c) Tausche deine Geschichte mit einem Partner. Der Partner soll dann einen passenden Graphen zeichnen. Vergleicht eure Graphen.

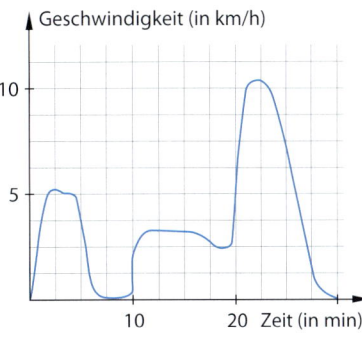

Tipp zu 13 a:
Unterschiedliche Geschwindigkeiten treten beispielsweise beim Bergauf- und Bergabfahren auf.

14. Auf einer Messe werden Aquarien angeboten. Nach dem Aufbauen werden die Becken befüllt. Entscheide, welcher der Graphen am ehesten zu welchem Becken passt.

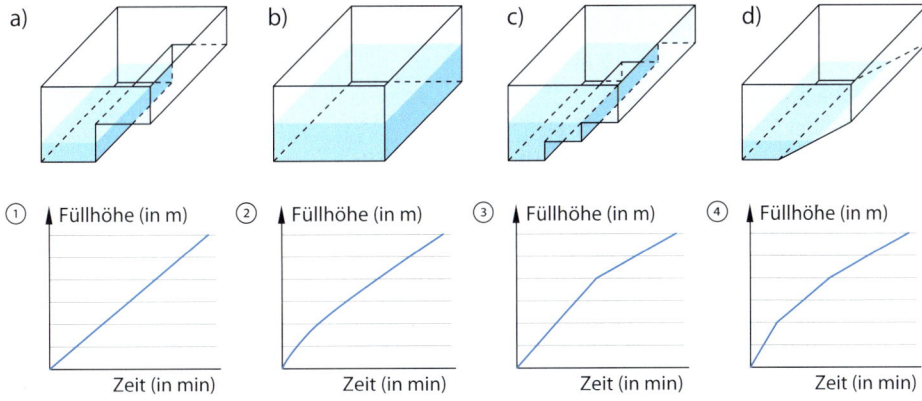

15. **Ausblick:** Der Graph zeigt den Trinkwasserverbrauch einer Großstadt während des Finalspiels der Fußball-Weltmeisterschaft 2014. Das Spiel begann um 21 Uhr.
    a) Wann hat deiner Meinung nach die Halbzeit begonnen und wann war sie beendet? Erläutere dein Vorgehen.
    b) Gab es eine Verlängerung? Begründe deine Antwort.
    c) Finde weitere Informationen, die du ablesen kannst.

1.3 Proportionale Zuordnungen

■ Im Supermarkt wird der Preis für jedes Käsestück einzeln berechnet.

Berechne die Preise für 360 g Käse, für 400 g Käse, für 60 g Käse und für 600 g Käse. Wie viel Gramm Käse bekommt man für 6,48 €? ■

Der Preis einer Ware hängt oft von ihrer Menge ab. Von der Menge kann auf den Preis und vom Preis kann auf die Menge geschlossen werden. Dieser Zusammenhang kann durch eine Zuordnung beschrieben werden. Es ist ein Beispiel für eine **direkt proportionale Zuordnung**.

Eigenschaften direkt proportionaler Zuordnungen

Beispiel 1: An einem Marktstand kann man sich Süßigkeiten selbst zusammenstellen. Nach der Auswahl wird die Tüte gewogen und der Preis berechnet.
a) Übertrage die Tabelle ins Heft und fülle sie aus.
b) Welche Bedingung muss beachtet werden?

Gewicht (in g)	Preis (in €)
100	1,40
200	
50	
150	
750	

Lösung:
a) 100 g kosten 1,40 €:
Bei doppelter Menge verdoppelt sich der Preis.
Bei halber Menge halbiert sich der Preis.
Bei dreifacher (fünffacher) Menge ist der Preis dreimal (fünfmal) so groß.
b) Der Preis muss immer gleich bleiben. Auch bei großen Mengen gibt es keinen Rabatt.

Gewicht (in g)	Preis (in €)
100	1,40
200	2,80
50	0,70
150	2,10
750	10,50

Hinweis: Das lateinische Wort **proportionalis** bedeutet **verhältnisgleich**.

Die Zuordnung aus Beispiel 1 heißt direkt proportional. Man sagt auch, dass Gewicht und Preis direkt proportional zueinander sind. Zeichnet man den Graphen dieser Zuordnung, liegen alle Punkte auf einer Geraden durch den Koordinatenursprung. Die Punkte dürfen verbunden werden, da sich für jedes beliebige Gewicht der Preis berechnen lässt.

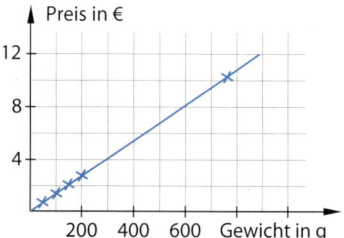

Wissen: Direkt proportionale Zuordnungen
Für direkt proportionale Zuordnungen $x \mapsto y$ gilt:

Verdoppelt (verdreifacht, …) oder halbiert (drittelt, …) sich der Ausgangswert x, dann verdoppelt (verdreifacht, …) oder halbiert (drittelt, …) sich der zugeordnete Wert y.

Im Koordinatensystem liegen alle Punkte auf einer Geraden durch den Ursprung.

1.3 Proportionale Zuordnungen

Basisaufgaben

1. Vervollständige die Tabellen im Heft für proportionale Zuordnungen x ↦ y.

   a)

x	1	2	5	10	12	20
y			10			

   b)

x	2	10		25	40	55
y			45		100	

2. Untersuche, ob die gegebene Zuordnung direkt proportional ist.

   a) x ↦ y

x	2	3	4	6	10
y	1	1,5	2	3	6

   b) a ↦ b

a	0,6	1,2	1,5	2,3	3,4	4,1
b	2,4	4,8	6,0	9,2	13,6	16,4

3. Untersuche, ob die gegebene Zuordnung direkt proportional ist.

   a) *Masse m ↦ Preis P*

m (in kg)	1	2	3	4
P (in €)	0,85	1,70	2,55	3,40

   b) *Weg s ↦ Benzinverbrauch B*

s (in km)	100	200	400	500
B (in Liter)	7,5	15	28	35

4. Vervollständige die Tabellen im Heft für direkt proportionale Zuordnungen.

   a) *Anzahl (Hände) ↦ Anzahl (Finger)*

Anzahl (Hände)	1	3	5	10	25	40
Anzahl (Finger)			25			

   b) *Anzahl (Kartons) ↦ Anzahl (Packungen)*

Anzahl (Kartons)	1	4	8	10	24	30
Anzahl (Packungen)			48			

5. Zehn Blätter A4-Papier wiegen zusammen 50 g.

   a) Vervollständige die Tabelle im Heft.

Anzahl (Blätter)	1		5	10	20	250
Gewicht (in g)		10				2500

   b) Prüfe, welcher der Graphen zur Zuordnung *Anzahl (Blätter) ↦ Gewicht (in g)* passt. Begründe deine Aussage.

6. Untersuche, ob es sich hier um eine direkt proportionale Zuordnung handeln kann oder nicht. Gib immer drei Wertepaare an.

   a) 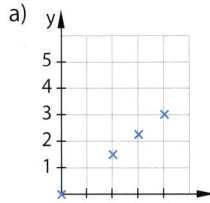 b) 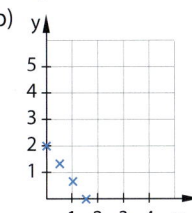 c) 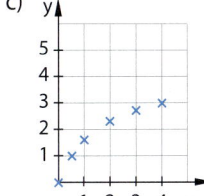 d)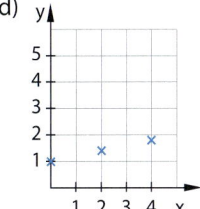

Quotientengleichheit bei direkt proportionalen Zuordnungen

■ Die Zuordnung *Anzahl Packungen* ↦ *Anzahl Eier* ist eine direkt proportionale Zuordnung. Dividiert man eine Anzahl Eier durch die zugehörige Anzahl Packungen, erhält man als Quotient immer 6, wenn jeweils sechs Eier in der Packung sind.

Anzahl Packungen	2	5	6	9
Anzahl Eier	12	30	36	54
Quotient	12 : 2 = 6	30 : 5 = 6	36 : 6 = 6	54 : 9 = 6

Hinweis:
Man sagt kurz:
Die Wertepaare sind verhältnisgleich oder quotientengleich.

> **Wissen: Quotientengleichheit bei direkt proportionalen Zuordnungen**
> Bei einer direkt proportionalen Zuordnung x ↦ y ist für alle Wertepaare (x|y) der Quotient (das Verhältnis) aus dem zugeordneten Wert y und dem Ausgangswert x immer gleich einem festen k, wobei **k Proportionalitätsfaktor** heißt.
>
> *Schreibe kurz:*   **y ~ x**   oder   (y = k · x   bzw. $\frac{y}{x}$ = k mit k ≠ 0 und x ≠ 0)
>
> *Sprich:*   **y ist direkt proportional zu x**

Hinweis:
Zum Vergleich:
$1 \frac{m}{s} = 3{,}6 \frac{km}{h}$

Beispiel 2: Prüfe, ob die Zuordnung direkt proportional ist.

a) x ↦ y

x	0,2	1	3	4	6
y	0,3	1,5	4,5	6	9

b) *Geschwindigkeit v ↦ Bremsweg s*

v in $\frac{m}{s}$	5	10	20	40
s in m	2	4	10	15

Lösung:

a) Berechne für alle Wertepaare das Verhältnis y : x. Es ist immer gleich 1,5.
    Also gilt: y ~ x
    Der Proportionalitätsfaktor ist: 1,5

x	0,2	1	3	4	6
y	0,3	1,5	4,5	6	9
$\frac{y}{x}$	1,5	1,5	1,5	1,5	1,5

Hinweis:
Beim Rechnen mit Einheiten ist das Verhältnis aus Weg und Geschwindigkeit eine Zeitangabe:
$2 m : 5 \frac{m}{s}$
$= \frac{2m}{1} : \frac{5m}{1s} = \frac{2m}{1} \cdot \frac{1s}{5m}$
$= \frac{2}{5} s = 0{,}4 s$

b) Berechne für alle Wertepaare das Verhältnis s : v.
    Die Verhältnisse der Wertepaare sind nicht alle gleich.

v	5	10	20	40
s	2	4	10	15
$\frac{s}{v}$	0,4	0,4	0,5	0,375

Die Zuordnung v ↦ s ist keine direkt proportionale Zuordnung, obwohl hier gilt, dass bei größerer Geschwindigkeit auch der Bremsweg länger ist.

Basisaufgaben

7. Untersuche die Zuordnungen rechnerisch auf direkte Proportionalität. Gib (wenn möglich) den Proportionalitätsfaktor an.

a)
x	2	3	10	12	20	25
y	1	1,5	5	6	10	12,5

b)
x	2	5	15	20	30	50
y	6	15	45	60	90	125

1.3 Proportionale Zuordnungen

8. Untersuche rechnerisch, ob die Zuordnung annähernd direkt proportional ist.
   Gib (wenn möglich) den Proportionalitätsfaktor und Zuordnungsvorschrift an.

a)
Länge einer Taxifahrt (in km)	1	2	3	4	5	6	7	8
Preis für die Taxifahrt (in €)	4,50	6,00	7,50	9,00	10,50	12,00	13,50	15,00

b)
Kreisdurchmesser (in cm)	1	2	3	4	5	6	7	8
Umfang des Kreises (in cm)	3,1	6,3	9,4	12,6	15,7	18,8	22,0	25,1

9. Zehn Ein-Euro-Münzen wiegen 75 Gramm.
   a) Stelle eine Wertetabelle zur Zuordnung *Anzahl Münzen* ↦ *Gewicht (in g)* für 0, 2, 4, 6, 8, 10 Münzen auf und ermittle den Proportionalitätsfaktor.
   b) Ermittle das Gewicht von 15, von 35 und von 45 solcher Ein-Euro-Münzen.
   c) Zeichne einen Graphen der zur Zuordnung *Anzahl Münzen* ↦ *Gewicht (in g)* passt.

Weiterführende Aufgaben

10. In einem Bananen-Kokos-Shake sollen für zwei Portionen eine Banane mit 120 ml Ananassaft, 180 ml Milch und 2 Esslöffeln Kokosraspeln püriert werden.
    a) Schreibe einen Einkaufszettel für 30 Portionen.
    b) Wie viele Portionen kann man mit 1,5 ℓ Milch höchstens herstellen?
    c) Wie viele Bananen braucht man zu 1,8 ℓ Ananassaft?
    d) Nenne drei direkt proportionale Zuordnungen zum Sachverhalt, erstelle jeweils eine Tabelle und zeichne dazu einen Graphen.

11. Hier sind die Preise für Käse angegeben.
    a) Zeichne jeweils einen Graphen für die Zuordnung *Gewicht (in g)* ↦ *Preis (in €)* von 0 g bis 600 g.
    b) Lies jeweils die Preise für 100 g Käse ab.
    c) Überprüfe deine Lösungen aus b) rechnerisch mit den gegebenen Werten.
    d) Formuliere zu jedem Graphen eine passende Vorschrift, mit der man die Preise für beliebige Gewichte berechnen kann.

500 g 10,75 € Geschäft A
200 g 3,78 € Geschäft B
300 g 6,87 € Geschäft C

12. Gegeben ist ein Punkt eines Graphen einer direkt proportionalen Zuordnung.
    a) Übertrage die Zeichnung ins Heft. Ergänze drei weitere Punkte des Graphen und erstelle eine Wertetabelle.
    b) Nenne eine mögliche Sachsituation, die zu dem Graphen passt.

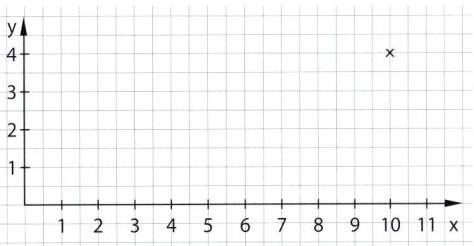

13. **Stolperstelle:** Beurteile, ob Ira Beispiele für eine proportionale Zuordnung gefunden hat: Ich habe zum Geburtstag ein neues Handy und eine Guthabenkarte im Wert von 20 Euro bekommen. Eine Gesprächsminute kostet 9 Cent.
    Zueinander direkt proportionale Zuordnungen sind:
    Anzahl der Gesprächsminuten ↦ *Guthaben*
    Anzahl der Gesprächsminuten ↦ *Kosten*

14. Prüfe, ob direkte Proportionalität vorliegen könnte. Berechne dafür die fehlenden Werte.

a)
Anzahl der Fahrkarten	2	6	8	10
Preis (in €)	216,00	453,60		

b)
Anzahl der Papierpakete	5	13	15	17
Preis (in €)	19,95	51,87		

Hinweis zu 15: Zeichne für alle gegebenen Zuordnungen einen möglichen Graphen.

15. „Je mehr, desto mehr"-Zuordnungen:
   a) Welche der gegebenen Zuordnungen sind „Je mehr, desto mehr"-Zuordnungen?
   b) Welche der gegebenen Zuordnungen sind direkt proportionale Zuordnungen?

- Blattanzahl ↦ Höhe des Papierstapels
- Alter eines Baumes ↦ Baumgröße
- Seitenlänge eines Quadrates ↦ Flächeninhalt des Quadrates
- Natürliche Zahl ↦ Nachfolger
- Seitenlänge eines Quadrates ↦ Umfang des Quadrates

16. a) Vergleiche die Preise und die Mengen. Entscheide und begründe dann, bei welchem Glas man (ohne Berücksichtigung von Mengenrabatt) mehr für sein Geld bekommt.
   b) Wie viel Gramm müssten im „Familienglas" enthalten sein, wenn die Zuordnung *Menge (in g) ↦ Preis (in €)* direkt proportional wäre.

Im Angebot
450 g / 2,69 €

Für Familien
800 g / 4,99 €

17. Beurteile, welche Sätze zu einer direkt proportionalen Zuordnung passen.

(1) Alle Werte werden gleichmäßig größer.

(2) Wenn die eine Größe kleiner wird, dann wird auch die andere Größe kleiner.

(3) In einer Tabelle multipliziert man von links nach rechts immer mit derselben Zahl.

(4) Pro „Portion" kostet es immer das Gleiche.

18. In der Tabelle sind Weltrekordzeiten für verschiedene Laufstrecken der Männer enthalten.

Strecke	100 m	200 m	400 m	800 m	1500 m	5000 m	10 000 m
Zeit	9,58 s	19,19 s	43,18 s	1:41 min	3:26 min	12:37 min	26:18 min

Erinnere dich: 1 min = 60 s

a) Schreibe alle Zeitangaben in Sekunden.
b) Zeige, dass die Zuordnung *Laufstrecke (in m) ↦ Zeit (in s)* nicht proportional ist.
c) Nimm an, dass die Zuordnung *Laufstrecke (in m) ↦ Zeit (in s)* direkt proportional ist. Ermittle dann mithilfe des Weltrekords für 100 m, welche Rekordzeit zu 400 m (für 800 m, für 1500 m) gehören würde.

19. Ausblick: Ein Stapel aus 100 Ein-Euro-Münzen ist 23,3 cm hoch.
   a) Wie viele solcher Münzen müsste ein Stapel haben, der so groß ist wie du?
   b) Wie viele Münzen müsste ein Stapel haben, der so hoch ist wie der Berliner Fernsehturm (etwa 368 m)?
   c) Erläutere, warum es einen solchen Stapel in Wirklichkeit nicht geben kann.

1.4 Dreisatz für direkt proportionale Zuordnungen

■ Lasse macht beim Projekt „Jung für Alt" mit und geht für ältere hilfsbedürftige Menschen einkaufen. Frau Kebel hat 2 Stück Butter, 4 kg Orangen und zwei Roggenbrote bestellt, Herr Steinbach 1 Stück Butter und 1 kg Orangen.

Gib an, wie viel Euro Frau Kebel und wie viel Euro Herr Steinbach für ihre Bestellung bezahlen müssen. ■

```
3 Butter                    3,60€
  EP: 1,20€

4 Orangen im 2kg-Netz  14,00€
  EP: 3,50€

2 Roggenbrot 500g           4,20€
  EP: 2,10€
```

Bei direkt proportionalen Zuordnungen können aus zwei einander zugeordneten Werten weitere zugeordnete Werten in drei Schritten berechnet werden.

> **Wissen: Dreisatz für direkt proportionale Zusammenhänge**
>
> *Schritt 1:* Gib die **bekannten** einander zugeordneten **Größenangaben** an.
>
> *Schritt 2:* Berechne die **Einheit**, indem beide einander zugeordneten Größenangaben zum Beispiel **durch dieselbe Zahl dividiert** werden. (Hilfswert)
>
> *Schritt 3:* Berechne die gesuchte Größe, indem die einander zugeordneten Größenangaben der **Einheit** mit **derselben** Zahl **multipliziert** werden.

Hinweis:
Statt von drei Schritten wird manchmal auch von drei Sätzen gesprochen, daher der Name Dreisatz.

> **Beispiel 1:** Pauls Vater sagt:
> „Nimm nicht zu viele Steine – 20 Steine wiegen 12 kg."
> Paul probiert es deswegen zuerst mit 7 Steinen.
> a) Gib an, wie viel Kilogramm 7 Ziegelsteine wiegen.
> b) Paul glaubt, dass er 9 kg gut tragen kann. Berechne, wie viele Steine das sind.
>
> **Lösung:**
> Bei Dreisatzaufgaben sind Tabellen hilfreich.
> a) (1) Gib das bekannte Wertepaar an.
> (2) Berechne die Einheit. Dividiere dazu beide Größenangaben durch 20, du erhältst zwei Hilfswerte.
> (3) Ermittle das Ergebnis durch Multiplizieren beider Hilfswerte mit 7.
>
> b) (1) Gib die das bekannte Wertepaar an.
> (2) Berechne die Einheit. Dividiere dazu beide Größenangaben durch 12, du erhältst zwei Hilfswerte.
> (3) Ermittle das Ergebnis durch Multiplizieren beider Hilfswerte mit 9.

Anzahl der Steine	Gewicht in kg
20	12
1	0,6
7	4,2

(:20, ·7)

7 Ziegelsteine wiegen 4,2 kg.

Gewicht in kg	Anzahl der Steine
12	20
1	$\frac{5}{3}$
9	15

(:12, ·9)

9 kg sind 15 Ziegelsteine.

Tipp:
Du kannst auch schreiben:
20 ≙ 12
1 ≙ 0,6
7 ≙ 4,2

Basisaufgaben

1. Aus 250 kg Äpfel erzeugt eine Apfelmosterei ca. 120 Liter Apfelsaft.
   a) Wie viel Liter Apfelsaft sind es dann ungefähr bei 1 kg Äpfel?
   b) Wie viel Liter Apfelsaft können aus 20 kg Äpfel hergestellt werden?
   c) Wie viel Kilogramm Äpfel werden für 20 Liter Apfelsaft benötigt?

2. Übertrage ins Heft und fülle die Tabelle für eine direkt proportionale Zuordnung aus.

a)
Länge	Höhe
5 m	8,50 m
1 m	
7 m	

b)
Preis	Gewicht
12,00 €	6 kg
1,00 €	
16,50 €	

c)
Brot	Preis
$\frac{1}{2}$ Stück	1,75 €
1 Stück	
9 Stück	

3. 100 g Käse kosten 1,10 €. Übertrage die Tabelle ins Heft und fülle sie aus.

Gewicht in g	100	120		200		50
Preis in €	1,10		2,64		2,42	

4. Rechne mit dem Dreisatz. Beurteile, ob die Lösung jeweils realistisch ist.

① Vier Kugeln Eis kosten insgesamt 3,60 €. Wie teuer sind drei Kugeln (fünf Kugeln) des gleichen Eises?

② Für eine Familie mit Zelt kosten drei Tage auf einem Campingplatz 57 €. Wie viel Euro kostet der Aufenthalt für eine Woche?

③ Ein Flugzeug legt in drei Stunden eine Strecke von 2640 km zurück. Wie viel Kilometer fliegt es dann bei gleicher Geschwindigkeit in 2,5 Stunden?

④ Ein Lüfter dreht sich mit 2400 Umdrehungen pro Minute. Wie viele Umdrehungen machte er dann in 10 s?

⑤ 5 gleiche Fertighäuser kosten zusammen 3,2 Mio €. Wie viel Euro sind für 9 solcher Häuser zu zahlen?

5. Eva hat die Aufgabe in zwei Schritten gelöst. Erläutere, wie sie gerechnet haben könnte.
   a) 2 Brote kosten 5,50 €. Wie viel Euro kosten 4 Brote?
   b) 5 m Stoff kosten 46 €. Wie viel Meter davon bekommt man für 23 €?
   c) 6 Tennisbälle wiegen 348 g. Wie viel Kilogramm wiegen 3 solcher Tennisbälle und wie viel Kilogramm wiegen 12 solcher Tennisbälle?

Weiterführende Aufgaben

6. Übertrage die Tabelle der direkt proportionalen Zuordnung $x \mapsto y$ ins Heft und fülle sie aus. Suche günstige Hilfswerte. Erkläre deine Lösung.

a)
x	y
20	60
?	?
70	?

b)
x	y
850	595
?	?
400	?

c)
x	y
0,3	60
?	?
0,8	?

7. Bei einem tropfenden Wasserhahn gibt es in 10 h einen Wasserverlust von 9 ℓ. Berechne, wie viel Liter der Wasserverlust in 7 h beträgt. Erkläre dein Vorgehen.

1.4 Dreisatz für direkt proportionale Zuordnungen

8. Carla möchte zu ihrem Geburtstag für die 29 Schülerinnen und Schüler ihrer Klasse Muffins ausgeben. Schreibe die Zutaten für 30 Muffins auf.

   Zutaten für 12 Muffins:
   100 g Butter oder Margarine, 110 g Zucker, 1/2 Päckchen Vanillezucker, 3 Eier, 250 g Mehl, 1 Päckchen Backpulver, 4 Esslöffel Milch

9. **Stolperstelle:** In der Klasse 7 b werden die Hausaufgaben vorgestellt. Jeder Schüler sollte ein Beispiel für eine direkt proportionale Zuordnung aufschreiben. Carla liest vor:

   *„Ich habe ein neues Handy mit Prepaid-Tarif bekommen.
   Die Karte für 9,95 € haben meine Eltern bezahlt.
   Pro Telefonminute zahle ich 0,09 €."*

   René meint, dass man so nicht sagen könnte, ob es sich um eine proportionale Zuordnung handelt. Nimm zu Carlas Beispiel schriftlich Stellung.

10. Mit einem Kopierer können 1000 A4-Seiten in 18 min vervielfältigt werden. Entwickle dazu eine Aufgabe, die mit dem Dreisatz gelöst werden kann.

11. Anke, Peter und Vanessa schaffen ihren 3 km langen Schulweg in 35 min. Berechne, wie viel Minuten Peter und Vanessa ohne Anke brauchen.

12. Ermittle, welches Angebot günstiger ist.

    12 Kartons für 22,80 €
    oder
    8 Kartons für 15,50 €?

    10 Batterien für 6,99 €
    oder
    4 Batterien für 2,79 €?

    400 Gummibänder für 3,99 €
    oder
    500 Stück für 4,79 €?

13. Untersuche, ob man die Aufgabe mit einem Dreisatz lösen kann oder nicht. Begründe deine Aussage.
    a) Frau Meier fährt mit dem Auto bei gleichbleibender Geschwindigkeit in 3 Stunden etwa 195 km. Nach einer Pause fährt sie noch einmal mit der gleichen Geschwindigkeit 2 Stunden. Welche Strecke hat sie insgesamt zurückgelegt?
    b) Ein Fußballer hat in 8 Spielen 5 Tore geschossen. Berechne, wie viel Tore der Fußballer durchschnittlich in einem Spiel geschossen hat und wie viele Tore von ihm in den restlichen 28 Spielen der Saison zu erwarten sind.

14. Das Auto von Julians Familie verbraucht durchschnittlich zwischen 5 und 8 Liter Benzin auf 100 km. Julian berechnet, wie viel Liter Benzin mindestens noch im Tank sein müssen, damit das Urlaubsziel in 580 km Entfernung erreicht werden kann, ohne nochmals zu tanken?
    a) Wie würdest du an Julians Stelle rechnen?
    b) Formuliere und begründe deine Antwort.

15. Für 100 € erhält man 13709,1 nepalesische Rupien.
    a) Berechne, wie viel nepalesische Rupien man für 50 €, für 20 € und für 350 € erhält?
    b) Berechne, wie viel Euro man für 1000 nepalesische Rupien erhält.

16. a) Erstelle ein Diagramm und prüfe, ob die Zuordnung *Anzahl* ↦ *Preis* direkt proportional ist.
    b) Wie viele gebrauchte Bücher müsstest du mindestens kaufen, damit der Einzelpreis pro Buch möglichst günstig wird? Begründe deine Antwort mithilfe des Diagramms.
    c) Gib zwei Beispiele für direkt proportionale Zuordnungen aus deinem Alltag an. Beachte dabei aber, dass es im Handel häufig Mengenrabatte gibt.

17. Leo erhält für 3 Stunden Gartenarbeit von seinen Großeltern 16,50 €.
    a) Berechne den Stundensatz (Euro pro Stunde), den Leo erhält.
    b) Im letzten Jahr hat Leo insgesamt 21 Stunden im Garten mitgeholfen. Berechne, wie viel Euro er dafür bei gleichem Stundensatz erhalten müsste.
    c) Die Musikanlage, die sich Leo kaufen möchte, kostet 300 €. Er arbeitet ab jetzt jede Woche 3 Stunden bei seinen Großeltern, und der Großvater legt das Geld dafür zurück. Außerdem soll Leo noch einen Bonus von 100 € bekommen, wenn er 200 € angespart hat. Wie viele Wochen dauert es, bis das Geld für die Musikanlage reicht?

18. Zehn Arbeiter benötigen fünf Tage, um 360 Stühle herzustellen. Ermittle, wie viele Stühle sechs Arbeiter in acht Tagen herstellen können.
    a) Löse die Aufgabe schrittweise:
       1. Schritt: Wie viele Stühle schaffen zehn Arbeiter in acht Tagen?
       2. Schritt: Wie viele Stühle schaffen sechs Arbeiter in acht Tagen?
    b) Erkläre, warum man sagen könnte, dass diese Aufgabe mit einem doppelten Dreisatz lösbar ist.

19. Auf dem Graphen einer direkt proportionalen Zuordnung liegt im Koordinatensystem der Punkt P (1,5|3). Gib die fehlenden Koordinaten folgender Punkte dieser Geraden an:
    ① Q (■|5,6)   ② R (2,3|■)   ③ S (1|■)   ④ T (■|1)

20. Zehn Liter Farbe reichen für etwa 60 m². In einem Haus sind Flächen von 20 m², von 44 m², von 35 m² und von 51 m² zu streichen. Wie viel Liter Farbe wird insgesamt für die Malerarbeiten benötigt?

21. **Ausblick:** Bei einem Online-Versandhandel kostet eine Packung Gummibänder zum Basteln 1,99 €. Es werden einmalig 1,30 € Versandkosten fällig.
    a) Stelle eine Formel auf, mit der man den Preis für x Packungen (einmal mit und einmal ohne Versandkosten) berechnen kann.
    b) Berechne mithilfe der Formel, wie viele Packungen man sich für 20 € schicken lassen kann.

1.5 Antiproportionale Zuordnungen

■ Vier Freunde teilen sich eine Tüte Fruchtgummis. Jeder von ihnen bekommt 15 Stück.

Ermittle, wie viele Fruchtgummis jeder bekommen könnte, wenn es drei Freunde (fünf Freunde, sechs Freunde) wären? ■

Eigenschaften antiproportionaler Zuordnungen

Beispiel 1: Zehn Personen machen eine Gruppenfahrt. Für die Busfahrt ist, unabhängig von der Personenanzahl, ein Festpreis von 300 € vereinbart. Übertrage die Tabelle ins Heft und fülle sie aus.

Anzahl (Personen)	Preis pro Person
10	30 €
20	
5	
25	

Lösung:
Bei 10 Personen kostet die Fahrt 30 € pro Person.
Bei **doppelter** Personenanzahl (20) **halbiert** sich der Preis pro Person (15 €).
Bei **halber** Personenanzahl (5) **verdoppelt** sich der Preis (60 €).

Beim Verfünffachen einer Personenanzahl wird der Preis ein Fünftel so groß.

Anzahl	Preis pro Person
10	30 €
20	15 €
5	60 €
25	12 €

Die Zuordnung aus Beispiel 1 heißt antiproportional. Man sagt auch, dass die Anzahl der Personen und der Preis pro Person antiproportional zueinander sind.
Zeichnet man den Graphen dieser Zuordnung, dann liegen alle Punkte auf einer fallenden und gekrümmten Kurve.
Die Punkte dürfen nicht verbunden werden, da hier beispielsweise eine Angabe des Preises für 20,8 Personen sachlich nicht sinnvoll ist.

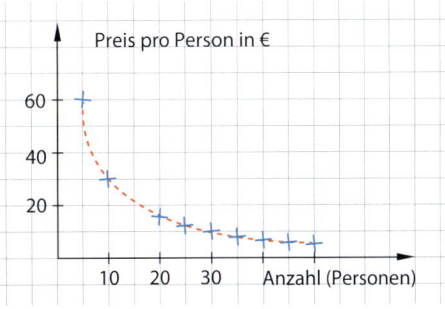

Hinweis:
Statt *antiproportional* sagt man manchmal auch *umgekehrt proportional*.

Wissen: Antiproportionale Zuordnungen

Für antiproportionale Zuordnungen x ↦ y gilt:

Verdoppelt (verdreifacht, ...) oder **halbiert (drittelt, ...)** sich der Ausgangswert x, dann **halbiert (drittelt, ...)** oder **verdoppelt (verdreifacht, ...)** sich der zugeordnete Wert y.

Im Koordinatensystem liegen alle Punkte auf einer besonderen **(gekrümmten)** „fallenden" Kurve, die aber beide Koordinatenachsen niemals schneidet.
Solche Kurven werden **Hyperbeln** genannt.

Basisaufgaben

1. Überprüfe zeichnerisch, ob eine antiproportionale Zuordnung x ↦ y vorliegt. Gib (wenn möglich) eine Zuordnungsvorschrift an.

   a)
x	2	5	15	20	35	50
y	100	40	20	25	15	4

   b)
x	1	3	5	10	15	75
y	150	50	30	15	10	2

   c)
x	2	4	6	10	15	20
y	150	70	50	30	20	12

   d)
x	200	120	75	30	150	75
y	3	5	8	20	4	2

2. Übertrage ins Heft und fülle die Tabelle für eine antiproportionale Zuordnung x ↦ y aus. Gib auch eine Zuordnungsvorschrift an.

   a)
x	1	2,5	5	10	25	50
y			40			

   b)
x	10	7	5	3	2	1
y				7		

3. Vervollständige die Tabellen im Heft für antiproportionale Zuordnungen.

   a)
Anzahl Portionen	1	2	4	5	8	10
Größe der Portionen (in g)		250				

   b)
Verbrauch für 100 km (in ℓ)	3	4,5	6	7,5	9	12
Fahrstrecke (in km)			900			

4. Gesucht sind die Seitenlängen a und b eines Rechtecks mit einem Flächeninhalt von 24 cm².
   a) Ergänze die Tabelle im Heft.

a in (cm)	1		2	6	9,6	10	
b in (cm)		16					1,5

   b) Prüfe, welcher der Graphen zur Zuordnung *Länge der Seite a ↦ Länge der Seite b* passt. Begründe deine Aussage.

   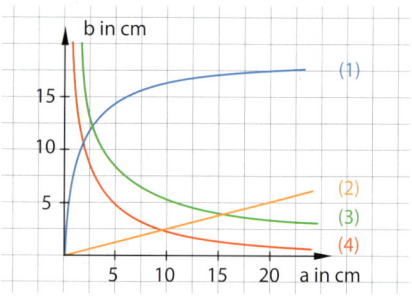

5. Vier Leitungen mit gleichem Querschnitt und gleichem Wasserdruck füllen ein Schwimmbecken in acht Stunden vollständig mit Wasser.
   a) Übertrage die Tabelle ins Heft und fülle sie aus.

Anzahl (Leitungen)	2	3	4	6	8	16	24
Dauer (in h)		8					

   b) Zeichne den Graphen der Zuordnung. *Anzahl der Leitungen ↦ Dauer (in h)* Entscheide, ob die Punkte verbunden werden dürfen.

6. Eine Tippgemeinschaft aus zwei Mitspielern gewinnt 2400 €.
   a) Wie viel Euro bekommt jeder Mitspieler bei gleichem Einsatz?
   b) Wie viel Euro wären es bei einer Tippgemeinschaft aus 3; 4; 6; 8 oder 15 Personen?
   c) Entscheide, ob die Zuordnung *Anzahl der Personen ↦ Gewinn (in €)* eine antiproportionale Zuordnung ist. Begründe deine Aussage.
   d) Wie viel Euro bekommt jeder Mitspieler bei doppeltem (dreifachem) Gewinn?

1.5 Antiproportionale Zuordnungen

Produktgleichheit bei antiproportionalen Zuordnungen

Es sollen 12 Liter Apfelsaft in Flaschen abgefüllt werden. Die Zuordnung *Inhalt Flasche in ℓ ↦ Anzahl Flaschen* ist antiproportional. Multipliziert man den Inhalt einer Flasche mit der Anzahl der Flaschen, erhält man als Produkt immer 12 Liter.

Inhalt (in ℓ)	0,2	0,5	0,75	1,5
Anzahl Flaschen	60	24	16	8
Produkt (in ℓ)	60 · 0,2 = 12	24 · 0,5 = 12	16 · 0,75 = 12	8 · 1,5 = 12

> **Wissen: Produktgleichheit bei antiproportionale Zuordnungen**
> Eine Zuordnung x ↦ y heißt **antiproportional,** wenn für alle Wertepaare (x | y) das Produkt x · y den gleichen Wert k (k ≠ 0) hat, also die Wertepaare **produktgleich** sind.
>
> *Schreibe kurz:* $y \sim \frac{1}{x}$ oder $(y = \frac{k}{x}$ bzw. $x \cdot y = k$ mit $k \neq 0; x \neq 0)$
>
> *Sprich:* **y ist antiproportional zu x**

> **Beispiel 2:** Untersuche, ob die gegebene Zuordnung antiproportional ist. Gib (wenn möglich) eine Zuordnungsvorschrift als Gleichung an.
>
> a) x ↦ y mit:
>
> | x | 2 | 3 | 4 | 5 | 6 |
> |---|---|---|---|---|---|
> | y | 6 | 4 | 3 | 1,5 | 1 |
>
> b) x ↦ y mit:
>
> | x | 2 | 3 | 4 | 5 | 6 |
> |---|---|---|---|---|---|
> | y | 4,5 | 3 | 2,25 | 1,8 | 1,5 |
>
> **Lösung:**
>
> a) Prüfe, ob das Produkt aus Ausgangswert x und zugeordnetem Wert y für jedes Wertepaar gleich ist.
> Da die Produkte nicht alle gleich groß sind, liegt keine antiproportionale Zuordnung vor.
>
> | x | 2 | 3 | 4 | 5 | 6 |
> |---|---|---|---|---|---|
> | y | 6 | 4 | 3 | 1,5 | 1 |
> | x · y | 12 | 12 | 12 | 7,5 | 6 |
>
> b) Prüfe, ob das Produkt aus Ausgangswert x und zugeordnetem Wert y für jedes Wertepaar gleich ist.
> Da die Produkte alle gleich groß sind, liegt eine antiproportionale Zuordnung vor.
>
> | x | 2 | 3 | 4 | 5 | 6 |
> |---|---|---|---|---|---|
> | y | 4,5 | 3 | 2,25 | 1,8 | 1,5 |
> | x · y | 9 | 9 | 9 | 9 | 9 |
>
> Es gilt: $y = \frac{9}{x}$

Basisaufgaben

7. Überprüfe rechnerisch, ob eine antiproportionale Zuordnung x ↦ y vorliegt. Gib (wenn möglich) eine Zuordnungsvorschrift an.

a)
x	2	5	15	20	35	50
y	100	40	20	25	15	4

b)
x	1	3	5	10	15	75
y	150	50	30	15	10	2

c)
x	2	4	6	10	15	20
y	150	70	50	30	20	12

d)
x	200	120	75	30	150	75
y	3	5	8	20	4	2

1. Zuordnungen

8. Übertrage ins Heft und fülle die Tabelle für eine antiproportionale Zuordnung x ↦ y aus. Gib auch eine Zuordnungsvorschrift an.

a)
x	1	2,5	5	10	25	50
y				40		

b)
x	10	7	5	3	2	1
y				7		

9. Prüfe auf Antiproportionalität und gib bei Vorliegen an, welche Bedeutung das Produkt aus Ausgangswert und zugeordnetem Wert hat.

a)
Anzahl (gleich lange Teile)	1	2	5	8	10	20
Länge eines Holzteils (in cm)	200	100	40	25	20	10

b)
Anzahl (Teilnehmer)	5	10	15	20	25	30
Preis pro Teilnehmer (in €)	90,00	45,00	30,00	25,00	20,00	18,00

c)
Anzahl (Urlaubstage)	3	5	7	10	12	14
Budget pro Tag (in €)	130,00	78,00	55,71	39,00	32,50	27,86

d)
Anzahl (Artikel)	10	20	50	100	150	200
Preis pro Artikel (in €)	1,29	1,25	1,20	1,18	1,15	1,09

Weiterführende Aufgaben

10. Gegeben sind zwei Wertetabellen:

(1)
x	1	2	4	5	6
y	10	5	2,5	2	1,5

(2)
x	1	2	2,5	3,2	5
y	8	4	3,2	2,5	1,6

Prüfe, ob eine antiproportionale Zuordnung vorliegt und gib (wenn möglich) eine Zuordnungsvorschrift an. Stelle diese Zuordnung in einem Koordinatensystem grafisch dar und prüfe, ob die Punkte (8|1); (3|3,4); (4|2) zu dieser Zuordnung gehören.

11. Prüfe, ob die Zuordnung antiproportional ist. Begründe deine Entscheidung.
    a) Anzahl der Personen (Frühstück) ↦ Anzahl der Brötchen für jeden (gleichmäßige Aufteilung)
    b) Länge des Schulweges ↦ Anzahl der Schritte bei gleicher Schrittlänge
    c) Anzahl gleich großer Fliesen an einer Wand ↦ Fläche jeder Fliese
    d) Anzahl der Spieler, auf die alle Spielkarten eines Kartenspiels verteilt werden ↦ Anzahl der Spielkarten für jeden Spieler

Hinweis zu 12:
Die Lösungen findest du im Preisschild.

12. Ein Stamm wurde in 12 Bretter mit jeweils einer Stärke von 4 cm zersägt. Gib an, wie viele Bretter von 2 cm; 1,5 cm; 2,5 cm; 3 cm; 3,2 cm und 4,8 cm Stärke man aus dem Baumstamm jeweils hätte erhalten können. Die Schnittbreiten bleiben unberücksichtigt.

13. Eine Dose Fischfutter reicht bei 6 Diskusfischen im Aquarium 80 Tage. Berechne, wie viele Tage die gleiche Menge für 8 Diskusfische und wie viele Tage die gleiche Menge für 5 Diskusfische reichen würde.

14. Eine Wandergruppe beabsichtigte, nach fünf Tagen am Ziel anzukommen. Statt der geplanten 30 km wurden aber täglich nur 25 km zurückgelegt. Berechne, nach wie vielen Tagen die Gruppe nun das Ziel erreicht.

1.5 Antiproportionale Zuordnungen

15. Ein Rechteck mit ganzzahligen Seitenlängen a und b soll einen Flächeninhalt von $A = 36\,cm^2$ haben.
    a) Gib Seitenlängen solcher Rechtecke an und erstelle damit eine Tabelle.
    b) Stelle die Zuordnung $a \mapsto b$ grafisch dar.
    c) Berechne die Umfänge der Rechtecke. Welches der Rechtecke hat den kleinsten Umfang.

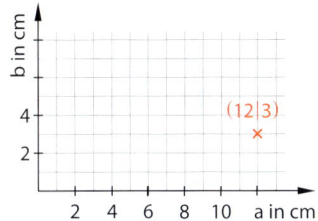

16. **Stolperstelle:** Karen ist der Meinung, dass hier zwei antiproportionale Zuordnungen und drei „Je mehr, desto weniger"-Zuordnungen gegeben sind. Was meinst du? Begründe deine Aussage.

    Länge des Schulweges ↦ Anzahl der Schritte

    Gefahrene Strecke mit dem Auto ↦ Tankinhalt

    Alter eines Baumes ↦ Baumgröße

    Anzahl der Fische im Aquarium ↦ Raum pro Fisch

    Anzahl der Tage seit Silvester ↦ Anzahl der Tage bis Silvester

    Anzahl der Spieler, auf die alle Spielkarten verteilt werden ↦ Spielkarten pro Spieler

    Hinweis zu 16: Erhöht man bei „Je mehr, desto weniger"-Zuordnungen die Werte der Ausgangsgröße, so verkleinern sich die Werte der zugeordneten Größe.

17. Übertrage die Tabelle einer antiproportionalen Zuordnung ins Heft. Stelle die Zuordnung dann grafisch dar. Setze voraus, dass die Geschwindigkeit während der gesamten Fahrt gleich bleibt.

Fahrzeit in h			3			
Geschwindigkeit in $\frac{km}{h}$	120	80	60	40	30	

    a) Berechne die Länge der Fahrstrecke.
    b) Ermittle die Zeit, die ein Autofahrer theoretisch sparen könnte, wenn er die Geschwindigkeit auf der Strecke von 120 km um $20\,\frac{km}{h}$ erhöhen würde.

18. Das größte Schwimmbecken der Welt in Chile fasst $250\,000\,m^3$ Wasser. Zur Reinigung wird das Wasser zweimal im Jahr komplett aus dem Becken abgepumpt.
    a) Eine Pumpe schafft in einer Stunde 125 000 Liter. Wie lange würde es dauern, bis das gesamte Wasser aus dem Becken wäre bei:
       – einer solcher Pumpe
       – bei 5; 10; 25; 50 solcher Pumpen
       Lege eine Tabelle für die Zuordnung *Anzahl der Pumpen → Abpumpzeit (in h)* an.
    b) Erstelle ein Diagramm mit den Werten aus a) und ermittle, wie viele Pumpen gleichzeitig arbeiten müssen, um das Becken innerhalb von zwei Tagen bei durchgehendem Pumpenbetrieb zu leeren. Überprüfe das Ergebnis rechnerisch.

19. **Ausblick:** In einem Freizeitpark kostet der Eintritt für eine Gruppe bis zu 20 Personen 640 €. Jede weitere Person zahlt 16 €. Die Klasse 7c teilt den Gesamtpreis auf alle Schüler auf. Jeder muss 26 € bezahlen.
    a) Berechne, wie viele Schüler in der Klasse sind.
    b) Erstelle einen Aushang, der über den Preis pro Person bei Gruppen bis zu 35 Schülern informiert. Gestalte den Aushang so, dass der Freizeitpark ihn nutzen könnte.

1.6 Dreisatz für antiproportionale Zuordnungen

■ Drei baugleiche Industrieroboter benötigen zum Verladen von Kartons 6 Stunden, um die Arbeiten für einen Auftrag auszuführen.

Ermittle, wie lange ein solcher Roboter braucht, um diesen Auftrag allein auszuführen und wie lange 10 solcher Roboter für den gleichen Auftrag benötigen. ■

Auch für antiproportionalen Zuordnungen gibt es einen Dreisatz.

> **Wissen: Dreisatz für antiproportionale Zusammenhänge**
> Bei antiproportionalen Zusammenhängen zweier Größen lassen sich aus zwei einander zugeordneten Größenangaben weitere einander zugeordnete Größenangaben berechnen:
>
> *Schritt 1:* Gib die **bekannten** einander zugeordneten **Größenangaben** an.
>
> *Schritt 2:* Berechne die **Einheit**, indem du eine Größenangabe zum Beispiel durch **eine Zahl dividierst** und die **zugeordnete Größenangabe mit derselben Zahl multiplizierst**. Es wird also für die zweite Größenangabe die umgekehrte Rechenoperation verwendet.
>
> *Schritt 3:* Berechne die gesuchte Größe, indem du die einander zugeordneten Größenangaben der **Einheit** mit derselben Zahl **multiplizierst** und die **zugeordnete Größenangabe** durch **dieselbe Zahl dividierst**. Es wird also auch hier für die zweite Größenangabe die **umgekehrte Rechenoperation** verwendet.

Beispiel 1: Zwei baugleiche Industrieroboter mit gleicher Leistung verladen Kartons für einen Auftrag in 10 h. Bei diesem Auftrag könnten auch mehrere baugleiche Roboter eingesetzt werden.
a) Wie viel Stunden würden 5 dieser Roboter zum Ausführen des Auftrags benötigen?
b) Wie viele dieser Roboter wären nötig, um den Auftrag in 2,5 h auszuführen?

Lösung:
a) (1) Gib die bekannten einander zugeordneten Größenangaben an.
(2) Berechne die Einheit. Dividiere dazu in der linken Spalte durch 2 und multipliziere in der rechten Spalte mit 2.
(3) Ermittle das Ergebnis durch Multiplizieren in der linken Spalte mit 5 und Dividieren in der rechten Spalte durch 5.

Anzahl in Stück	Zeit in h
:2 (2	10) ·2
1	20
·5 (5	4) :5

5 Roboter schaffen es in 4 h.

b) (1) Gib die bekannten einander zugeordneten Größenangaben an.
(2) Berechne die Einheit. Dividiere dazu in der linken Spalte durch 10 und multipliziere in der rechten Spalte mit 10.
(3) Ermittle das Ergebnis durch Multiplizieren in der linken Spalte mit 2,5 und Dividieren in der rechten Spalte durch 2,5.

Zeit in h	Anzahl in Stück
:10 (10	2) ·10
1	20
·2,5 (2,5	8) :2,5

Für 2,5 h wären 8 Roboter nötig.

1.6 Dreisatz für antiproportionale Zuordnungen

Basisaufgaben

1. Übertrage ins Heft und fülle die Tabelle für eine antiproportionale Zuordnung aus.

a)
Arbeiter	Stunden
3	20
1	
5	

b)
Lkw	Fuhren
5	6
1	
3	

c)
Stunden	Arbeiter
0,25	6
1	
0,75	

d)
Stunden	Mähdrescher
8	3
1	
6	

e)
Stunden	Maschinen
6	9
1	
18	

f)
Bagger	Stunden
2	15
1	
3	

2. Herr Bause besitzt fünf Pferde. Normalerweise reicht eine Haferlieferung, um diese Pferde sechs Tage damit zu füttern. In den nächsten 14 Tagen stehen wegen eines Turniers im Ausland zwei Pferde weniger im Stall. Wie lange reicht eine Haferlieferung jetzt?

3. Wenn sich drei Personen den Preis einer Taxifahrt teilen, bezahlt jeder 10,20 €. Wie viel Euro müsste jede Person zahlen, wenn sich vier Personen den Preis für diese Fahrt teilen?

4. Hier hat Paul beim Lösen nur zwei Schritte benötigt. Wie wird er vorgegangen sein?
   a) Eva, Paul, Jens und Jana teilen sich die Gebühr für eine Stunde Bowlingbahn. Jeder zahlt 5,50 €. Gib an, wie viel Euro jeder zahlen müsste, wenn nur Eva und Paul die Bahn für eine Stunde mieten würden.
   b) Für 20 Schweine reicht ein Futtervorrat 10 Tage. Wie viele Tage würde der Vorrat für 40 Schweine reichen?

5. Rechne mit dem Dreisatz.

① Wenn eine bestimmte Anzahl Waffeln gerecht auf drei Personen verteilt wird, bekommt jede Person drei Waffeln. Wie viele Waffeln sind es bei sechs Freunden?

② Für acht Tiere reicht der Futtervorrat genau drei Tage. Wie viele Tage würde die gleiche Menge Futter für 24 solcher Tiere ausreichen?

③ Bei einer Durchschnittsgeschwindigkeit von $10\frac{km}{h}$ dauert eine Radtour 6 h. Wie lange würde sie bei einer Durchschnittsgeschwindigkeit von $12\frac{km}{h}$ dauern?

④ Über 8 gleiche Zuflüsse lässt sich ein Becken in 300 min füllen. Wie viele solcher Zuflüsse müssten es sein, um das Becken in 4 h zu füllen?

⑤ 6 gleichartige Maschinen benötigen 4 Tage für einen Auftrag. Wie viele solcher Maschinen könnten den Auftrag in 3 Tagen schaffen?

Weiterführende Aufgaben

Tipp zu 6:
Überlege stets zu Beginn, ob eine direkt proportionale oder eine antiproportionale Zuordnung vorliegt.

6. Erkläre dein Vorgehen beim Lösen der Aufgabe.
   a) Für eine Autofahrt von 400 km hat ein Pkw 28 Liter benötigt. Berechne den durchschnittlichen Benzinverbrauch für 150 km.
   b) 5 Lkws gleichen Typs müssen sechsmal fahren, um Bauschutt von einer Baustelle abzutransportieren. Berechne, wie oft 3 Lkws dieses Typs dafür fahren müssten.

7. Ein zu einem Festpreis gemieteter Bus kostet für jeden der 28 Teilnehmer 5,70 €.
   a) Wie viel Euro müsste jeder Teilnehmer zahlen, wenn drei Personen weniger an der Fahrt teilnehmen würden?
   b) Wie viel Euro müsste jeder Teilnehmer zahlen, wenn zwei Personen mehr an der Fahrt teilnehmen würden?

8. Ein Mähdrescher mäht eine Fläche von 3 ha in 2,5 h.
   a) Berechne, wie viel Stunden für eine Fläche von 2 ha benötigt werden.
   b) Berechne, wie lange 2 Mähdrescher dieses Typs für eine Fläche von 6 ha benötigen.

9. **Stolperstelle:** Wo steckt der Fehler?
   Lea kauft einen 8er-Pack Batterien für 4,68 € und verkauft ihrem Bruder davon 2 Batterien für 3,42 €. Vorher hat sie die Tabelle ausgefüllt.

Preis in €	Batterien
4,68	8
1	1,71
2	3,42

10. Ein Förderband transportiert in 5 min etwa 800 kg Sand.
    Entwickle dazu eine Aufgabe, die mit dem Dreisatz gelöst werden kann.

11. Auf einer Baustelle werden vier Bagger eingesetzt. Sie brauchen für die Arbeiten 60 Arbeitsstunden.
    a) Wie viele Bagger sind nötig, um die Arbeit in 40 Stunden zu erledigen?
    b) Wie viele Bagger sind nötig, um die Arbeit in 2 Stunden zu erledigen?
    c) Beurteile, ob die Ergebnisse aus a) und b) praktisch sinnvoll sind.

12. Zum Drucken von Postern werden zwei baugleiche Plotter eingesetzt, die beide zusammen 200 Poster in 4 h ausdrucken.
    a) Berechne, wie lange 3 Plotter der gleichen Bauart für 200 Poster benötigen.
    b) Berechne, wie viele derartige Plotter nötig sind, wenn 200 Poster in nur einer Stunde gedruckt werden sollen.

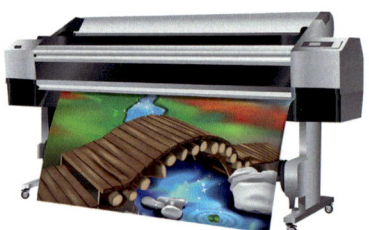

13. Für die Verkleidung einer Wand im Gartenhaus der Familie Schulze werden 21 Bretter mit jeweils einer Breite von 12 cm benötigt. Es gibt aber ein Angebot mit 14 cm breiten Brettern. Berechne, wie viele Bretter dieser Sorte dann zu kaufen sind.

14. **Ausblick:** Für einen 80 cm langen und 20 cm breiten Schal wurden 280 g Wolle benötigt. Überlege, ob 200 g Wolle der gleichen Sorte (bei gleichem Strickmuster) ausreichen, einen 75 cm langen und 15 cm breiten Schal zu stricken. Erläutere deine Überlegungen.

Tabellenkalkulation

■ Kati und Kai sollen die folgende Zuordnung auf Proportionalität untersuchen:

x	0,69	1,2	2,4	3,6	3,9
y	8,1	4,05	2,025	1,35	1,1

Kerstin meint, wenn überhaupt Proportionalität vorliegt, dann indirekte Proportionalität. Darauf sagt Fritz: „Das können wir mit einer Tabellenkalkulation schnell untersuchen."

Erläutere, wie das gehen könnte. ■

Zeilen und **Spalten** in Tabellenkalkulationen bilden Rechenblätter. Die Zeilenbezeichnungen sind Zahlen. Die Spaltenbezeichnungen sind Großbuchstaben. Zeilen und Spalten schneiden einander jeweils in einer **Zelle**, die durch ihre Zeilennummer und ihren Spaltenbuchstaben eindeutig festgelegt ist. Beide Angaben bilden die **Adresse** der Zelle.

	A	B	C	D
1				
2				

Die hier rot hervorgehobene Zelle steht in Spalte B und in Zeile 2. Ihre Adresse ist B2. In Zellen können sowohl **Daten** (Zahlen und Text) als auch Formeln eingetragen werden.

> **Wissen: Berechnungen mit einer Tabellenkalkulation durchführen**
> Berechnungen erfolgen mithilfe von **Formeln**. Jede Formel **beginnt mit** einem **Gleichheitszeichen**. Es können Adressen von Zellen und Operationszeichen verwendet werden:
>
> | Rechenoperation | Addition | Subtraktion | Multiplikation | Division |
> |---|---|---|---|---|
> | Rechenzeichen | + | – | * | / |

Hinweis:
Steht in Zelle B2 die Formel „=A2/A1", wird der Quotient aus den Werten der Zellen A2 und A1 berechnet. In der Zelle B2 wird automatisch der Quotient angezeigt.

Beispiel 1: Untersuche die Zuordnungen x ↦ y mit einer Tabellenkalkulation auf Proportionalität.

a)
x	0,5	1,7	2,4	4,6	6,1
y	0,8	2,72	3,84	7,36	9,76

b)
x	0,4	1,5	2,5	5	6
y	11,25	3	1,8	0,85	0,8

Lösung:

a) Trage die Angaben in ein Rechenblatt ein und schreibe in die Zelle B3 folgende Formel: „=B2/B1"
Erweitere den Eintrag in B3 auf die Zellen C3 bis F3.

	A	B	C	D	E	F
1	x	0,5	1,7	2,4	4,6	6,1
2	y	0,8	2,72	3,84	7,36	9,76
3	y:x	1,6	1,6	1,6	1,6	1,6

Die Zuordnung ist direkt proportional.

Tipp:
In der Zelle F3 muss beispielsweise die Formel „=F2/F1" stehen.

b) Trage die Angaben in ein Rechenblatt ein und schreibe in die Zelle B7 folgende Formel: „=B5*B6"
Erweitere den Eintrag in B7 auf die Zellen C7 bis F7.

	A	B	C	D	E	F
5	x	0,4	1,5	2,5	5	6
6	y	11,25	3	1,8	0,85	0,8
7	y·x	4,5	4,5	4,5	4,25	4,8

Es liegt keine Proportionalität vor.

Basisaufgaben

1. Untersuche mit einer Tabellenkalkulation auf Proportionalität. Überlege vorher, welche Form der Proportionalität überhaupt möglich wäre.

a) $a \mapsto b$

a	0,6	1,4	2,2	5,9	7,3
b	1,38	3,22	5,06	13,57	16,79

b) $r \mapsto s$

r	0,2	0,5	1,25	2,5	4,0	170
s	42,5	17	6,8	3,4	2,125	0,05

Hinweis zu 2 d: Die Potenz x^3 wird in einer Tabellenkalkulation wie folgt geschrieben: x^3

2. Stelle mit einer Tabellenkalkulation eine Tabelle für die Zuordnung $x \mapsto y$ auf. Wähle für x folgende Zahlen: 0,5; 1,0; 1,5; 2,0; 2,5; 3,0; 3,5; 4,0; 4,5; 5,0

a) $y = 3,1 \cdot x$ b) $y = \frac{3,1}{x}$ c) $y = 3,1 \cdot x + 2,1$ d) $y = x^3$

3. Luisa hat 18 cm lange Kerzen hergestellt und testet deren Brenndauer. Sie misst jeweils nach einer halben Stunde die Länge der Kerze: 17,7 cm; 17,4 cm; 17,1 cm; 16,8 cm
a) Prüfe die Zuordnung *Brenndauer* $\mapsto$ *Kerzenlänge* auf Proportionalität.
b) Prüfe, ob die Gleichung $y = 18 - 0,6 \cdot x$ zum Berechnen der Kerzenlänge y geeignet ist.

Weiterführende Aufgaben

4. Untersuche die Zuordnung $a \mapsto b$ auf Proportionalität. Erkläre dein Vorgehen.

a	0,2	0,4	0,6	0,8	1,5	2	2,5	4
b	45	22,5	15	11,25	6	4,5	3,6	2,25

5. Maja meint, dass ihre Zuordnung nicht direkt proportional ist. Lars meint, dass seine Zuordnung direkt proportional ist. Was meinst du? Erkläre, wie beide zu ihren Meinungen gekommen sein könnten.

Maja

x	1,1	2,1	3,1	4,1	5,1
y	2,5	4,8	7,1	9,3	13,9
y : x	2,273	2,286	2,290	2,268	2,725

Lars

x	1,1	2,1	3,1	4,1	5,1
y	2,5	4,8	7,1	9,3	13,9
y : x	2,3	2,3	2,3	2,3	2,3

6. In einem Copy-Center kostet das Anfertigen von A4-Kopien pro Blatt 9 Cent.
a) Notiere die Formeln für die Zellen B3, B4 und B5.
b) Erstelle mit einer Tabellenkalkulation solch eine Tabelle für Kopien bis 20 Blatt.

	A	B
1	Anzahl	Preis
2	1	0,09 €
3	2	0,18 €
4	3	0,27 €
5	4	0,36 €

7. Forschungsauftrag: Hier sind Umrechnungstabellen gegeben. *Umrechnungskurs: 1 USD ≙ 0,82 EUR*
a) Sowohl die Zuordnung *USD* $\mapsto$ *EUR* als auch die Zuordnung *EUR* $\mapsto$ *USD* ist direkt proportional. Gib jeweils den Proportionalitätsfaktor an.
b) Gib Formeln für die Zellen B3, B5, C3 und C5 an. Erstelle jeweils solch eine Tabelle mit einer Tabellenkalkulation.

Hinweis zu 7: Die Abkürzung für US-Dollar ist: USD. Die Abkürzung für Euro ist: EUR

	A	B	C
1		1 USD	0,82 EUR
2	USD	1	1,2
3	EURO	0,82 €	3,75
4	EURO	1	4,5
5	USD	$ 1,22	$ 1,22

1.7 Vermischte Aufgaben

1. Ermittle, welche Packungsgröße das günstigste Angebot ist. Begründe dein Vorgehen.

2. Auf Karten (Wanderkarten, Stadtplänen usw.) ist immer ein Maßstab angegeben.
   a) Übertrage die Tabelle ins Heft und fülle sie für einen Maßstab von 1 : 70 000 aus.

Strecke auf der Karte (Bildstrecke)	Strecke in Wirklichkeit (Originalstrecke)
1 cm	
4 cm	
9 cm	
	7 km
15 cm	

   b) Stelle die Zuordnung *Bildstrecke* ↦ *Originalstrecke* in einem Diagramm dar.
   c) Untersuche auf Proportionalität. Gib gegebenenfalls eine Gleichung als Zuordnungsvorschrift an.

3. Auf der Geraden einer direkt proportionalen Zuordnung liegt im Koordinatensystem der Punkt P (2|1). Gib die fehlenden Koordinaten folgender Punkte dieser Geraden an:
   (1) R(1|?)   (2) S(?|1,5)   (3) T(1,5|?)   (4) U(?|2)

4. Auf der Hyperbel einer antiproportionalen Zuordnung liegt im Koordinatensystem der Punkt P (1 | 12). Gib die fehlenden Koordinaten folgender Punkte dieser Kurve an:
   (1) A(?|?)   (2) B(?|2)   (3) C(1,5|?)   (4) D(?|3)

5. Die Winkel α und β sind Basiswinkel und der Winkel γ ist der Winkel an der Spitze von gleichschenkligen Dreiecken. Der Winkel $\bar{\gamma}$ ist der Nebenwinkel von γ (er wird auch Außenwinkel genannt).
   a) Übernimm die Tabelle ins Heft und fülle sie aus.
   b) Stelle die Zuordnungen α ↦ γ und α ↦ $\bar{\gamma}$ grafisch dar.
   c) Untersuche beide Zuordnungen auf Proportionalität. Gib gegebenenfalls eine Gleichung als Zuordnungsvorschrift an.

α	β	γ	$\bar{\gamma}$
20°			
30°			
45°			
60°			
80°			

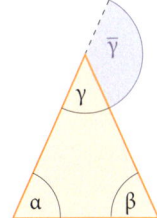

6. Jens sieht, wie ein Blitz in einen 5 km entfernten Baum einschlägt. Den Donner hört er nach 14,5 s.
   a) Berechne die Entfernung eines Blitzeinschlages, dessen Donner nach 10 Sekunden zu hören ist. Erkläre den Lösungsweg.
   b) Die Angabe von 10 Sekunden ist ein Messwert, der nicht ganz genau ist. Berechne die Entfernung des Blitzeinschlages, wenn die genaue Zeitdauer 9,5 s wäre.

7. Franks Vater macht 3500 Schritte, um vom Bahnhof nach Hause zu gehen.
   a) Wie lang ist der zurückgelegte Weg, wenn seine Schrittlänge etwa 75 cm beträgt?
   b) Wie viele Schritte muss Frank für diese Strecke bei einer Schrittlänge ca. 50 cm machen?

8. Eine Familie mit zwei Kindern benötigt für eine Fahrt von Hannover nach Braunschweig eine Stunde und zehn Minuten. Berechne die Fahrzeit für eine Familie mit vier Kindern.

9. Hier ist eine Fieberkurve bei Masern dargestellt.
   a) Beschreibe die Zuordnung.
   b) Erstelle für die dargestellte Zuordnung eine Tabelle.
   c) Wann wurde die niedrigste und wann wurde die höchste Temperatur gemessen?

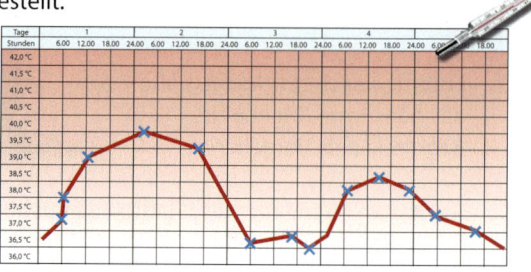

10. Übernimm die Tabelle ins Heft und fülle sie aus:
    (1) zur Darstellung einer direkt proportionalen Zuordnung
    (2) zur Darstellung einer antiproportionalen Zuordnung
    a) Gib zu jeder Zuordnung eine Gleichung an.
    b) Stelle jede Zuordnung als Diagramm dar.

x	2		8	10	
y		1	2		5

11. Untersuche, ob und welche Art der Proportionalität vorliegt. Löse die Aufgabe sowohl mit als auch ohne Dreisatz. Bei welcher Aufgabe ist keine Berechnung möglich? Begründe das.
    a) Am Kiosk kosten 150 g Fruchtgummi 2 €. Wie viel Euro kosten 500 g Fruchtgummi?
    b) Jan und Max tragen am Sonntag Zeitungen aus. Dafür benötigen sie 3,5 Stunden. Da sie heute noch ins Kino wollen, helfen ihnen drei Freunde. Wie lange würden sie nun benötigen, wenn jeder gleich lange und genauso schnell mithilft?
    c) Fünf Pumpen benötigen 9 Stunden, um ein Schwimmbecken leer zu pumpen. Wie lange dauert das Auspumpen des Beckens, wenn zwei Pumpen defekt sind.
    d) Lisa schreibt ihrer Brieffreundin einen 2-seitigen Brief. Sie zahlt 0,62 € Porto. Der nächste Brief hat 5 Seiten. Wie viel Euro zahlt sie nun?
    e) Herr Mähler hat für 25 Gehwegplatten 50 € bezahlt. Nun benötigt er 125 weitere. Mit welchem Preis muss er rechnen?

12. Schreibe je ein eigenes Beispiel für eine direkt proportionale, für eine antiproportionale und für eine Zuordnung auf, die weder direkt proportional noch antiproportional ist.

13. Bei einer Durchschnittsgeschwindigkeit von $100 \frac{km}{h}$ benötigt ein Auto auf der Autobahn 48 min. Ermittle die Zeit, die das Auto für diese Strecke bei der gegebenen Durchschnittsgeschwindigkeit benötigt.
    a) $60 \frac{km}{h}$ b) $80 \frac{km}{h}$ c) $90 \frac{km}{h}$ d) $120 \frac{km}{h}$

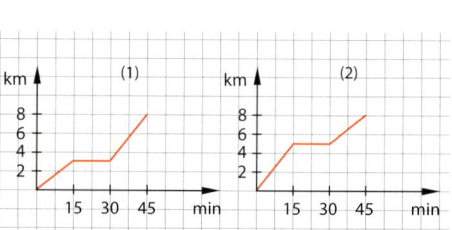

14. Adam, Ben und Eva haben eine Radtour unternommen. Adam beschreibt die Tour so: „Am Anfang sind wir gut vorangekommen. Dann haben wir eine Pause eingelegt, um schließlich einen steilen Berg hinauf zu fahren."
    Ben (1) und Eva (2) zeichnen für diese Tour jeweils ein Diagramm.

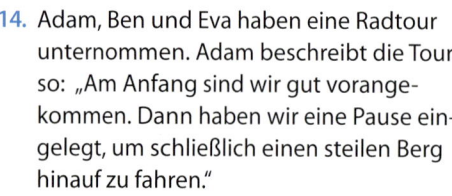

    a) Entscheide und begründe, welches Diagramm zu Adams Geschichte passt.
    b) Beschreibe mithilfe des richtigen Diagramms die Radtour ausführlicher als Adam, indem du auch die Zeiten und die zurückgelegten Wege berücksichtigst.

1.7 Vermischte Aufgaben

15. In einem Experiment wird von verschieden großen Körpern mit bekanntem Volumen die Masse ermittelt. Es entsteht eine Messreihe 1 für Körper aus gleichem (unbekanntem) Material und eine Messreihe 2 für Körper aus einem anderen, aber wieder gleichem (unbekanntem) Material.

Messreihe 1:

V in cm³	10	25	150	250
m in g	27	66	410	670

Messreihe 2:

V in cm³	10	20	50	7
m in g	115	220	570	84

a) Berechne jeweils die Quotienten $\frac{m}{V}$.
b) Martin stellt fest: „Da die Quotienten verschieden sind, sind Volumen und Masse also nicht direkt proportional zueinander."
Nik erwidert: „Ich denke schon, dass Volumen und Masse hier direkt proportional zueinander sind, denn die Quotienten sind doch annähernd gleich groß."
Was meinst du zu diesen Aussagen?

16. Die Klasse 7a fährt auf Klassenfahrt an das Steinhuder Meer (größter See in Niedersachsen). Die Anfahrt mit dem Zug sowie Übernachtung und Verpflegung in der Jugendherberge kosten für 27 Personen insgesamt 4050 €. Bis eine Woche vor der Anreise ist eine Stornierung (beispielsweise infolge Krankheit) möglich.
a) Gib an, um welche Zuordnung es sich bei der *Personenanzahl* ↦ *Preis* handelt.
b) Berechne, wie viel Euro jede Person zahlt.
c) Drei Tage vor Abreise werden zwei Schüler krank und können nicht mitfahren. Wie viel Euro müsste nun jede teilnehmende Person mehr bezahlen?
d) Die Klasse 7b unternimmt eine Woche später mit 29 Personen dieselbe Fahrt. Wie viel Euro zahlt diese Klasse insgesamt?

17. Sophia hat 150 ml Wasser mit dem Messbecher abgemessen und in einen Topf umgefüllt. Sie möchte aber 550 ml Wasser kochen.
a) Gib die Füllhöhe im Topf für 550 ml an.
b) Ermittle, wie viel Liter Wasser höchstens in den 15 cm hohen Topf passen.

18. Markus möchte das Sportabzeichen ablegen. Im Bereich „Ausdauer" muss er üben. Er startet seinen 1000-m-Lauf und will ihn in 6:00 min schaffen. Nach einer Stadionrunde, also nach 400 m, ruft ihm sein Freund Max zu: „Genau 2 Minuten und 18 Sekunden."
Was denkst du, wird Markus die 1000 m in der vorgegebenen Zeit schaffen?
Begründe deine Antwort.

19. Die Klasse 7b plant einen Kuchenverkauf und möchte den Erlös dem Tierheim spenden. Ein Stück Kuchen soll jeweils 1,80 € kosten.
a) Berechne die Höhe der Spende, wenn insgesamt 45 Stück Kuchen verkauft werden.
b) Erstelle eine Liste zur Berechnung des Gesamterlöses und gib den Gesamtbetrag für folgende Anzahlen verkaufter Kuchenstücke an:
15; 18; 20; 25; 35; 40; 42; 50; 56; 58; 60; 65; 72

	A	B	C
1	Kuchenverkauf		
2			
3	Preis pro Stück	Anzahl verkaufter Stücke Kuchen	Gesamteinnahmen
4	1,80 €	15	=A4*B4

Prüfe dein neues Fundament

1. Zuordnungen

Lösungen ↗ S. 238

1. In Florida werden Informationen zur Lebensweise von Alligatoren gesammelt. Neben der Anzahl der dort lebenden Alligatoren und der Kennzeichnung des genauen Aufenthaltsortes werden auch die Körperlänge und das Körpergewicht (Masse) erfasst. Die Tabelle enthält Daten von 15 Alligatoren.

Größe in cm	239	185	190	183	208	183	193	193	198	188	218	218	229	218	188
Masse in kg	59	39	50	39	36	32	55	61	48	36	39	41	48	38	31

Stelle die Zuordnung *Körpergröße* ↦ *Masse* in einem Diagramm dar.

2. Die Parkhausgebühr P beträgt für die ersten 2 Stunden insgesamt 1,50 € und für jede weitere angefangene Stunde 1,00 €. Entscheide und begründe, welches Diagramm den Sachverhalt richtig darstellt.

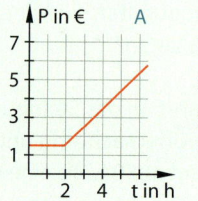 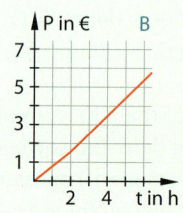 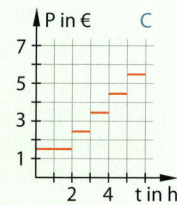

3. In einer Bäckerei wird ein einfaches Brötchen für 28 ct verkauft. Übernimm die Tabelle ins Heft, fülle sie aus, gib sowohl den Proportionalitätsfaktor sowie eine Zuordnungsvorschrift in Form einer Gleichung an und stelle diese Zuordnung in einem Diagramm dar.

Anzahl Brötchen	1	2	3	4	5	6	7
Preis in ct	28						

4. Eine Schulmensa kauft beim Bäcker täglich größere Mengen an Brötchen. Prüfe, ob die Zuordnung *Anzahl Brötchen* ↦ *Preis* in der Tabelle direkt proportional ist.

Anzahl Brötchen	10	20	30	40	50	60	70
Preis	2,80 €	5,60 €	8,40 €	11,20 €	13,00 €	14,00 €	15,00 €

5. Der Trinkwasservorrat einer Segelyacht reicht für 8 Personen erfahrungsgemäß 12 Tage. Übernimm die Tabelle ins Heft und fülle sie unter der Annahme aus, dass ein antiproportionaler Zusammenhang vorliegt. Gib eine Zuordnungsvorschrift als Gleichung an.

Anzahl Personen	1	2	4	8
Tage				12

Hinweis: Du kannst auch eine Tabellenkalkulation verwenden.

6. Untersuche die Zuordnungen x ↦ y auf Proportionalität. Begründe jeweils und gib, wenn möglich, eine Zuordnungsvorschrift in Form einer Gleichung an.

a)
x	3	6	12	24	48	96	192
y	1600	800	400	200	100	50	25

b)
x	30	40	50	70	100	120	150
y	21	28	35	49	70	84	105

c)
x	1000	600	400	300	150	120	100
y	20	16,8	10,2	8,4	4,2	3,36	2,8

Prüfe dein neues Fundament

7. Im folgenden Koordinatensystem ist das „Höhenprofil" eines Wanderweges dargestellt. Es zeigt die Zuordnung *Entfernung (vom Startpunkt in km)* ↦ *Höhe über NN (in m)*.

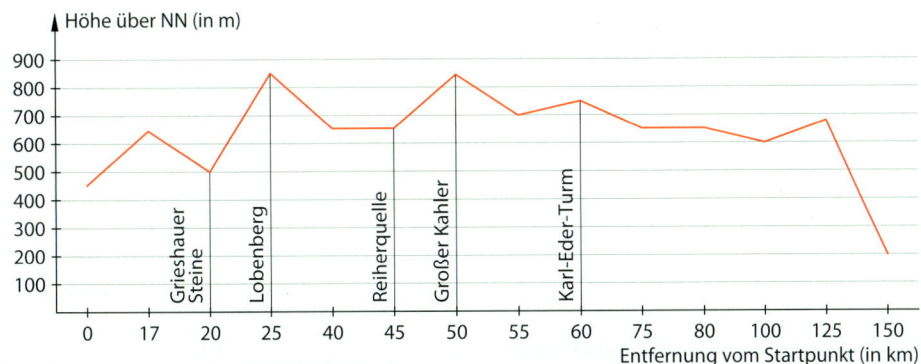

   a) Nach welcher Entfernung erreicht man den höchsten Punkt des Wanderweges?
   b) Nach welcher Entfernung gelangt man zum ersten Mal unter 400 m über NN?
   c) Wo befinden sich die steilsten An- und Abstiege auf dem Weg?

8. Löse die Aufgaben. Notiere den Lösungsweg ausführlich.
   a) 50 cm³ Stahl haben eine Masse von 390 g. Wie viel Gramm sind es bei 30 cm³ Stahl.
   b) Die alte Treppe in einem Haus hatte 18 Stufen zu je 20 cm Höhe. Bei der neuen Treppe soll die Stufenhöhe 5 cm kleiner sein. Berechne, wie viele Stufen die neuen Treppe hat.
   c) Ein Musikduo spielt ein Musikstück in $4\frac{1}{2}$ min. Acht Musiker spielen das gleiche Musikstück. Wie viel Minuten dauert das Musikstück jetzt?

9. Mark hat für 16 Sammelbilder, die er in ein Album kleben möchte, 3,20 € bezahlt. In jeder Packung sind 4 Sammelbilder. Wie viel Euro kosten 12 dieser Sammelbilder?

Wiederholungsaufgaben

1. Überprüfe die Rechnung und korrigiere, falls erforderlich.
   a) $\frac{1}{2} + 0,5 = 1$ b) $\frac{1}{2} + \frac{1}{4} = \frac{2}{6}$ c) $14 : 0,5 = 7$ d) $3 - 2 \cdot 0,5 = \frac{1}{2}$ e) $\frac{1}{3} - 0,3 = 0$

2. Wie spät könnte es auf der abgebildeten Uhr sein?

3. Wandle in die angegebene Einheit um.
   a) 13 mm (in Zentimeter)   b) 70 mm² (in Quadratzentimeter)
   c) 7,1 m³ (in Kubikzentimeter) d) 12 ml (in Liter)
   e) 1,5 g (in Milligramm)   f) 1,5 h (in Minuten)

4. Berechne den dritten Innenwinkel von △ ABC und gib an, welche Dreiecksart vorliegt.
   a) α = 60°; β = 70°   b) β = 90°; γ = 45°   c) α = 120°; γ = 35°   d) β = 60°; γ = 60°

5. Übertrage in dein Heft und ergänze das passende Rechenzeichen.
   a) 57 ■ 23 = 80   b) 15 ■ 12 = 180   c) 751 ■ 228 = 523

6. Setze „>" oder „<" so, dass die Aussage wahr ist.
   a) −8 ■ −2   b) 71 ■ −71   c) 0 ■ −1

Zusammenfassung

1. Zuordnungen

Zuordnungen

Bei einer Zuordnung wird (werden) **jedem Ausgangswert x ein Wert (mehrere Werte)** y zugeordnet.
Kurz: $x \mapsto y$

Darstellungsformen für Zuordnungen sind: Wortvorschriften, Tabellen, Diagramme, Pfeildarstellungen

Zahl x	1	2	2	4	4	4
Teiler von x	1	1	2	1	2	4

Hier werden z. B. der Zahl 2 die Teiler 1 und 2 zugeordnet.

Uhrzeit $\mapsto$ Temperatur

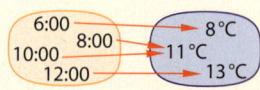

Die Pfeildarstellung zeigt, dass jeder Uhrzeit genau eine Temperatur zugeordnet wird.

Direkt proportionale Zuordnungen (quotientengleich)

Eine Zuordnung $x \mapsto y$ heißt **direkt proportional**, wenn für alle Wertepaare (x|y) der **Quotient y : x** immer gleich einem konstanten k ist. k heißt **Proportionalitätsfaktor**.

Kurz: $y \sim x$
Es gilt: $y = k \cdot x$ und $\frac{y}{x} = k$ mit $x \neq 0; k \neq 0$

Im **Koordinatensystem** liegen alle Punkte einer direkt proportionalen Zuordnung auf einer **Geraden durch** den Punkt $P(0|0)$.

x (Anzahl Brötchen)	1	2	3
y (Preis in ct)	25	50	75
y : x in ct	25	25	25

Es gilt:
$y \sim x$
und
$y = 25 \cdot x$
$k = 25$

Dreisatz:
Von einer „Vielheit" wird eine „Einheit" berechnet und dann wieder auf eine andere „Vielheit" geschlossen.
Beim Multiplizieren (Dividieren) einer Größe ist die **gleiche Rechenoperation auch** bei der anderen Größe auszuführen.

3 Brötchen kosten 0,75 €.

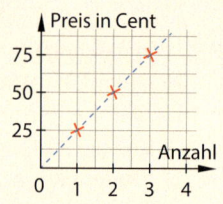

Antiproportionale Zuordnungen (produktgleich)

Eine Zuordnung $x \mapsto y$ heißt **antiproportional**, wenn für alle Wertepaare (x|y) das **Produkt** $x \cdot y$ immer gleich einem konstanten k $(k \neq 0)$ ist.

Kurz: $y \sim \frac{1}{x}$
Es gilt: $y \cdot x = k$ und $y = \frac{k}{x}$ mit $x \neq 0; k \neq 0$

Im **Koordinatensystem** liegen alle Punkte einer antiproportionalen Zuordnung auf einer **Hyperbel**.

y (Arbeitszeit in h)	2	3	5
x (Anzahl der Pumpen)	3	2	1,2
y · x	6	6	6

Es gilt:
$y \sim \frac{1}{x}$
und
$y = 6 \cdot \frac{1}{x}$

Dreisatz:
Von einer „Vielheit" wird eine „Einheit" berechnet und dann wieder auf eine andere „Vielheit" geschlossen.
Beim Multiplizieren (Dividieren) einer Größe ist die **umgekehrte Rechenoperation** bei der anderen Größe auszuführen.

3 Pumpen benötigen 2 h.

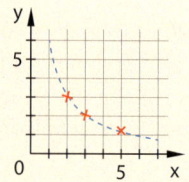

2. Prozent- und Zinsrechnung

Die Mega-City Singapur ist als Insel auf Landgewinnung angewiesen. So wurde die Landfläche innerhalb der letzten 40 Jahre von 582 km² um 22 % vergrößert. Bis 2030 soll sie sogar auf rund 800 km² wachsen.

Nach diesem Kapitel kannst du …
- Prozentwerte, Grundwerte und Prozentsätze ermitteln,
- Berechnungen mithilfe des Dreisatzes ausführen,
- Daten in geeigneten Diagrammen darstellen und Diagramme auswerten.

Dein Fundament

2. Prozent- und Zinsrechnung

Lösungen
↗ S. 239

Mit Brüchen rechnen

1. Rechne im Kopf.
   a) 5,3 + 3,5   b) 3,2 + 0,91   c) 11,7 − 1,4   d) 10,4 − 0,9   e) 10,4 · 0,2   f) 1,04 : 0,2
   g) 0,12 · 10   h) 0,12 : 10   i) 5 : 100   j) 5 : 0,1   k) 0,05 · 60   l) 100 · 0,005

2. Rechne im Heft.
   a) $\frac{6}{5} - \frac{2}{3}$ b) $\frac{3}{4} + \frac{5}{6}$ c) $\frac{2}{3} \cdot \frac{6}{5}$ d) $\frac{2}{3} : \frac{6}{5}$ e) $1\frac{2}{3} \cdot \frac{6}{5}$ f) $\frac{6}{5} : 3$
   g) $0,5 \cdot \frac{1}{3}$ h) $0,25 : \frac{1}{3}$ i) $5 \cdot \frac{3}{10}$ j) $\frac{1}{5} : 10$ k) $\frac{1}{5} \cdot 0,1$ l) $\frac{1}{5} : 0,1$

3. Ersetze ■ durch ein Operationszeichen so, dass eine wahre Aussage entsteht.
   a) $1,25 \,■\, \frac{1}{2} = \frac{3}{4}$ b) $8 \,■\, \frac{1}{4} \,■\, 1 = 3$ c) $\frac{6}{5} \,■\, 0,2 = 6$ d) $0,75 \,■\, \frac{3}{4} = 1$

Bruch-, Dezimalbruch- und Prozentschreibweise

4. Übertrage die Tabelle ins Heft und fülle sie aus.

Bruchschreibweise	$\frac{1}{100}$				$\frac{1}{5}$	
Dezimalbruchschreibweise		0,1		0,75		
Prozentschreibweise			25 %			50 %

5. Notiere jeweils alle Schreibweisen, die dieselbe Zahl bezeichnen.

   0,02 $\frac{1}{5}$ $\frac{3}{10}$ 75 % $\frac{20}{1000}$ $\frac{4}{10}$

   30 %   40 %   0,75 $\frac{2}{5}$ 0,2

   $\frac{20}{100}$ 2 % $\frac{1}{50}$ 0,30 $\frac{6}{8}$ 0,4

6. Gib den gefärbten Anteil an der Gesamtfläche in Bruch- und in Prozentschreibweise an.
   a)   b)   c)   d)   e)

   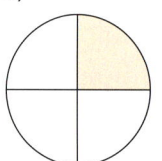  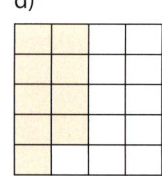 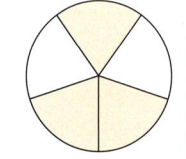

7. Die Figur stellt den angegebenen Anteil eines Ganzen dar. Skizziere im Heft zur gegebenen Figur eine Figur, die das zugehörige Ganze darstellt.
   a)   b)   c)   d)   e)

   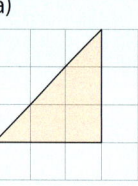 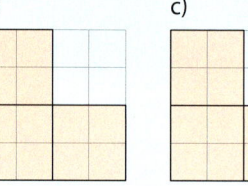 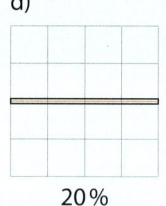 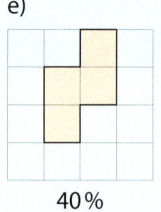

   25 %   50 %   30 %   20 %   40 %

Aufgaben mit dem Dreisatz lösen

8. Übertrage ins Heft und ersetze die Fragezeichen für eine direkt proportionale Zuordnung.

a)
Gewicht	Preis
5 kg	3,50 €
1 kg	?
3 kg	?

b)
Anzahl	Preis
7	3,50 €
1	?
5	?

c)
Zeit	Weg
10 min	2 km
1 min	?
1 h	?

9. Löse die Aufgabe mit dem Dreisatz.
   a) 3 kg Kartoffeln kosten 1,50 €. Wie viel Euro kosten 5 kg?
   b) 25 kg Futtermöhren kosten 5 €. Herr Ross hat für Futtermöhren 24 € bezahlt. Wie viel Kilogramm Futtermöhren hat Herr Ross gekauft?
   c) Ein Kupferrohr wird in 8 Stücke von je 30 cm Länge zersägt. In wie viele 48 cm lange Stücke könnte man das Kupferrohr (ohne Berücksichtigung der Schnittbreite) teilen?

10. Eine Puddingsorte wird in unterschiedlichen Bechergrößen angeboten. Ermittle das preisgünstigste Angebot.

A   B   C

11. Übertrage ins Heft und vervollständige.
    a) Wenn vier Fahrkarten 10,80 € kosten, dann kosten sechs Fahrkarten … Euro.
    b) Wenn das Halbieren einer Größe A zum Halbieren einer Größe B führt, sind beide Größen …
    c) Nach … km hatte Peter drei Viertel einer Gesamtstrecke von 12 km zurückgelegt.
    d) Nach 6 km hatte Peter zwei Drittel der gesamten Strecke von … km zurückgelegt.
    e) Nach 6,8 km hatte Peter … der gesamten Strecke von 8,5 km zurückgelegt.

Kurz und knapp

12. Ersetze ■ durch eine Zahl so, dass eine wahre Aussage entsteht.
    a) $\frac{6}{■} = \frac{12}{10}$ b) $\frac{5}{3} = \frac{■}{9}$ c) ■ : 100 = 5 : 10   d) 8 : 5 = 24 : ■

13. Gib Zahlen an, die für ■ einzutragen sind.
    a) Um 17 Uhr betrug die Lufttemperatur 21 °C:
       – Wenn die Temperatur auf 17 °C abfällt, dann sinkt sie um ■ Grad.
       – Wenn die Temperatur um 2 Grad ansteigt, dann steigt sie auf ■ °C.
    b) Der Preis pro Kubikmeter Trinkwasser wurde um 20 ct erhöht.
       – Der Trinkwasserpreis pro Kubikmeter ist auf 1,63 € gestiegen. Vorher betrug er ■ € pro Kubikmeter.
       – Der Trinkwasserpreis betrug vor der Erhöhung 1,59 € pro Kubikmeter. Er ist auf ■ € pro Kubikmeter gestiegen.

14. Gib die Zeitangabe in Stunden an.
    a) 15 min   b) 12 min   c) 40 min   d) 60 s   e) 180 s   f) $\frac{1}{48}$ Tag

15. Rechne im Heft.
    a) 1,5 m + 25 cm   b) 0,5 m + 50 mm   c) 4,4 kg − 500 g   d) 50 g + 50 mg
    e) $2 m^2 + 2 dm^2$ f) $4 dm^2 - 200 mm^2$ g) 2,5 m · 50 cm   h) 3,5 ℓ + 30 ml

2.1 Grundbegriffe der Prozentrechnung

■ Kai kauft sich von 50% seines monatlichen Taschengeldes eine CD seiner Lieblings-Band. Von 50% des Restes kauft er ein Geburtstagsgeschenk für seine Freundin.
Zum Schluss hat er noch 5 € übrig.

Ermittle, wie viel Taschengeld Kai monatlich bekommt und wie viel Prozent er davon für das Geburtstagsgeschenk ausgegeben hat. ■

Prozente begegnen uns im Alltag sehr oft. Sie beschreiben Anteile oder Verhältnisse von zwei Größen.

Hinweis:
Das lateinische Wort „centum" bedeutet „hundert".

> **Wissen: Grundwert, Prozentwert, Prozentsatz**
> Ein Prozent von einer Zahl oder Größe ist ihr hundertster Teil. $1\% = \frac{1}{100}$
>
> Die Grundbegriffe der Prozentrechnung sind **Grundwert G, Prozentwert W und Prozentsatz p%**.
>
> Der *Grundwert G* ist die Bezugsgröße.
> Der Grundwert entspricht immer 100%. $100\% \triangleq G$
>
> Der *Prozentsatz p%* gibt einen Anteil vom Grundwert an. Dieser prozentuale Anteil vom Grundwert wird *Prozentwert W* genannt.
> Zum Prozentsatz p% gehört der Prozentwert W. $p\% \triangleq W$

Hinweis:
Auch eine tabellarische Darstellung ist möglich:

Prozent	Wert
100%	G
p%	W

Beispiel 1: Gib im Folgenden den Grundwert, den Prozentwert und den Prozentsatz an.
a) Familie Meyer erhält beim Einkauf von Möbeln 10% Rabatt, die sonst 1500 € gekostet hätten. Dadurch spart sie x €.
b) Im letzten Test erreichte Tilo 40 von 50 Punkten, das waren y% der möglichen Punkte.
c) Noah geht täglich 2,5 Stunden zum Reiten. Das sind 50% seiner Freizeit z pro Tag.

Lösung:
a) Überlege, welche Angabe die Bezugsgröße ist, also 100% entspricht.
Ordne Prozentsatz und Prozentwert einander zu.

Bezugsgröße ist 1500 € (Grundwert G)
100% ≙ 1500 €
10% ≙ x €
10% (Prozentsatz)   x € (Prozentwert)

b) Überlege, welche Angabe die Bezugsgröße ist, also 100% entspricht.
Ordne Prozentsatz und Prozentwert einander zu.

Bezugsgröße ist 50 Punkte (Grundwert G)
100% ≙ 50 Punkte
y% ≙ 40 Punkte
y% (Prozentsatz)   40 Punkte (Prozentwert)

c) Überlege, welche Angabe die Bezugsgröße ist, also 100% entspricht.
Ordne Prozentsatz und Prozentwert einander zu.

Bezugsgröße ist gesamte Freizeit am Tag (z)
100% ≙ z
50% ≙ 2,5 h
50% (Prozentsatz)   2,5 h (Prozentwert)

2.1 Grundbegriffe der Prozentrechnung

Basisaufgaben

1. Gib im Folgenden den Grundwert, den Prozentwert und den Prozentsatz an.
   a) Von 750 Schülerinnen und Schülern benutzen 60 % den Schulbus. Das sind also x Schülerinnen und Schüler.
   b) 40 Kinder im Sportverein spielen Fußball. Das sind 60 % aller y Kinder in diesem Sportverein.
   c) Beim Einkaufen erhält Petra eine Gutschrift von 8 €. Das sind 5 % des Einkaufspreises z.

2. Gib an, welche zwei Größen der Prozentrechnung gegeben sind.
   a) 10 % von 400 €
   b) 20 € von 400 €
   c) Von 500 ct erhält Uwe 20 %.
   d) 60 kg entsprechen 25 %
   e) 50 % entsprechen 150 €
   f) 6 der 30 Tore warf Erik.

3. Hier ist ein Anteil der Gesamtfläche farbig markiert. Gib diesen Anteil sowohl als Bruch als auch in Prozent sowie den Grundwert und den Prozentwert als Anzahl der Teilflächen an.
   a)
   b)
   c)
   d)

4. Gib an, welche Größe der Grundwert, der Prozentwert, der Prozentsatz ist.
   a) Die Elbe ist rund 1100 km lang. Sie fließt etwa 250 km durch Niedersachsen. Das sind etwa 23 % der Gesamtlänge.
   b) 40 % eines Gartengrundstücks von 420 m² ist mit Rasen bedeckt. Das sind 168 m².
   c) Pilze haben nach dem Trocknen nur noch rund 20 % ihrer ursprünglichen Masse. Daher werden für 500 g Trockenpilze etwa 2,5 kg frischer Pilze benötigt.

Weiterführende Aufgaben

5. Zeichne auf Kästchenpapier vier Quadrate mit jeweils einer Breite von 10 Kästchen.
   a) Markiere im ersten Quadrat 40 Kästchen, im zweiten Quadrat 25 % der Fläche, im dritten Quadrat $\frac{30}{100}$ der Fläche und im vierten Quadrat das 0,8-Fache der Fläche.
   b) Gib für die Veranschaulichungen in Aufgabe a) jeweils den Grundwert, den Prozentwert und den Prozentsatz an.

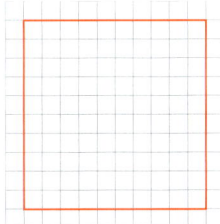

6. Übertrage die Tabelle ins Heft und fülle sie aus.

Prozentsatz	1 %	10 %	20 %		$33\frac{1}{3}$ %		$66\frac{2}{3}$ %	75 %
Bruchschreibweise				$\frac{1}{4}$				
Dezimalbruchschreibweise						0,5		

7. Verwende als Grundwert 600 m und erkläre daran, warum solche Prozentsätze wie 10 %; 25 %; $33\frac{1}{3}$ %; $66\frac{2}{3}$ %; 50 % und 75 % als einfache oder auch als bequeme Prozentsätze bezeichnet werden.

8. Suche aus Tageszeitungen oder aus Prospekten Beispiele, in denen Prozentangaben vorkommen. Erläutere an diesen Beispielen die Grundbegriffe der Prozentrechnung.

Hinweis zu 9:
Die Lösungen zu a) findest du in der grünen Batterie, die zu b) in der orangen Batterie.

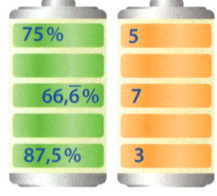

9. Die Kreisdiagramme zeigen die Anteile der Schwimmer und der Nichtschwimmer in den 4. Klassen der Bergschule.

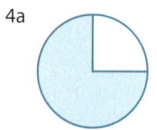
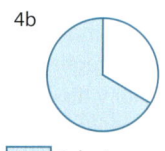
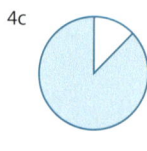

   a) Ermittle jeweils den Anteil der Schwimmer (in Prozent).
   b) Ermittle, wie viele Nichtschwimmer es in jeder Klasse gibt, wenn die 4a aus 20, die 4b aus 21 und die 4c aus 24 Schülerinnen und Schülern besteht.

10. Gib an, welche zwei Größen der Prozentrechnung (Grundwert, Prozentwert, Prozentsatz) gegeben sind. Ermittle die unbekannte dritte Größe durch einen Überschlag.
    a) 9,31 % von 489 €
    b) 99 € von 410 €
    c) 54 km entsprechen 18 %
    d) 162 kg entsprechen 34,9 %
    e) 67,5 % von 289 kg
    f) 76 Eier von 146 Eiern

 11. **Stolperstelle:** Elias verkündet stolz, dass sein Taschengeld zum Geburtstag von seinen Eltern deutlich erhöht wurde. Es sind jetzt 150 % im Vergleich zum Vormonat. Maja glaubt, dass das gar nicht geht, da ihrer Meinung nach ein Prozentsatz höchstens 100 % sein kann. Was meinst du? Nutze zur Argumentation ein Beispiel.

12. Prüfe, ob die Angaben stimmen können.
    a) 79 % von 258 sind 312.
    b) 25 % von 820 km sind 405 km.
    c) 54 % von 320 € sind 290 €.
    d) 19 % von 732 sind 258.
    e) 120 % von 200 kg sind 180 kg.
    f) 55,5 von 111 sind 50 %.
    g) 75 % von 800 sind 600.
    h) 123 von 100 sind 123 %.

Prozent	Wert
100 %	G
p %	W

13. Erstelle einen Lösungsansatz in Form einer Zuordnung (100 % $\hat{=}$ G und p % $\hat{=}$ W).
    a) Frau Spar hat für 145 € Waren eingekauft. Wegen einer Sonderaktion bekommt sie 10 € erlassen. Wie viel Prozent beträgt die Ersparnis?
    b) Ein Sessel kostet 189 €. Wie viel kostet er nach einem Preisnachlass von 10 %?
    c) In die 7a gehen 14 Mädchen und 11 Jungen. Wie hoch ist der prozentuale Anteil der Jungen in der Klasse?
    d) Herr Schnell verkauft sein gebrauchtes Auto für 15 000 €. Das sind 40 % weniger als der Anschaffungspreis. Wie hoch war der Anschaffungspreis?

14. Hier ist der Anteil einer ganzen Figur dargestellt. Ordne die Begriffe der Prozentrechnung (Grundwert, Prozentwert, Prozentsatz) richtig zu. Ermittle die Anzahl der Teilflächen der Gesamtfigur.

    a) 25 %
    b) 20 %
    c) $66\frac{2}{3}$ %
    d) 120 %

15. **Ausblick:** Vervollständige im Heft zu einer wahren Aussage. Gib auch ein Beispiel an.
    a) Je größer der Prozentsatz, umso … der Prozentwert bei gleichem Grundwert.
    b) Je größer der Grundwert, umso … der Prozentsatz bei gleichem Prozentwert.
    c) Je kleiner der Prozentwert, umso … der Grundwert bei gleichem Prozentsatz.

2.2 Prozentwert

■ Michael und Laura unterhalten sich über die Anzahl der Fehler in den beiden letzten Testarbeiten.
Michael ist stolz, dass es weniger Fehler geworden sind. Laura ist mutig, und versucht eine Erklärung mithilfe der Prozentrechnung.

Beurteile Lauras Aussage. Hat Michael tatsächlich keine Fehler mehr, wenn es 20 % weniger sind? Begründe deine Antwort. ■

Wissen: Prozentwertberechnung
Der **Prozentwert W** kann *über den Dreisatz* unter Nutzung des **Grundwertes G** und des zugehörigen **Prozentsatzes p %** berechnet werden.

$$100\,\% \,\widehat{=}\, G$$
$$1\,\% \,\widehat{=}\, \frac{G}{100}$$
$$p\,\% \,\widehat{=}\, \frac{G \cdot p}{100}$$

Hinweis:
Prozentsätze können auch größer als 100 % sein.

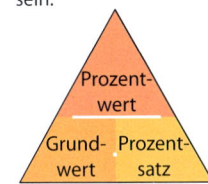

Beispiel 1: Die 7. Jahrgangsstufe der Marienschule besteht aus 120 Schülerinnen und Schülern. 45 % davon sind Jungen. Wie viele Jungen sind das?

Lösung:

Überlege, welche Angabe die Bezugsgröße ist, also 100 % entspricht.
Ordne Prozentsatz und Prozentwert einander zu.

Bezugsgröße (Grundwert G) ist die die Gesamtanzahl der Schülerinnen und Schüler:
100 % ≙ 120 (Grundwert)
45 % ≙ x (Anzahl der Jungen)
(Prozentsatz)   (Prozentwert)

Prozent	Wert
100 %	120
45 %	W

Führe einen Überschlag durch.

45 % sind etwas weniger als die Hälfte von 120, also etwas weniger als 60, etwa 50.

Ermittle den Prozentwert mithilfe des Dreisatzes.

$$:100 \begin{pmatrix} 100\,\% \,\widehat{=}\, 120 \\ 1\,\% \,\widehat{=}\, \frac{120}{100} \\ 45\,\% \,\widehat{=}\, \frac{120 \cdot 45}{100} \end{pmatrix} :100$$
$$\cdot 45 \qquad \qquad \cdot 45$$
$$x = 54$$

Vergleiche dein Ergebnis mit deinem Überschlag.

Der Überschlag (kleiner als 60) und das Ergebnis (gleich 54) sind vereinbar.

Formuliere einen Antwortsatz.

Es sind 54 Jungen in der 7. Jahrgangsstufe der Marienschule.

Basisaufgaben

1. 60 % der 30 Mädchen und Jungen der 7a sind im Sportverein. Wie viele Personen sind das?

2. Berechne den Prozentwert.
   a) 6 % von 700 kg   b) 5 % von 140 €   c) 10 % von 80 m   d) 7 % vom 150 g

3. Berechne den Prozentwert.
   a) 19 % von 30 t   b) 67 % von 300 ml   c) 49 % von 100 min   d) 13 % von 210 g
   e) 11,5 % von 60 kg   f) 1,5 % von 20,00 €   g) 12 % von 30 km   h) 1,5 % von 2 h

Hinweis zu 4:
Die Lösungen zu a)–d) „5 %" findest du im grünen Schild, die zu e)–h) „52 %" im gelben Schild.

4. Berechne den Prozentwert. Gegeben sind 5 % (52 %, 91 %) von:
   a) 2400
   b) 150
   c) 30
   d) 4250
   e) 51
   f) 217
   g) 513
   h) 10,5

5. Löse die Aufgaben.
   a) Berechne, wie viel Gramm Fett in 120 g Käse mit 20 % Fettanteil enthalten sind.
   b) 20 % der 720 Mädchen und Jungen der Schillerschule benutzen den Bus, um in die Schule zu kommen. 15 % kommen mit dem Fahrrad, der Rest kommt zu Fuß. Ermittle, wie viele Personen mit dem Fahrrad und wie viel zu Fuß zur Schule kommen.

Weiterführende Aufgaben

6. Löse die Aufgabe und erkläre deinen Lösungsweg.
   In der letzten Arbeit hat Max 65 % der 40 möglichen Punkte erreicht.
   Berechne, wie viele Punkte Max erhielt.

7. Magnetit ist mit 72 % Eisengehalt eines der wichtigsten Eisenerze. Berechne, wie viele Tonnen Eisen 7000 t Magnetit enthalten.

8. Die Fläche von Niedersachsen beträgt etwa 47 600 km². Zur Landeshauptstadt Hannover gehören 0,43 % dieser Fläche. Ermittle die Fläche der Landeshauptstadt und runde dein Ergebnis auf volle Quadratkilometer.

9. **Stolperstelle:** Untersuche, ob 70 % von 80 € genauso viel sind wie 80 % von 70 €.

Hinweis zu 10:
Die Lösungen findest du auf den Notizblöcken.

10. Berechne mit deinem Taschenrechner den Prozentwert. Erkunde, wie du die „%-Taste" deines Taschenrechners nutzen kannst, falls er über eine solche Taste verfügt. Erstelle vor der Rechnung einen Überschlag. Runde die Ergebnisse auf zwei Stellen nach dem Komma.
    a) 19 % von 707 €
    b) 31,7 % von 519 kg
    c) 82 % von 69 m²
    d) 48,9 % von 150 m
    e) 8,9 % von 589 €
    f) 73,8 % von 487 kg
    g) 17,8 % von 899 cm³
    h) 53,98 % von 3,8 km
    i) 111 % von 222 m

11. Der Elbe-Radweg beginnt in Spindlermühle im Riesengebirge und endet nach rund 1220 km in Cuxhaven. Durch Niedersachsen verlaufen etwa 28 % des Elbe-Radweges. Ermittle, wie viel Kilometer des Elbe-Radweges durch Niedersachsen verlaufen.

12. **Ausblick:** 231 Schülerinnen und Schüler des Goethe-Gymnasiums, das sind 35 %, spielen ein Instrument. 40 % der Schülerinnen und Schüler trainieren regelmäßig in einem Sportverein, 85 % verfügen über einen eigenen Computer.
    a) Ermittle, wie viele Schülerinnen und Schüler regelmäßig in einem Sportverein trainieren und wie viele Schülerinnen und Schüler einen eigenen Computer besitzen.
    b) Bilde die Summe der gegebenen Prozentsätze. Was fällt dir auf?

2.3 Grundwert

■ Lena schaut beim Frühstück auf ihre Milchpackung und stellt fest, dass ein Glas Milch 13 % Zucker enthält. Ob das gesund ist? Schau noch einmal genau hin. Es lässt sich sogar ausrechnen, wie viel Gramm Zucker man am Tag benötigt.

Ermittle, wie viel Gramm Zucker man am Tag zu sich nehmen sollte. ■

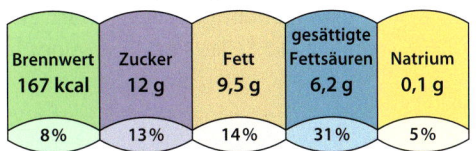

% des Richtwerts für die Tageszufuhr (GDA)*
*Guideline Daily Amount (GDA). Die deklarierten Werte basieren auf einer Ernährung von täglich 2000 kcal (Quelle: Food Drink Europe).

Wissen: Grundwertberechnung

Der **Grundwert G** kann *über den Dreisatz* unter Nutzung des **Prozentwertes W** und des zugehörigen **Prozentsatzes p %** berechnet werden.

$$p\,\% \,\widehat{=}\, W$$
$$1\,\% \,\widehat{=}\, \frac{W}{p}$$
$$100\,\% \,\widehat{=}\, \frac{W \cdot 100}{p}$$

Beispiel 1: Am Ende des Schuljahres wollen 12 Schülerinnen und Schüler den Schulchor verlassen. Das sind 30 % der Mitglieder des Chores. Wie viele Mitglieder hat der Schulchor?

Lösung:

			Prozent	Wert
Überlege, welche Angabe die Bezugsgröße ist, also 100 % entspricht.	Bezugsgröße (Grundwert G) ist die Gesamtanzahl der Chormitglieder (x):		100 %	G
Ordne Prozentsatz und Prozentwert einander zu.	100 % $\widehat{=}$ x (Grundwert) 30 % $\widehat{=}$ 12 (Prozentsatz) (Prozentwert)		30 %	12
Führe einen Überschlag durch.	30 % sind etwa ein Drittel von 100 %, also ist G etwa 36.			
Ermittle den Prozentwert mithilfe des Dreisatzes.	$:30 \Big(\begin{array}{c} 30\,\% \,\widehat{=}\, 12 \\ 1\,\% \,\widehat{=}\, \frac{12}{30} \\ 100\,\% \,\widehat{=}\, \frac{12}{30} \cdot 100 \end{array} \Big) :30$ $\cdot 100$ ... $\cdot 100$ x = 40			
Vergleiche dein Ergebnis mit deinem Überschlag.	Der Überschlag (etwa 36) und das Ergebnis (gleich 40) sind vereinbar.			
Formuliere einen Antwortsatz.	Der Schulchor hat insgesamt 40 Mitglieder.			

Basisaufgaben

1. Berechne den Grundwert.
   a) 80 kg sind 16 % des Grundwertes
   b) 60 % entsprechen 90 ha
   c) 12 % vom Grundwert sind 36 t
   d) 5 s sind 0,25 % vom Grundwert
   e) 140 % entsprechen 280 min
   f) 231 € sind 110 % vom Grundwert

2. Berechne den Grundwert G für 50 % (für 25 %; für 10 %; für 75 %; für $33\frac{1}{3}$ %; für $66\frac{2}{3}$ %; für 200 %) im Kopf.
   a) W = 120 kg
   b) W = 360 kg
   c) W = 720 €
   d) W = 7,2 ha

3. Berechne den Grundwert und formuliere einen Antwortsatz.
   a) Eine Garage mit einer Fläche von 38 m² nimmt 12,5 % von unserem Grundstück ein.
   b) Auf 180 m² eines Gartens stehen Beerensträucher. Das sind rund 30 % der Gartenfläche.
   c) Ein Regenauffangbehälter ist noch zu 30 % gefüllt. Das sind 240 Liter.
   d) Liam hat 2,55 €, das sind 15 % seines Taschengeldes, ausgegeben.

Weiterführende Aufgaben

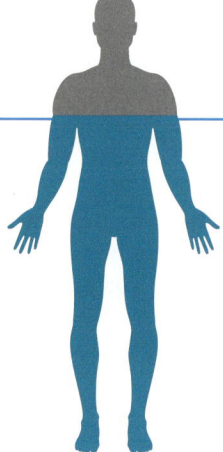

4. Löse die Aufgabe und erkläre deinen Lösungsweg.
   a) 22 % vom Grundwert sind 10 m.
   b) Der menschliche Körper besteht zu rund 70 % aus Wasser. Berechne, wie schwer ein Mensch wäre, dessen Körper 56 kg Wasser enthält.

Hinweis zu 5:
Die Lösungen zu a) findest du in der blauen Speicherkarte, die zu b) – ohne Einheiten – in der roten Speicherkarte.

5. Berechne den Grundwert im Kopf.
   a) 50 % des Grundwerts sind 14 € (70 €; 35 €; 76 €)
   b) 20 % des Grundwerts sind 10 m (12 kg; 5 m; 6 cm)

6. Frau Umsichtig fährt seit vielen Jahren mit ihrem Pkw unfallfrei. Sie braucht deshalb ihrer Kfz-Versicherung nur noch 45 % des Grundpreises zu zahlen. Sie zahlt jetzt jährlich 423,00 €. Berechne die Höhe des Grundpreises.

7. Familie Lehmann muss nach einer 6 %igen Mieterhöhung 36,66 € mehr bezahlen. Berechne die Höhe der bisherigen Miete.

8. **Stolperstelle:** Entscheide, ob folgende Aussage wahr ist, und begründe deine Antwort: Wenn der Preis für ein Spiel ohne Mehrwertsteuer 100 € beträgt, dann kostet das Spiel mit Mehrwertsteuer 100 € plus 19 %, also 100,19 €.

9. a) Der Preis einer Kamera wurde um 20 € gesenkt. Das sind 25 % des ursprünglichen Preises. Berechne den Preis der Kamera vor der Preissenkung.
   b) Die Grundgebühr für Trinkwasser wurde um 20 % erhöht. Dadurch sind jetzt 15 € mehr als vorher zu zahlen. Berechne die Höhe der Grundgebühr sowohl vor als auch nach der Erhöhung.

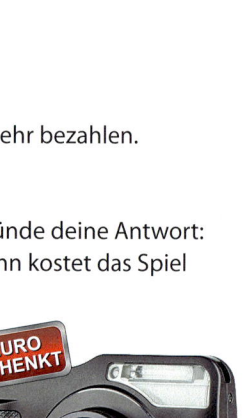

10. Das Kreisdiagramm zeigt die Anteile der monatlichen Kostenarten an den privaten Konsumausgaben je Haushalt in Deutschland im Jahr 2012. Allein für das Wohnen wurden durchschnittlich in jedem Haushalt 796 € ausgegeben. Berechne die Höhe der monatlichen Konsumausgaben je Haushalt.

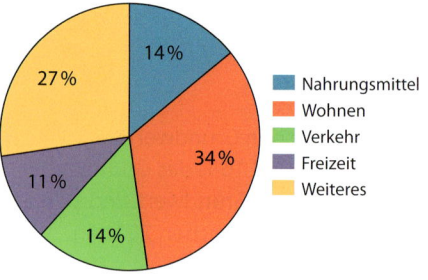

11. **Ausblick:** Frau Wilhelm bekommt nach einer Gehaltserhöhung von 4,5 % ein Gehalt von 2027,30 €. Berechne ihren Verdienst vor der Gehaltserhöhung.

2.4 Prozentsatz

■ Jan ist der Meinung, dass mit dem Akku in seinem Handy etwas nicht stimmt. Laut Datenblatt soll er 20 Stunden halten. Jan lädt den Akku vollständig auf, und prüft ihn nach vier Stunden. Er sieht, dass die Ladung auf 60 % heruntergegangen ist.

Vermute, welche Anzeige Jan erwartet hat. ■

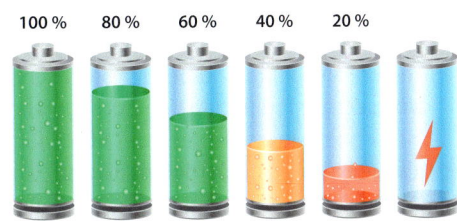

Wissen: Prozentsatzberechnung

Der **Prozentsatz p %** kann *über den Dreisatz* unter Nutzung des **Grundwertes G** und des zugehörigen **Prozentwertes W** berechnet werden.

$G \triangleq 100\%$

$1 \triangleq \dfrac{100\%}{G}$

$W \triangleq \dfrac{100\% \cdot W}{G}$

Beispiel 1: Von 750 Personen haben bei einer Umfrage 525 geantwortet, dass sie ihren Urlaub am liebsten am Meer verbringen. Berechne, wie viel Prozent der Befragten das sind.

Lösung:

Überlege, welche Angabe die Bezugsgröße ist, also 100 % entspricht. Ordne Prozentsatz und Prozentwert einander zu.	Bezugsgröße (Grundwert G) ist die Gesamtanzahl der Befragten: $100\% \triangleq 750$ (Grundwert) $x\% \triangleq 525$ (Prozentsatz) (Prozentwert)	
Führe einen Überschlag durch.	525 von 750 Befragten sind etwas mehr als $\frac{2}{3}$ der Befragten, also mehr als 66 %	
Ermittle den Prozentwert mithilfe des Dreisatzes.	$\begin{aligned} :750 \Big(\quad 750 &\triangleq 100\% \quad \Big) :750 \\ 1 &\triangleq \tfrac{100\%}{750} \\ \cdot 525 \Big(\quad 525 &\triangleq \tfrac{100\% \cdot 525}{750} \quad \Big) \cdot 525 \\ 525 &\triangleq 70\% \end{aligned}$	
Vergleiche dein Ergebnis mit deinem Überschlag.	Der Überschlag (etwas mehr als 66 %) und das Ergebnis (gleich 70 %) sind vereinbar.	
Formuliere einen Antwortsatz.	70 % der Befragten verbringen ihren Urlaub am liebsten am Meer.	

Basisaufgaben

1. Im vergangenen Jahr stellte eine Automobilfirma 1 524 000 Pkw her. Davon gingen 685 800 in den Export. Ermittle, wie viel Prozent der Pkw exportiert wurden.

2. Berechne den Prozentsatz.
   a) 7 kg von 700 kg
   b) 6 € von 120 €
   c) 10 m von 50 m
   d) 7 € von 280 €
   e) 15 g von 75 g
   f) 3 m² von 15 m²
   g) 12 min von 60 min
   h) 2 Punkte von 16 Punkten
   i) 1 cm³ von 1 dm³

3. Berechne den Prozentsatz.
   a) 6 min von 2 h
   b) 240 ct von 8 €
   c) 22,5 cm von 1,5 m
   d) 120 min von 2 Tagen
   e) 450 ml von 4,5 Liter
   f) jeder zweite von 32 Schülern

4. In der Fahrschule sind bei der praktischen Fahrprüfung von sechzig Prüflingen drei durchgefallen. Berechne, wie viel Prozent der 60 Prüflinge die praktische Prüfung wiederholen müssen.

5. Berechne den Prozentwert und erkläre den Lösungsweg. Die BRD hatte 2013 rund 80,8 Millionen Einwohner. In Niedersachsen waren es im gleichen Jahr etwa 7,8 Millionen. Berechne, wie viel Prozent der Einwohner der BRD 2013 in Niedersachsen lebten.
(Runde dein Ergebnis auf Zehntel.)

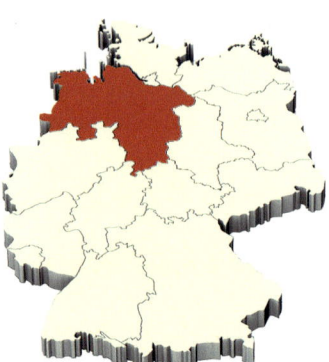

Weiterführende Aufgaben

Hinweis zu 7:
Die Lösungen findest du in den Schildern.

60,7 %   4,6 %
3,3 % 17,3 % 42,9 %
3,5 % 2,2 %
12 %   145 %

6. Die Fläche der BRD beträgt etwa 357 340 km². Berechne, wie viel Prozent der Fläche Europas mit ungefähr 10 180 000 km² das sind.

7. Berechne den Prozentsatz und runde auf Zehntel.
   a) 289 € von 476 €
   b) 38 m² von 220 m²
   c) 136 km² von 2989 km²
   d) 2 min von 1 h
   e) 3 Tage von einer Woche
   f) 145 m² von 100 dm²
   g) 35 dm³ von 1 m³
   h) 6,7 Liter von 3 Hektoliter
   i) 120 m von 1 km

8. Von 3249 Dorfbewohnern, die ihre Stimme für den Bau eines Vereinshauses abgaben, haben 1763 dafür gestimmt. Gib den Grundwert und den Prozentwert an. Ermittle, wie viel Prozent für den Bau des Vereinshauses gestimmt haben.

9. **Stolperstelle:** Nina behauptet: „Ein Quadrat ABCD hat die Seitenlänge 15 cm. Wenn die Seitenlänge eines zweiten Quadrates nur 10 % der Seitenlänge des Quadrates ABCD beträgt, so wird der Flächeninhalt des kleinen Quadrates auch nur 10 % des großen Quadrates betragen."
Was meinst du, stimmt das? Begründe deine Entscheidung.

10. Die abgebildete Schiffsschraube eines Modellbootes besteht zu 46 g aus Zink. Berechne den Zinkanteil in Prozent.

200 g

11. Wie viel Prozent beträgt der Anteil der durch 5 (der durch 9) teilbaren Zahlen im Bereich der Zahlen von 1 bis 100?

12. **Ausblick:**
Von den 25 Schülerinnen und Schülern der Klasse 7 a nehmen 20 % am Französischunterricht teil und von den 20 Schülerinnen und Schülern der 7 b sind es sogar 40 %. Tanja meint, dass in beiden Klassen insgesamt 60 % am Französischunterricht teilnehmen. Irina behauptet, dass es in beiden Klassen zusammen 30 % sind.
   a) Wem würdest du Recht geben? Begründe deine Aussage.
   b) Unter welchen Bedingungen wäre die Aussage von Irina wahr?

Prozentuale Veränderungen

■ Für die Beschäftigten in der Chemie-Industrie wurde mit den Arbeitgebern ein Tarifvertrag ausgehandelt, der enthält, dass die Löhne für alle Beschäftigten zu Jahresbeginn um 2,9 % steigen sollen. Marcel überlegt ganz kurz und meint, dass die Löhne für alle dann ja auf 102,9 % steigen werden.

Erkläre an einem Beispiel, was das bei einem aktuellen Lohn von 1850 € bedeuten würde. ■

Wissen: Steigerung (Senkung) um … und Steigerung (Senkung) auf …

Die Steigerung von **a** um **x** bedeutet die Vergrößerung auf **a + x**.

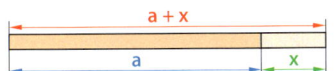

Die Senkung von **a** um **x** bedeutet die Verminderung auf **a − x**.

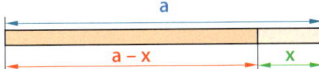

Prozentwerte bei Veränderungen berechnen

Beispiel 1: Alex hat sich ein Fahrrad ausgesucht, das 399 € kosten soll. Da es ein Ausstellungsstück ist, senkt der Fahrradhändler den Preis um 15 %.
a) Berechne, um wie viel Euro der Preis gesenkt wurde.
b) Berechne, auf wie viel Euro der Preis gesenkt wurde.

Lösung:

a) Überlege, welche Angabe die Bezugsgröße ist, also 100 % entspricht. Ordne Prozentsatz und Prozentwert einander zu.

Bezugsgröße der (Grundwert G) ist der ursprüngliche Preis:
100 % ≙ 399 € (Grundwert)
15 % ≙ x € (Preissenkung)
(Prozentsatz); (Prozentwert)

Veranschauliche gegebenenfalls den Sachverhalt.

Führe einen Überschlag durch.

Die Preissenkung beträgt etwas mehr als $\frac{1}{10}$ des alten Preises, also etwas mehr als 40 €.

Ermittle die gesuchte Größe mithilfe des Dreisatzes.

$:100 \quad \begin{matrix} 100\% \triangleq 399\,€ \\ 1\% \triangleq \frac{399\,€}{100} \\ 15\% \triangleq 399\,€ \cdot \frac{15}{100} \end{matrix} \quad :100$
$\cdot 15 \qquad\qquad\qquad\qquad\qquad \cdot 15$
$x = 59{,}85$

Vergleiche dein Ergebnis mit deinem Überschlag.

Der Überschlag (mehr als 40 €) und das Ergebnis (gleich 59,85 €) sind vereinbar.

Formuliere einen Antwortsatz.

Die Preis wurde um 59,85 € gesenkt.

b) Überlege, was „Preissenkung auf" bedeutet und berechne den neuen Preis.

Der ursprüngliche Preis vermindert sich um 59,85 €, also:
399 € − 59,85 € = 339,15 €

Basisaufgaben

1. Ein Paar Schuhe kosten 49,90 €. Im Schlussverkauf werden alle Preise um 30 % gesenkt.
   a) Berechne, um wie viel Euro der Preis gesenkt wurde.
   b) Berechne, auf wie viel Euro der Preis gesenkt wurde.

2. Übertrage die Tabelle ins Heft und fülle sie aus.

	a)	b)	c)	d)	e)	f)	g)
Ursprünglicher Wert	65,00 €	75,0 t	5,00 m	600 hl	200 €	25 m²	
Senkung um x %	10 %		25 %	30 %			
Senkung auf y %		80 %			75 %	10 %	50 %
Neuer Wert							10 ha

3. Bei einer Senkung (einer Steigerung) muss auf die Formulierungen „um …" und „auf …" geachtet werden. Bezüglich Beispiel 1 kann formuliert werden:
   (1) Der Fahrradpreis wurde von 100 % um 15 % auf 85 % des ursprünglichen Preises gesenkt.
   (2) Der Fahrradpreis von 399 € wurde um 59,15 € auf 339,85 € gesenkt.
   Formuliere die Angaben und Ergebnisse der Aufgabe 2 auf diese Weise.

Prozentsätze bei Veränderungen berechnen

Beispiel 2: In einem Reitverein wurden im vergangenen Jahr neun neue Mitglieder aufgenommen. Dadurch erhöhte sich die Mitgliederzahl auf 105. Ermittle, *um wie viel Prozent* und *auf wie viel Prozent* die Mitgliederzahl gestiegen ist.

Lösung:

Überlege, welche Angabe die Bezugsgröße ist, also 100 % entspricht. Ordne Prozentsatz und Prozentwert einander zu.

Bezugsgröße (der Grundwert G) ist die ursprüngliche Mitgliederzahl:
100 % ≙ 96 (Grundwert)
x % ≙ 9 (neue Mitglieder)
(Prozentsatz); (Prozentwert)

Veranschauliche gegebenenfalls den Sachverhalt.

Hinweis: Verwende hier deinen Taschenrechner.

Führe einen Überschlag durch.

9 ist rund $\frac{1}{10}$ von 96, also p % ≈ 10 %.

Ermittle die gesuchte Größe mithilfe des Dreisatzes.

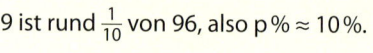

$$p\% = 9,375\%$$

Vergleiche dein Ergebnis mit deinem Überschlag.

Der Überschlag (10 %) und das Ergebnis (≈ 9,4 %) sind vereinbar.

Formuliere einen Antwortsatz.

Die Mitgliederzahl hat sich um rund 9,4 % erhöht, auf: 100 % + 9,4 % = 109,4 %

Streifzug

Basisaufgaben

4. Der Preis für einen Einzelfahrschein wurde von 1,90 € auf 2,10 € erhöht.
   a) Berechne, um wie viel Prozent der Preis gestiegen ist.
   b) Gib an, auf wie viel Prozent der Preis gestiegen ist.

5. Aus einem Gartenverein sind im letzten Jahr 12 Mitglieder ausgetreten. Dadurch beträgt die Mitgliederzahl nur noch 144.
   a) Berechne, um wie viel Prozent die Mitgliederzahl gesunken ist.
   b) Gib an, auf wie viel Prozent die Mitgliederzahl gesunken ist.

6. Übertrage die Tabelle ins Heft und fülle sie aus.

	a)	b)	c)	d)	e)
Ursprünglicher Wert	88,00 €	75,0 t		540 m²	150 €
Senkung um	8,00 €		0,25 m		
Senkung um x %					50 %
Senkung auf y %					
Neuer Wert		50,0 t	5,25 m	510 m²	

7. Löse die Aufgaben und erkläre dein Vorgehen.
   a) Die Jahresmüllgebühr, die ursprünglich 58,70 € betrug, wird um 8 % erhöht. Berechne, auf welchen Geldbetrag die Gebühr gestiegen ist.
   b) Der Preis für ein Jugendzimmer wurde von 899 € auf 599 € gesenkt. Berechne, um wie viel Prozent der Preis gesenkt wurde.
   c) Eine Jeans kostet 49,90 €. Berechne, wie viel Euro für die Mehrwertsteuer in diesem Preis enthalten sind, wenn der Mehrwertsteuersatz 19 % beträgt.

Weiterführende Aufgaben

8. Berechne den prozentualen Anteil des Nettogewichts vom Bruttogewicht.

   a)
   Brutto: 510 g
   Netto: 440 g

   b)
   Brutto: 680 g
   Netto: 630 g

   c)
   Brutto: 380 g
   Netto: 320 g

   Hinweis: Brutto ist eine zusammengesetzte Größe, die nach Verminderung um bestimmte Teile die verbliebende Größe (Netto) ergibt.

9. Die Preise für Elektroenergie sind in den letzten 10 Jahren durchschnittlich um 48 % gestiegen. Der durchschnittliche Preis pro Kilowattstunde beträgt derzeit 28 ct.
   a) Berechne, welcher Durchschnittspreis vor 10 Jahren zu zahlen war.
   b) Formuliere die Veränderung des Preises mit den Begriffen „um … auf …".

10. Berechne den neuen Preis. Der Preis für eine Jacke wird von 50,00 €
    a) nach Beendigung einer Sonderaktion um 20 % (um 25 %, um 30 %) erhöht,
    b) im Schlussverkauf um 10 % (um 15 %, um 20 %) gesenkt,
    c) wegen Geschäftsaufgabe auf 70 % (auf 65 %, auf 90 %) gesenkt.

Hinweis zu 11:
Ein Rabatt ist eine Preissenkung, z. B. im Rahmen von Schlussverkäufen.

Hinweis zu 12:
Ein Skonto ist ein Preisnachlass, der beim Bezahlen innerhalb kurzer Fristen gewährt wird.

11. Beim Sommer- und Winter-Schlussverkauf gibt es oft große Rabatte. Berechne für die angegebenen ursprünglichen Preise und das nebenstehende Schlussverkaufsangebot die neuen Preise.
    a) 49,00 €   b) 89,00 €   c) 64,99 €

12. Handwerker gewähren oft ein Skonto, wenn innerhalb eines gesetzten Termins die Rechnung bezahlt wird. Berechne, wie viel Euro gespart werden können.

	a)	b)	c)	d)	e)
Rechnungsbetrag	135,65 €	890,67 €	489,79 €	1085,78 €	2344,67 €
Skonto	3 %	2 %	1,5 %	2 %	2,5 %

13. In Niedersachsen hat sich im Jahr 2014 die Anzahl der Übernachtungen gegenüber 2013 in Hotels um 2,4 % auf 11,5 Millionen erhöht. Wie viele Übernachtungen waren es 2013?

14. Welche Fehler haben Lina und Max gemacht? Löse die Aufgaben richtig.

    Aufgabe 1: David verbessert sich beim Weitsprung um 25 cm auf 5,25 m. Berechne, um wie viel Prozent er sich verbessert.
    Lina: Er springt 25 cm weiter.
    $25\,cm \,\widehat{=}\, x\,\%$
    $5,25\,m \,\widehat{=}\, 100\,\%$
    $1\,m \,\widehat{=}\, \frac{100\,\%}{5,25}$
    $25\,cm \,\widehat{=}\, \frac{100\,\% \cdot 25}{5,25} \approx 476,2\,\%$

    Aufgabe 2: Alle Preise heute ohne Mehrwertsteuer (19 %)! Berechne für diesen Fall den Preis eines T-Shirts, das sonst 19,90 € gekostet hätte
    Max: Es sind nur noch 81 % zu zahlen.
    $81\,\% \,\widehat{=}\, x\,€$
    $100\,\% \,\widehat{=}\, 19,90\,€$
    $1\,\% \,\widehat{=}\, \frac{19,90\,€}{100}$
    $81\,\% \,\widehat{=}\, \frac{19,90\,€ \cdot 81}{100} \approx 16,12\,€$

15. Pilze verlieren beim Trocknen rund 80 % ihrer Masse. Nach dem Trocknen hatten Pilze nur noch 500 g. Berechne, wie viel Gramm frische Pilze dafür notwendig waren.

16. Die Löhne im Baugewerbe wurden zu Jahresbeginn um 2,1 % und nach 6 Monaten erneut um 2,9 % angehoben. Prüfe, ob das insgesamt eine Lohnsteigerung von 5 % ergibt.

17. Der nebenstehende Bericht in einer Zeitung beschreibt, wie dynamisch sich die Weltbevölkerung vergrößert.
    a) Gib an, wie viele Menschen 1804 auf der Erde lebten und um wie viel Prozent sich die Weltbevölkerung bis 1927 vergrößert hat.
    b) Ermittle, auf viel Prozent die Weltbevölkerung von 1927 bis 1999 gewachsen ist.
    c) Recherchiere im Internet, wie viel Milliarden Menschen gegenwärtig auf der Welt leben und berechne die Steigerung in Prozent seit 1974.

    > **Weltbevölkerung und Entwicklung**
    >
    > In den 123 Jahren von 1804 bis 1927 hat sich die Weltbevölkerung auf zwei Milliarden verdoppelt. Nur 47 Jahre später waren es im Jahr 1974 vier Milliarden Menschen, 1999, weitere 25 Jahre später, schon mehr als 6 Milliarden Menschen.

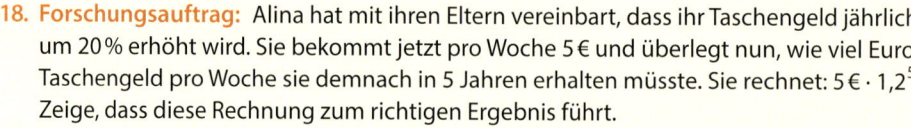

18. **Forschungsauftrag:** Alina hat mit ihren Eltern vereinbart, dass ihr Taschengeld jährlich um 20 % erhöht wird. Sie bekommt jetzt pro Woche 5 € und überlegt nun, wie viel Euro Taschengeld pro Woche sie demnach in 5 Jahren erhalten müsste. Sie rechnet: $5\,€ \cdot 1,2^5$. Zeige, dass diese Rechnung zum richtigen Ergebnis führt.

2.5 Zinsrechnung

■ Laura hat über 200 € gespart. Da ihre ältere Schwester Alina ihr Auto reparieren lassen muss, möchte sie sich die 200 € von Laura für ein Jahr ausleihen und ihr dafür 15 € „Leihgebühr" geben. Bei der Bank müsste ich mindestens 10 % Zinsen zahlen, erklärt Alina. „Es wäre super, wenn du mir hilfst."

Ermittle, wie viel Euro Zinsen Alina bei der Bank bezahlen müsste, wenn der Zinssatz 10 % beträgt. ■

Wenn du bei einer Bank Geld anlegst, bekommst du dafür Zinsen. Allerdings musst du Zinsen zahlen, wenn du dir bei einer Bank Geld ausleihst, also einen Kredit aufnimmst.

> **Wissen: Zinsen, Zinssatz, Kapital**
> Die bei der Zinsrechnung verwendeten Begriffe entsprechen denen der Prozentrechnung.
>
> | Zinsrechnung | Kapital (K) | Zinssatz (p %) | Zinsen (Z) |
> |---|---|---|---|
> | Prozentrechnung | Grundwert (G) | Prozentsatz (p %) | Prozentwert (W) |
>
> Für das Kapital K, den Zinssatz p % und die Zinsen Z gilt:
> $$\text{Zinsen} = \text{Kapital} \cdot \text{Zinssatz}$$

Hinweis: Kapital ist der Fachbegriff für ein Guthaben oder für einen Kreditbetrag.

Jede der drei Größen kann sowohl mit dem Dreisatz oder der Zinsformel berechnet werden, wenn die beiden anderen Größen bekannt sind.

Jahreszinsen berechnen

Beispiel 1: Frau Krüger hat 2300 € gespart und legt dieses Kapital mit einem Zinssatz von 1,7 % für ein Jahr an. Berechne, wie viel Zinsen sie dafür nach einem Jahr erhält.

Lösung:

Überlege, welche Angabe die Bezugsgröße ist, also 100 % entspricht. Ordne Zinssatz und Zinsen einander zu.	Bezugsgröße (das Kapital K) ist der gesparte Geldbetrag von 2300 €: 100 % ≙ 2300 € (Kapital) 1,7 % ≙ x € (Zinssatz) (Zinsen)
Führe einen Überschlag durch.	2 % von 2300 € sind 46 €. Frau Krüger wird etwas weniger als 46 € Zinsen erhalten.
Ermittle die Zinsen mithilfe des Dreisatzes.	100 % ≙ 2300 € :100 ↘ ↙ :100 1 % ≙ $\frac{2300\,€}{100}$ ·1,7 ↘ ↙ ·1,7 1,7 % ≙ $\frac{2300\,€ \cdot 1,7}{100}$ x = 39,10
Vergleiche dein Ergebnis mit deinem Überschlag.	Überschlag (etwas weniger als 46 €) und Ergebnis (gleich 39,10 €) sind vereinbar.
Formuliere einen Antwortsatz.	Frau Krüger erhält 39,10 € Zinsen.

Hinweis: Zinssätze gelten zumeist für den Zeitraum eines Jahres. Lateinisch „per annum", kurz „p.a." Es sind Jahreszinsen, bei denen niemals aufgerundet wird.

Basisaufgaben

1. Berechne die Jahreszinsen für 32 140 € beim gegebenen Zinssatz. Beachte dabei, dass bei Zinsen nie aufgerundet wird.
   a) 0,5 % p. a.   b) 1,2 % p. a.   c) 2 % p. a.   d) 7,5 % p. a.   e) 15 % p. a.

2. Berechne die Zinsen für ein Jahr. Beachte dabei, dass bei Zinsen nie aufgerundet wird.
   a) 10 000 € werden zu 1 % p. a. angelegt.   b) 2533 € werden zu 1,5 % p. a. angelegt.
   c) 686 € werden zu 2,1 % p. a. angelegt.   d) 57,99 € werden zu 0,9 % p. a. angelegt.

3. Berechne die Zinsen mit dem angegebenen Zinssatz für ein Jahr.
   a) 6200 € (2 % p. a.)   b) 165 000 € (1,5 % p. a.)   c) 651 € (1,8 % p. a.)

Zinssätze berechnen

Beispiel 2: Emil hat für 400 € nach einem Jahr 6 € Zinsen erhalten. Berechne den Zinssatz.

1. Möglichkeit: (Dreisatz)
Löse die Aufgabe mit dem Dreisatz.

$$400 € \triangleq 100 \%$$
$$1 € \triangleq \frac{100\%}{400}$$
$$6 € \triangleq \frac{100 \% \cdot 6}{400}$$
$$x = 1,5 \%$$

2. Möglichkeit: (Zinsformel)
Löse die Aufgabe mit der Zinsformel.

$Z = K \cdot p \%$ → $6 € = 400 € \cdot p \%$
$\frac{6 €}{400 €} = 0,015 = 1,5 \%$

Formuliere einen Antwortsatz.   Emil bekommt 1,5 % Zinsen.

Basisaufgaben

4. Welcher Zinssatz wird bei der Geldanlage für ein Jahr verwendet?
   a) Guthaben: 800 € (16 € Zinsen)   b) Guthaben: 270 € (2,16 € Zinsen)
   c) Guthaben: 6320 € (126,40 € Zinsen)   d) Guthaben: 198 € (0,99 € Zinsen)

5. Zu welchem Zinssatz wurde der gegebene Betrag angelegt? In Klammern ist angegeben, wie viel Euro Zinsen es nach einem Jahr gab.
   a) 6982 € (139,64 €)   b) 7500 € (37,50 €)   c) 65 000 € (1170 €)
   d) 42 500 € (552,5 €)   e) 639 € (1,21 €)   f) 789,30 € (3,63 €)

Geldbeträge (Kapitalanlagen) berechnen

Beispiel 3: Maximilian erhält bei einem Zinssatz von 2 % nach einem Jahr 14 € Zinsen. Berechne die Höhe des eingezahlten Guthabens.

Löse die Aufgabe mit dem Dreisatz.

$$2 \% \triangleq 14 €$$
$$1 \% \triangleq \frac{14 €}{2}$$
$$100 \% \triangleq \frac{14 € \cdot 100}{2}$$
$$x = 700 €$$

Formuliere einen Antwortsatz.   Maximilian hat 700 € eingezahlt.

2.5 Zinsrechnung

Basisaufgaben

6. Ermittle, welches Guthaben zu 2 % angelegt wurde, wenn folgende Zinsen nach einem Jahr ausgezahlt wurden:
   a) 12 €   b) 165 €   c) 444 €   d) 832,80 €   e) 10,37 €

7. Bestimme jeweils das eingezahlte Guthaben, wenn dieses für ein Jahr angelegt wurde.
   a) Zinssatz: 2 % (15 € Zinsen)
   b) Zinssatz: 2 % (60 € Zinsen)
   c) Zinssatz: 0,8 % (15 € Zinsen)
   d) Zinssatz: 0,8 % (60 € Zinsen)

Weiterführende Aufgaben

8. Tom spart auf seinem Konto ein Jahr lang 400 € bei einem festen Zinssatz von 2,3 %. Berechne die Zinsen und das neue Guthaben.

9. Frau Sparsam nimmt für ein Jahr einen Kredit über 7000 € zu einem Zinssatz von 5,5 % p. a. auf. Berechne, wie viel Euro Zinsen sie nach diesem Jahr zahlen muss.

10. Übertrage die Tabelle ins Heft und fülle sie aus.

Kapital in Euro	120,00	210,00			1550,00	23 470,00
Zinssatz p.a.	5 %	1,2 %	1,5 %	1,3 %		
Jahreszinsen in Euro			30,00	3,90	20,15	492,87

11. Ida und Clara wollen gemeinsam 800 € für ein Jahr anlegen. Ida hat ein Angebot von der Bank Sparta, Clara von der Bank Colonia. Vergleiche die Angebote und begründe, bei welcher Bank die beiden ihr Geld anlegen sollten.

Sparta
Provision 6 €
Zinssatz 1,5 %

Colonia
Provision 15 €
Zinssatz 2 %

Hinweis zu 11:
Die Provision ist ein Entgelt, um das ein Guthaben vermindert wird.

12. Ein Guthaben wird zu einem Zinssatz von 1,5 % für ein Jahr angelegt. Berechne, wie viel Euro nach einem Jahr auf dem Konto sind, wenn die Zinsen nicht abgehoben, sondern dem Konto gutgeschrieben werden.
    a) 650,00 €   b) 165 000,00 €   c) 980,00 €

13. Anne will sich einen Rucksack zu 49,99 € kaufen. Dazu braucht sie aber noch 23 €, da ihr gespartes Geld nicht ausreicht. Ihre Schwester Maria bietet an, ihr das Geld für ein Jahr zu leihen, wenn Anne ihr für dieses Jahr Zinsen zu einem Zinssatz von 2 % zahlt. Welchen Geldbetrag müsste Anne dann insgesamt an Maria zurückzahlen?

14. Evi hat ihr Geld für ein Jahr mit einem Zinssatz von 1,2 % angelegt und 12,56 € Zinsen erhalten. Miri sagt: „Bei meiner Bank bekommst du für 500 € aber 7,50 € Zinsen." Berechne, wie viel Euro Zinsen Evi bei Miris Bank erhalten hätte.

15. Für den Kauf eines Autos leiht sich Frau Müller bei einer Bank 10 000 € für ein Jahr. Nach einem Jahr muss sie 10 890 € zurückzahlen. Berechne den Zinssatz.

16. **Stolperstelle:** Julius löst folgende Aufgabe:
„Wenn eine Sparkasse Herrn Müller 7 % Zinsen geben würde, dann hätte er nach einem Jahr 2140 €. Wie viel Euro hätte er dort anlegen müssen?"
Lösung: 2140 € · 0,07 = 149,80 € und 2140 € − 149,80 € = 1990,20 €
Überprüfe die Rechnung und korrigiere, falls nötig. Erläutere deine Überlegungen.

17. Berechne, wer welchen Geldbetrag angelegt hat.
    a) Übertrage die Tabelle ins Heft und fülle sie aus.

	angelegter Geldbetrag	Zinssatz	Kontostand nach einem Jahr
Moritz		1,75 % p.a.	1098,90 €
Theresa		1,6 % p.a.	1107,44 €
Michael		0,5 % p.a.	2010,00 €
Stefanie		1,70 % p.a.	1098,36 €

    b) Erläutere, wie man allgemein den angelegten Geldbetrag berechnen kann, wenn Zinssatz und Kontostand nach einem Jahr bekannt sind.

18. Ferdinands Sparkasse bietet ihm an, 200 € zu 2 % für ein Jahr anzulegen. Wenn er dann nach einem Jahr die 200 € zusammen mit den Zinsen noch einmal anlegt, bekommt er im darauffolgenden Jahr 3 % Zinsen.
    a) Berechne Ferdinands Kontostand nach einem Jahr.
    b) Berechne Ferdinands Kontostand nach zwei Jahren.
    c) Ferdinand überlegt, ob er lieber zur Bank wechseln soll, bei der sein Freund Jacob Kunde ist. Diese zahlt im ersten Jahr 3 % und im zweiten Jahr 2 %, wenn die Zinsen zusammen mit dem Guthaben im zweiten Jahr angelegt werden. Entscheide und begründe, für welche Bank du dich an Ferdinands Stelle entscheiden würdest.

Hinweis zu 19: Überziehungszinsen werden beim Überziehen von Girokonten ohne Kreditlimit berechnet.

19. Vergleiche die beiden Angebote einer Bank für Girokonten mit Guthabenzinsen.

Sparfuchs-Konto		Sparschlau-Konto	
Konto-Gebühren	10 €/p.a.	Konto-Gebühren	12 €/p.a.
Zinssatz	1,3 %/p.a.	Zinssatz	1,8 %/p.a.
Überziehungszinsen	16 %	Überziehungszinsen	17,5 %

20. Beurteile folgende Behauptungen:
    a) Bankkunden freuen sich immer über hohe Zinssätze.
    b) Je höher der Zinssatz, desto höher der Kontostand.

Hinweis zu 21: Wie du ohne Tabelle rechnen kannst, ist im Streifzug auf der nächsten Seite erklärt.

21. **Ausblick:** Herr Gries möchte gern einen Geldbetrag ansparen, damit er seinem Enkel Stefan in ein paar Jahren einen Motorroller kaufen kann. Er hat 2000 € und zahlt sie auf ein Sparbuch mit einem Zinssatz von 2 % ein.
    a) Berechne, wie viel Euro Herr Gries nach einem Jahr auf dem Sparbuch hat.
    b) Herr Gries lässt die Zinsen aus dem ersten Jahr dem Sparbuch gutschreiben und spart ein weiteres Jahr. Berechne, wie viel Euro wiederum nach einem weiteren Jahr auf dem Sparbuch liegen.
    c) Stell dir vor, Herr Gries lässt das Geld einige Jahre so liegen, ohne jeweils etwas abzuheben. Fertige eine Tabelle an, in der du für 3, 4, 5, …, 10 Jahre die Zinsen und den Endbetrag bestimmst. Berechne, wie viel Euro Herr Gries nach 10 Jahren auf diesem Konto hätte.

Zinseszins

■ Torsten meint, dass sich ein Geldbetrag von 10,00 € bei einem Zinssatz von 7 % p. a. etwa verdoppelt, wenn die Zinsen am Jahresende dem Konto immer gutgeschrieben werden und das Konto 10 Jahre ohne weitere Ein- und Auszahlungen besteht.

Was meinst du? Überprüfe, ob Torsten Recht hat. ■

Bei mehrjährigen Kapitalanlagen werden die Zinsen oft nicht ausgezahlt, sondern zum vorhandenen Geldbetrag hinzugefügt. Die Zinsen werden in den Folgejahren immer mitverzinst. Man spricht dann von **Zinseszinsen.**

Anlagezeitraum	Kapital	+	Zinsen	=	Neues Kapital
Nach dem 1. Jahr	5000 €	+	100,00 €	=	5100,00 €
Nach dem 2. Jahr	5100,00 €	+	102,00 €	=	5202,00 €
Nach dem 3. Jahr	5202,00 €	+	104,04 €	=	5306,04 €

Bei 2 % Zinsen wächst das Kapital jährlich auf 102 %, also auf das 1,02-Fache an.
Man kann also auch so rechnen:

Nach dem 1. Jahr	5000 € · 1,02 = 5100,00 €	Nach n Jahren gilt:
Nach dem 2. Jahr	(5000 € · 1,02) · 1,02 = 5202,00 €	5000,00 € · $1,02^n$
Nach dem 3. Jahr	[(5000 € · 1,02) · 1,02] · 1,02 = 5306,04 €	

Das Endkapital kann auch in einem Schritt berechnet werden.

Wissen: Zinseszinsformel
Werden bei mehrjährigen Laufzeiten eines Guthabens K die Zinsen Z mitverzinst, entstehen Zinseszinsen. Bleibt der Zinssatz p % immer gleich, ergibt sich das Kapital K_n nach n Jahren wie folgt:

$$\text{Kapital}_{\text{Jahr n}} = (1 + \text{Zinssatz})^n \cdot \text{Kapital}$$

Beispiel 1: Frau Schütz hat 6400 € zu 2 % p. a. angelegt. Berechne, wie viel Euro es bei gleichbleibenden Zinsen nach 3 Jahren sind, wenn die Zinsen mit verzinst werden.

Lösung:

Was ist gesucht?   *Gesucht:* Guthaben nach 3 Jahren
Was ist gegeben?   *Gegeben:* Kapital: 6400 €; Zinssatz: 2 % p. a.

Ermittle die Jahreszinsen.   2 % von 6000 € entsprechen 120 € Jahreszinsen.

Ermittle K_n für n = 3 mithilfe der Zinsformel.

$$K_3 = \left(1 + \frac{2}{100}\right)^3 \cdot 6400\,\text{€}$$

$$K_3 = 6791{,}73\,\text{€} \text{ (auf Cent gerundet)}$$

Formuliere einen Antwortsatz.   Das Gesamtkapital beträgt nach 3 Jahren 6791,73 €.

Basisaufgaben

1. Ein Kapital von K = 45 € wird mit einem gleichbleibenden Zinssatz von 2 % p.a. mit Zinseszins für neun Jahre lang angelegt. Berechne das Endkapital K_9.

2. Jonas legt 500 € für sechs Jahre mit einem gleichbleibenden Zinssatz von 2,5 % p. a. an. Berechne den gesamten Auszahlungsbetrag:
   a) ohne Zinseszins (die jährlichen Zinsen werden ausgezahlt)   b) mit Zinseszins

Weiterführende Aufgaben

Hinweis zu 3:
Hier ist der Einsatz einer Tabellenkalkulation sinnvoll.

3. Ein Kapital K = 450 € wird fünf Jahre verzinst. Die Zinsen werden dem Konto jeweils gutgeschrieben. Übertrage die Tabelle ins Heft und fülle sie aus. Runde auf zwei Dezimalstellen.

	K ohne Zinsen	Zinsen (1,5 %)	K mit Zinsen	K ohne Zinsen	Zinsen (4 %)	K mit Zinsen
1. Jahr	450,00 €	6,75 €	456,75 €	450,00 €		
2. Jahr	456,75 €					
3. Jahr						
4. Jahr						
5. Jahr						

4. Caro möchte 500 € bei einer Bank mit einem Zinssatz von 3,5 % für fünf Jahre anlegen.
   a) Berechne die Höhe des Gesamtkapitals mit Zinseszinsen nach diesen fünf Jahren.
   b) Gib an, wie viel Euro Zinsen insgesamt in den fünf Jahren anfallen.
   c) Wie viel Euro wären es, wenn diese jeweils am Jahresende ausgezahlt werden?

5. Wie viele Jahre dauert es etwa, bis sich ein Geldbetrag von 1000 € (10 000 €; 100 000 €) mit Zinseszins bei einem Zinssatz von 3 % verdoppelt?

6. Welche der folgenden Aussagen treffen zu, welche nicht? Begründe.
   a) 100 € verdoppeln sich mit Zinseszins beim Zinssatz von 2,5 % in weniger als 30 Jahren.
   b) Eine Bank behauptet: „Sich 1000 € leihen und nach fünf Jahren 1150 € zurückzahlen. Das entspricht einem Zinssatz von unter 3 %."

7. Entscheide und begründe, welches der beiden Angebote du wählen würdest, um 1500 € möglichst gewinnbringend anzulegen.

Angebot (1)

SCHATZBRIEF
Laufzeit: 6 Jahre
Zinssatz im 1. Jahr: 2 %
Zinssatz im 2. Jahr: 2,5 %
Zinssatz im 3. Jahr: 3 %
Zinssatz im 4. Jahr: 3,5 %
Zinssatz im 5. Jahr: 4 %
Zinssatz im 6. Jahr: 4,5 %

Angebot (2)

SPARBUCH

jährlicher Zinssatz: 3 %

8. **Forschungsauftrag:** Recherchiere nach unterschiedlichen Anlagemöglichkeiten für ein Kapital von 1000 €. Du kannst bei einer Bank nachfragen oder im Internet suchen. Denke beispielsweise an Anlagen auf Sparbüchern, in Aktien, als Sparbriefe, als Bausparverträge usw. Beschreibe Vor- und Nachteile der Anlagemöglichkeiten. Für welche Anlage würdest du dich entscheiden? Begründe.

2.6 Vermischte Aufgaben

1. Die beiden Verkehrszeichen warnen an Straßen mit starker Steigung bzw. mit starkem Gefälle. Der angegebene Prozentsatz beschreibt den Höhenunterschied bezogen auf eine waagerechte Streckenlänge.
   Ermittle jeweils den Höhenunterschied für die waagerechte Streckenlänge:
   a) 500 m   b) 1,5 km   c) 3,4 km

2. Berechne und notiere fehlenden Angaben im Heft. Entscheide immer, ob du mit oder ohne Taschenrechner arbeiten möchtest. Begründe deine Entscheidung.

	a)	b)	c)	d)	e)	f)
Grundwert	700 €	956 kg			$66\frac{2}{3}$ h	221 dm
Prozentwert		152,96 kg	65 ml	900 l		110,5 m
Prozentsatz	50 %		32 %	150 %	15 %	

3. Formuliere zur Information eine Aufgabe und löse diese.
   Lasse sie dann von der gesamten Klasse lösen.
   Vergleicht untereinander.
   a) Ein Fernseher wurde von 699 € auf 559,20 € reduziert.
   b) Von 120 Kindern kommen 40 mit dem Bus, 60 zu Fuß, 10 mit dem Rad zu Schule. Der Rest wird mit dem Auto gebracht.
   c) Ein Auto verliert innerhalb des ersten Jahres etwa 24 % an Wert.
   d) Familie Hase muss vom nächsten Monat an 6 % mehr Miete zahlen, die Höhe der Miete betrug bisher 1038,8 €.

4. Sarah und Lukas möchten jeder 100 € auf einem Sparbuch zu einem Zinssatz von 0,5 % für ein Jahr anlegen. Sarah schlägt ein gemeinsames Konto vor, da der eingezahlte Geldbetrag dann höher ist. Sie erhofft sich davon mehr Zinsen. Lukas hingegen meint, dass sich die Zinsen im Vergleich zu zwei einzelnen Konten nicht verändern.
   a) Was meinst du? Überprüfe mit einer Beispielrechnung.
   b) Gilt deine Aussage aus a) auch allgemein? Gib eine Begründung dafür.

5. Ermittle jeweils den prozentualen Anteil der gefärbten Fläche an der Gesamtfigur.

   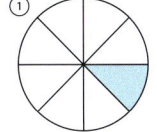
   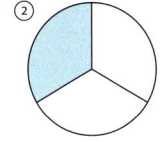
   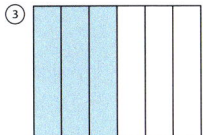
   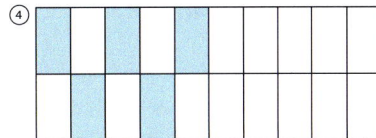

   Untersuche, ob es jeweils möglich ist, einige der ungefärbten Flächenteile so wegzulassen, dass danach genau 50 % der noch vorhandenen Fläche gefärbt sind.

6. Leon hat eine Frage zur Prozentrechnung aufgeschrieben:
   Wenn Herr Kröger 42 € Überziehungszinsen nach einem Jahr bei einem Zinssatz von 8,75 % an die Bank zahlen müsste und Herr Möller nur 31,50 € bei 10,5 %, hätte Herr Kröger sein Konto dann auch um einen höheren Betrag überzogen?
   Nimm begründet dazu Stellung.

Hinweis zu 7:
Diese Aufgabe kannst du mit einem Tabellenkalkulationsprogramm lösen.

7. Die Klasse 7c hat in ihrer Schule eine Umfrage durchgeführt, jeder Schüler durfte genau ein Lieblingshobby nennen. Die 7c hat die Ergebnisse zunächst als Tabelle notiert.

Hobby	Fußball spielen	Bücher lesen	Reiten	Freunde treffen	Musik hören	Computer spielen	Sonstiges
Anzahl	101	161	63	249	78	211	36

   a) Berechne jeweils den prozentualen Anteil.
   b) Führt diese Umfrage in eurer Klasse durch und wertet diese dann aus.

8. Katjas Bruder meint, dass man beim Anwenden des Dreisatzes zum Berechnen von Prozentwert, Grundwert und Prozentsatz immer auf Gleichungen kommt, die man sich mithilfe des angegebenen Dreiecks einfach merken kann. Durch Zuhalten der gesuchten Größe findet man die entsprechende Rechnung.

   Hier gilt: $G = \dfrac{W}{p\%}$

   a) Stelle so eine Gleichung zur Berechnung sowohl des Prozentwertes als auch des Prozentsatzes auf. Erkläre dein Vorgehen.
   b) Erkläre an jeweils einem Beispiel, wie du mit diesen Gleichungen Prozentwerte und Prozentsätze berechnen kannst.

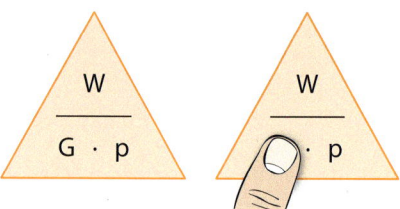

9. Der Verbrauch von Plastiktüten ist in den letzten Jahren stetig gewachsen.
   a) Berechne, um viel Prozent der Verbrauch von Plastiktüten in Deutschland pro Person und Jahr geringer ist als der Durchschnitt in den ausgewählten EU-Staaten.
   b) Die EU-Staaten wollen den Verbrauch von Plastiktüten eindämmen. Im Jahr 2014 betrug die Zahl der Plastiktüten pro Verbraucher 176. Ab 2019 soll diese Zahl um 86 Plastiktüten und bis 2025 auf 40 Tüten pro Person zurückgehen. Berechne, um wie viel Prozent der Verbrauch von Plastiktüten ab 2019 und ab 2025 zurückgegangen sein soll, und gib auch an, auf wie viel Prozent jeweils reduziert wurde.

Zahl der verbrauchten Plastiktüten pro Person und Jahr in den ausgewählten EU-Staaten (2014)

20	Irland
51	Österreich
71	Deutschland
77	Finnland
79	Dänemark
88	Frankreich
111	Schweden
133	Spanien
137	Großbritannien
198	EU-Durchschnitt*
204	Italien
269	Griechenland
330	Tschechien
550	Portugal**

*ohne Kroatien **Hochrechnung

10. In Tageszeitungen wird regelmäßig über die Entwicklung des Deutschen Aktien-Index (kurz: DAX) informiert. Die Abbildung zeigt den DAX und die Veränderung zum Vortag.
    a) Beschreibe die dargestellte Änderung unter Verwendung folgender Formulierung: „Der DAX ist von ... um ... auf ... gefallen."
    b) Beschreibe, wie man aus den Angaben (links vom Pfeil) den Prozentsatz 1,14 % berechnen kann.

Dax
−130,00
11280,36   (−1,14 %)

Hinweis zu 11:
1 Promille
1 ‰ ≙ $\dfrac{1}{1000}$

11. a) Für die Herstellung von 1 kg Lavendelöl benötigt man etwa 170 kg Lavendelblüten. Gib die Ergiebigkeit in Prozent und Promille an.
    b) Ein Mann mit 6,5 Liter Blut hat einen Blutalkoholgehalt von 0,5 Promille. Gib an, wie viel Milliliter reinen Alkohol er im Blut hat.

2.6 Vermischte Aufgaben

12. Der Kraftstoffverbrauch für ein Auto-Modell wird vom Hersteller mit 6,3 Liter pro 100 km angegeben. Kontrollen ergaben aber, dass tatsächlich 38 % mehr Kraftstoff benötigt werden. Berechne die Mehrkosten gegenüber der Herstellerangabe bei einer Fahrleistung von 20 000 km und einem Literpreis von 1,60 € für Kraftstoff.

13. Ein Gebrauchtwagenhändler verkauft an einem Tag zwei Autos jeweils zum gleichen Preis von 6200 €. Bei einem Auto betrug sein Gewinn 15 %, bei dem anderen Auto machte er einen Verlust von 15 %. Prüfe, ob insgesamt etwas erwirtschaftet oder zumindest nichts eingebüßt wurde. Begründe deine Aussage.

14. Frau Schulze kauft sich ein neues Auto für 19 800 € und gibt ihr altes Auto für 4900 € in Zahlung. Sie überweist noch 7500 € von ihrem Konto und nimmt für den Rest einen Kredit auf. Dafür erhält sie zwei Angebote:
    Angebot 1: Zinssatz 8,5 %; keine Provision; Rückzahlung nach einem Jahr
    Angebot 2: Zinssatz 7,5 %; 50 € Provision; Rückzahlung nach einem Jahr
    Entscheide und begründe, welches Angebot für Frau Schulze günstiger ist.

15. Bei einem Computer beträgt der Wertverlust pro Jahr durchschnittlich 20 %.
    a) Berechne den Wertverlust nach zwei Jahren, wenn der Anschaffungspreis 699 € betrug.
    b) Ermittle mithilfe einer Tabellenkalkulation jeweils den Restwert dieses Computers nach dem ersten, dem zweiten, dem dritten, dem vierten und dem fünften Jahr.
    c) Klaus meint, egal wie viel ein Computer kostet, der Wertverlust nach zwei Jahren beträgt stets 36 %. Begründe, dass die Aussage von Klaus wahr ist.

16. Ein Beutel Zitronen enthielt bisher 5 Stück. Nun enthält der Beutel nur noch 4 Zitronen, aber der Preis für einen Beutel bleibt gleich. Ermittle, um wie viel Prozent die Menge reduziert und um wie viel Prozent der Preis pro Zitrone dadurch erhöht wurde.

17. Sofias Mutter hat ein Bruttogehalt von 2150 €. Sie bekommt netto 1420 € ausgezahlt. Berechne, wie viel Prozent vom Bruttogehalt abgezogen werden.

18. Auf der Erde gibt es mehr als 1000 verschiedene Sprachen.
    Zu den Weltsprachen gehören:

Sprache	Englisch	Chinesisch	Spanisch	Französisch	Deutsch
Gesprochen von Menschen	1500 Mio.	1100 Mio.	420 Mio.	370 Mio.	185 Mio.

    Der Rest von den rund 7 Milliarden Menschen spricht „Weitere Sprachen". Berechne die prozentualen Anteile dieser 6 Kategorien und veranschauliche sie in einem Diagramm.

    Hinweis zu 18 und 19: Eine Tabellenkalkulation kann hilfreich sein.

19. Der Auszug aus der nebenstehenden Mobilfunkrechnung enthält Lücken. Berechne die fehlenden Werte.

    Auszug aus einer Mobilfunkrechnung

Artikel	Netto	MwSt. (19 %)	Brutto
Gespräche	2,57 €	?	?
SMS/MMS	?	0,14 €	?
Datenübertragung	1,75 €	?	2,08 €
Rechnungsbetrag	?	?	?

20. Bei einem Festgeldkonto werden die Zinsen jährlich gutgeschrieben und mitverzinst. Erstelle eine Tabelle, die die Entwicklung des Guthabens von 5000 € für 12 Jahre bei einem Jahreszinssatz von 3,6 % zeigt und stelle diese Entwicklung in einem Diagramm dar.

Prüfe dein neues Fundament
2. Prozent- und Zinsrechnung

Lösungen ↗ S. 240

1. Übertrage die Tabelle ins Heft und fülle sie aus.

Grundwert	350 t	900 kg	7890 g		450 kg		6,60 €	
Prozentwert		99 kg		2,30 €	550 kg	60 m		250 €
Prozentsatz	1,8 %		10 %	2 %		2,5 %	110 %	115 %

2. Die 125 Schülerinnen und Schüler einer Jahrgangsstufe 7 nehmen an verschiedenen Arbeitsgemeinschaften ihrer Schule teil, 8 % an einer Tischtennis-AG, 24 % an einer Theater-AG, 28 % an einer Mathe-AG und 12 % an einer Streitschlichter-AG. 40 % nehmen an keiner AG teil.
   a) Wie viele Schülerinnen und Schüler sind das jeweils?
   b) Beim Addieren ergeben sich mehr als 125 Schülerinnen und Schüler. Entscheide, ob das stimmen kann und begründe deine Antwort.

3. Bei einem Schlussverkauf wird ein Rabatt von 30 % gewährt.
   a) Ermittle den Preis einer Hose, die ursprünglich 89,00 € gekostet hat.
   b) Ermittle den ursprünglichen Preis eines Hemdes, das im Schlussverkauf 21,70 € kostet.

4. Lea hat zum Geburtstag Geld geschenkt bekommen. Einen Teil davon, 48 € (60 % des Gesamtbetrages), zahlt sie aufs Sparbuch ein. Wie viel Euro hat Lea bekommen?

5. In A-Stadt kostete eine Kurzstrecken-Karte für den Bus 1,50 €. Inzwischen wurde der Fahrpreis zweimal erhöht, das erste Mal um 10 % und das zweite Mal um 15 %. Wie viel Euro kostet eine Kurzstrecken-Karte nach dieser zweimaligen Preiserhöhung?

6. Markiere auf einer Geraden g eine 10 cm lange Strecke $\overline{AB}$ sowie einen Punkt C und einen Punkt D so, dass folgende Bedingung erfüllt ist:
   a) $\overline{AC}$ entspricht 30 % von $\overline{AB}$
   b) $\overline{AD}$ entspricht 120 % von $\overline{AB}$

7. Berechne den Nettopreis vom gegebenen Bruttopreis für den in Klammern stehenden Mehrwertsteuersatz. Runde auf Cent.
   a) 39 € (19 %)   b) 118 € (19 %)   c) 19 € (7 %)   d) 8,50 € (7 %)

8. Herr Kluge hat für seinen Tablet-Computer mit 2,5 % Skonto 360,64 € bezahlt. Berechne, wie viel Euro der Tablet-Computer (ohne Skonto) gekostet hat.

9. Berechne, wie viel Prozent es sind.
   a) 0,3 ml von 150 ml   b) 2 mm von 2 m

10. Die Mitgliederzahl eines Sportvereins erhöhte sich von 350 Mitglieder im Jahr 2012 auf 110 % im Jahre 2013. Im folgenden Jahr erhöhte sich die Mitgliederzahl erneut um 35. Berechne, auf wie viel Prozent die Mitgliederzahl seit 2012 stieg.

11. Übertrage die Tabelle ins Heft und fülle sie aus.

Kapital	5000 €		3000 €	45000 €	4900 €
Zinssatz	2 % p. a.	1,4 % p. a.			
Zinsen für 1 Jahr		7,00 €	17,40 €		

Prüfe dein neues Fundament

12. Herr Müller hat bei seiner Bank bei 3 % Zinsen nach einem Jahr 10 815 € auf seinem Konto. Wie viel Euro hat Herr Müller angelegt?

13. Frau Franke legt 4 000 € für fünf Jahre mit einem Zinssatz von 2,2% an.
    a) Berechne, wie viel Euro Zinsen sie in den gesamten fünf Jahren erhält, wenn sie die Zinsen jährlich abhebt.
    b) Berechne den gesamten Auszahlungsbetrag mit Zinseszinsen nach fünf Jahren.

14. Bei der Bürgermeisterwahl waren 9610 Personen wahlberechtigt. Von den abgegebenen 4500 Stimmen erhielt Frau Müller 2295, Herr Schmidt 1215, Frau Funke 765 und 5 % waren ungültig. Stelle das Wahlergebnis sowohl bezogen auf die abgegebenen Stimmen als auch bezogen auf die Wahlberechtigten insgesamt in einem Säulendiagramm dar.

15. Berechne jeweils, wie viel Prozent der Schülerinnen und Schüler beim Mathe-Test eine der Zensuren von 1 bis 6 hatten.

Zensur	1	2	3	4	5	6
Anzahl	4	5	9	2	0	0

16. In einer Testarbeit haben 60 % der Klasse 7a sehr gute, gute und befriedigende Ergebnisse erzielt, mangelhafte und ungenügende Ergebnisse 20 %. Fünfmal wurde die Vier vergeben.
    a) Ermittle, wie viele Arbeiten insgesamt korrigiert wurden.
    b) Wievielmal wurde die 5 und 6 gegeben?

17. Der Holzbestand eines Waldstücks beträgt 70 000 Festmeter. Berechne, wie viel Festmeter Holz es nach 7 Jahren sind, wenn der Bestand jährlich um 9 % zu nimmt.

Wiederholungsaufgaben

1. Das Bild zeigt das Flugzeug A380 (Länge 73 m) sowie das Kreuzfahrtschiff „Oasis of the seas", das 2007 erstmals in See stach. Ermittle die ungefähre Länge des Schiffes, wenn Flugzeug und Schiff im selben Maßstab verkleinert wurden.

2. Gib für x eine Zahl an, sodass eine wahre Aussage entsteht.
    a) $3 - x = \frac{1}{2}$
    b) $3 \cdot (a + 7) = 21$
    c) $\frac{x}{5} = 9$
    d) $2x + 0,5 = \frac{4}{2}$

3. Berechne im Kopf und gib das Ergebnis in der nächstgrößeren Einheit an.
    a) 20 ct : 4
    b) 500 cm² · 10
    c) 12 min · 15
    d) 8544 g : 4

4. Berechne und kürze, falls möglich.
    a) $\frac{3}{4} + \frac{7}{8}$
    b) $\frac{3}{5} \cdot \frac{15}{18}$
    c) $\frac{3}{4} : 2\frac{1}{4}$
    d) $\frac{5}{7} - \frac{1}{4}$

Zusammenfassung

2. Prozent- und Zinsrechnung

Grundbegriffe der Prozentrechnung

Ein **Prozent** von einer Zahl ist ihr **hundertster** Teil.
Der **Grundwert G** ist die Bezugsgröße.
Der **Prozentsatz p%** gibt einen Anteil vom Grundwert an. Diesem Anteil vom Grundwert entspricht der **Prozentwert W**.

$1\% = \frac{1}{100}$

$100\% \,\hat{=}\, G$

$p\% \,\hat{=}\, W$

Berechnung des Prozentwertes

Gesucht: Prozentwert W
Gegeben: Grundwert G; Prozentsatz p%

Dreisatz: $100\% \,\hat{=}\, G$

$1\% \,\hat{=}\, \frac{G}{100}$

$p\% \,\hat{=}\, \frac{G \cdot p}{100}$

Wie viel Gramm sind 40% von 120 g?

$100\% \,\hat{=}\, 120\,g$

$1\% \,\hat{=}\, \frac{120\,g}{100}$

$40\% \,\hat{=}\, \frac{120\,g \cdot 40}{100} = 48\,g$

$W = 48\,g$

Berechnung des Grundwertes

Gesucht: Grundwert G
Gegeben: Prozentwert W; Prozentsatz p%

Dreisatz: $p\% \,\hat{=}\, W$

$1\% \,\hat{=}\, \frac{W}{p}$

$100\% \,\hat{=}\, \frac{W \cdot 100}{p}$

40% entsprechen 60 g.
Wie groß ist der Grundwert?

$40\% \,\hat{=}\, 60\,g$

$1\% \,\hat{=}\, \frac{60\,g}{40}$

$100\% \,\hat{=}\, \frac{60\,g \cdot 100}{40} = 150\,g$

$G = 150\,g$

Berechnung des Prozentsatzes

Gesucht: Prozentsatz p%
Gegeben: Grundwert G; Prozentwert W

Dreisatz: $G \,\hat{=}\, 100\%$

$1 \,\hat{=}\, \frac{100\%}{G}$

$W \,\hat{=}\, \frac{100\% \cdot W}{G}$

Wie viel Prozent sind 90 g von 200 g?

$200\,g \,\hat{=}\, 100\%$

$1\,g \,\hat{=}\, \frac{100\%}{200}$

$90\,g \,\hat{=}\, 100\% \cdot \frac{90}{200}$

$p\% = 45\%$

Zinsrechnung

Die Begriffe der **Zinsrechnung** entsprechen den Begriffen der Prozentrechnung.

Die Berechnung von Jahreszinsen entspricht der Berechnung des Prozentwertes.

Dreisatz: $100\% \,\hat{=}\, K$

$1\% \,\hat{=}\, \frac{K}{100}$

$p\% \,\hat{=}\, \frac{K \cdot p}{100}$

Kapital K	Zinssatz p%	Zinsen Z
Grundwert G	Prozentsatz p%	Prozentwert W

Gesucht sind die Jahreszinsen Z bei einem Kapital K = 3500 € und einem Zinssatz p% = 2,5% p.a.

$100\% \,\hat{=}\, 3500\,€$

$1\% \,\hat{=}\, \frac{3500\,€}{100}$

$2,5\% \,\hat{=}\, \frac{3500\,€ \cdot 2,5}{100} = 87,50\,€$

$Z = 87,50\,€$

3. Rationale Zahlen

Bis zum Gipfel müssen auf einer Strecke von 4 km noch 500 Höhenmeter bewältigt werden.
Bis zur Hütte fehlt noch $\frac{1}{10}$ Gesamtstrecke, die Hütte liegt 600 Höhenmeter unter dem Gipfel.

Nach diesem Kapitel kannst du …
- rationale Zahlen darstellen, vergleichen und ordnen,
- Grundrechenoperationen mit rationalen Zahlen ausführen,
- Punkte in Koordinatensystemen mit vier Quadranten eintragen und Koordinaten von Punkten darin ablesen,
- Rechengesetze und Rechenvorteile beim Rechnen mit rationalen Zahlen nutzen.

Dein Fundament

3. Rationale Zahlen

Lösungen
S. 241

Zahlen auf einem Zahlenstrahl ablesen und markieren

1. Gib an, welche Zahlen durch die roten Buchstaben markiert sind.

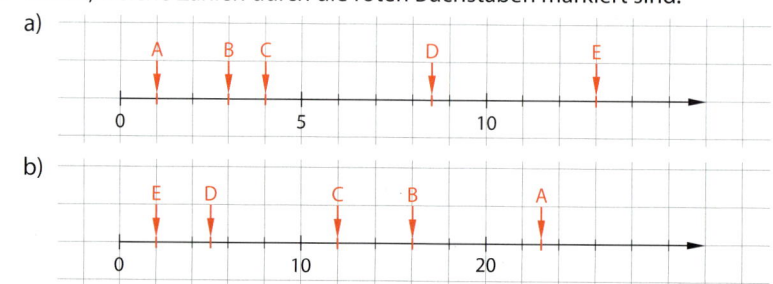

2. Zeichne einen Zahlenstrahl und markiere auf ihm folgende Zahlen:
   a) $\frac{1}{2}$; $1\frac{1}{2}$; 1; 1,25; 2
   b) $\frac{1}{8}$; $\frac{9}{8}$; $\frac{7}{8}$; 2,5; 2,25
   c) 30; $30\frac{1}{10}$; 30,3; 30,5; 30,7

3. Gib an, welche Zahl auf einem Zahlenstrahl genau in der Mitte der beiden Zahlen liegt.
   a) 1 und 3
   b) $\frac{1}{2}$ und 1
   c) 0 und $\frac{1}{3}$
   d) 1,2 und 2,2
   e) 2,1 und 3,5

Zahlen vergleichen und ordnen

4. Übertrage ins Heft und ersetze ■ richtig durch >, < oder =.
   a) 181 ■ 179
   b) 0,5 ■ $\frac{5}{6}$
   c) $1\frac{1}{3}$ ■ 1,27
   d) $17\frac{1}{5}$ ■ 17,2

5. Ordne die Zahlen. Beginne mit der größten Zahl.
   a) 13; 5; 75; 7; 11
   b) 8862,62; 8862,49; 8462,46; 8468,48
   c) 310 000; 8050; achttausendundfünf; 59 Mill.
   d) fünfhundertdreiundsiebzig; $53\frac{3}{4}$; 597; 53,9; 537; 153,9

6. Gib die größte und die kleinste fünfstellige natürliche Zahl an, die man mit den Ziffern 5; 8; 3; 2 und 1 bilden kann. Verwende jede der fünf Ziffern nur einmal.

7. Petra ist jünger als Tanja. Anton ist älter als Tanja. David ist jünger als Petra. Überprüfe, wer von den vieren am ältesten und wer am jüngsten ist.

8. Übertrage ins Heft und ersetze (wenn möglich) das Zeichen ■ so durch eine Ziffer, dass eine wahre Aussage entsteht.
   a) 9■6 > 986
   b) 4■1 < 409
   c) 88■ > 898
   d) 9■3 < 923

Koordinatensystem

9. Markiere die Punkte A(1|1), B(5|3), C(4|1) und D(2|3) in einem geeigneten Koordinatensystem.
   a) Zeichne sowohl durch die Punkte A und B als auch durch die Punkte C und D jeweils eine Gerade.
   b) Gib die Koordinaten des Schnittpunktes P der beiden Geraden an.

Dein Fundament

10. Übertrage das Koordinatensystem mit den Punkten A, B und C ins Heft.
    a) Gib die Koordinaten der Punkte A, B und C an.
    b) Zeichne einen Punkt D, sodass A, B, C und D Eckpunkte eines Quadrats sind.
    c) Schreibe die Koordinaten von D auf.
    d) Zeichne die Diagonalen des Quadrats ABCD und beschrifte ihren Schnittpunkt mit S.
    e) Gib die Koordinaten des Schnittpunktes S an.

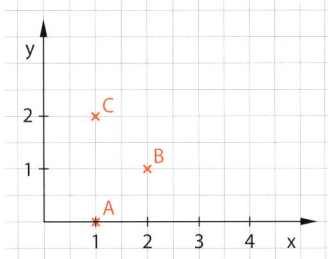

11. Beschreibe die Lage aller Punkte im Koordinatensystem mit folgender Eigenschaft:
    a) Sie haben als x-Koordinate eine 3.   b) Sie haben als y-Koordinate eine 2.

Sicher addieren und subtrahieren

12. Rechne im Kopf.
    a) $18 + 47$
    b) $27 - 16$
    c) $23 - 16$
    d) $1{,}7 + 2{,}5$
    e) $2{,}5 - 1{,}7$
    f) $0{,}23 - 0{,}13$
    g) $0{,}5 + \frac{1}{2}$
    h) $0{,}75 - \frac{1}{4}$
    i) $\frac{1}{2} - \frac{1}{4}$
    j) $\frac{1}{3} + \frac{1}{6}$

13. Rechne vorteilhaft.
    a) $114 + 59 + 16$
    b) $\frac{1}{2} + \frac{2}{7} + 0{,}5$
    c) $114 + 78 - 4$
    d) $\frac{3}{5} + \frac{3}{4} - 0{,}6$

14. Übertrage ins Heft und ergänze (wenn möglich) zu einer wahren Aussage.
    a) $9 + \blacksquare = 36$
    b) $\blacksquare + 31 = 52$
    c) $45 - \blacksquare = 39$
    d) $79 + \blacksquare = 97$
    e) $34 - \blacksquare = 1$
    f) $\blacksquare - 29 = 100$
    g) $\blacksquare - 159 = 11$
    h) $\blacksquare + 12 = 12$

15. Die Zahl außerhalb des Dreiecks ergibt sich als Summe der beiden an der Dreieckseite im Dreieck angegebenen Zahlen. Übertrage ins Heft und ergänze die fehlenden Zahlen.
    a)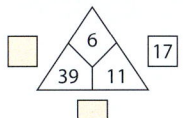
    b)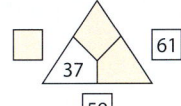
    c)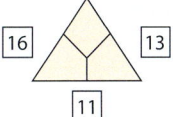

Sicher multiplizieren und dividieren

16. Rechne im Kopf.
    a) $1{,}7 \cdot 2$
    b) $0{,}1 \cdot 3{,}6$
    c) $0{,}11 \cdot 0{,}03$
    d) $12 \cdot 0{,}5$
    e) $0{,}3 \cdot 10$
    f) $2{,}2 : 2$
    g) $2{,}7 : 9$
    h) $3{,}6 : 0{,}4$
    i) $\frac{1}{3} \cdot \frac{3}{5}$
    j) $\frac{3}{5} \cdot \frac{2}{3}$
    k) $\frac{4}{7} \cdot \frac{7}{4}$
    l) $0{,}25 \cdot \frac{2}{3}$
    m) $0{,}75 \cdot \frac{1}{2}$
    n) $\frac{2}{3} : \frac{4}{5}$
    o) $\frac{1}{2} : \frac{1}{4}$
    p) $1 : \frac{1}{3}$

17. Berichtige die Fehler.
    a) $790 \cdot 100 = 7900$
    b) $112 \cdot 6 = 662$
    c) $107 \cdot 4 = 408$
    d) $29 \cdot 7 = 143$

3. Rationale Zahlen

3.1 Ganze und rationale Zahlen

■ Anna soll an der Tafel vier Subtraktionsaufgaben lösen, bei denen Brüche und Dezimalbrüche vorkommen.
Die ersten drei Aufgaben bereiten ihr keine Schwierigkeiten.
Doch bei der letzten Aufgabe kommt sie zu keinem Ergebnis.

Was meinst du, woran könnte das liegen? ■

1) $12 - 6{,}5 = 6{,}5$
2) $\frac{3}{4} - \frac{1}{2} = \frac{1}{4}$
3) $10\,€ - 7{,}50\,€ = 2{,}50\,€$
4) $7{,}50\,€ - 10\,€ = ???$

Du kennst bereits negative Zahlen, beispielsweise bei Temperaturangaben im Winter. Ein Konto kann Minusbeträge aufweisen, wenn mehr Geld abgehoben wird, als auf dem Konto vorhanden ist.

Wenn ein Zahlenstrahl an einer Senkrechten durch den Nullpunkt gespiegelt wird, entsteht eine **Zahlengerade.**
Durch diese Spiegelung wird jeder positiven Zahl eine zu ihr **entgegengesetzte Zahl** (kurz: Gegenzahl) zugeordnet.

Hinweis:
Eine Zahlengerade hat nur eine Pfeilspitze rechts von der Null. Die Pfeilspitze links von der Null wird weggelassen.

> **Wissen: Ganze Zahlen**
> Zahlen, die auf einer Zahlengeraden symmetrisch zur Null liegen, nennt man *zueinander entgegengesetzte Zahlen*. Die Zahl Null ist zu sich selbst entgegengesetzt.
> Alle natürlichen Zahlen {0; 1; 2; 3; …} und die zu ihnen entgegengesetzten Zahlen {0; –1; –2; –3; …} nennt man **ganze Zahlen (Symbol ℤ).**
>
>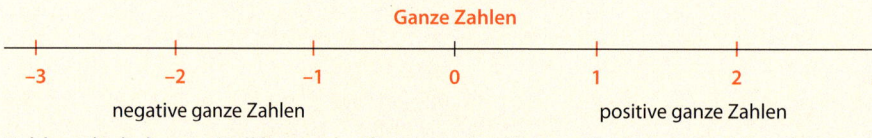
>
> Zahlen, die links von Null liegen, heißen negative Zahlen. Sie haben das Vorzeichen „–".
> Zahlen, die rechts von Null liegen, heißen positive Zahlen. Sie haben das Vorzeichen „+".
> Das Vorzeichen „+" kann weggelassen werden.

Positive und negative ganze Zahlen erkennen

Beispiel 1: Gegeben sind die Zahlen $+12$; -2; $0{,}\overline{3}$; 5; 0; $-1{,}5$; $-\frac{1}{10}$; -155

a) Welche der Zahlen sind negative ganze Zahlen und welche sind positive ganze Zahlen?
b) Gib zu jeder ganzen Zahl die zu ihr entgegengesetzte Zahl an.

Hinweis:
Eine Zahl a (a ≠ 0) und die zur ihr entgegengesetzte Zahl unterscheiden sich nur durch ihre Vorzeichen.

Lösung:

a) Schreibe alle Zahlen ohne Komma und ohne Bruchstrich mit dem Vorzeichen „–" auf. Schreibe alle Zahlen ohne Komma und ohne Bruchstrich mit dem Vorzeichen „+" oder ohne Vorzeichen (außer Null) auf.

Negative ganze Zahlen: –2 und –155

Positive ganze Zahlen: 5 und 12

b) Suche zu jeder ganzen Zahl auf der Zahlengeraden die Zahl, die zur Null symmetrisch liegt.

x	–155	–2	0	5	12
–x	155	2	0	–5	–12

3.1 Ganze und rationale Zahlen

Basisaufgaben

1. Welches der Vorzeichen „+" oder „–" würdest du für die Angabe verwenden?
   a) 5 °C unter dem Gefrierpunkt
   b) 19 °C Tageshöchsttemperatur
   c) 5 Minuspunkte und 3 Pluspunkte
   d) 350 € Guthaben und 50 € Schulden
   e) 2 m unter dem normalen Wasserstand
   f) 20 s vor und 5 s nach dem Startschuss

2. Gib ganze Zahlen an, für die gilt:
   a) Ihr Abstand zur Null beträgt eine Längeneinheit.
   b) Es sind zwei positive Zahlen mit einem Abstand von einer Längeneinheit.
   c) Es sind zwei negative Zahlen mit einem Abstand von einer Längeneinheit.

3. Gegeben sind die Zahlen -4; $+2{,}5$; $+2^2$; 0^2; $-2{,}5$; $+\frac{1}{2}$; $+22$; -222
   a) Welche davon sind negative, welche positive ganze Zahlen?
   b) Gib zu jeder gegebenen ganzen Zahl die zu ihr entgegengesetzte Zahl an.

Ganze Zahlen auf einer Zahlengeraden darstellen

Beispiel 2: Markiere folgende Zahlen auf einer Zahlengerade:
a) die negative Zahl –4
b) alle ganzen Zahlen mit einem Abstand von drei Einheiten zur Null
c) die negative Zahl, die fünf Einheiten von Null entfernt ist

Lösung:
Zeichne eine geeignete Zahlengerade.
a) Gehe von Null vier Schritte nach links und markiere dort die Zahl –4.

b) Gehe von Null sowohl drei Schritte nach links als auch drei Schritte nach rechts und markiere dort die Zahlen –3 und 3.

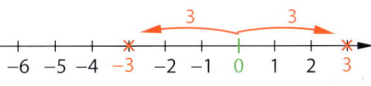

c) Gehe von Null fünf Schritte nach links und markiere dort die Zahl –5.

Basisaufgaben

4. Markiere die Zahlen auf einer Zahlengeraden.
   a) 0; –2; 3; 5; –8; –12
   b) 0; 15; –20; –35; 50; –50

5. a) Gib an, welche Zahlen durch die roten Buchstaben markiert sind.
   b) Gib zu jeder Zahl die Gegenzahl an.

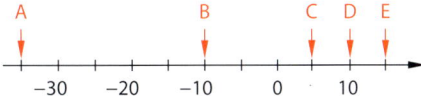

6. a) Gib alle Zahlen an, die auf einer Zahlengeraden folgende Längeneinheiten (LE) von Null entfernt sind: 5 LE; 12 LE; 10 LE; 0 LE; 100 LE
   b) Gib alle ganzen Zahlen an, die auf einer Zahlengeraden mindestens 2 Längeneinheiten und höchstens 4 Längeneinheiten von der Null entfernt sind.
   c) Gib alle ganzen Zahlen zwischen –8 und –5 an.
   d) Gib alle negativen ganzen Zahlen zwischen –1 und 5 an.
   e) Gib von jeder der folgenden Zahlen ihre Gegenzahl an: –100; 13; –1010; 0; 333; –999

Rationale Zahlen auf einer Zahlengeraden darstellen

Hinweis:
Zur Zahl 1,5 ist die Zahl −1,5 entgegengesetzt, folglich ist zur Zahl −1,5 die Zahl 1,5 entgegengesetzt.

Wissen: Rationale Zahlen
Alle gebrochenen Zahlen und die zu ihnen entgegengesetzten Zahlen nennt man **rationale Zahlen**. Sie haben das **Symbol ℚ**.

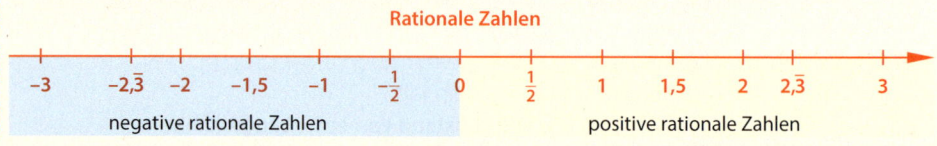

Auch bei rationalen Zahlen kann das Vorzeichen „+" weggelassen werden.

Beispiel 3: Stelle die Zahlen −3,2; 3,5; $-\frac{9}{4}$; $\frac{11}{5}$; −0,5 auf einer Zahlengeraden dar.

Lösung:
Wähle auf einer geeigneten Zahlengerade eine passende Längeneinheit, hier z. B. 2 cm. Trage zur Orientierung die Zahlen 0; 1; −1 ein.

Trage positive Zahlen rechts und negative Zahlen links vom Nullpunkt ein. (−3,2 liegt beispielsweise 3,2 Einheiten links vom Nullpunkt).

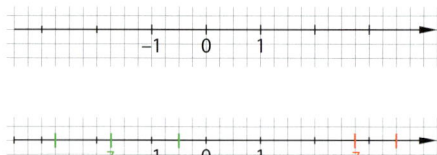

Basisaufgaben

7. Stelle die Zahlen −5,5; 3,5; $-\frac{13}{4}$; $\frac{23}{10}$; −1,5 auf einer Zahlengeraden dar.

8. Stelle die Zahlen −10; 4,5; −7,5; $-\frac{5}{2}$ und die zu ihnen entgegensetzten Zahlen auf einer Zahlengeraden dar. Was stellst du fest?

9. Gegeben sind zwei Zahlengeraden mit rot markierten Punkten.

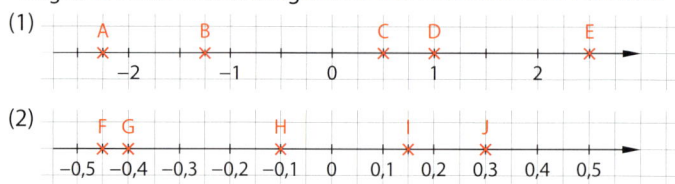

   a) Gib alle Zahlen an, die zu den markierten Punkten gehören und entscheide jeweils, ob es eine positive oder negative Zahl ist.
   b) Übertrage beide Zahlengeraden ins Heft und markiere zu jeder durch die Buchstaben A bis E (F bis J) angegebene Zahl die entgegengesetzte Zahl auf der Zahlengeraden.

Weiterführende Aufgaben

10. Überlege genau, welchen Ausschnitt der Zahlengeraden du benötigst.
    a) Markiere die Zahlen auf einer Zahlengeraden.
       ① −5; −3; 7; 11; −1; −10   ② −5; 0; −9; −7; −2; −3
       ③ −2,5; −0,1; 0; $\frac{14}{2}$; −1,5; 2,3   ④ 15,5; −2,2; 4,3; $-2\frac{1}{2}$; 8,8; −5,1
    b) Beschreibe, wie du den Ausschnitt der Zahlengeraden ermittelt hast.

3.1 Ganze und rationale Zahlen

11. a) Lies die Temperatur beim nebenstehenden Thermometer ab und entscheide, was das Thermometer anzeigen würde, wenn die Temperatur um 10 Grad höher wäre.
    b) Was würde angezeigt, wenn die Temperatur um 10 Grad geringer wäre?

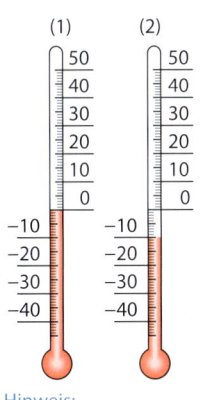

12. Entscheide, ob für die Zahl $x = +1{,}4 \left(-\frac{3}{4};\ 5;\ -10;\ 10{,}1;\ \frac{8}{5};\ -2{,}\overline{3};\ 0;\ \frac{2}{2}\right)$ gilt:
    a) x ist eine natürliche Zahl
    b) x ist eine rationale Zahl
    c) x ist eine positive rationale Zahl
    d) x ist eine negative ganze Zahl

Hinweis: Manchmal kann es zwei Zahlen x geben.

13. Übertrage die Tabelle ins Heft und fülle sie aus.

x	11,5		−3,14	4	
−x		−7,8	0,3		4
Entfernung von x zum Nullpunkt (in Längeneinheiten)				4	
Entfernung von −x zum Nullpunkt (in Längeneinheiten)					

 14. **Stolperstelle:** Stelle die natürlichen Zahlen 2; 3; 6 und ihre Nachfolger sowie die dazu entgegengesetzten Zahlen auf einer Zahlengeraden dar und beurteile dann die folgende Aussage: *„Die entgegengesetzte Zahl des Nachfolgers einer natürlichen Zahl a ist auch Nachfolger der entgegengesetzten Zahl von a."*

15. Gib an, welche Zahlen rot markiert sind und gib jeweils ihre Gegenzahlen an.

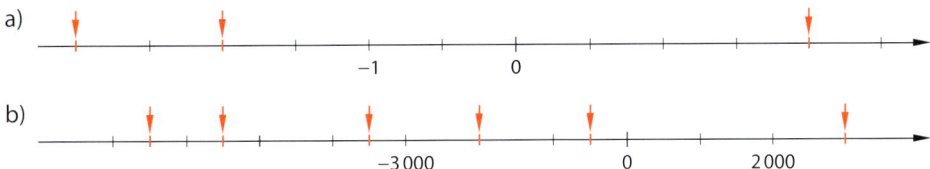

Hinweis zu 15: Die gesuchten Zahlen der Aufgabe a) und b) findest du in den SD-Karten.

16. Entscheide, wessen Aussage wahr ist und erläutere warum.
    Sven sagt: *„Die gebrochenen Zahlen sind alle positiven rationalen Zahlen."*
    Astrid meint: *„Die gebrochenen Zahlen sind alle nichtnegativen rationalen Zahlen."*

17. Formuliere die in der Tabelle links stehenden Aussagen mithilfe mathematischer Begriffe.

Formulierung mit mathematischen Symbolen	Formulierung mit mathematischen Begriffen
(1) Wenn a > 0, dann ist −a < 0.	Wenn a eine positive Zahl ist, dann …
(2) Wenn a < 0, dann ist −a > 0.	Wenn …, dann ist die zu a entgegengesetzte Zahl …
(3) Wenn a = 0, dann ist −a = 0.	Wenn …, dann …

18. Entscheide, ob die Aussage wahr oder falsch ist. Begründe deine Antwort.
    a) Zu jeder ganzen Zahl gibt es eine Gegenzahl.
    b) Alle ganzen Zahlen größer als Null sind natürliche Zahlen.

19. **Ausblick:** Lisa sollte als Hausaufgabe eine Liste der höchsten Berge und der tiefsten Gräben erstellen. Sie hat folgende Angaben gemacht: Mount Everest (Himalaya) 8848 m, K2 (Karakorum) 8611 m, Lhotse (Himalaya) 8516 m, Zugspitze 2962 m, Marianengraben 11034 m, Philippinengraben 10540 m, Tongagraben 10882 m, Tagebau Hambach 239 m.
    a) Schreibe Lisas Liste mit ganzen Zahlen. Verwende auch Vorzeichen.
    b) Gib den tiefsten Graben und den höchsten Berg von Lisas Liste an.
    c) Runde sinnvoll und markiere die Angaben auf einer Zahlengeraden.
    d) Gib die Höhendifferenz zwischen dem höchsten Berg und dem tiefsten Graben an.

Hinweis zu 19: Die Höhe von Bergen bzw. die Tiefe von Gräben wird von Normalnull (NN) aus gemessen. NN ist die durchschnittliche Meereshöhe der Nordsee.

3.2 Koordinatensystem mit vier Quadranten

■ Grit erhält den Auftrag, das Dreieck ABC an der x-Achse zu spiegeln und dann die Koordinaten der Bildpunkte A', B' und C' bei dieser Spiegelung anzugeben.

Erkläre, wie Grit vorgehen sollte. ■

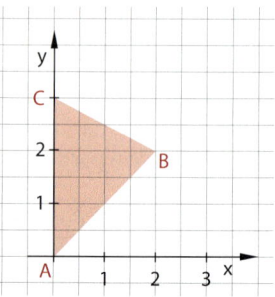

Verlängert man beim einfachen Koordinatensystem die x-Achse nach links und die y-Achse nach unten, entsteht ein erweitertes Koordinatensystem.

Hinweis:
x-Achse oder Abszissenachse und y-Achse oder Ordinatenachse

x-Koordinate oder Abszisse und y-Koordinate oder Ordinate

x vor y, also auch A vor O

Wissen: Koordinatensystem mit vier Quadranten
Ein rechtwinkliges Koordinatensystem zerlegt eine Ebene durch zwei zueinander senkrechte Zahlengeraden in vier **Quadranten**.
Die waagerechte Gerade heißt **x-Achse**.
Die senkrechte Gerade heißt **y-Achse**.
Beide Achsen schneiden einander im **Koordinatenursprung O**.

Jeder Punkt ist eindeutig durch seine **Koordinaten** festgelegt und umgekehrt sind durch einen Punkt eindeutig zwei Koordinaten festgelegt.
Man schreibt: P(x|y)

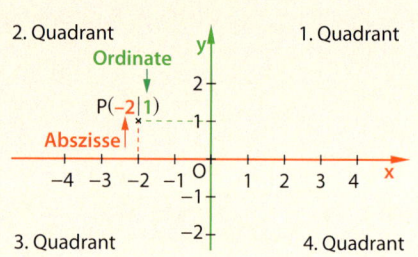

Koordinaten eines Punktes ablesen

Beispiel 1: Lies im nebenstehenden Koordinatensystem die Koordinaten der Punkte A bis D ab.

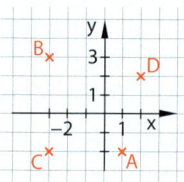

Lösung:
Gehe vom Punkt senkrecht bis zur x-Achse und lies die x-Koordinate (Abszisse) an der x-Achse ab.
Gehe vom Punkt senkrecht bis zur y-Achse und lies die y-Koordinate (Ordinate) an der y-Achse ab.

Für A: $x = 1$; $y = -2$ $\Rightarrow$ A(1|−2)
Für B: $x = -3$; $y = 3$ $\Rightarrow$ B(−3|3)
Für C: $x = -3$; $y = -2$ $\Rightarrow$ C(−3|−2)
Für D: $x = 2$; $y = 2$ $\Rightarrow$ D(2|2)

Basisaufgaben

1. a) Gib die Koordinaten der Punkte A bis K an.
   b) Einige Punkte haben besondere Eigenschaften Welche Punkte mit welchen Eigenschaften könnten es deiner Meinung nach sein?

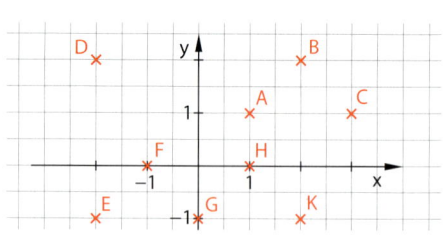

3.2 Koordinatensystem mit vier Quadranten

2. Ermittle die Koordinaten der Eckpunkte folgender Figuren:
   a) Dreieck ABC
   b) Viereck EFGH
   c) Viereck HKLM

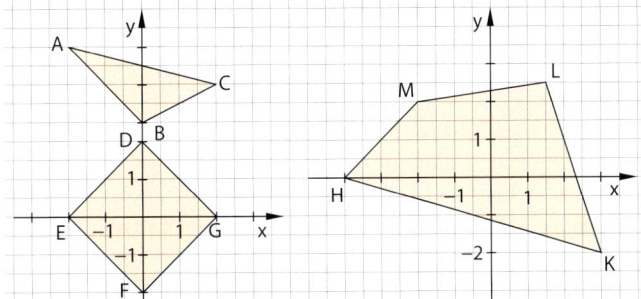

Punkte in ein Koordinatensystem eintragen

Beispiel 2: Trage die Punkte R(3|−2), S(−3|2), T(−4|−1), U(1|3) in ein Koordinatensystem ein.

Lösung:
Wähle einen geeigneten Ausschnitt des Koordinatensystems, bezeichne die Achsen und teile die Achsen ein:
– kleinster x-Wert ist −4, größter x-Wert ist 3
– kleinster y-Wert −2, größter y-Wert ist 3

Denke dir jeweils eine parallele Gerade:
– zur y-Achse durch den Punkt auf die x-Achse mit der x-Koordinate des Punktes,
– zur x-Achse durch den Punkt auf die y-Achse mit der y-Koordinate des Punktes.
Der Schnittpunkt beider Parallelen ist der Punkt mit den Koordinaten x und y.

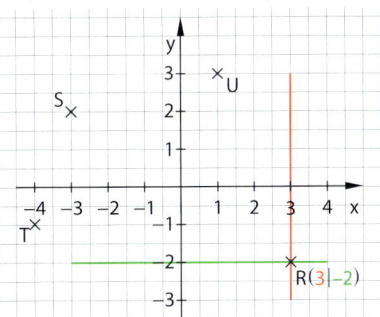

Basisaufgaben

3. a) Zeichne ein geeignetes Koordinatensystem und trage dort die Punkte E(1|2), F(3|−2), G(−1|−2), H(−3|−2), I(0|1), J(3|−1), K(−2|2), L(−2|−2) und M(2|−2) ein.
   b) Trage die Punkte A(−1|1), B(8|−4), C(−2|−3) und D(−5|2) in ein geeignetes Koordinatensystem ein.

4. Trage in ein geeignetes Koordinatensystem die Punkte A(−3|−3), B(−2|−2), C(1|1), D(5|5) ein. Verbinde die Punkte zu einer Figur und beschreibe deren Eigenschaften. Zeichne vier weitere Punkte mit der gleichen Eigenschaft und gib die Koordinaten der Punkte an.

5. Zeichne das Dreieck MNO mit den Eckpunkten M(−1|−2), N(1|−1) und O(−2|2) in ein Koordinatensystem und gib die Koordinaten der Mittelpunkte der Seiten des Dreiecks MNO an. Erkläre dein Vorgehen.

Weiterführende Aufgaben

6. Zeichne die Punkte A(−6|−6) und B(6|−6) in ein Koordinatensystem. Gib die Koordinaten eines weiteren Punktes C so an, dass die Punkte A und B und der Koordinatenursprung O mit dem Punkt C ein Quadrat (ein Drachenviereck, aber kein Quadrat) bildet.

7. Zeichnet jeder eine Figur (z. B. ein Haus oder ein Tier aus Punkten und Strecken) in ein Koordinatensystem. Schreibt die Koordinaten der verwendeten Punkte auf. Tauscht die Koordinaten eurer Figuren untereinander aus und zeichnet die Figur des anderen nach.

Hinweise zu 8:
Die Lösungen zu findest du auf den Notizblöcken.

8. Gib zu den Punkten A bis H im nebenstehenden Koordinatensystem jeweils die Koordinaten an.

9. Gib jeweils an, in welchem Quadranten der Punkt liegt. Erläutere dein Vorgehen.
A(−3|−4), B(−3|4), C(4|−3), D(5|5,5), E(0|0)

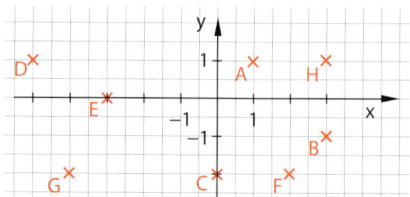

10. a) Gib die Koordinaten von drei Punkten an, die alle im 2. Quadranten (im 3. Quadranten; im 4. Quadranten) liegen.
    b) Zeichne in ein geeignetes Koordinatensystem alle Punkte ein, bei denen die Summe der Koordinaten eine der Quadratzahlen 1, 4 oder 9 ergibt. In welchem Quadranten können keine Punkte liegen?

11. **Stolperstelle:** Janek spiegelt mehrere gegebene Punkte jeweils an beiden Koordinatenachsen und ermittelt dann die Koordinaten der Bildpunkte. Dann behauptet er:
    „Wird ein Punkt Q(x|y) an der x-Achse gespiegelt, dann ist sein Bildpunkt Q'(−x|−y).“
    Prüfe, ob Janek Recht hat.

12. Gegeben sind die Punkte R(−3|−1) und S(1|2)
    a) Gib die Koordinaten der Punkte R̄ und S̄ an, bei denen jeweils die x- und y-Koordinaten der Punkte R bzw. S vertauscht sind.
    b) Zeichne das Viereck R R̄ S̄ S in ein Koordinatensystem und untersuche, zu welcher Vierecksart das Viereck R R̄ S̄ S gehört.

13. Zeichne das „Haus vom Nikolaus" mit A(2|−8), B(6|−8), C(6|−4), D(4|−2) und E(2|−4) in ein Koordinatensystem. Spiegele das Haus an der Geraden FG mit F(−2|−2) und G(2|2). Gib die Koordinaten der Eckpunkte des Spiegelbildes an. Vergleiche die Koordinaten der Originalpunkte mit denen der Bildpunkte. Was fällt dir auf?

14. Die Suche eines „Koordinatenschatzes" wird so beschrieben: Begib dich zur Kirche im Punkt K(3|2) und gehe von dort 5 Einheiten nach links und 4 Einheiten nach unten. Drehe dich dann entgegen dem Uhrzeigersinn um 90° und gehe 4 Einheiten parallel zur x-Achse. Drehe dich wieder entgegen dem Uhrzeigersinn, diesmal um 45°. Gehe dann bis zum nächsten Punkt mit ganzzahligen Koordinaten. Dort liegt der Schatz.
    a) Skizziere den Weg in einem Koordinatensystem. Gib die Koordinaten des Schatzes an.
    b) Zeichne den kürzesten Weg vom Start zum Schatz ein und gib seine Länge an.
    c) Ein weiterer Schatz befindet sich mehr als 2 Einheiten, aber höchstens 3 Einheiten vom ersten Schatz entfernt. Markiere die Fläche, in der du jetzt noch suchen würdest.

15. **Ausblick:** Beim „Geocaching" erfolgen Ortsangaben nach Längen- und Breitengraden. Man geht dabei auf Suche nach „kleinen Schätzen", die sich an allen möglichen Orten befinden. Koordinaten solcher Orte findet man im Internet unter www.geocaching.de. Es gibt einige einfache Regeln, wie „Get some Stuff, leave some Stuff.", und die Pflicht zum Führen eines Logbuches. Findet den nächsten an eurer Schule versteckten Geocache heraus.

3.3 Rationale Zahlen ordnen

■ An einem Januartag des vergangenen Jahres wurden in Deutschland zur Mittagszeit die nebenstehenden Wetterinformationen gesammelt.

Ordne die Städte nach steigenden Temperaturen. Beginne mit München. ■

Stadt	Bewölkung	Temperatur
Hamburg	heiter	1,5 °C
Berlin	bedeckt	−1 °C
Dresden	bedeckt	0 °C
Magdeburg	bedeckt	−1,5 °C
Nürnberg	heiter	−1,4 °C
München	heiter	−3,4 °C

Rationale Zahlen vergleichen

> **Wissen: Größer- und Kleinerbeziehung**
> Von zwei verschiedenen rationalen Zahlen ist diejenige die kleinere, die auf der Zahlengeraden weiter links liegt.
> Daraus folgt: −2   −1,5   −1 $-\frac{1}{4}$ 0   0,75   1   1,5   2
>
> – Zwei nichtnegative rationale Zahlen sind wie zwei gebrochene Zahlen zu vergleichen: 0,75 < 1,5   (0,75 liegt links von 1,5)
>
> – Negative rationale Zahlen sind kleiner als positive rationale Zahlen oder kleiner als Null: $-\frac{1}{4} < 2$ ($-\frac{1}{4}$ liegt links von 2)
>
> – Von zwei negativen rationalen Zahlen ist die Zahl kleiner, die weiter von Null entfernt ist: $-1,5 < -\frac{1}{4}$ (−1,5 liegt links von $-\frac{1}{4}$)

Beispiel 1: Vergleiche die beiden Zahlen.
a) −3,5 und 2,1   b) 0 und $-4\frac{1}{5}$ c) −2,4 und −3,5

Lösung:
a) Stelle fest, welche der Zahlen positiv, negativ oder 0 ist. Prüfe, welche der Zahlen auf der Zahlengerade weiter links liegt.

Es gilt: −3,5 < 2,1
(Negative Zahlen sind stets kleiner als positive Zahlen.)

b) Gehe wie bei a) vor.

Es gilt: $-4\frac{1}{5} < 0$
(Negative Zahlen sind stets kleiner als Null.)

c) Gehe wie bei a) vor.

Es gilt: −3,5 < −2,4
(Da −3,5 weiter von Null entfernt ist als −2,4, liegt −3,5 links von −2,4.)

Basisaufgaben

1. Vergleiche die beiden Zahlen.
   a) 1,5 und −2,7
   b) −4,7 und −9
   c) $\frac{1}{4}$ und $\frac{1}{3}$
   d) −0,75 und $\frac{1}{3}$
   e) 0 und −0,1
   f) −2,7 und −5,12

2. Entscheide, welche Zahl die größere der beiden Zahlen ist. Begründe deine Antwort.
   a) 21,78; 21,91
   b) −2,76; 0,78
   c) 0; $\frac{3}{4}$
   d) −10; −1,9
   e) $\frac{2}{3}$; $-\frac{1}{3}$
   f) $-\frac{1}{3}$; $-\frac{2}{3}$

3. Übertrage ins Heft und ersetze ■ so durch <, > oder =, dass eine wahre Aussage entsteht.
   a) 2 ■ 6
   b) $-2{,}75$ ■ $-2\frac{3}{4}$
   c) $-2{,}78$ ■ $-2{,}87$
   d) $-\frac{1}{3}$ ■ $-0{,}25$
   e) $-\frac{3}{7}$ ■ $\frac{1}{7}$
   f) $-3{,}\overline{3}$ ■ $-3{,}3$

4. Ordne die Zahlen der Größe nach. Beginne mit der kleinsten Zahl.
   a) $-2; \ -15; \ 7; \ 0; \ 3$
   b) $0{,}7; \ -0{,}3; \ 0; \ 1{,}2; \ -1{,}3$
   c) $-0{,}6; \ -\frac{2}{3}; \ -0{,}25; \ -\frac{1}{2}; \ 0{,}7$
   d) $-3\frac{1}{7}; \ -5{,}7; \ 2{,}3; \ -\frac{4}{5}; \ -\frac{1}{3}$
   e) $0{,}34; \ -0{,}74; \ 0{,}335; \ -2{,}7$
   f) $-20{,}67; \ 15{,}3; \ -5{,}9; \ 0; \ -5\frac{1}{5}$

Den Betrag einer rationalen Zahl ermitteln

Zwei zueinander entgegengesetzte rationale Zahlen sind auf der Zahlengeraden immer gleich weit vom Nullpunkt entfernt. Der Abstand einer rationalen Zahl a zum Nullpunkt wird als Betrag der rationalen Zahl a bezeichnet.

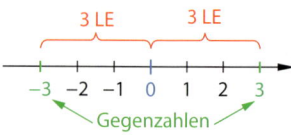

Hinweis:
Der Betrag der Zahl 3 ist 3.
Schreibweise: $|3| = 3$
Der Betrag der Zahl -3 ist 3.
Schreibweise: $|-3| = 3$

Wissen: Betrag einer rationalen Zahl

Der **Betrag einer rationalen Zahl** a (kurz: Betrag von a) wird mit $|a|$ bezeichnet. Er wird folgendermaßen festgelegt:

$$|a| = \begin{cases} a, & \text{wenn } a > 0. \\ 0, & \text{wenn } a = 0. \\ -a, & \text{wenn } a < 0. \end{cases}$$

Der **Betrag** einer rationalen Zahl ist **nie negativ**.

Beispiel 2: Ermittle den absoluten Betrag der rationalen Zahl.
a) $-2{,}7$
b) $\frac{3}{4}$
c) 0

Lösung:
a) Stelle fest, ob die Zahl größer als Null (also positiv), kleiner als Null (also negativ) oder gleich 0 ist. Ermittle den Betrag.
   $-2{,}7 < 0$
   Also gilt: $|-2{,}7| = -(-2{,}7) = 2{,}7$

b) Gehe wie bei a) vor.
   $\frac{3}{4} > 0$
   Also gilt: $\left|\frac{3}{4}\right| = \frac{3}{4}$

c) Gehe wie bei a) vor.
   Es gilt: $|0| = 0$

Basisaufgaben

5. Ermittle den Betrag der rationalen Zahl.
   a) $-2{,}7$
   b) $13{,}5$
   c) 0
   d) $1\frac{2}{7}$
   e) $-\frac{5}{8}$
   f) $-7\frac{3}{5}$

6. Gib alle Zahlen an, die den gegebenen Betrag haben.
   a) 10
   b) 5,9
   c) $6\frac{2}{3}$
   d) 0
   e) 11,12
   f) 1,7

7. Übertrage ins Heft und ersetze das Zeichen ■ durch folgende Zahlen:
   $-5{,}1; \ -4; \ -2; \ 0; \ 2; \ 3; \ 5{,}1$
   Verwende nur die Zahlen, bei denen eine wahre Aussage entsteht.
   a) $|■| = 0$
   b) $|■| = 2$
   c) $|■| = 3$
   d) $|■| = -4$
   e) $|■| = 5{,}1$
   f) $|■| = 4$

3.3 Rationale Zahlen ordnen

8. Übertrage die Tabelle ins Heft und fülle sie aus.

x	−2,5						7,1
−x		−5,3				3	
−(−x)			−0,75		2		
|x|				0			

Weiterführende Aufgaben

9. a) Ordne die Zahlen −7,5; 0; $1\frac{3}{5}$; $-2\frac{3}{5}$ der Größe nach und begründe dein Vorgehen. Beginne mit der kleinsten Zahl.
b) Gib alle Zahlen an, deren Betrag 2,1 ist.

10. Ordne die Zahlen der Größe nach. Beginne mit der größten Zahl.
a) 2,5; −2,3; −7; 0 b) −2,78; |−7|; $-3\frac{2}{5}$; −3,5 d) $-\frac{9}{7}$; $\frac{6}{5}$; −4,5; −10; 0

11. Rationale Zahlen können auch auf einer senkrechten Zahlengeraden abgebildet werden.
a) Trage auf einer senkrechten Zahlengeraden drei Zahlen ein, die alle drei zwischen 0 und 2 liegen, und drei Zahlen, die alle drei zwischen −1 und −3 liegen.
b) Beschreibe mit Worten, wie man auf der senkrechten Zahlengeraden erkennen kann, welche von zwei Zahlen die kleinere und welche die größere Zahl ist.

12. Gegeben sind folgende Zahlen: −1; 0,8; 240; −0,8; 0,1; −2,8; −319
a) Welche der Zahlen ist die größte, welche die kleinste Zahl?
b) Welche der Zahlen hat den kleinsten, welche den größten absoluten Betrag?

13. Stolperstelle: Paul hat Zahlen miteinander verglichen. Überprüfe die Lösungen, von denen einige falsch sind. Beschreibe, welche Fehler Paul gemacht hat, und berichtige.
a) −7,6 < −3,9   b) $-3\frac{1}{4}$ = −3,25   c) −20 > −10   d) −1 000 000 > 10
e) |−7| < 3   f) |−6,6| < |6,6| g) |−7| < −3   h) |−5| > |−6|

14. Übernimm den Abschnitt der Zahlengeraden ins Heft und markiere die gegebenen Zahlen.
a) 0; −1; −0,5
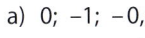
b) 4; −4; 2; −2; −|−2|
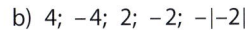
c) |3|; −3; |−3|
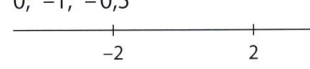
d) 0; −2,5; −|5|; |−5|; −(−5)

15. Übertrage ins Heft und ersetze ■ so durch eine Ziffer, dass eine wahre Aussage entsteht.
a) 2,■ < 2,1   b) −0,68 > −0,6■   c) −389 < −3■9   d) −0,7■ > −0,77

16. Vergleiche sowohl die Zahlen als auch ihre Beträge miteinander. Was stellst du fest?
a) −7; −3   b) −6; −7,7   c) −1,5; −11   d) −3,9; −3,8   e) $-\frac{3}{4}$; $-\frac{9}{8}$

17. Ausblick: Übertrage ins Heft und ersetze das Zeichen ■ so durch eine rationale Zahl, dass eine wahre Aussage entsteht. Gib mehrere Lösungen an, wenn dies möglich ist.
a) ■ = |−3| b) |■| = −3   c) |■| − 1,5 = 0   d) |■| + 2 = 2   e) |■| + 1 = 0

3.4 Zustandsänderungen beschreiben

■ Auf einem Girokonto ist zu Monatsbeginn ein Guthaben von 628 €. Am Monatsende wurden drei Buchungen vorgenommen.

Ermittle den Kontostand nach diesen Buchungen. ■

Datum	Verwendungszweck	Betrag
26.10.	Telefon R-089924912	−34,00 €
26.10.	Meier Winterreifen R. 2012689	−255,00 €
28.10.	Bode TV-Gerät Artikelnr. 33478	−495,00 €

Negative Zahlen treten oft beim **Beschreiben von Zuständen**, bei **Veränderungen** und in **grafischen Darstellungen** auf:

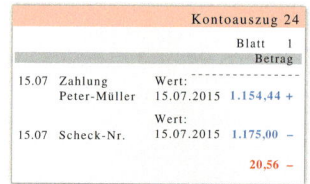
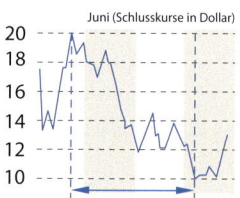

Temperatur: −22 °C   Kontostandsänderung: −20,56 €   Verlust: −10 Dollar

> **Wissen: Veränderungen am Zahlenstrahl beschreiben**
> Veränderungen auf einem Zahlenstrahl können durch rationale Zahlen beschrieben werden.
> – Ein „+" vor einer Zahl beschreibt eine Erhöhung (Vergrößern).
> – Ein „−" vor einer Zahl beschreibt eine Abnahme (Verkleinern).
> – Der Betrag gibt an, wie groß die Änderung ist.

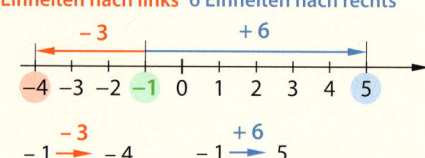

Änderungen berechnen

Beispiel 1: Larissa hat eine Woche lang jeden Mittag die Temperatur gemessen:
Mo: 21 °C   Di: 22 °C   Mi: 17 °C   Do: 14 °C   Fr: 13 °C   Sa: 11 °C   So: 10 °C
a) Zwischen welchen beiden Tagen war der Temperaturunterschied am größten? Gib diesen Temperaturunterschied an.
b) Wie groß wäre die Temperatur am kommenden Montag, wenn sie von Sonntag zu Montag um 3 weitere Grad fällt?

Lösung:
a) Ermittle den Unterschied zwischen den Temperaturen zweier aufeinanderfolgender Tage. Verwende bei einer Temperaturerhöhung das Vorzeichen „+", bei einer Temperatursenkung das Vorzeichen „−".
   Der Temperaturunterschied war von Dienstag auf Mittwoch mit −5 Grad am größten.

   Mo: 21 °C   Di: 22 °C
   Temperaturunterschied: +1 Grad
   (Temperaturerhöhung)
   Di: 22 °C   Mi: 17 °C
   Temperaturunterschied: −5 Grad
   (Temperatursenkung)
   usw.

b) Vermindere die Temperatur vom Sonntag um 3 Grad. Die Temperatur am darauffolgenden Montag beträgt 7 °C.

   So: 10 °C   Mo: 7 °C
   Temperaturunterschied: −3 Grad
   (Temperatursenkung)

3.4 Zustandsänderungen beschreiben

Basisaufgaben

1. Gib die Temperaturänderungen benachbarter Messungen an.

Zeitpunkt	10 Uhr	12 Uhr	14 Uhr	16 Uhr	18 Uhr	20 Uhr	22 Uhr	24 Uhr	0 Uhr
Temperatur	12 °C	14 °C	17 °C	15,5 °C	12 °C	7 °C	2,5 °C	0 °C	–5 °C

2. Übertrage ins Heft und ersetze ■ sinnvoll, wie in folgendem Beispiel: $3 \xrightarrow{-5} -2$

   a) $9 \xrightarrow{\blacksquare} 13$ b) $7 \xrightarrow{\blacksquare} 1$ c) $4 \xrightarrow{\blacksquare} -2$ d) $5,5 \xrightarrow{\blacksquare} -1,5$ e) $-3 \xrightarrow{\blacksquare} -6$

   f) $7 \xrightarrow{+3} \blacksquare$ g) $2 \xrightarrow{-3} \blacksquare$ h) $-1 \xrightarrow{+3} \blacksquare$ i) $\blacksquare \xrightarrow{-1} -2,5$ j) $\blacksquare \xrightarrow{-2,5} -2,5$

3. Ein Fahrstuhl fährt vom Erdgeschoss (0. Etage) zur Dachterrasse (12. Etage) und in die Tiefgarage (–5. Etage). Gib jeweils an, welche Positionsänderung erfolgt.
   a) von der 1. Etage in die 8. Etage
   b) von der 12. Etage in die 2. Etage
   c) von der 3. Etage in die –5. Etage
   d) von der –2. Etage in die 10. Etage
   e) von Erdgeschoss in die –3. Etage
   f) von der 12. Etage in die –5. Etage

4. Im Radio wurden während einer Sturmflut die Änderungen des Wasserpegels eines Flusses angeben. Um 12 Uhr betrug der Pegel 2,55 m.
   a) Ermittle die Pegelstände zu den Uhrzeiten.
   b) Fertige ein Schaubild mit den Pegelständen zu den angegeben Uhrzeiten an.

Zeitpunkt	Pegelstand
13 Uhr	um 35 cm gefallen
14 Uhr	um 18 cm gefallen
15 Uhr	um 15 cm gestiegen
16 Uhr	um 45 cm gestiegen
17 Uhr	um 20 cm gestiegen

Weiterführende Aufgaben

5. Die Thermometer zeigen Temperaturen in sechs Städten. Wie groß wäre der Temperaturunterschied bei folgender Reise:
   a) von Berlin nach Oslo
   b) von London nach Moskau
   c) von Stockholm nach Madrid
   d) von Madrid nach Moskau
   e) von Moskau nach Madrid

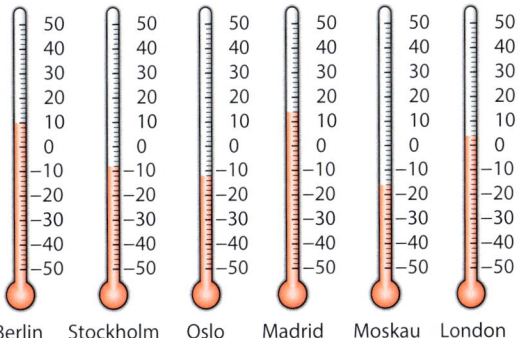

Berlin Stockholm Oslo Madrid Moskau London

Hinweis zu 5:
Hier findest du die Temperaturunterschiede.

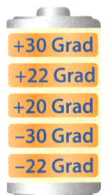

+30 Grad
+22 Grad
+20 Grad
–30 Grad
–22 Grad

6. An welcher Stelle der waagerechten Zahlengeraden befindet sich das Bild des Punktes?
   a) Der Punkt A wird von 2,5 um 6 Längeneinheiten nach rechts verschoben.
   b) Der Punkt C wird von –2,5 um 7,5 Längeneinheiten nach links verschoben.
   c) Der Punkt D wird von –2,5 um 7,5 Längeneinheiten nach rechts verschoben.
   d) Der Punkt E wird von 0 zuerst um 5 Längeneinheiten nach rechts und das Bild dann noch einmal um 12 Längeneinheiten nach links verschoben.
   e) Der Punkt F wird von $\frac{1}{2}$ um $\frac{5}{2}$ Einheiten nach links verschoben.

7. Im Februar eines Jahres betrug die monatliche Durchschnittstemperatur in Deutschland –2,6 °C. Im August lag sie 21,1 °C höher. Berechne die Durchschnittstemperatur vom August.

Hinweis zu 7:
Die monatliche Durchschnittstemperatur ist das arithmetische Mittel der täglichen Messwerte zahlreicher Wetterstationen zu jeweils festen Zeiten in festen Höhen.

8. **Stolperstelle:** Lucas berechnet den Kontostand am Ende des Monats folgendermaßen:
   80 − 43 − 74 + 50 + 149 = 162 €
   Prüfe die Rechnung und korrigiere alle Fehler.

Datum	Erläuterungen	Wert	Betrag
			Kontoauszug 2
			150,00+
19.10.	Bareinzahlung	22.10.	80,00+
23.10.	Getränkehandel Peters	24.10.	43,00−
24.10.	Tankstelle Voss	25.10.	74,00−
26.10.	Bareinzahlung	29.10.	50,00+
30.10.	Elektromarkt24	31.10.	149,00−

9. Der tiefste See der Erde ist der Baikalsee in Sibirien. Seine Wasseroberfläche befindet sich 455 m über dem Meeresspiegel, die tiefste Stelle liegt 1187 m unter dem Meeresspiegel.
   Berechne seine Tiefe an dieser Stelle.

10. Auf einem Konto befindet sich ein Guthaben von 133,90 €. Es werden an einem Tag 125 € abgehoben, am nächsten Tag 200 € eingezahlt und am übernächsten Tag 244 € abgehoben. Ermittle den Kontostand nach diesen drei Transaktionen.

11. Kleopatra wurde 69 v. Chr. als Tochter des ägyptisch-griechischen Herrschers Ptolemaios XII. in Ägypten geboren. Sie verliebte sich mit 21 Jahren in Cäsar. Dieser war zu dem Zeitpunkt bereits 52 Jahre alt. Kleopatra nahm sich 30 v. Chr. das Leben.
    a) In welchem Jahr verliebte sich Kleopatra in Cäsar?
    b) Gib das Geburtsjahr von Cäsar an.
    c) Mit wie vielen Jahren nahm sich Kleopatra das Leben?
    d) Wie alt war Cäsar, als sich Kleopatra das Leben nahm?

Hinweis zu 12:
Im orangen Teil findest du die Kurswerte, im grünen Teil die Kursänderungen, in US-Dollar.

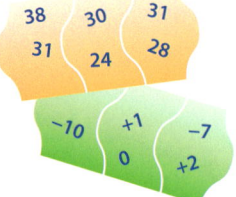

12. Der Graph zeigt den Kursverlauf der Facebook-Aktie in der ersten Zeit nach dem Börsenbeginn am 18. Mai 2012.
    a) Erstelle eine Wertetabelle mit dem Datum und dem Kurswert für die Kurse an den im Schaubild eingetragenen Tagen.
    b) Gib von Zeile zu Zeile die Kursänderung an.
    c) In welchem der dargestellten Zeiträume gab es den stärksten Kursverlust?

13. **Ausblick:** Marc hat nach der ersten halben Stunde beim Spielen 384 Punkte erreicht. In der nächsten halben Stunde gewinnt und verliert er immer wieder Punkte:
    +35, −78, −14, −13, +8, −12, +16
    a) Gib den Punktestand von Marc am Ende dieser Stunde an.
    b) Erläutere, wie du das Ergebnis in möglichst kurzer Zeit ermitteln würdest.

3.5 Rationale Zahlen addieren

■ Manuels Konto gerät immer wieder „ins Minus", und der Geldautomat verweigert die Auszahlung.
„Die müssen sich verrechnet haben!", schimpft er.
Also rechnet er seinen Kontoauszug nach:
Der Kontostand am 01.11. beträgt: 16,75 €
Am 2.11. soll ausgezahlt werden: 20,00 €

Ermittle den Geldbetrag auf dem Konto. ■

Rationale Zahlen mit gleichen Vorzeichen addieren

Das *Addieren* positiver Zahlen lässt sich *am Zahlenstrahl* veranschaulichen:
$$1{,}5 + 5 = 6{,}5$$

Das *Addieren* negativer Zahlen lässt sich (analog) *an einer Zahlengeraden* veranschaulichen:
$$-1 + (-2{,}5) = -3{,}5$$

Hinweis:
Der Betrag der Zahl gibt die Länge des Pfeils an.
Das Vorzeichen gibt die Richtung des Pfeils an.

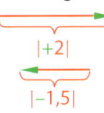

|+2|
|−1,5|

> **Wissen:** Regel für das Addieren rationaler Zahlen mit gleichen Vorzeichen
> Bei **gleichen Vorzeichen** addiert man zwei rationale Zahlen wie folgt:
> 1. Man nimmt das **gemeinsame Vorzeichen** der Summanden.
> 2. Man **addiert die Beträge** der Summanden.

Beispiel 1: Berechne die Summe der Zahlen.
a) $+1{,}5 + (+2)$
b) $-5 + (-3{,}5)$

Lösung:
a) Nimm das Vorzeichen der Summanden.   Beide Summanden sind positiv, somit ist das Vorzeichen der Summe: „+"
   Berechne den Betrag der Summe.   Summe der Beträge: $|1{,}5| + |+2| = 3{,}5$
   Gib das Ergebnis an. $+1{,}5 + (+2) = +3{,}5$

b) Gehe wie bei a) vor.   Beide Summanden sind negativ, somit ist das Vorzeichen der Summe: „−"
   Summe der Beträge: $|-5| + |-3{,}5| = 8{,}5$
   $-5 + (-3{,}5) = -8{,}5$

Basisaufgaben

1. Berechne die Summe der Zahlen.
   a) $2 + (+1{,}5)$
   b) $(-2{,}2) + (-3)$
   c) $(-3{,}5) + (-0{,}5)$
   d) $3 + (+1{,}5)$

2. Berechne die Summe der Zahlen.
   a) $+2{,}5 + (+1{,}7)$
   b) $-3{,}5 + (-1{,}5)$
   c) $-6{,}75 + (-11{,}5)$
   d) $-6{,}5 + -\frac{1}{2}$
   e) $-\frac{1}{4} + \left(-\frac{3}{4}\right)$
   f) $-3{,}2 + 0$
   g) $-\frac{5}{8} + \left(-\frac{11}{8}\right)$
   h) $+\frac{7}{4} + (+0{,}25)$

Hinweis:
Positive Zahlen können kürzer ohne Vorzeichen geschrieben werden:
1,2 und 14 statt
+ 1,2 und + 14

3. Übertrage die Tabelle ins Heft und fülle sie aus.

Aufgabe	Vorzeichen der Summe	Betrag der Summe	Ergebnis
$(+2) + (+2{,}5)$	+	$|+2| + |+2{,}5| = 4{,}5$	$+4{,}5 = 4{,}5$
$(-5) + (-2{,}3)$			
$0{,}5 + \left(+\frac{1}{4}\right)$			
$-\frac{1}{2} + (-0{,}2)$			
$-\frac{1}{4} + (-0{,}25)$			

Rationale Zahlen mit unterschiedlichen Vorzeichen addieren

Auch das *Addieren* von Zahlen mit unterschiedlichen Vorzeichen lässt sich *an einer Zahlengerade*n veranschaulichen:

$-2{,}5 + (+3) = 0{,}5$ $1{,}5 + (-3{,}5) = -2$

3 Einheiten nach rechts
+ (+3)
−2,5   0   0,5

3,5 Einheiten nach links
+ (−3,5)
−2   0   1,5

Hinweis:
Es gilt z. B.:
$-2{,}5 + 0 = -2{,}5$
$+2{,}5 + (-2{,}5) = 0$
$\frac{1}{4} + \left(-\frac{1}{4}\right) = 0$

Wissen: **Regel für das Addieren rationaler Zahlen mit unterschiedlichen Vorzeichen**
Bei **unterschiedlichen Vorzeichen** der Summanden addiert man rationale Zahlen wie folgt:
1. Man nimmt das **Vorzeichen** des Summanden mit dem **größeren Betrag**.
2. Man **subtrahiert** den **kleineren vom größeren Betrag**.

Es gilt stets: $a + 0 = 0 + a = a$ und $a + (-a) = (-a) + a = 0$

Beispiel 2: Berechne die Summe der Zahlen.
a) $-2{,}5 + (+3)$ b) $2{,}5 + (-7)$

Lösung:
a) Ermittle das Vorzeichen $|+3| > |-2{,}5| \Rightarrow$ Vorzeichen der Summe: „+"
   Subtrahiere den kleineren vom größeren Betrag:
   Berechne den Betrag.   Differenz der Beträge: $|+3| - |-2{,}5| = 0{,}5$
   Gib das Ergebnis an. $-2{,}5 + (+3) = +0{,}5$

b) Gehe wie bei a) vor. $|-7| > |+2{,}5| \Rightarrow$ Vorzeichen der Summe: „−"
   Subtrahiere den kleineren vom größeren Betrag:
   Differenz der Beträge: $|-7| - |+2{,}5| = 4{,}5$
   $2{,}5 + (-7) = -4{,}5$

Basisaufgaben

4. Berechne die Summe der Zahlen.
   a) $-2{,}5 + (+3{,}5)$ b) $(+3{,}5) + (-4)$ c) $-4 + (+3{,}5)$
   d) $(+11) + (-12{,}5)$ e) $-8 + (+8{,}2)$ f) $(+1{,}6) + (-1{,}6)$

5. Jens vereinfacht die Schreibweise in den Aufgaben 4a bis 4f. Warum ist das zulässig?
   a) $-2{,}5 + 3{,}5$ b) $3{,}5 + (-4)$ c) $-4 + 3{,}5$
   d) $11 + (-12{,}5)$ e) $-8 + 8{,}2$ f) $1{,}6 + (-1{,}6)$

3.5 Rationale Zahlen addieren

6. Übertrage die Tabelle ins Heft und fülle sie aus.

Aufgabe	Vorzeichen der Summe	Betrag der Summe	Ergebnis
(+2) + (−2,5)	−	$\|-2,5\| - \|+2\| = 0,5$	−0,5
(−5) + (+2,3)			
$-\frac{1}{2} + (+0,2)$			
$\frac{1}{4} + (-0,25)$			

Weiterführende Aufgaben

7. Löse die Aufgabe und erkläre dein Vorgehen.
   a) $+3,7 + (+2,5)$
   b) $-4,2 + (-2)$
   c) $+6,7 + (-7,7)$
   d) $-3,5 + (+4,9)$

8. Rechne im Kopf.
   a) $-7 + (-7)$
   b) $-1,1 + (+2,7)$
   c) $-\frac{1}{2} + (+0,5)$
   d) $\frac{1}{2} + \left(-\frac{3}{4}\right)$
   e) $-0,7 + 0$
   f) $0 + (-3)$
   g) $-1,5 + (+1,5)$
   h) $-\frac{1}{2} + (-0,5)$
   i) $-\frac{1}{2} + \left(-\frac{3}{4}\right)$
   j) $-1,8 + (-0,8)$

9. Ermittle x.
   a) $-5 + x = -8$
   b) $5 + x = -8$
   c) $-8 + x = -5$
   d) $-5 + x = 0$
   e) $x + 0 = x$

10. Gib zwei Summanden mit gleichen (verschiedenen) Vorzeichen an, deren Summe −3 ist.

11. **Stolperstelle:** Überprüfe die Rechnung. Korrigiere, falls erforderlich.
    a) $-3,5 + 7,5 = 11$
    b) $-1,7 + (-2,7) = -1$
    c) $-0,9 + (-3,2) = 4,1$
    d) $-\frac{3}{4} + \frac{1}{2} = -\frac{1}{4}$
    e) $-2 + 2 = -4$
    f) $-2\frac{1}{4} + (-2,25) = -4\frac{1}{2}$

12. a) Übertrage die Additionsmauern ins Heft und fülle die leeren Steine aus.
    b) Wie ändert sich das Ergebnis bei ① im oberen Stein, wenn die Zahlen der unteren Reihe um 1 vergrößert werden?
    c) Wie ändert sich das Ergebnis bei ① im oberen Stein, wenn die Zahlen der unteren Reihe um 1 verkleinert werden?

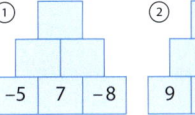

Hinweis zu 12a: Die Lösungen findest du im Pfeil.

13. Berechne für $a = 0,5$; $b = \frac{3}{4}$ und $c = -\frac{1}{4}$.
    a) $a + b$
    b) $a + c$
    c) $b + c$
    d) $a + |c|$
    e) $-a + (-b)$

14. Überprüfe mit der Aufgabe $-8 + (-3)$, wie negative Zahlen in deinen Taschenrechner einzugeben sind. Löse die Aufgabe mit dem Taschenrechner. Mache auch einen Überschlag.
    a) $17\,863 + (-21\,609)$
    b) $(-8,897) + (-1,993)$
    c) $(-678,5) + 1000,5$

15. Gib jeweils zwei Zahlen x und y mit gleichen (verschiedenen) Vorzeichen an, so dass gilt:
    a) $x + y = 12$
    b) $x + y = -25$
    c) $x + y = 5,2$
    d) $x + y = -3,5$

16. Gib Beispiele für rationale Zahlen a und b an, die folgende Bedingung erfüllen:
    a) $a + b > a$
    b) $a + b < a$
    c) $a + b = a$
    d) $a + a = a$

17. **Ausblick:** Ersetze ■ durch eine rationale Zahl, sodass die Aussage wahr ist.
    a) $-7,3 + ■ = 10$
    b) $-7,3 + ■ = -10$
    c) $-2,5 + ■ = 5$
    d) $■ + \left(-\frac{1}{4}\right) = \frac{1}{2}$
    e) $-\frac{1}{2} + ■ = 0$
    f) $-\frac{5}{8} = \frac{3}{8} + ■$

3.6 Rationale Zahlen subtrahieren

■ Vergleiche die Ergebnisse der beiden Aufgabenfolgen. Was stellst du fest?

$4 - 2 = 2 \qquad 4 + (-2) = 2$
$4 - 1 = 3 \qquad 4 + (-1) = 3$
$4 - 0 = 4 \qquad 4 + 0 = 4$
$4 - (-1) = ? \qquad 4 + (+1) = ?$

Gib jeweils ein Ergebnis für die Subtraktionsaufgaben an, das du für sinnvoll erachtest.
$4 - (-1) = ? \qquad 4 - (-2) = ?$ ■

Hinweis:
Auch bei rationalen Zahlen ist die Subtraktion die Umkehrung zur Addition.

Aus $x + y = z$ folgt:
$x = z - y$
und
$y = z - x$

> **Wissen: Regel für das Subtrahieren rationaler Zahlen**
> Eine rationale Zahl b wird von einer rationalen Zahl a **subtrahiert**, indem man zu a die **entgegengesetzte Zahl** von b **addiert**:
>
> Es gilt: $\qquad a - b = a + (-b)$
>
> Die **Subtraktion** rationaler Zahlen ist **immer ausführbar**.
> Es gilt stets: $\qquad a - 0 = a \qquad$ und $\qquad a - a = 0$

Beispiel 1: Subtrahiere die beiden rationalen Zahlen.
a) $4 - (-3)$ \qquad b) $3 - 4{,}5$ \qquad c) $-1{,}5 - \left(-\frac{1}{2}\right)$

Lösung:
a) Addiere die entgegengesetzte Zahl des Subtrahenden. Kontrolliere mithilfe der Umkehroperation.
$\qquad +4 - (-3) = 4 + (+3) = 7$
$\qquad$ Kontrolle: $\quad 4 = 7 + (-3)$
$\qquad \qquad \qquad \qquad 4 = 4 \qquad$ (wahre Aussage)

b) Gehe wie bei a) vor. $\qquad 3 - 4{,}5 = 3 + (-4{,}5) = -1{,}5$
$\qquad$ Kontrolle: $\quad 3 = -1{,}5 + 4{,}5$
$\qquad \qquad \qquad \qquad 3 = 3 \qquad$ (wahre Aussage)

c) Gehe wie bei a) vor. $\qquad -1{,}5 - \left(-\frac{1}{2}\right) = -1{,}5 + \left(+\frac{1}{2}\right) = -1$
$\qquad$ Kontrolle: $\quad -1{,}5 = -1 + \left(-\frac{1}{2}\right)$
$\qquad \qquad \qquad \qquad -1{,}5 = -1{,}5 \qquad$ (wahre Aussage)

Basisaufgaben

Hinweis zu 1:
Bei Aufgaben wie h) sollte nicht
$12 + (-9)$
gerechnet werden.

1. Subtrahiere die beiden rationalen Zahlen.
   a) $4 - (-2)$ \quad b) $4 - (-7)$ \quad c) $-6 - (-2)$ \quad d) $-6 - (-9)$ \quad e) $-2 - (-3)$
   f) $-3 - 17$ \quad g) $-2 - 0$ \quad h) $12 - 9$ \quad i) $-3 - 3$ \quad j) $4 - (-6)$

2. Subtrahiere die beiden rationalen Zahlen.
   a) $23 - 7$ \quad b) $-22 - 0{,}6$ \quad c) $-0{,}8 - (-8)$ \quad d) $0{,}2 - 0{,}5$ \quad e) $3{,}2 - 5{,}5$
   f) $-3{,}2 - 0{,}7$ \quad g) $0{,}5 - (-7)$ \quad h) $\frac{1}{4} - \frac{3}{4}$ \quad i) $-2{,}7 - \left(-\frac{1}{2}\right)$ \quad j) $-(-4) - 3$
   k) $1{,}3 - 0{,}9$ \quad l) $2\frac{2}{5} - 0{,}4$ \quad m) $\frac{3}{4} - \frac{3}{8}$ \quad n) $\frac{5}{14} - \left(-\frac{1}{7}\right)$ \quad o) $-3 - (-4)$

3. Prüfe mithilfe der Umkehroperation, ob folgende Differenzen richtig berechnet wurden.
   a) $43 - 27 = 16$ \qquad b) $82 - 19 = 63$ \qquad c) $-23 - 19 = -42$
   d) $-1{,}9 - (-0{,}5) = -1{,}4$ \qquad e) $4{,}7 - 2{,}9 = 2{,}8$ \qquad f) $-17 - 13 = 30$

3.6 Rationale Zahlen subtrahieren

4. Übertrage die Tabelle ins Heft und fülle sie aus.

a	b	a − b	b − a	a − (−b)	−a − b
−4	2				
0,4	0,3				
$-\frac{1}{2}$	$\frac{1}{4}$				
	2,8	0,5			

Weiterführende Aufgaben

5. Rechne aus. Erkläre dein Vorgehen.
   a) 7 − 11
   b) 5 − (−4)
   c) −7 − 11
   d) −7,4 − (−10)
   e) 1,7 − 0,9

6. Subtrahiere die beiden rationalen Zahlen.
   a) 1,3 − (−1,7)
   b) −2,7 − 3
   c) −6,9 − (−1,9)
   d) $-0,5 - \left(-\frac{1}{2}\right)$
   e) $\frac{1}{2} - 1$
   f) $-\frac{3}{4} - \frac{1}{2}$

   Hinweise zu 6:
   Die Lösungen zu a) bis c) findest du in der grünen Batterie, die zu d) bis f) in der orangenen Batterie.

   Grüne Batterie: 3; −5; −5,7
   Orange Batterie: $-\frac{5}{4}$; $-\frac{1}{2}$; 0

7. Schreibe die Aufgaben ohne Klammern und löse sie. (Beispiel: −5 − (−11) = −5 + 11 = 6)
   a) −3 − (−7)
   b) 1,2 + (−0,3)
   c) $2\frac{1}{2} - \left(-\frac{1}{4}\right)$
   d) −0,5 − (−0,8)
   e) 2 + (−0,7)

8. Erläutere die Bedeutung des Zeichens „−". Welche Aufgaben haben gleiche Ergebnisse?
   a) 15 − 17
   b) 1,2 − 0,8
   c) $-\frac{3}{4} - (-0,5)$
   d) −1,2 + (−0,8)
   e) $-\frac{3}{4} + 0,5$
   f) −15 + (−17)
   g) −(−15) + (−17)
   h) −(−3) − (−7)

9. **Stolperstelle:** Elisabeth behauptet:
   „Wenn ich immer minus rechne, wird es ja immer weniger. Also 2 minus 1, minus 1, minus 1, minus 1 ist doch − 2. Warum kann dann 2 minus minus 2 die Zahl 4 ergeben?"
   Erkläre Elisabeth, wo ihr Denkfehler liegt.

10. Gib drei rationale Zahlen für x an.
    a) 3 − x < 3
    b) x − 7 < −7
    c) 5 − x > 5
    d) |x| − 9 < 0
    e) −x − 3 > −7

11. Übertrage ins Heft. Ersetze ■ durch eines der Zeichen <, > oder = so, dass eine wahre Aussage entsteht.
    a) −96 − (−42) ■ 1
    b) −62,8 − 62,8 ■ 0
    c) $-\frac{1}{2} - \frac{1}{3}$ ■ $-\frac{5}{6}$
    d) 62,3 + |−62,3| ■ 0

12. Der Minuend ist −13, der Subtrahend 7. Ermittle den Wert der Differenz.

13. Starte mit 13,9 und subtrahiere immer wieder 0,7. Gib drei so erhaltene ganze Zahlen an.

14. Überprüfe die Rechnungen. Korrigiere, falls erforderlich.
    a) −2 − 2 = −4
    b) 9,5 − (−0,5) = 9
    c) −3,2 − 6,8 = 10
    d) 11 − 12,5 = −1,5
    e) −4 − (−2) = −6
    f) $\frac{2}{5} - \left(-\frac{2}{5}\right) = 0$
    g) $3,4 - \left(-\frac{2}{5}\right) = 3,8$
    h) 3,2 − (−3,2) = 6,4

15. Ersetze x durch eine rationale Zahl, sodass die Aussage wahr ist.
    a) 2 − x = 0
    b) 2 + (−x) = 0
    c) 1,5 − x = −4,5
    d) −3,4 − (−x) = −0,4
    e) −5 − x = −4
    f) |−2,5| − x = 7
    g) 3,7 − x = |−0,7|
    h) |x| − 3 = 0

16. Übertrage die Aufgabe ins Heft und ersetze ■ durch passende Vorzeichen ein.
    a) ■6 − (■19) = +13
    b) ■3 − (■3) = 0
    c) −(■0,7) − (■0,5) = −1,2
    d) 7,5 − (■6,5) = ■1
    e) 5,9 − (■2,1) = ■8
    f) −6,25 − (■5¼) = ■1

17. Auf dem Brocken, mit 1141,2 m die höchste Erhebung im Harz, werden seit 1895 umfangreiche Wetterbeobachtungen durchgeführt.
    a) Ermittle den Unterschied zwischen der höchsten bisher auf dem Brocken gemessenen Temperatur von 29,0 °C (20.8.2012) und der tiefsten Temperatur von −28,4 °C (1.2.1956).
    b) Finde selbst solche höchsten (größten) und tiefsten (kleinsten) Angaben in Zeitschriften, Zeitungen, Büchern oder im Internet, und formuliere damit Aufgaben.

Hinweis zu 18:
Neben der Taste für das Rechenzeichen [−] findet man bei einigen Taschenrechnern eine Taste für das Bilden der Gegenzahl, z. B. [(−)].

18. Rechne mit dem Taschenrechner. Kontrolliere durch einen Überschlag.
    a) 1089 − 2875
    b) 597,98 − (−41,32)
    c) −8,86 − 9,79
    d) 987,89 − (−99,91)
    e) −997,9 − 134,5
    f) 19,7 − 315,79
    g) −(−19,98) − 51,78
    h) −(−3,79) − (−19,32)

19. Prüfe, ob die Aussage wahr ist. Begründe deine Entscheidung.
    a) Es gibt rationale Zahlen a, für die gilt: −a > 0
    b) Für alle rationalen Zahlen a gilt: −a − (−a) = 0
    c) Für alle rationalen Zahlen a, b gilt: a − b ≤ a
    d) Es gibt rationale Zahlen a, b, für die gilt: a − b > a
    e) Es gibt rationale Zahlen a, b für die gilt: a + b < a
    f) Die Differenz zweier negativer rationaler Zahlen ist stets negativ.

20. Gib jeweils zwei Zahlenpaare (x|y) an, sodass gilt:
    a) x − y = 3
    b) x − y = −2
    c) x − y = x
    d) x − y = 0
    e) |x| − y = 0,5

21. Herr Müller hat auf seinem Girokonto ein Guthaben von 18,76 €. Er kauft einen Kühlschrank für 249,99 € und eine Mikrowelle für 68,99 €. Die Beträge werden von seinem Girokonto abgebucht. Gib den neuen Kontostand an.

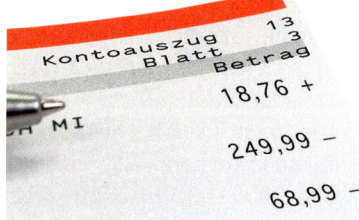

22. Löse die Aufgaben.
    a) |8 − 16|
    b) |8| − |16|
    c) −|8| − |16|
    d) −|−8| − |−16|
    e) −|8 − 16|
    f) (−5) − |−6|
    g) |(−7) − (−5)|
    h) −|−3,5| − ½
    i) |−3/8| − ¼
    j) −|−12 − 12|

23. Berechne für a = −3; b = 2 und c = −0,5.
    a) a − b
    b) −|−a| − c
    c) b − a
    d) |−a| − |b|
    e) −b − c

24. **Ausblick:** Gegeben sind zehn Aufgaben.
    ① a + b + c
    ② a + b − c
    ③ a − (b − c)
    ④ a + (−b) + c
    ⑤ a − (−b − c)
    ⑥ −a − b − c
    ⑦ a − b − (−c)
    ⑧ −a − (b + c)
    ⑨ a + b − c
    ⑩ a − b + c
    a) Welche der Aufgaben sind gleichwertig?
    b) Überprüfe deine Entscheidung für a = 1; b = 2 und c = −4.

3.7 Rationale Zahlen multiplizieren und dividieren

■ Anja betrachtet die nebenstehenden Aufgaben und meint, dass der zweite Faktor von Aufgabe zu Aufgabe stets um 1 kleiner wird und sich die Ergebnisse jeweils um 2 verkleinern. Sie wendet diese Regel auf die beiden letzten Aufgaben an: $2 \cdot (-1) = -2$
$2 \cdot (-2) = -4$

Max ist der gleichen Meinung und ergänzt:
$2 \cdot (-2) = (-2) + (-2) = -4$

Setze um zwei Aufgaben fort und begründe jeweils mit der Addition negativer Zahlen. ■

Rationale Zahlen mit verschiedenen Vorzeichen multiplizieren

Wissen: Regel für das Multiplizieren rationaler Zahlen mit verschiedenen Vorzeichen
Bei **unterschiedlichen Vorzeichen** multipliziert man zwei rationale Zahlen wie folgt:

1. Man nimmt das **Vorzeichen „–"**.
2. Man **multipliziert** die **Beträge**.

Es gilt stets: $a \cdot 1 = 1 \cdot a = a$ und $a \cdot 0 = 0 \cdot a = 0$

Beispiel 1: Löse die Aufgabe.
a) $3 \cdot (-5)$ b) $-4{,}2 \cdot 2$

Lösung:
a) Nimm als Vorzeichen „–".   Vorzeichen des Produktes: „–"
   Berechne den Betrag des Produktes.   Multiplizieren der Beträge: $|3| \cdot |-5| = 15$

   Gib das Ergebnis an. $3 \cdot (-5) = -15$

b) Gehe wie bei a) vor.   Vorzeichen des Produktes: „–"
                                   Multiplizieren der Beträge: $|-4{,}2| \cdot |2| = 8{,}4$

                                                  $-4{,}2 \cdot 2 = -8{,}4$

Basisaufgaben

1. Multipliziere im Kopf.
   a) $6 \cdot (-5)$ b) $(-3) \cdot 9$ c) $(-2) \cdot 2$ d) $(-2) \cdot 1$ e) $0 \cdot (-0{,}5)$
   f) $1 \cdot (-5{,}5)$ g) $0{,}6 \cdot (-10)$ h) $\left(-\frac{1}{2}\right) \cdot \frac{2}{3}$ i) $\left(-\frac{1}{3}\right) \cdot 0$ j) $\left(-\frac{1}{5}\right) \cdot 5$
   k) $0{,}5 \cdot \left(-\frac{1}{2}\right)$ l) $(-0{,}2) \cdot 2$ m) $0{,}3 \cdot 0{,}1$ n) $\left(-\frac{2}{7}\right) \cdot \frac{3}{4}$ o) $0{,}78 \cdot (-1)$

2. Ersetze ■ durch eine rationale Zahl, sodass die Aussage wahr ist.
   a) $-3 \cdot ■ = -24$ b) $-3 \cdot ■ = -27$ c) $■ \cdot (-5) = -25$ d) $-0{,}2 \cdot ■ = -2$
   e) $-3 \cdot ■ = -0{,}03$ f) $-2{,}5 \cdot ■ = -2{,}5$ g) $\left(-\frac{3}{4}\right) \cdot ■ = 0$ h) $\frac{1}{4} \cdot ■ = -\frac{1}{8}$

3. Gib drei rationale Zahlen x an, für die gilt:
   a) $2 \cdot x < -3$ b) $-6 > 3 \cdot x$ c) $0{,}5 \cdot x < -6$

Rationale Zahlen mit gleichen Vorzeichen multiplizieren

■ Betrachte die nebenstehende Aufgabenfolge.
Max erscheint es sinnvoll, für die Aufgabe (−3) · (−1) als Ergebnis die Zahl 3 und nicht die Zahl −3 zu wählen und für das Produkt (−3) · (−2) als Ergebnis die Zahl 6 anzugeben.

Würdest du dich auch so entscheiden?
Begründe deine Antwort. ■

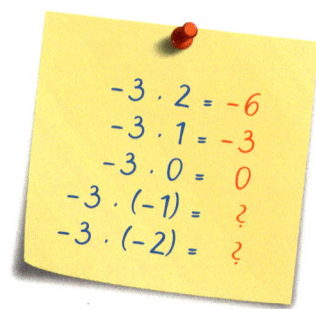

Wissen: Regel für das Multiplizieren rationaler Zahlen mit gleichen Vorzeichen
Bei **gleichen Vorzeichen** multipliziert man zwei rationale Zahlen wie folgt:

1. Man nimmt das **Vorzeichen „+"**.
2. Man **multipliziert** die **Beträge**.

Beispiel 2: Löse die Aufgabe.
a) −3 · (−7) b) 4,2 · 2

Lösung:

Hinweis:
Positive rationale Zahlen werden wie gebrochene Zahlen multipliziert.

a) Nimm als Vorzeichen „+".   Vorzeichen des Produktes: „+"
   Berechne den Betrag des Produktes.   Multiplizieren der Beträge: |−3| · |−7| = 21
   Gib das Ergebnis an.   −3 · (−7) = +21

b) Gehe wie bei a) vor.   Vorzeichen des Produktes: „+"
                                  Multiplizieren der Beträge: |4,2| · |2| = 8,4
                                                            4,2 · 2 = +8,4

Basisaufgaben

4. Multipliziere im Kopf.
a) −7 · (−8)   b) (−3) · (−3)   c) (−9)²   d) −0,7 · (−10)   e) −1,6 · $\left(-\frac{1}{10}\right)$
f) $\left(-\frac{1}{7}\right)$ · 0   g) −1,3 · (−1)   h) (−1)²   i) $\left(-\frac{3}{4}\right)$ · $\left(-\frac{2}{3}\right)$ j) (−2)²

5. Ersetze ■ durch eine rationale Zahl, sodass die Aussage wahr ist.
a) −7 · ■ = 21   b) ■ · (−9) = 81   c) 2 · ■ = 24   d) −0,9 · ■ = 9   e) ■ · $\left(-\frac{1}{2}\right)$ = 1

6. Rechne im Kopf.
a) (−3) · (−9)   b) 3 · (−8)   c) −4 · 7   d) +7 · (+9)   e) (−0,5) · (−10)

Hinweis zu 7:
Arbeite von links nach rechts.

7. Bestimme das Vorzeichen folgender Produkte. Was stellst du fest?
a) (−2,9) · (−3,4) · (−1) · (−0,9) · (−1)   b) $-\frac{3}{4}$ · $\left(-\frac{5}{9}\right)$ · (−3,5) · (+4) · 0,5
c) 2,7 · (−2,9) · (−1) · (−0,7) · (−2,8)   d) −0,9 · (−2) · (−2) · (−0,9) · (−1) · (−9,9)

8. Gib drei verschiedene Multiplikationsaufgaben an, deren Ergebnis −3 (−5; 0,5) ist.

3.7 Rationale Zahlen multiplizieren und dividieren

Rationale Zahlen dividieren

Für rationale Zahlen soll, ebenso wie für gebrochene Zahlen, gelten, dass die Division Umkehroperation zur Multiplikation ist.

Multiplikationsaufgabe	1. Umkehraufgabe	2. Umkehraufgabe
$(-7) \cdot 2 = -14$	$-14 : 2 = -7$	$-14 : (-7) = 2$
$(-5,2) \cdot (-3) = 15,6$	$15,6 : (-3) = -5,2$	$15,6 : (-5,2) = -3$

> **Wissen: Regeln für das Dividieren rationaler Zahlen**
> Man dividiert zwei rationale Zahlen wie folgt:
> 1. Man nimmt bei **gleichen Vorzeichen** von Dividend und Divisor das Vorzeichen „+"
>   und bei **verschiedenen Vorzeichen** das **Vorzeichen „−"**.
> 2. Man **dividiert** die **Beträge**.
>
> *Es gilt stets:* $a : 1 = a$ und $a : a = 1$, $0 : a = 0$ *(für $a \neq 0$)*

Beispiel 3: Löse die Aufgaben.

a) $-6 : (-2)$ b) $3 : (-2)$ c) $-5 : \frac{1}{2}$

Lösung:

a) Ermittle das Vorzeichen des Quotienten.   Vorzeichen des Quotienten: „+"

Berechne den Betrag des Quotienten.   Dividieren der Beträge: $|-6| : |-2| = 3$

Gib das Ergebnis an. $-6 : (-2) = +3$

a : 0 ist nicht erlaubt!

Hinweis:
„+" durch „+" → „+"
„−" durch „−" → „+"
„+" durch „−" → „−"
„−" durch „+" → „−"

b) Gehe wie bei a) vor.   Vorzeichen des Quotienten: „−"

Dividieren der Beträge: $|3| : |-2| = 1,5$

$3 : (-2) = -1,5$

c) Gehe wie bei a) vor.   Vorzeichen des Quotienten: „−"

Dividieren der Beträge: $|-5| : \left|\frac{1}{2}\right| = 10$

$-5 : \frac{1}{2} = -10$

Basisaufgaben

9. Rechne im Kopf.
a) $-9 : 3$ b) $-14 : (-7)$ c) $0 : (-3)$ d) $0,7 : (-1)$ e) $-1,3 : 1$
f) $-9 : (-9)$ g) $63 : (+9)$ h) $5,4 : (-2)$ i) $-9,3 : (-3)$ j) $-4,6 : 2$
k) $4,8 : (-6)$ l) $\left(-\frac{5}{2}\right) : (-5)$ m) $-0,5 : (-2)$ n) $3,3 : (-0,3)$ o) $2,3 : (-10)$

10. Gib zwei verschiedene Divisionsaufgaben mit folgendem Ergebnis an.
a) 7 b) -7 c) 1 d) -1
e) 0 f) $-\frac{3}{4}$ g) $\frac{1}{3}$ h) $-1,5$

11. Dividiere die beiden rationalen Zahlen.
a) $12 : (-4)$ b) $+2,5 : (-5)$ c) $-7 : (-7)$ d) $0 : (-8)$ e) $-0,5 : (-2)$
f) $-5 : (+0,5)$ g) $-0,5 : (+0,1)$ h) $0 : (-1,5)$ i) $240 : (-60)$ j) $-6 : (+0,2)$
k) $4,98 : \left(-\frac{1}{10}\right)$ k) $\left(-\frac{2}{3}\right) : \left(-\frac{5}{6}\right)$ l) $\frac{3}{4} : \left(-\frac{5}{8}\right)$ m) $-2,5 : 5$ n) $9,6 : (-3,2)$

Weiterführende Aufgaben

12. Löse die Aufgabe und erläutere dein Vorgehen.
a) $(-2,5) \cdot (-6,6)$ b) $6,5 : (-0,5)$ c) $-\frac{9}{5} : \left(-\frac{81}{25}\right)$ d) $-6 \cdot \frac{7}{2}$ e) $-6 : \frac{2}{3}$

13. Rechne im Kopf.
a) $(-2) \cdot (-2)$ b) $(-3) \cdot (-0,1)$ c) $3,5 \cdot (-2)$ d) $-\frac{1}{2} : (-2)$ e) $|-0,5| \cdot (-1)$
f) $-1,2 \cdot (+3)$ g) $(-3)^2$ h) $(-0,4) \cdot (-0,2)$ i) $-\frac{1}{10} \cdot 5$ j) $-19 \cdot (-1)$

14. Löse die Aufgaben.
a) $-7 : (-0,5)$ b) $-7 \cdot 0,5$ c) $\frac{1}{5} : (-0,2)$ d) $-\frac{2}{5} \cdot \frac{1}{10}$ e) $0,5 : (+0,1)$
f) $(-0,1)^2$ g) $-0,98 : (-1)$ h) $+4,4 : |-2,2|$ i) $0 : (-3,5)$ j) $-2 \cdot (-1) \cdot (-0,6)$

15. Gib drei rationale Zahlen für ■ an, sodass die Aussage wahr ist.
a) $-2 \cdot \blacksquare < -6$ b) $0 < -5 : \blacksquare$ c) $6 : (-\blacksquare) > 0$ d) $-0,5 : \blacksquare < -2$ e) $-3,1 \cdot (-\blacksquare) < 0$

16. Entscheide, ob die Aussage wahr ist. Begründe deine Aussage.
a) $-24 : 2 = -12$ b) $-30 : (-5) < 0$ c) $0 : (-11) = 0$ d) $-1 : 4 < 0$ e) $-60 : (-5) > 12$

17. Ersetze ■ durch eine rationale Zahl, sodass die Aussage wahr ist.
a) $3 \cdot \blacksquare = -2,7$ b) $3 : \blacksquare = -6$ c) $\blacksquare : 0,2 = -1$
d) $-0,2 \cdot \blacksquare = 0,04$ e) $\frac{2}{5} : \blacksquare = -\frac{1}{5}$ f) $3 \cdot \blacksquare = (-6)^2$

18. Kürze, falls möglich.
a) $\frac{-27}{36}$ b) $\frac{37}{-40}$ c) $\frac{-12}{-60}$ d) $\frac{-7a}{21}$

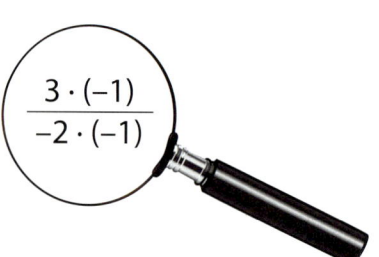

19. Stolperstelle: Kontrolliere und erläutere mögliche Fehler. Gib das korrekte Ergebnis an.
a) $-3 \cdot |-4| = 12$ b) $2,5 : (-2,5) = 1$ c) $\frac{1}{3} \cdot 0 = 0$ d) $0 : (-1) = 0$
e) $-60 : (-3) = -20$ f) $(-0,1)^2 = -1$ g) $-(-1)^2 = 1$ h) $-1,8 : 0 = -1,8$

20. Übertrage die Tabelle ins Heft und fülle sie aus.

·	-2	-4	8			
3	-6					
		1			-4	
$\frac{1}{2}$				-4,5		-1

21. Überschlage zuerst, rechne mit dem Taschenrechner und runde das Ergebnis auf Zehntel.
a) $37,7 : (-3,19)$ b) $-478 \cdot (-0,92)$ c) $-478 : (-9,9)$ d) $1,903 : (-0,011)$

22. Ausblick: Überprüfe die Aussage und begründe deine Entscheidung.
a) Wenn man in einem Produkt aus einer positiven und einer negativen Zahl beide Faktoren um 1 verkleinert, ändert sich das Ergebnis nicht.
b) Wenn man in einem Quotienten den Dividenden und den Divisor mit −1 multipliziert, dann ändert sich das Ergebnis nicht.

3.8 Vereinfachte Schreibweise beim Rechnen

■ Hier wurde ein Produkt aus vier rationalen Zahlen auf zwei unterschiedlichen Rechenwegen ermittelt.

Vergleiche beide Rechenwege miteinander und entscheide dann, welcher Rechenweg für dich einfacher ist. Begründe dies. ■

$$-2 \cdot \left(-\frac{1}{3}\right) \cdot (+0{,}5) \cdot (-3)$$

1. Rechenweg 2. Rechenweg
$= \frac{2}{3} \cdot \left(-\frac{3}{2}\right)$ $= 1 \cdot (-1)$
$= -1$ $= -1$

Vor dem Rechnen mit rationalen Zahlen können Klammern aufgelöst und nicht benötigte Vorzeichen weggelassen werden.

Auflösen von Klammern beim Rechnen mit rationalen Zahlen

Wissen: Vereinfachte Schreibweisen ohne überflüssige Klammern

Bei Zahlen mit dem Vorzeichen „+" können die Klammer und das Vorzeichen weggelassen werden.

$(+3) - (+2) = 3 - 2 = 1$
$(+3) \cdot (-2) = 3 \cdot (-2) = -6$

Steht eine Zahl mit dem Vorzeichen „–" am Anfang einer Rechnung, kann die Klammer weggelassen werden.

$(-3) + 2 = -3 + 2 = 2 - 3 = -1$
$(-4) : 2 = -4 : 2 = -2$

Steht beim Addieren (Subtrahieren) eine Zahl mit dem Vorzeichen „–" hinter einem Rechenzeichen, können die Klammer und das Vorzeichen „–" weggelassen werden. Das Rechenzeichen muss aber immer getauscht werden.

$-3 + (-2) = -3 - 2 = -5$
$-3 - (-2) = -3 + 2 = 2 - 3 = -1$
$0 - (-3) = 0 + 3 = 3$

Beispiel 1:
Lasse nicht notwendige Klammern weg und berechne.
a) $(+1{,}5) : (+0{,}5)$ b) $(-34) - (-7)$ c) $(+4{,}4) - (-4{,}4)$

Lösung:
a) Lasse Klammern und Vorzeichen bei $(+1{,}5)$ und $(+0{,}5)$ weg. Das Ergebnis ist positiv.
   $1{,}5 : 0{,}5 = 3$
b) Lasse bei (-34) die Klammern weg. Lasse bei (-7) Klammern und Vorzeichen weg und tausche das Rechenzeichen „–" durch das Rechenzeichen „+".
   $(-34) - (-7) =$
   $-34 + 7 = -27$
c) Lasse bei $(+4{,}4)$ Klammern und Vorzeichen weg. Lasse bei $(-4{,}4)$ Klammern und Vorzeichen weg und tausche das Rechenzeichen „–" durch „+".
   $(+4{,}4) - (-4{,}4)$
   $= 4{,}4 + 4{,}4$
   $= 8{,}8$

Basisaufgaben

1. Lasse nicht notwendige Klammern weg und berechne.
   a) $(-9) : (+4)$ b) $12 - (-7)$ c) $5 \cdot (-7)$ d) $2{,}5 : (-0{,}5)$ e) $(-8{,}8) : (-2{,}2)$
   f) $(+5{,}2) - (+5{,}6)$ g) $0 \cdot (-12{,}5)$ h) $(-2{,}5) - 0$ i) $\frac{1}{2} - (-0{,}5)$ j) $\left(-\frac{1}{4}\right) : (-0{,}25)$

2. Rechne im Kopf.
   a) $-16 : (-8)$ b) $-12 - (+8)$ c) $-\frac{3}{4} : (-0{,}25)$ d) $1{,}2 - (-0{,}8)$ e) $-0{,}5 \cdot (-0{,}5)$

3. Schreibe die Aufgabe ohne Klammern und löse sie.
   a) $-3 - (-7)$ b) $1{,}2 + (-0{,}3)$ c) $2\frac{1}{2} - \left(-\frac{1}{4}\right)$ d) $-0{,}5 - (-0{,}8) - (-0{,}9)$

Aufgaben mit mehreren Rechenoperationen und Klammern

Beim Rechnen mit rationalen Zahlen gelten auch die Vorrangregeln.

Erinnere dich:
an die Eselsbrücke für die Reihenfolge von Rechnungen „KLAPS":
  Klammer
  Punktrechnung
  Strichrechnung

> **Wissen: Vorrangregeln**
> 1. Multipliziere bzw. dividiere zuerst, addiere bzw. subtrahiere danach. (**Punktrechnung** geht vor **Strichrechnung**.)
> 2. **Beginne** bei Aufgaben mit mehreren Rechenoperationen und verschachtelten Klammern **immer innen**. Gehe dann schrittweise nach außen.
> 3. **Potenziere zuerst,** multipliziere (dividiere) und addiere (subtrahiere) danach.

Beispiel 2: Löse die Aufgabe. Achte dabei auf die Vorrangregeln.
a) $-3 : (-2 + 0{,}5)$ b) $-8 + (-0{,}5) \cdot (-10)$ c) $-6 \cdot [(-5 - 3) + 2]$ d) $(-3)^2 + 2 \cdot (-4)^2$

Lösung:
a) Rechne zuerst $-2 + 0{,}5$. Es steht in Klammern. $-3 : (-2 + 0{,}5) = -3 : (-1{,}5) = 2$

b) Multipliziere zuerst $(-0{,}5) \cdot (-10)$. $-8 + (-0{,}5) \cdot (-10)$
   Punktrechnung geht vor. $= -8 + 5 = -3$

c) Rechne zuerst $-5 - 3$. Es steht in der inneren Klammer. $-6 \cdot [(-5 - 3) + 2]$
   Rechne dann $-8 + 2$. Es steht in der äußeren Klammer. $= -6 \cdot [-8 + 2] = -6 \cdot (-6) = 36$

d) Rechne zuerst $(-3)^2$ und $(-4)^2$. $(-3)^2 + 2 \cdot (-4)^2 = 9 + 32 = 41$

Basisaufgaben

4. Löse die Aufgabe. Achte dabei auf die Vorrangregeln.
   a) $(-10) - [(-36) - (-16)]$ b) $69 - (-3) \cdot (-13)$ c) $-32 - [8 + (-20)] : 2 - (-4)$
   d) $-4{,}4 : [-0{,}5 + (-1{,}5)]$ e) $2{,}2^2 - (-3) \cdot 2{,}2$ f) $20 : [(-2) \cdot (10 : (-5))]$

5. Löse die Aufgabe. Beschreibe dein Vorgehen.
   a) $-50 : (-5 \cdot 2)$ b) $-130 - (-66 : 11)$ c) $0 \cdot (-44) - (-6)$
   d) $10 - 8 \cdot (-9) + 3$ e) $7 - (-7) + 36 : (-3)$ f) $-2 \cdot (-6^2) - (-2) \cdot 2^4$
   g) $0 + [(-3 \cdot 14) : 6] : (-7)$ h) $-7 \cdot 2 - (-8) : 4$ i) $(-7 \cdot 2) - (-8) : 4$

6. Löse die Aufgabe im Kopf.
   a) $-10 \cdot (-2 - 9)$ b) $3 - (-1 - 5) - (-6)$ c) $0 \cdot (3^2 + (-4)^2) - (-2)$
   d) $2 + (2 + (-1)) \cdot (-8)$ e) $([4 - (-8)] \cdot 0) \cdot (-2)$ f) $(-9 + 1) \cdot ((-5) - (-5))$

Weiterführende Aufgaben

7. Löse die Aufgabe und beschreibe dein Vorgehen.
   a) $\frac{1}{4} + \frac{1}{5} + \left(-\frac{1}{4}\right)$ b) $(-6 + (-8)) + (-8)$ c) $-2{,}3 + \frac{2}{3} + (-17{,}7) + (-0{,}\overline{6})$
   d) $-0{,}7 + (-0{,}3) + 0{,}3 + 0{,}7$ e) $0{,}25 \cdot \left(-0{,}7 + \left(-\frac{1}{4}\right)\right)$ f) $-8 \cdot (-4{,}4) - 0{,}8 \cdot (-4{,}4)$
   g) $\frac{3}{5} + (-0{,}7) + (-1{,}3) + 0{,}4$ h) $-3 + (-9) + (-7)$ i) $\left(-\left(\frac{1}{2}\right) \cdot (-4)\right) \cdot \left(-\frac{1}{4}\right)$

3.8 Vereinfachte Schreibweise beim Rechnen

8. Rechne geschickt.
   a) $\frac{3}{10} + (-0,3) + 0,7 + 0,3$
   b) $3,9 + (-3,1) + (-6,9) + 1,1$
   c) $11,7 + (-2,5) + (-41,7) + \left(-7\frac{1}{2}\right) + (-20)$
   d) $\left(-\frac{1}{2} - \frac{1}{4}\right) : (-0,25 + \left(-\frac{3}{4}\right)) - (-0,5)$
   e) $-2 \cdot 0,2 + (-0,2) \cdot (-8) + 0,2 \cdot (-0,7) + 6 \cdot (-0,2)$
   f) $3,25 + (-4,5) + \left(-\frac{1}{4}\right) + (-17,3) + (-2) + (-5,5) + (-0,7) - 3,25 - (-4,5) - (-2) + \frac{1}{4}$

Hinweis zu 8:
Die Lösungen zu a) bis c) findest du in der blauen, die zu d) bis f) in der roten SD-Karte.

9. Zeige jeweils an Beispielen mit positiven und negativen ganzen Zahlen a; b und c, dass eine wahre Aussage entsteht.
   a) $a \cdot (b \cdot c) = (a \cdot b) \cdot c$
   b) $a \cdot b + a \cdot c = a \cdot (b + c)$
   c) $(a + b) : c = \frac{a}{c} + \frac{b}{c}$

10. Schreibe die Aufgaben mit gleichen Ergebnissen ins Heft und gib jeweils das Ergebnis an.

    | $-2 + 3$ | $2 + (-3 + 4)$ | $(-1,2 + 0,2) + (-1)$ | $-1 + 4$ | $3 + (-2)$ | $-1,2 + (-0,8)$ |

    | -2 | $(2 + 2,3) + (-2,3)$ | $2 + 1$ | $2 + 0$ | $-1,2 + (0,2 + (-1))$ | 1 |

11. Überprüfe mit der Aufgabe $-7 + (-3)$, wie du negative Zahlen in deinen Taschenrechner eingeben kannst. Berechne die Aufgabe mit deinem Taschenrechner und kontrolliere das Ergebnis mit einem Überschlag.
    a) $17\,802 + (-19\,999)$
    b) $-414\,567 + (-799\,789)$
    c) $59,289 + (-89,1801)$
    d) $-99,865 + (-58,189)$
    e) $1,3334 + 7,895 + (-9,3)$
    f) $87,9878 + (-87,0976) + 78,9$

Hinweis zu 11:
Bei der Eingabe negativer Zahlen wird bei manchen Taschenrechnern zuerst die Zahl und dann das Vorzeichen mit der Taste ± oder −x eingegeben. Es gibt auch Taschenrechner mit einer Vorzeichentaste −. Diese wird vor der Zahleneingabe gedrückt.

12. Übertrage das Quadrat ins Heft und fülle es so aus, dass in jeder Zeile, in jeder Spalte und in jeder der Diagonalen die Summe der Zahlen den gleichen Wert hat.

    a)
-7		
	-2	
-3	3	

    b)
0		
$1\frac{1}{4}$	$\frac{1}{4}$	$-\frac{3}{4}$

    c)
$-\frac{1}{2}$		
$2,3$		
	$0,3$	$1,9$

13. Entscheide, ob du die Aufgabe mit oder ohne Taschenrechner lösen würdest und begründe das. Ermittle die Lösung dann sowohl mit als auch ohne Taschenrechner.
    a) $-0,836\,27 + 0,912\,119\,9$
    b) $-0,2 : (-0,8)$
    c) $\left(-\frac{1}{2} - \frac{3}{4}\right)^2$
    d) $\frac{22}{23} - \frac{16}{17}$

14. Berechne die fehlenden Angaben der Rechtecke.

	a	b	A	u
a)	15,6 cm		223,08 cm²	
b)		1,02 m	128,52 dm²	
c)	23,5 mm	0,12 cm		

15. **Ausblick:** Berechne den Flächeninhalt der gefärbten Fläche geschickt.

    a)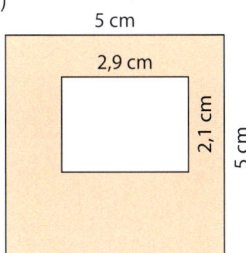
    b)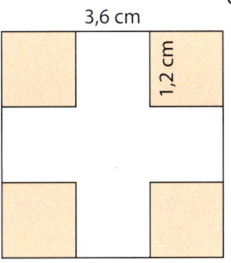
    c)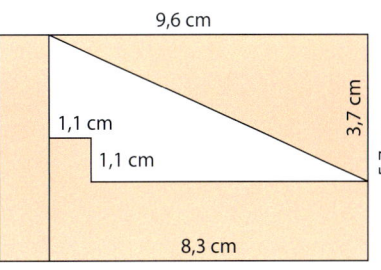

Hinweis zu 15b:
Die gefärbten Flächen sind wie die gesamte Figur quadratisch.

3.9 Rechengesetze und Rechenvorteile nutzen

■ Das Produkt wurde auf zwei unterschiedlichen Rechenwegen ermittelt.

Erkläre das Vorgehen beim 1. und 2. Rechenweg. Entscheide dann, welcher Rechenweg günstiger ist, und begründe dies. ■

$$-2 \cdot \left(\left(-\tfrac{1}{2}\right) - \left(+\tfrac{1}{2}\right)\right)$$

1. Rechenweg	2. Rechenweg
$= -2 \cdot (-1)$	$= 1 + 1$
$= 2$	$= 2$

Für rationale Zahlen gelten auch die für gebrochene Zahlen bekannten Rechengesetze und die sich daraus ergebenden Rechenvorteile.

Erinnere dich:
Kommutativgesetz oder Vertauschungsgesetz

Assoziativgesetz oder Verknüpfungsgesetz

Distributivgesetz oder Verteilungsgesetz

Hinweis:
a : 0 ist nicht erlaubt.

Wissen: Rechengesetze für rationale Zahlen
Für beliebige rationale Zahlen a, b und c gelten das Kommutativgesetz, das Assoziativgesetz und das Distributivgesetz:

Kommutativgesetz		Assoziativgesetz	
(Addition)	(Multiplikation)	(Addition)	(Multiplikation)
$a + b = b + a$	$a \cdot b = b \cdot a$	$a + (b + c) = (a + b) + c$	$a \cdot (b \cdot c) = (a \cdot b) \cdot c$

Distributivgesetz $(a + b) \cdot c = a \cdot c + b \cdot c$

Es gilt stets:
- $a + 0 = a$
- $0 + a = a$
- $a - 0 = a$
- $0 - a = -a$
- $a - a = 0$
- $a \cdot 1 = a$
- $1 \cdot a = a$
- $a \cdot 0 = 0$
- $0 \cdot a = 0$
- $a : a = 1 \ (a \neq 0)$
- $0 : a = 0 \ (a \neq 0)$
- $a : 1 = a$

Beispiel 1: Rechne vorteilhaft unter Verwendung von Rechengesetzen.

a) $\tfrac{1}{4} \cdot (-0{,}3) \cdot (-8)$ b) $\left(-0{,}4 + \tfrac{3}{4}\right) + (-0{,}6)$ c) $1{,}2 \cdot 0{,}3 - 0{,}8 \cdot 1{,}2$ d) $\tfrac{1}{3} \cdot \left(\tfrac{3}{2} - 3\right)$

Lösung:

a) Vertausche den zweiten und dritten Faktor (Kommutativgesetz) und multipliziere dann von links nach rechts.

$\tfrac{1}{4} \cdot (-0{,}3) \cdot (-8) = \tfrac{1}{4} \cdot (-8) \cdot (-0{,}3)$
$= -2 \cdot (-0{,}3) = 0{,}6$

b) Lasse die Klammern um die ersten beiden Summanden weg (Assoziativgesetz) und vertausche den zweiten und dritten Summanden (Kommutativgesetz). Addiere dann von links nach rechts.

$-0{,}4 + \tfrac{3}{4} + (-0{,}6)$
$= -0{,}4 + (-0{,}6) + \tfrac{3}{4}$
$= -1 + \tfrac{3}{4} = -\tfrac{4}{4} + \tfrac{3}{4} = -\tfrac{1}{4}$

c) Wende das Distributivgesetz auf den gemeinsamen Faktor an (Ausklammern). Rechne dann zuerst in der Klammer und multipliziere danach.

$1{,}2 \cdot 0{,}3 - 0{,}8 \cdot 1{,}2$
$= 1{,}2 \cdot (0{,}3 - 0{,}8)$
$= 1{,}2 \cdot (-0{,}5) = -0{,}6$

d) Wende das Distributivgesetz an (Ausmultiplizieren) und addiere dann.

$\tfrac{1}{3} \cdot \left(\tfrac{3}{2} - 3\right) = \tfrac{1}{3} \cdot \tfrac{3}{2} - \tfrac{1}{3} \cdot 3 = \tfrac{1}{2} - 1 = -\tfrac{1}{2}$

Basisaufgaben

1. Rechne vorteilhaft unter Verwendung von Rechengesetzen.

a) $-2{,}5 \cdot (-2{,}1) \cdot (-4)$ b) $\tfrac{2}{5} \cdot (-2) \cdot 1{,}5$ c) $1{,}11 \cdot (-1{,}25) \cdot (-4)$

d) $-0{,}2 \cdot \tfrac{4}{5} \cdot 5$ e) $(-2{,}5 + 8{,}1) + (-7{,}5)$ f) $-\tfrac{3}{4} + \left(\tfrac{1}{4} - 0{,}1\right)$

g) $-0{,}8 + 2{,}0 - 0{,}2$ h) $(399 + (-181)) + (-19)$ i) $399 + (-181) + 2$

3.9 Rechengesetze und Rechenvorteile nutzen

2. Löse vorteilhaft im Kopf. Nutze das Distributivgesetz, wenn es sinnvoll ist.
   a) $-\frac{3}{10} \cdot (1{,}8 - 2{,}8)$
   b) $\left(\frac{4}{5} - 4\right) \cdot \frac{1}{4}$
   c) $-2 \cdot (-0{,}5) + (-2) \cdot (-0{,}5)$
   d) $3{,}5 \cdot (0{,}2 - 1{,}2)$
   e) $\frac{3}{2} \cdot \left(-\frac{3}{2}\right) + \frac{3}{2} \cdot 0$
   f) $-4 \cdot (-0{,}5) + (-6) \cdot 0{,}5$

Weiterführende Aufgaben

3. Berechne vorteilhaft unter Nutzung von Rechengesetzen. Beschreibe dein Vorgehen.
   a) $1{,}8 + \left(-\frac{8}{9}\right) - 11{,}8$
   b) $-2 \cdot 3{,}1 \cdot (-5)$
   c) $\frac{5}{6} \cdot (-1{,}5) + \frac{1}{3} \cdot (-1{,}5)$
   d) $\left(\frac{9}{10} - 18\right) \cdot \left(-\frac{1}{9}\right)$
   e) $0{,}25 \cdot \left((-0{,}75) + \left(-\frac{1}{4}\right)\right)$
   f) $-8{,}2 \cdot (-4{,}4) - 0{,}8 \cdot (-4{,}4)$

4. Rechne im Kopf.
   a) $\frac{11}{7} \cdot \left(-\frac{7}{11}\right) \cdot 0$
   b) $-2 \cdot (-0{,}39 + 0{,}39)$
   c) $-2 \cdot \left(-1{,}75 + \frac{3}{4}\right)$
   d) $-\frac{1}{2} + 0 - 0{,}5$
   e) $2{,}5 \cdot (-11) + 2{,}5 \cdot (-9)$
   f) $\frac{1}{5} - 0{,}78 - 0{,}2$
   g) $-3 \cdot (-0{,}8) \cdot \left(-\frac{1}{3}\right)$
   h) $-\frac{2}{3} + \left(-\frac{1}{3}\right) + 0{,}\overline{6}$
   i) $-\frac{2}{3} \cdot \left(-\frac{3}{8}\right) + \frac{1}{2}$

5. Hier wurden Klammern vergessen. Setze im Heft Klammern so, dass eine wahre Aussage entsteht.
   a) $6 \cdot (-2) + 6 \cdot 5 = -30$
   b) $5{,}4 + 1{,}6 \cdot (-0{,}5) = -3{,}5$
   c) $3 \cdot (-0{,}5) + \frac{3}{2} \cdot (-2) = 0$
   d) $2 : (-4) + (-4) \cdot 8 = -36$

6. **Stolperstelle:** Untersuche, ob die Aussage wahr ist. Begründe dies.
   a) Werden drei negative Zahlen addiert, ist ihre Summe stets negativ.
   b) Werden zwei negative Zahlen voneinander subtrahiert, ist ihre Differenz stets negativ.
   c) Beim Multiplizieren von Zahlen mit gleichem Vorzeichen ist das Produkt stets positiv.

7. Vereinfache soweit wie möglich.
   a) $-4 + y + 4$
   b) $x - 4 + (-x)$
   c) $-14 + x + (-6)$
   d) $-0{,}25 + a + 0{,}25 + (-a)$
   e) $a + b + (-a) + (-b)$
   f) $(-x) + 0 + x + (-y)$

Hinweise zu 7:
Die Lösungen zu findest du in der Speicherkarte.

8. Übertrage die Tabelle ins Heft.

	A	B	C	D	E	F	G
1	a	b	c	a + b + c	a − (b + c)	a − b + c	a − (− b) + c
2	−3	2	−4				
3	−0,7	−0,2	0,5				
4	2,78	2,34	−8,76				

   a) Fülle die leeren Zellen in den Spalten D bis G aus.
   b) Überprüfe mit einer Tabellenkalkulation deine Rechnung. Gib die Formeln an, die du bei einer Tabellenkalkulation in die Zellen D2 bis G2 einträgst.
   c) Verändere den Wert c so, dass sich in Spalte G jeweils der Wert 0 ergibt.

9. **Ausblick:** Beschreibe den Sachverhalt mit einer Ungleichung oder Gleichung.
   a) x ist eine negative Zahl
   b) x ist keine positive Zahl
   c) x ist keine negative Zahl
   d) x ist eine nichtnegative Zahl
   e) x ist höchstens −3
   f) x ist mindestens 4,5

Streifzug

3. Rationale Zahlen

Rechenspiele

1. **Zahlenrätsel**
   a) Übertrage das Zahlenrätsel ins Heft und fülle die Lücken aus.
      Beachte: Ein Vorzeichen und ein Komma erhalten beim Ausfüllen ein eigenes Kästchen.

   Waagerecht:
   1. $12{,}56 + 1{,}8$
   2. $-5{,}5 - 1{,}6$
   3. $-4 \cdot (-25)$
   4. $-0{,}4 \cdot 5$
   5. $-4 \cdot 6{,}465$
   7. $70 \cdot 0{,}08$

   Senkrecht:
   1. $-4{,}6 + 6{,}2$
   2. $60 : (-4)$
   3. $-6{,}8 \cdot (-2{,}5)$
   4. $-(52{,}45 + 8{,}13)$
   6. $8{,}5 - 6{,}9$
   7. $810{,}78 : 1{,}5$

   b) Entwickle ein ähnliches Zahlenrätsel.

2. **Wer schafft die größte, die kleinste oder die nächste Zahl an der Null?**
   Gegeben sind sechs rationale Zahlen: $0{,}5 \quad -100 \quad -12{,}8 \quad 44{,}6 \quad -5{,}9 \quad 7$
   a) Ermittle durch Setzen von Klammern und Rechenzeichen als Ergebnis eine möglichst große Zahl (mit dem Vorzeichen „+").
   Du darfst die Reihenfolge der Zahlen nicht ändern.
   b) Ermittle durch Setzen von Klammern und Rechenzeichen als Ergebnis ein möglichst kleines Ergebnis mit dem Vorzeichen „–".
   Du darfst die Reihenfolge der Zahlen nicht ändern.
   c) Ermittele durch Setzen von Klammern und Rechenzeichen als Ergebnis eine Zahl möglichst nahe der Null. Du darfst die Reihenfolge der Zahlen nicht ändern.

   Beispiel:
   $0{,}5 \cdot (-100) - (12{,}8 - 44{,}6) - 5{,}9 + 7$
   $= -50 - (-31{,}8) - 5{,}9 + 7$
   $= -55{,}9 - (-31{,}8) + 7$
   $= -55{,}9 + 31{,}8 + 7$
   $= -55{,}9 + 38{,}8$
   $= -17{,}1$

3. **Zum gemeinsamen Spielen**
   Schneidet zehn Zettel (jeweils 6 cm × 4 cm) aus.
   Auf die Vorderseite jedes Zettels schreibt ihr jeweils eine Kopfrechenaufgabe. Sie sollte aus drei Zahlen und zwei Rechenzeichen bestehen und mindestens eine rationale Zahl in Dezimal- oder Bruchschreibweise enthalten.
   Auf die Rückseite jedes Zettels schreibt ihr jeweils die Lösung der Aufgabe. Prüft alles sorgfältig!

   Beispiel:

   Aufgabe:
   $5 \cdot 0{,}4 + \frac{1}{6}$

   Lösung:
   $2\frac{1}{6}$

   Teilt die Klasse in zwei Gruppen. Der Spielleiter (euer Lehrer) sammelt die Zettel nach Gruppen getrennt ein. Von beiden Gruppen rechnet abwechselnd jeweils ein Schüler. Der Spielleiter liest eine Aufgabe vor und prüft das Ergebnis. Für jede richtige Lösung erhält die Gruppe einen Punkt. Jeder Mitspieler hat eine Minute Zeit, um möglichst viele Aufgaben zu lösen. Sieger ist, wer die meisten Punkte erzielt hat.

Streifzug

4. **Zahlenjongleur**
   Auf den Bällen des Jongleurs stehen Zahlen.
   Welcher Ball passt zu welcher Aufgabe?
   Rechne im Kopf.
   a) Zwei Zahlen addiert ergibt 6,8.
   b) Zwei Zahlen subtrahiert ergibt −2,1.
   c) Zwei Zahlen multipliziert ergibt −7,8.
   d) Zwei Zahlen dividiert ergibt −2.
   e) Eine Zahl mit sich selbst multipliziert ergibt 12,96.

5. **Null gewinnt**
   Arbeitet zu zweit oder zu dritt.
   Jeder Spieler erhält zunächst 99 Punkte.
   Es wird mit zwei Würfeln gewürfelt.
   Bei jedem Wurf könnt ihr entscheiden,
   ob ihr die Augenzahlen addieren, subtrahieren
   oder multiplizieren wollt:

   $\rightarrow 6 + 3 = 9$

   $\rightarrow 3 - 6 = -3 \ \text{oder} \ 6 - 3 = 3$

   $\rightarrow 3 \cdot 6 = 18$

   Ziel des Spiels ist es, genau 0 Punkte zu erzielen.
   Dies geschieht, indem man die errechnete Zahl aus
   beiden Augenzahlen entweder zu den aktuellen Punkten
   addiert oder davon subtrahiert.
   Dabei können auch negative Zahlen auftreten. Gewonnen hat
   derjenige, der zuerst 0 Punkte erzielt oder nach 12 Runden der Null am nächsten ist.

6. **Rechendomino**
   Domino ist ein Legespiel mit rechteckigen Spielsteinen.
   Die Steine werden dabei nach bestimmten Regeln
   aneinandergelegt. Jeder Stein ist in zwei Felder geteilt.

   Spielanleitung:

   1. Schneidet 12 Kärtchen (jeweils 6 cm × 2 cm) aus.
      Teilt jedes Kärtchen in zwei Hälften.

   2. Nehmt die erste Karte und schreibt auf die linke
      Hälfte „START" und auf die rechte Hälfte eine
      Rechenaufgabe (beispielsweise „−5,6 : 8").

   3. Beschriftet die anderen 11 Kärtchen so, dass auf der
      linke Hälfte eines Kärtchens immer das Ergebnis der
      vorherige Aufgabe steht (im ersten Fall „− 0,7") und
      auf die rechte Hälfte eine neue Rechenaufgabe.
      Verwendet auch rationale Zahlen in Dezimal- oder
      Bruchschreibweise und beliebige Rechenzeichen
      (+, −, ·, :). Beschriftet die letzte Karte auf der rechten
      Hälfte mit „Ende".

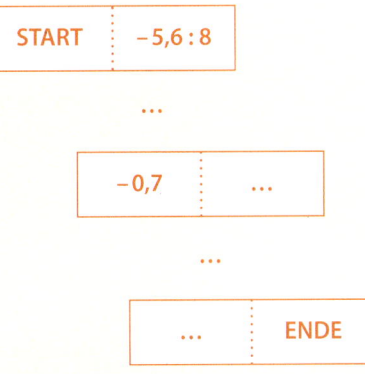

   Tauscht eure Domino-Steine untereinander aus und spielt
   mit einem Partner.

3.10 Vermischte Aufgaben

1. Welche Zahl liegt auf der Zahlengeraden genau in der Mitte zwischen folgenden Zahlen:
   a) −1,8 und 1,2
   b) −4,5 und −1,5
   c) $-\frac{3}{8}$ und $\frac{1}{4}$
   d) 1,4 und −1,4

Tipp zu 2: Tausche deine Ergebnisse mit einem Partner und lasse sie kontrollieren.

2. Notiert Zahlen aus dem orangen Feld.
   a) Sie sind alle größer als −3.
   b) Sie liegen alle zwischen −1 und 1.
   c) Sie sind alle kleiner als −2.

−4	−2,2	3	0	−0,5	−1,5
$\frac{3}{4}$	−8	6,5	−1	$\frac{1}{3}$	$-\frac{5}{2}$
10	−5,5	2	0,02	−5	

3. Wahr oder falsch? Begründe deine Antwort.
   a) Die Summe zweier negativer Zahlen ist immer kleiner als jeder der Summanden.
   b) Eine Summe kann nur Null sein, wenn einer der Summanden Null ist.
   c) Ein Quotient kann Null sein, wenn der Dividend nicht Null ist.

4. Hier sind ausgewählte Durchschnittstemperaturen (schwarze Zahlen in °C) für Januar 2015 und die Temperaturabweichungen im Vergleich zu den Mittelwerten der Jahre 1981 bis 2010 (rote und blaue Zahlen in Grad) zu sehen, die in Wetterstationen ermittelt wurden.

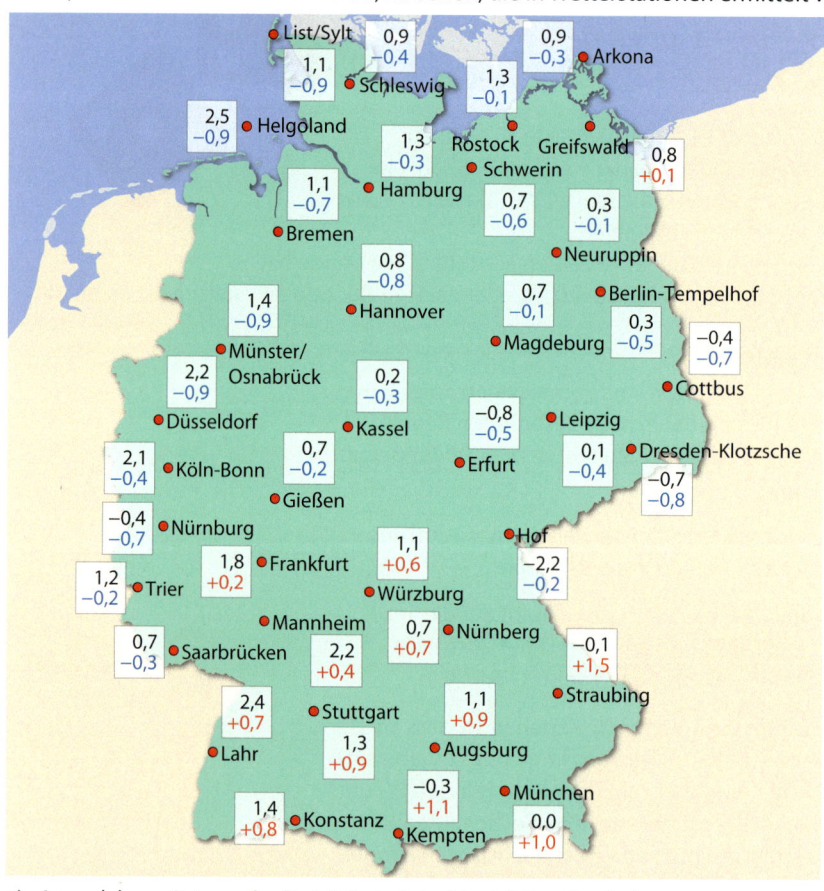

Hinweis zu 2d: In Hof war es 2015 durchschnittlich um 0,2 Grad kälter als in den vergangenen Jahren, also gilt für 1981 bis 2010: −2,2 + 0,2 = −2,0

   a) An welchem Ort wurde die höchste (niedrigste) Durchschnittstemperatur ermittelt?
   b) Ordne die Durchschnittstemperaturen (einschließlich der zugehörigen Orte) mit der kleinsten Durchschnittstemperatur beginnend.
   c) Gib den Temperaturunterschied zwischen dem wärmsten und dem kältesten Ort an.
   d) Berechne die Durchschnittstemperaturen für die Jahre 1981 bis 2010.

3.10 Vermischte Aufgaben

5. Finde den Fehler und korrigiere ihn.
   a) $-11 \cdot 1{,}5 + 1{,}5 \cdot 19 = -1{,}5 \cdot (11+19) = -45$
   b) $-13 \cdot 84 + 16 = -1300$
   c) $-1{,}2 \cdot 1{,}6 - 1{,}2 \cdot 0{,}4 - 1{,}2 = -1{,}2 \cdot (1{,}6 + 0{,}4) = -2{,}4$
   d) $3 \cdot \left(\frac{2}{3}\right) - 4 = 3 - 4 = -1$

6. In den USA wird die Temperatur nicht wie bei uns in Grad Celsius (°C), sondern in Grad Fahrenheit (°F) gemessen. Zum Umrechnen der Temperaturen ist folgende Formel geeignet: $T_F = T_C \cdot 1{,}8 + 32$
   Übertrage die Tabelle ins Heft und fülle sie aus.

T_C in °C	-10	-15	-4	14				
T_F in °F					-85	-4	0	50

7. Stelle die Punkte $A(1|2)$, $B(5|-1)$, $C(4|4)$ in einem Koordinatensystem dar.
   a) Spiegele die drei Punkte an der x-Achse und gib die Koordinaten ihrer Bildpunkte an.
   b) Spiegele die drei Punkte an der y-Achse und gib die Koordinaten ihrer Bildpunkte an.

8. Denkt euch zu jeder Zahl in der Batterie eine Rechenaufgabe aus. Verwendet jede Rechenart (Addition, Subtraktion, Multiplikation, Division) mindestens einmal. Wer in 15 min die meisten richtigen Aufgaben entwickelt hat, gewinnt. Für jede richtige Aufgabe gibt es einen Punkt, für jedes Ergebnis, zu dem ihr keine richtige Aufgabe notiert habt, gibt es vier Minuspunkte und für jeden Fehler zwei Minuspunkte.

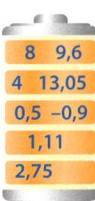

8	9,6
4	13,05
0,5	−0,9
	1,11
	2,75

9. Hier gibt es Fehler. Erkläre, was falsch gemacht wurde und berichtige.
   a) $-8 \cdot 11 + 11 = -176$
   b) $-13 \cdot 1{,}5 + 1{,}5 \cdot 12 = -1{,}5 \cdot (13+12) = -37{,}5$
   c) $-2{,}2 \cdot 1{,}2 + 1{,}1 \cdot 2{,}4 + 1{,}1 = -2{,}2 \cdot 1{,}2 + 2{,}2 \cdot 2{,}4 = 2{,}2 \cdot (-1{,}2 + 2{,}4) = 2{,}2 \cdot 1{,}2 = 2{,}64$

10. Stelle dir vor, dass acht rationale Zahlen miteinander multipliziert werden. Ermittle des Vorzeichen vom Ergebnis und begründe dein Ergebnis.
    a) Alle Faktoren sind negative Zahlen.
    b) Drei Faktoren sind negativ, einer Null.
    c) Kein Faktor ist negativ und keiner Null.
    d) Fünf Faktoren sind negativ, drei positiv.

11. Ersetze x durch eine rationale Zahl, sodass die Aussage wahr ist.
    a) $|x| = 2{,}5$
    b) $-2 \cdot (x+1) = 4$
    c) $\frac{x}{3} + 6 = 4$
    d) $-4 + (-x) = 1$
    e) $-4 \cdot (-x) = 1$
    f) $x \cdot x = -2$
    g) $x = x \cdot x$
    h) $1 : x = 5$

12. Übertrage die Tabelle ins Heft und fülle sie aus.

	Alter Kassenstand	Ein- und Auszahlungen	Neuer Kassenstand
a)	+452,85 €	−168,00 €	
b)		−44,50 €	+82,10 €
c)	−51,28 €		+461,28 €
d)	+92,04 €		−13,91 €
e)		+1.597,01 €	+1.423,79 €

13. Lara meint, dass sie im Rechenausdruck $30 - 50 - 70 - 90$ ein Klammerpaar so setzen kann, dass als Ergebnis die Zahl -40 herauskommt. Sahra entgegnet, dass es wohl zwei Klammerpaare sein müssen. Was meinst du? Begründe deine Überlegungen.

Prüfe dein neues Fundament

3. Rationale Zahlen

Lösungen
S. 242

1. a) Übernimm die Tabelle ins Heft, fülle sie aus und gib alle gebrochenen Zahlen an.

x	−0,2	0,6		−$\frac{3}{4}$	3,3		−0,6	1$\frac{1}{3}$	
|x|								0	
−x			5			−$\frac{10}{3}$			−3,33
|−x|									

b) Ordne die Zahlen, die in der ersten Zeile stehen. Beginne mit der kleinsten Zahl.

2. Gib von folgenden Zahlen alle Zahlen mit gleichen Beträgen und die Abstände zur Null an:
$\frac{1}{4}$; 3; −0,25; −$\frac{3}{5}$; −2,9; 0,6; 2$\frac{2}{3}$; −$\frac{3}{8}$; 0,4; 56; −$\frac{1}{4}$; −$\frac{2}{5}$; 1

3. a) Zeichne in ein Koordinatensystem die Punkte A(−4|−3); B(4|−3); C(4|3) und D(−4|3).
   b) Gib an, in welchem der vier Quadranten jeder der Punkte A, B C und D liegt.
   c) Welche Koordinaten haben die Mittelpunkte der Seiten des Rechtecks ABCD?
   Welche Koordinaten hat der Schnittpunkt der Diagonalen dieses Rechtecks?

4. Rechne im Kopf.
   a) $2 + (−9)$ b) $−0,7 − (−0,3)$ c) $2,5 \cdot (−40)$ d) $0 − \frac{8}{13}$ e) $−3 : (−4 : 0,4)$
   f) $−8 + 8$ g) $(−2)^3 \cdot (−3)^2$ h) $\frac{3}{4} : \left(−\frac{4}{3}\right) \cdot 0$ i) $−\frac{1}{7} − 0$ j) $−2,3 : 100$
   k) $\frac{8}{7} + \left(−\frac{8}{7}\right)$ l) $−\frac{1}{3} − 0,\overline{3}$ m) $−0,6 : (−0,3)$ n) $77 − 78$ o) $−\frac{1}{2} \cdot \left(−\frac{2}{3}\right) \cdot \left(−\frac{3}{4}\right)$
   p) $1 : (−4)$ q) $2 \cdot 3 \cdot (−0,1)$ r) $−3,3 \cdot (−10)$ s) $−7 − 13$ t) $−1,3 + 3,3$

5. a) Übertrage die Rechenmauer dreimal ins Heft.
   Fülle sie dann aus, einmal als Additionsmauer,
   einmal als Subtraktionsmauer und einmal als
   Multiplikationsmauer.

   b) Übertrage die Rechenmauer zweimal ins Heft.
   Fülle sie dann einmal als Subtraktionsmauer
   und einmal als Divisionsmauer aus.

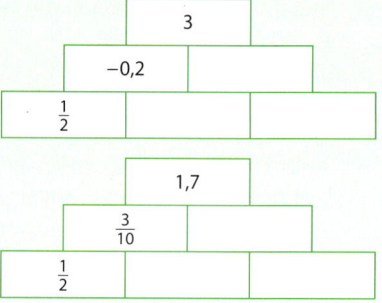

6. Rechne im Kopf. Achte auf Rechenvorteile.
   a) $−9,7 − \frac{4}{3} + 9,7$ b) $0,75 \cdot \left(−\frac{9}{8}\right) \cdot \left(−\frac{4}{3}\right)$ c) $0,\overline{34} \cdot \left(−\frac{2}{3} + 0,\overline{6}\right)$ d) $−6 \cdot 2,3 − 4 \cdot 2,3$
   e) $−2\frac{1}{2} \cdot (−0,5)$ f) $−13 − (−3 − 4)$ g) $3 : (−2) − 3 : (−2)$ h) $\left(\frac{1}{3} − \frac{1}{2}\right) \cdot \left(0,\overline{3} − \frac{1}{3}\right)$

7. Löse die Aufgabe möglichst vorteilhaft.
   a) $7,5 \cdot (−4) + (−20)$ b) $−2 − 3 \cdot (−4)$ c) $5 \cdot (−5) \cdot \left(−\frac{1}{25}\right) − 5$ d) $[(−3)^3 − 10] \cdot \sqrt{4}$
   e) $−4 \cdot (−3 − 7)$ f) $\frac{−8 − 2}{2,5 \cdot (−4)}$ g) $(8 − 18)^2 : \left(2,5 − \frac{1}{2}\right)$ h) $0,125 \cdot 4 − \frac{1}{2} : 0,5$

8. Rechne im Kopf oder (wenn sinnvoll) mit dem Taschenrechner. Begründe dein Vorgehen.
   a) $13,5 : 4,5$ b) $−\frac{2}{3} : \frac{1}{2}$ c) $\frac{1}{4} : \left(−\frac{3}{4}\right)$ d) $−10,04 : \frac{19}{79}$
   e) $−0,9 : 0,6$ f) $−\frac{2}{11} : (−0,7)$ g) $4,67 : 3,1$ h) $−15,677 : \left(−\frac{3}{19}\right)$

9. Berechne für $a = 1$; $b = −1$ und $c = −1$.
   a) $6a − 13b − 4c$ b) $−2(a + 2b + 3c)$ c) $−3a + 2c^2 − 5c$

Prüfe dein neues Fundament

10. Übernimm die Tabelle ins Heft und fülle sie aus. Runde gegebenenfalls auf Hundertstel.

x	y	z	x · (y − z)	x · y − z	x · (y − 2z)	$\frac{x}{y-2z}$	x + y · z³	$\frac{x+y \cdot z}{z-y}$
−3	−1	1						
−3,5	−1,2	$\frac{1}{3}$						

11. Auf Janinas Sparkonto sind zu Beginn des Jahres 300 €. Es wurden sowohl Geldbeträge ein- als auch ausgezahlt. Berechne im Heft die Höhe des jeweils vorhandenen Spargithabens.

Datum	Einzahlung/Auszahlung	Sparguthaben
08.02.	+200,00 €	
15.04.	−17,80 €	
02.05.	−103,10 €	
30.06.	+150,00 €	

12. Auf dem Brocken im Harz wurden in einer Woche jeweils morgens und abends die Temperaturen gemessen.
  a) Berechne für alle Wochentage die Temperaturunterschiede zwischen den beiden Messwerten.
  b) An welchen Wochentagen hat sich die Temperatur zwischen den Messungen morgens und abends am meisten und am wenigsten verändert?

	morgens	abends
Mo	−16,2 °C	−14,5 °C
Di	−15,8 °C	−9,3 °C
Mi	−6,6 °C	−4 °C
Do	−4 °C	2,1 °C
Fr	0 °C	−1,5 °C
Sa	−3 °C	−7 °C
So	−8,6 °C	−11,6 °C

Wiederholungsaufgaben

1. Berechne das arithmetische Mittel der gegebenen Zahlen.
  a) −3,5; 1,7; 8,2; −0,5; 1,1
  b) $\frac{1}{8}$; $-\frac{3}{8}$; $\frac{5}{8}$; $-\frac{7}{8}$; $\frac{3}{8}$
  c) 10,1; 10,2; 6,7

2. Gib eine geeignete Einheit für die gegebene Größenangabe an.
  a) Volumen deiner Schulmappe
  b) Fläche von Niedersachsen
  c) Durchmesser einer 1-Euro-Münze
  d) Höhe deines Klassenraumes
  e) Gewicht einer Lokomotive
  f) Flüssigkeitsmenge auf einem Teelöffel

3. Überprüfe und korrigiere.
  a) 25 % von 723 sind 201
  b) 280 von 370 sind 52 %
  c) 75 % von 400 sind 290
  d) 4,8 von 19,2 sind 25 %
  e) 115 % von 200 sind 190
  f) 225 von 150 sind 150 %

4. Rainer sagt: „Wenn ich jeden Tag 5 € ausgebe, dann reicht mein Taschengeld genau 6 Tage."
  a) Er will höchstens 3 € pro Tag ausgeben. Für wie viele Tage reicht sein Taschengeld?
  b) Rainer möchte 15 Tage mit seinem Taschengeld auskommen. Wie viel Euro darf er dann höchstens pro Tag ausgeben?

Zusammenfassung

3. Rationale Zahlen

Rationale Zahlen	Die gebrochenen Zahlen und die zu ihnen entgegengesetzten Zahlen bilden zusammen die **rationalen Zahlen** ($\mathbb{Q}$).	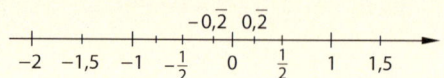
	Positive Zahlen sind größer als Null und **negative Zahlen** sind kleiner als Null. Die kleinere von zwei Zahlen liegt auf einer waagerechten Zahlengeraden weiter links.	$-3 < 1{,}5$ $-2 < -\frac{3}{4}$
	Gegenzahlen unterscheiden sich nur im Vorzeichen.	$-1{,}5$ und $1{,}5$ sind Gegenzahlen.
	Betrag einer rationalen Zahl a: $\lvert a \rvert = \begin{cases} a, & \text{wenn } a > 0. \\ 0, & \text{wenn } a = 0. \\ -a, & \text{wenn } a < 0. \end{cases}$	$\lvert 1{,}5 \rvert = 1{,}5$ $\lvert 0 \rvert = 0$ $\lvert -1{,}5 \rvert = 1{,}5$

Addition von rationalen Zahlen	**Gleiche Vorzeichen** der Summanden: 1. Nimm das gemeinsame Vorzeichen. 2. Addiere die Beträge der Summanden.	$1{,}5 + (+2) = +3{,}5$ $(-1{,}5) + (-2) = -3{,}5$	*Es gilt stets:* $a + 0 = a$ $0 + a = a$
	Unterschiedliche Vorzeichen der Summanden: 1. Nimm das Vorzeichen des Summanden mit dem größeren Betrag. 2. Subtrahiere den kleineren vom größeren Betrag.	$1{,}5 + (-2) = -0{,}5$ $-1{,}5 + 2 = +0{,}5$	$a + (-a) = 0$ $-a + a = 0$

Subtraktion von rationalen Zahlen	**Subtraktion a – b** Addiere zu a die entgegengesetzte Zahl von b: $a - b = a + (-b)$	$4 - (-3) = 4 + 3 = 7$ $-4 - 3 = -4 + (-3) = -7$	*Es gilt stets:* $a - 0 = a$ $0 - a = -a$ $a - a = 0$
	Die **Subtraktion** rationaler Zahlen ist immer ausführbar.		

Multiplikation und Division von rationalen Zahlen	**Gleiche Vorzeichen** der Faktoren bzw. von Dividend und Divisor: 1. Produkt bzw. Quotient hat das Vorzeichen „+". 2. Multipliziere bzw. dividiere die Beträge.	$10 \cdot 2{,}5 = 25$ $(-10) \cdot (-2{,}5) = 25$ $10 : 2{,}5 = 4$ $(-10) : (-2{,}5) = 4$	*Es gilt stets:* $a \cdot 0 = 0 \cdot a = 0$ $a \cdot 1 = 1 \cdot a = a$
	Unterschiedliche Vorzeichen der Faktoren bzw. von Dividend und Divisor: 1. Produkt bzw. Quotient hat das Vorzeichen „–". 2. Multipliziere bzw. dividiere die Beträge.	$10 \cdot (-2{,}5) = -25$ $(-10) \cdot 2{,}5 = -25$ $10 : (-2{,}5) = -4$ $(-10) : 2{,}5 = -4$	$a : 1 = a$ $a : a = 1;\ (a \neq 0)$ $0 : a = 0;\ (a \neq 0)$

Rechengesetze für rationale Zahlen	Kommutativgesetze Assoziativgesetz der Addition Assoziativgesetz der Multiplikation Distributivgesetz	$a + b = b + a$ und $a \cdot b = b \cdot a$ $a + (b + c) = (a + b) + c$ $a \cdot (b \cdot c) = (a \cdot b) \cdot c$ $a \cdot (b + c) = a \cdot b + a \cdot c$

4. Kongruente Figuren

Die Fenster am Schloss in Celle sind mit Dreiecks- und Rundgiebeln geschmückt, deren Breiten und Höhen jeweils übereinstimmen.

Nach diesem Kapitel kannst du …
- zueinander kongruente Figuren erkennen und erzeugen,
- Dreiecke auf Kongruenz untersuchen,
- die Kongruenzsätze beim Konstruieren von Dreiecken anwenden.

Dein Fundament

4. Kongruente Figuren

Winkelarten

1. a) Gib jeweils an, um welche Winkelart es sich handelt.
   b) Schätze, wie groß jeder Winkel ist.
   c) Übertrage die Winkel auf Kästchenpapier und miss jede Winkelgröße.
   d) Vergleiche die Schätzwerte aus Aufgabe b) mit den entsprechenden Messwerten aus Aufgabe c).

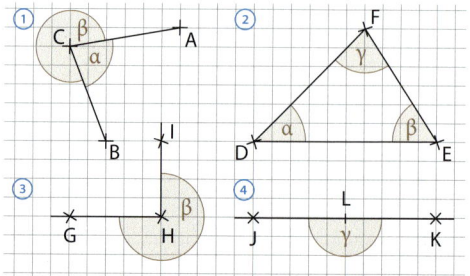

2. Zeichne die Winkel und ordne ihnen die passende Winkelart zu.
   a) $\alpha = 45°$ b) $\beta = 140°$ c) $\gamma = 90°$ d) $\delta = 225°$ e) $\varepsilon = 180°$

Winkel an einander schneidenden Geraden

3. Ordne jedem Sachverhalt das entsprechende Bild zu.
   a) Scheitelwinkel sind gleich groß.
   b) Nebenwinkel betragen zusammen 180°.
   c) Stufenwinkel an geschnittenen Parallelen sind gleich groß.
   d) Wechselwinkel an geschnittenen Parallelen sind gleich groß.

4. Gib, ohne zu messen, die Größen der übrigen Winkel an, wenn $\alpha_1 = 35°$ beträgt. Die Zeichnung ist nicht maßgenau.

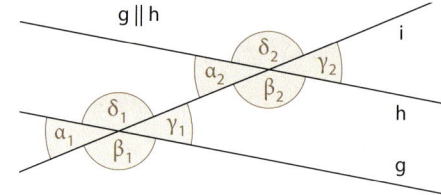

5. Berechne alle gekennzeichneten Winkelgrößen im Rechteck ABCD mit $\alpha_1 = 23°$. Die Zeichnung ist nicht maßgenau.

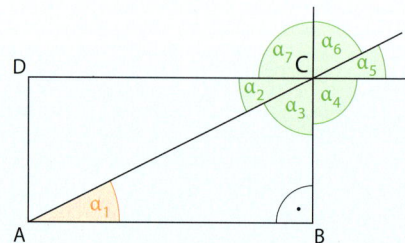

Dreiecksarten

6. Zeichne ein Dreieck.
   a) ein rechtwinkliges   b) ein spitzwinkliges   c) ein stumpfwinkliges

7. a) Zeichne die Dreiecke ABC, DEF und GHI in ein Koordinatensystem.
      A(0|1), B(3|1), C(2|2)   D(4|2), E(6|2), F(4|4)   G(2|4), H(1|6), I(0|4,5)
   b) Um welche Dreiecksarten (nach Seiten und Winkeln) handelt es sich jeweils?

Lösungen S. 243

Innenwinkel von Dreiecken

8. Erkläre die abgebildete Zeichnung. Welchen Sachverhalt stellt sie dar?

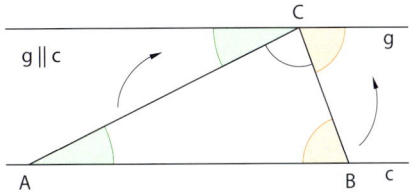

9. Berechne für die Dreiecke ABC jeweils den dritten Innenwinkel.
   a) $\alpha = 26°$; $\beta = 80°$
   b) $\beta = 90°$; $\gamma = 45°$
   c) $\alpha = 27°$; $\gamma = 123°$
   d) $\alpha = \beta = 42°$
   e) $\alpha = \gamma = 60°$
   f) $\alpha = 126°$; $\beta = 24°$

10. Wie groß sind jeweils die drei Innenwinkel des Dreiecks ABC?
    a) $\beta = 40°$; $\alpha = \gamma$
    b) $\alpha = \beta = \gamma$
    c) $\gamma = 60°$; $\beta = 2 \cdot \alpha$

Geometrische Abbildungen

11. Übertrage auf Kästchenpapier.
    a) Spiegele jede gegebene Figur an der Geraden s. Bezeichne das Bild von P mit P'.
    b) Verschiebe jede gegebene Figur entsprechend des angegebenen Pfeiles. Bezeichne das Bild von P jeweils mit P".
    c) Drehe die Bilder der gegebene Figuren ① und ② jeweils mit einem Winkel von 90° im Uhrzeigersinn um den Punkt P".

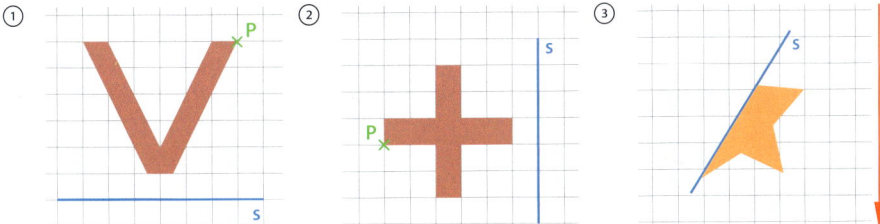

Kurz und knapp

12. Prüfe, ob ein Dreieck ABC die drei Seitenlängen 3 cm, 5 cm und 1 cm haben kann.

13. Was für Dreiecke entstehen, wenn du in ein Quadrat ABCD eine Diagonale einzeichnest?

14. Wahr oder falsch? Begründe deine Entscheidung.
    a) Ein Dreieck mit genau einer Symmetrieachse ist gleichschenklig.
    b) Ein Dreieck mit drei Symmetrieachsen ist gleichseitig.
    c) Alle gleichseitigen Dreiecke sind spitzwinklig.

15. Ein Segelflugzeug fliegt 2 km in nordwestlicher Richtung. Danach ändert es seinen Kurs und fliegt weiter in westlicher Richtung. Um wie viel Grad hat es seinen Kurs geändert?

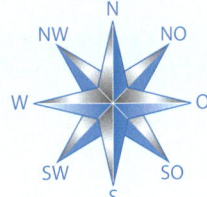

4. Kongruente Figuren

4.1 Kongruenz

■ Anhand von Fingerabdrücken kann nachgewiesen werden, ob z. B. jemand an einem Tatort war.
Hier wird Paul verdächtigt. Entscheide ob Paul am Tatort gewesen sein kann. ■

Paul   Tatort

Zueinander kongruente Figuren erkennen

Beispiel 1:
Überprüfe, welche der Figuren deckungsgleich sind.

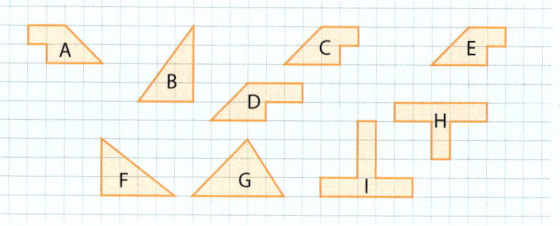

Hinweis:
Nach dem Ausschneiden lassen sich deckungsgleiche Figuren so Aufeinanderlegen, dass nirgendwo etwas übersteht.

Lösung:
Prüfe, welche der Figuren du verschieben, drehen oder spiegeln (umklappen) kannst, damit sie genau übereinander liegen.

Folgende Figuren sind deckungsgleich:
1. A und C und E
2. B und F

Wenn Figur C um 8 Kästchen nach rechts verschoben wird, liegt sie genau über Figur E.
Wenn Figur A an einer gedachten Linie in der Mitte zwischen den Figuren A und C gespiegelt wird, liegt sie genau über Figur C.
Wenn Figur B zuerst um 90° im Uhrzeigersinn um den Eckpunkt beim rechten Winkel gedreht und dann um 5 Kästchendiagonalen nach links unten verschoben wird, liegt sie genau über F.

Basisaufgaben

1. Gib alle deckungsgleichen Figuren in nebenstehender Abbildung an.

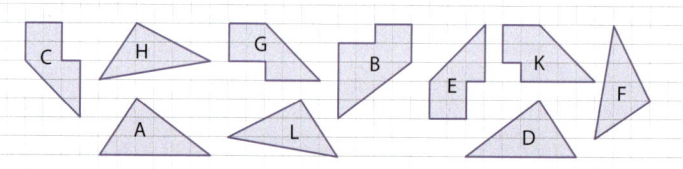

2. Übertrage die beiden nebenstehenden Figuren ins Heft und vervollständige die zweite Figur so zu einem Dreieck DEF, dass dieses Dreieck zum Dreieck ABC deckungsgleich ist.

3. Zeichne ein Quadrat mit einer Seitenlänge von 5 cm und zerlege es in zwei (vier) zueinander deckungsgleiche Teilfiguren. Finde verschiedene Lösungsmöglichkeiten.

4.1 Kongruenz

Wissen: Zueinander kongruente Figuren
Zwei geometrische Figuren G und H heißen genau dann **zueinander kongruent (deckungsgleich)**, wenn sie sowohl in ihrer **Form** als auch in der **Größe ihres Flächeninhaltes** übereinstimmen.
Sprechweise: G und H sind zueinander kongruent.
Kurzschreibweise: G ≅ H

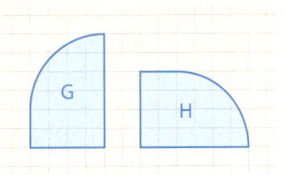

Hinweis:
Deckungsgleiche Figuren können durch Verschieben, Drehen oder Spiegeln entstehen.

Figuren in zueinander kongruente Teilfiguren zerlegen

Beispiel 2: Zerlege die Figur in der Randspalte in 2 (4) zueinander kongruente Teilfiguren.

Lösung:
Die Figur ist achsensymmetrisch.
Die Symmetrieachsen zerlegen die Figur in zueinander kongruente Teilfiguren.
①: zwei zueinander kongruente Teilfiguren
②: vier zueinander kongruente Teilfiguren

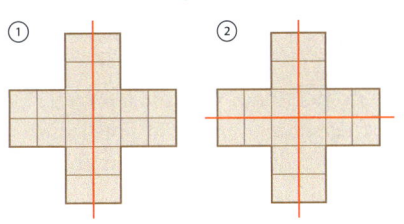

Basisaufgaben

4. Zerlege die Figur im Beispiel 2 auf eine andere Art in vier zueinander kongruente Teilfiguren.

5. Zerlege die Figur im Beispiel 2 in fünf (in zehn) zueinander kongruente Teilfiguren.

6. Zerlege ein 6 cm langes und 4 cm breites Rechteck in acht (sechzehn, vierundzwanzig) zueinander kongruente Teilfiguren.

Weiterführende Aufgaben

7. Untersuche, wie viele zueinander kongruente Figuren in der Abbildung zu finden sind, wenn du die unterschiedliche Färbung nicht beachtest. Erläutere dein Vorgehen.

8. Zeichne zueinander kongruente Figuren:
   a) drei zueinander kongruente Dreiecke
   b) drei zueinander kongruente Rechtecke
   c) drei zueinander kongruente Parallelogramme, die keine Rechtecke sind

9. Skizziere das abgebildete Stück Fußweg mit Pflastersteinen ins Heft und färbe jeweils zueinander kongruente Steine in gleicher Farbe.

10. Im nebenstehenden Bild sind mehrere Tiere zu sehen. Solche Bilder hat der niederländische Grafiker Maurits Cornelis Escher (1898–1972) entworfen. Er hat dabei versucht, eine Ebene nahtlos mit Bildelementen, den sogenannten „Escherkacheln" zu füllen.
    a) Was für Tiere erkennst du?
    b) Wie viele Tiere siehst du?
    c) Erläutere, wie du prüfen kannst, welche Tiere zueinander kongruent sind?

11. Skizziere das nebenstehende Ornament in deinem Heft und setze es in beide Richtungen nach links und rechts fort. Beschreibe dein Vorgehen. Überlege dir noch andere Vorgehensweisen. Erläutere diese.

12. **Stolperstelle:** Obwohl die zwei Figuren A und B zueinander kongruent sind, lassen sie sich nicht einfach durch Verschieben übereinanderlegen. Erkläre, woran das liegt.

13. Begründe, warum die Figuren zueinander nicht kongruent sind, obwohl
    a) beide Dreiecke die gleiche Form,
    b) beide Rechtecke den gleichen Flächeninhalt haben.

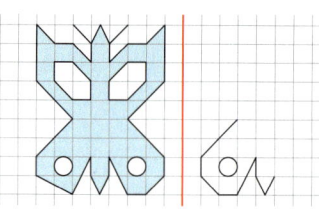

14. Übertrage die unvollständige Figur ins Heft und ergänze sie so, dass sie zur linken Figur kongruent ist.

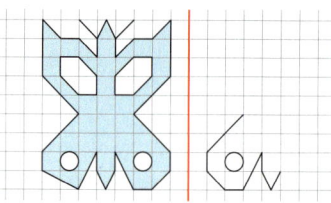

Hinweis zu 15:
Die Zeichnungen sind nicht maßgenau.

15. Entscheide, welche der Figuren zueinander kongruent sind. Begründe deine Antwort.

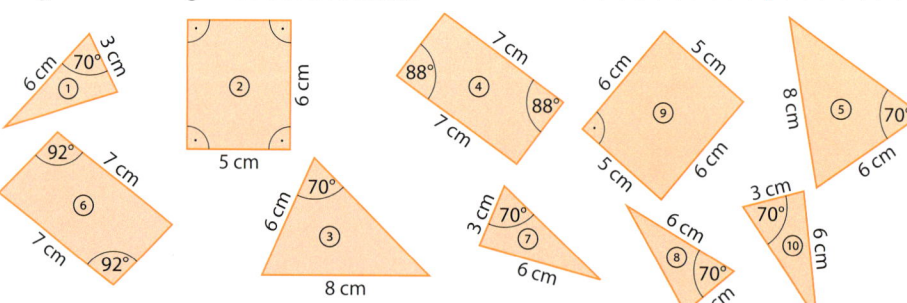

16. **Ausblick:**
    a) Hier ist ein Fußball abgebildet. Beschreibe, aus welchen zueinander kongruenten Figuren er gebildet wird.
    b) Bei welchen dir bekannten geometrischen Körpern sind alle vier (sechs, acht) Begrenzungsflächen zueinander kongruent? Welche Flächenarten treten dabei auf?

4.2 Kongruenzsatz (sss)

■ Lege drei Stifte mit unterschiedlichen Längen so, dass sie die Form eines Dreiecks bilden. Ermittle die Stiftlängen und die Winkelgrößen zwischen den Stiften. Lege dann die gleichen Stifte zu einem anderen Dreieck zusammen und miss erneut.

Was fällt dir auf? ■

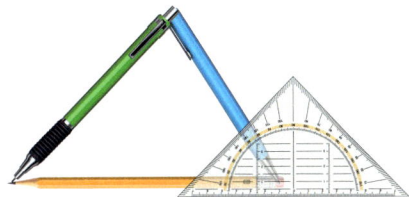

Beispiel 1: Konstruiere ein Dreieck mit den Seitenlängen a = 4 cm, b = 3 cm und c = 5,5 cm.

Lösung:
Zeichne eine Planfigur. Kennzeichne darin die gegebenen Stücke farbig.

Zeichne eine beliebige Seite, zum Beispiel c = 5,5 cm, und beschrifte die Endpunkte mit A und B.

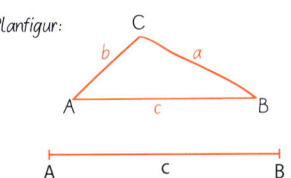

Hinweise:
Eine Planfigur ist eine Skizze, in der die Benennungen festgelegt und gegebene Größen markiert werden.

In einem Dreieck ist die Summe der Längen zweier Seiten immer größer als die Länge der dritten Seite.

Zeichne einen Kreis um A mit dem Radius b = 3 cm. Zeichne dann einen Kreis um B mit dem Radius a = 4 cm. Bezeichne die Schnittpunkte der Kreise mit C_1 und C_2.

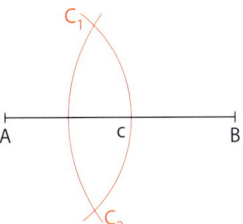

Verbinde C_1 und C_2 sowohl mit A als auch mit B. Die beiden Dreiecke △ ABC_1 und △ BAC_2 sind zueinander kongruent.

Die beiden Dreiecke können durch eine Spiegelung an $\overline{AB}$ aufeinander abgebildet werden.

Wäre Seite c größer oder gleich der Summe der beiden Seiten a und b, zum Beispiel c = 8 cm, würde es keinen Schnittpunkt C und damit auch kein Dreieck ABC geben.

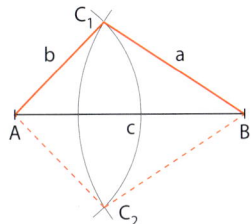

Wissen: Kongruenzsatz (sss)
Zwei Dreiecke sind **zueinander kongruent,** wenn sie in allen **drei Seitenlängen** übereinstimmen.

Dreieck ABC und Dreieck DEF sind zueinander kongruent.
Kurz: △ ABC ≅ △ DEF

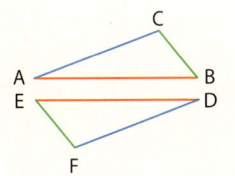

Basisaufgaben

1. Konstruiere ein Dreieck ABC mit a = 3 cm, b = 4 cm und c = 5 cm und beschreibe dein Vorgehen.

2. Konstruiere ein gleichschenkliges Dreieck mit c = 4 cm und a = b = 7 cm und beschreibe dein Vorgehen.

3. Konstruiere ein gleichseitiges Dreieck mit einer Seitenlänge von 6 cm.

Weiterführende Aufgaben

4. Ein Dreieck ABC ist gegeben durch a = 6,2 cm, b = 3,6 cm und c = 4,7 cm.
   Konstruiere das Dreieck ABC. Beginne dabei mit der Seite a. Führe die Konstruktion noch zwei weitere Male durch. Beginne dabei einmal mit Seite b und einmal mit Seite c. Überprüfe die so entstandenen Dreiecke auf Kongruenz.

5. Miss die Seitenlängen der Dreiecke. Entscheide, welche Dreiecke zueinander kongruent sind. Begründe deine Entscheidung.

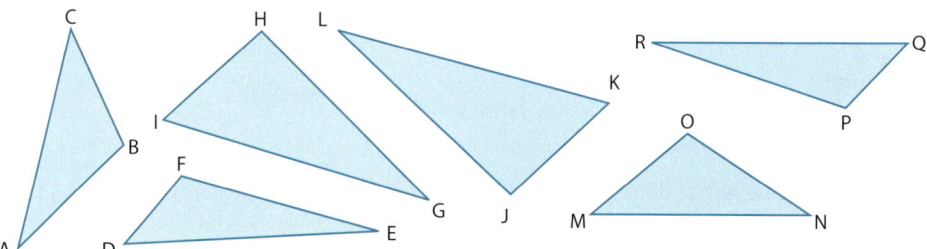

 6. **Stolperstelle:**
   a) Versuche ein Dreieck ABC mit a = 4 cm, b = 1 cm und c = 2 cm zu konstruieren. Was fällt dir auf?
   b) Konstruiere ein Dreieck ABC mit a = 5 cm und b = 3 cm und einer selbst gewählten Länge für c. Wie groß muss c mindestens sein, damit ein Dreieck entsteht?

7. Entscheide, ob die Aussage wahr oder falsch ist. Begründe deine Entscheidung.
   a) Ein gleichseitiges Dreieck ist eindeutig konstruierbar, wenn nur eine Seitenlänge gegeben ist.
   b) Dreiecke mit gleichem Umfang sind zueinander kongruent.
   c) Zueinander kongruente Dreiecke haben gleichen Umfang.
   d) Dreiecke mit genau zwei gleich langen Seiten und mit gleichen Umfängen sind zueinander kongruent.

8. Nina, Jonas und Chris wollen den abgebildeten Aussichtsturm nachbauen, der die Form einer Pyramide hat. An drei der vier Ecken befinden sich jeweils kleinere Pyramiden, in denen Würfel zu erkennen sind. Es stehen Stangen mit folgenden Längen zur Verfügung:
   0,5 m; 0,7 m; 1,4 m; 1,9 m; 2 m; 2,2 m; 2,4 m; 2,5 m und 3,0 m
   a) Die Standfläche für das Pyramidenmodell ist ein 1,5 m breites und 2,5 m langes Rechteck. Welche Stangen sind für die Grundfläche des Modells geeignet, damit das Dreieck möglichst groß wird?
   b) Welche Stangen sollten sie für die drei kleinen Pyramiden nehmen? Wie viele Stangen jeder Länge benötigen sie? Begründe deine Antworten mithilfe einer Skizze.

Hinweis zu 9:
Es gibt unterschiedliche Viereckarten mit unterschiedlichen Eigenschaften.

9. **Ausblick:** Für Hannah ist klar: „Wenn man bei einem Dreieck drei Seiten kennen muss, um es eindeutig zu konstruieren, muss man bei einem Viereck dafür vier Seiten kennen." Was meinst du? Begründe deine Antwort.

4.3 Kongruenzsatz (sws)

■ Zwei der Dreiecke ABC, DEF, GHI bzw. JKL sind zueinander kongruent.

Gib an, welche beiden Dreiecke es sind und begründe deine Entscheidung, ohne die Dreiecke auszuschneiden. ■

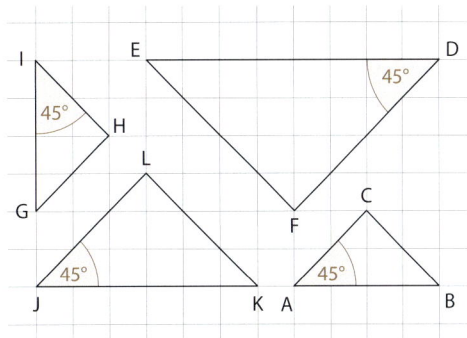

Beispiel 1: Konstruiere ein Dreieck ABC mit den Seitenlängen c = 6 cm, b = 4 cm und dem von diesen Seiten eingeschlossenen Winkel α = 45°.

Lösung:
Zeichne eine Planfigur. Kennzeichne darin die gegebenen Stücke farbig.

Zeichne mit dem Geodreieck den Winkel α = 45° mit dem Scheitelpunkt A.

Trage mit dem Zirkel von A aus auf einem Schenkel von α die Strecke c = 6 cm ab und bezeichne den Endpunkt mit B.
Trage auf dem anderen Schenkel die Strecke b = 4 cm ab und bezeichne den Punkt mit C.
Verbinde B und C zur Strecke $\overline{BC}$.

Dreieck ABC hat die gegebenen Bestimmungsstücke.

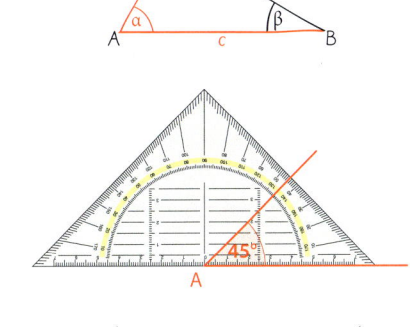

Wissen: Kongruenzsatz (sws)
Zwei Dreiecke sind **zueinander kongruent,** wenn sie in den **Längen zweier Seiten** und der **Größe** des von diesen Seiten **eingeschlossenen Winkels** übereinstimmen.

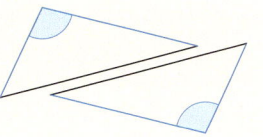

Basisaufgaben

1. Konstruiere ein Dreieck ABC mit a = 8 cm, b = 5 cm und dem Winkel γ = 60°.

2. Konstruiere ein gleichschenklig-rechtwinkliges Dreieck mit einer Schenkellänge von 6 cm.

3. Konstruiere ein gleichschenklig-stumpfwinkliges Dreieck. Wähle die Größe des stumpfen Winkels und die Schenkellänge selbst.

Weiterführende Aufgaben

4. Konstruiere ein Dreieck ABC mit a = 4 cm, b = 6 cm, γ = 90° und beschreibe dein Vorgehen.

5. Konstruiere das Dreieck mit den angegebenen Maßen und entscheide, um welche Dreiecksart es sich jeweils handelt.
   a) b = 6,3 cm; c = 4,8 cm; α = 52°
   b) a = 4,5 cm; b = 6 cm; γ = 90°
   c) a = 6 cm; c = 6 cm; β = 60°
   d) b = 4,5 cm; c = 4,5 cm; α = 120°

6. Für das Quadrat ABCD gilt: $\overline{AE} = \overline{BF} = \overline{CG} = \overline{DH}$
   Zeige, dass die vier farbigen Dreiecke zueinander kongruent sind.

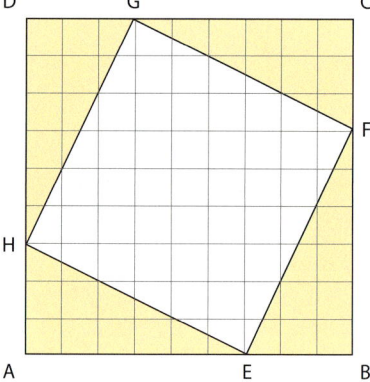

7. Fertige für jedes der Dreiecke ①, ② und ③ eine Planfigur an und prüfe dann, ob die Dreiecke zueinander kongruent sein könnten.
   ① a = 4,5 cm   ② c = 3 cm   ③ a = 4,5 cm
      b = 4,5 cm   b = 4,5 cm   c = 3 cm
      γ = 40°   α = 70°   β = 70°
   a) Konstruiere jedes Dreieck.
   b) Miss die restlichen Seitenlängen und Winkelgrößen und überprüfe deine Vermutung.

8. Gib ein weiteres Stück für das Dreieck an, damit es nach dem Kongruenzsatz (sws) eindeutig konstruiert werden kann.
   a) a = 3,0 cm; c = 7,0 cm
   b) b = 6,0 cm; γ = 80°
   c) $\overline{GH}$ = 5,0 cm; $\overline{HI}$ = 8,0 cm
   d) $\overline{RS}$ = 4,0 cm; ∢ RST = 60°

9. **Stolperstelle:** Mit den Bestimmungsstücken b = 6 cm, c = 6 cm und β = 50° soll ein gleichschenkliges Dreieck gezeichnet werden. Julian behauptet, dass es mehrere Dreiecke mit diesen Angaben gibt. Carl meint, dass es nur ein solches Dreieck gibt. Was meinst du? Begründe, nutze dazu den Kongruenzsatz (sws).

10. Die Eckpunkte des Rechtecks ABCD liegen in nebenstehender Zeichnung auf einem Kreis mit dem Mittelpunkt M. Prüfe, welche der Dreiecke △ ABM, △ BCM, △ CDM und △ DAM zueinander kongruent sind und begründe deine Entscheidung.

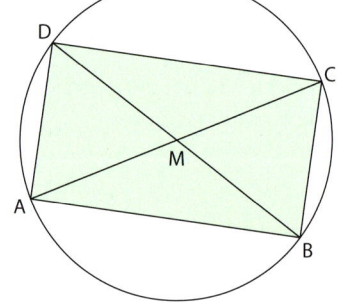

11. **Ausblick:** Lars peilt zwei Bäume unter einem Winkel von 70° an. Zwischen den Bäumen befindet sich ein See. Der eine Baum ist von Lars 240 m entfernt, der andere Baum 130 m.
    a) Fertige eine maßstabsgerechte Zeichnung an.
    b) Ermittle, wie weit beide Bäume voneinander entfernt sind und begründe deine Antwort.

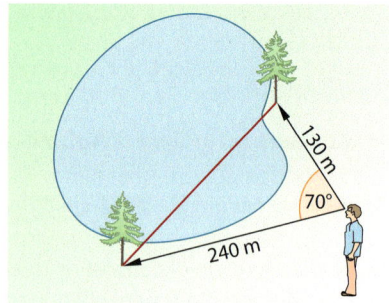

4.4 Kongruenzsatz (wsw)

■ Lea soll ein selbst gebautes Puppenhaus bekommen. Der Dachanbau ABC macht beim Planen aber Kopfzerbrechen. Die Winkel α und β sowie die Seite c sind vorgegeben.

Lassen sich aus den drei bekannten Stücken α, β und c die drei unbekannten Stücke a, b und γ konstruktiv ermitteln? ■

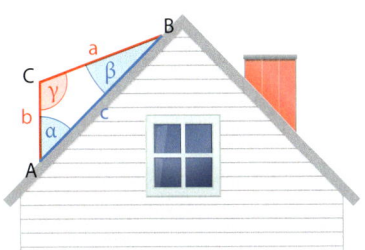

Beispiel 1:
Konstruiere ein Dreieck ABC mit der Seitenlänge c = 6 cm und den anliegenden Winkeln α = 50° und β = 35°.

Lösung:
Zeichne eine Planfigur. Kennzeichne darin die gegebenen Stücke farbig.

Zeichne die Seite c und trage den Winkel α im Punkt A und den Winkel β in B an. Bezeichne den Schnittpunkt der beiden Schenkel mit C. Dreieck ABC ist das gesuchte Dreieck.

Trägst du die Winkel auch nach unten an, entsteht das zu Dreieck ABC kongruente Dreieck BAC'. Beide Dreiecke sind zueinander kongruent, weil Dreieck BAC' das Bild von Dreieck ABC bei Spiegelung an $\overline{AB}$ ist.

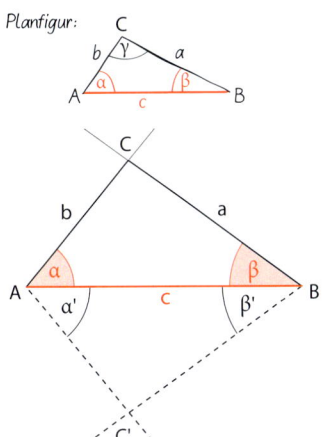

Wissen: Kongruenzsatz (wsw)
Zwei Dreiecke sind **zueinander kongruent,** wenn sie in der **Länge einer Seite** und in den **Größen der anliegenden Winkel** übereinstimmen.

Basisaufgaben

1. Konstruiere das Dreieck ABC mit a = 6,0 cm und β = 30° und γ = 40° und beschreibe dein Vorgehen.

2. Konstruiere das Dreieck ABC mit b = 4,8 cm; α = 50° und γ = 65° nach der gegebenen Schrittfolge. Fertige auch eine Planfigur an.
    1. Zeichne $\overline{AC}$ = b.
    2. Trage an $\overline{AC}$ in A den Winkel α an.
    3. Trage an $\overline{AC}$ in C den Winkel γ an.
    4. Beschrifte den Schnittpunkt der freien Schenkel von α und γ mit B.

3. Konstruiere das Dreieck ABC mit den gegebenen Stücken.
    a) c = 4 cm; α = 60°; β = 45°
    b) a = 9 cm; β = 80°; γ = 15°
    c) α = 50°; γ = 70°; b = 7 cm
    d) β = 75°; γ = 57°; a = 5 cm

Weiterführende Aufgaben

4. Vom Dreieck ABC sind die Seite c = 4 cm und der Winkel α = 35° bekannt.
   a) Konstruiere das Dreieck ABC mit β = 120°.
   b) Erläutere dein Vorgehen.
   b) Entscheide, für welche Winkelgrößen β das Dreieck konstruierbar ist.

Hinweis zu 5:
Die Lösungen findest du in den Speicherkarten.
Die Maßzahlen der Winkel in der blauen, die der Seitenlängen in der roten Karte.

5. Konstruiere das Dreieck ABC und miss die übrigen Längen und Winkel. Zeichne zunächst eine Planfigur.
   a) c = 8,7 cm; α = 50°; β = 41°
   b) a = 4,2 cm; β = 110°; γ = 25°
   c) c = 3 cm; α = 95°; β = 26°
   d) b = 10 cm; α = 60°; γ = 90°

6. Zeichne die nebenstehende Figur, bestehend aus einem Quadrat und vier zueinander kongruenten rechtwinkligen Dreiecken in dein Heft. Es gilt:
   c = 5,3 cm; α = 59°; β = 31°
   a) Erläutere, wie du vorgegangen bist.
   b) Überlege, ob es noch einen einfacheren Lösungsweg gibt. Wenn ja, erläutere diesen.

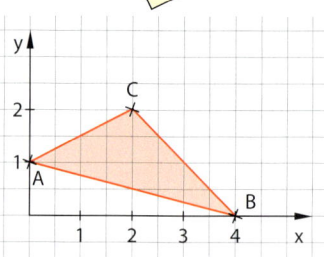

7. Gegeben ist Dreieck ABC mit A(0|1), B(4|0) und C(2|2). Zeichne das Dreieck in ein Koordinatensystem. Zeichne dann die Dreiecke BDC und BEC mit D(3|4) und E(6|1). Überprüfe mit dem Kongruenzsatz (wsw), ob die beiden Dreiecke ABC und BDC und die beiden Dreiecke ABC und BEC jeweils kongruent zueinander sind.

8. Die Basis eines gleichschenkligen Dreiecks ist 5 cm lang. Einer der beiden anliegenden Winkel ist 65° groß. Erkläre, welche anderen Dreiecksgrößen du ermitteln kannst und konstruiere das Dreieck.

9. **Stolperstelle:** Zeichnet Dreiecke mit α = 27°, β = 63° und γ = 90°. Vergleicht eure Ergebnisse untereinander und erläutert eure Beobachtungen.

10. Zeichne ein Dreieck ABC mit a = 4,5 cm und γ = 40°. Gib ein drittes Stück so an, dass das Dreieck ABC mit den drei Stücken nach dem Kongruenzsatz (sws) eindeutig konstruierbar ist. Lasse das Dreieck durch andere Personen zeichnen. Vergleicht eure Ergebnisse untereinander.

11. Konstruiere ein Dreieck A_1BC mit a = 6 cm, β = 78° und $γ_1$ = 44° und ein Dreieck A_2BC mit a = 6 cm, β = 78° und $γ_2$ = 74°.
    a) Miss jeweils die nicht gegebenen Seitenlängen b und c und vergleiche jeweils b_1 und b_2 sowie c_1 und c_2 miteinander.
    b) Bei welcher Winkelgröße $γ_3$ sind die Seiten b und c gleich lang? Entscheide, ob es noch andere solcher Winkelgrößen gibt. Begründe deine Entscheidung.

12. **Ausblick:** Entscheide (ohne zu zeichnen), ob man mit den gegeben Stücken ein Dreieck zeichnen kann. Konstruiere das Dreieck, wenn es möglich ist.
    a) c = 4,7 cm; β = 35°; γ = 55°
    b) a = 8,2 cm; β = 27°; γ = 155°
    c) b = 3,9 cm; α = 24°; γ = 116°
    d) c = 5,8 cm; α = 135°; γ = 45°

4.5 Kongruenzsatz (SsW)

■ Leon hat zwei Dreiecke gezeichnet. Obwohl die blau gefärbten Stücke gleich groß sind, sind die beiden Dreiecke zueinander nicht kongruent. Lea hat es einmal mit $\overline{AB} = 4\,\text{cm}$, $\overline{BC} = 5\,\text{cm}$ und ⊾ BAC = 90° probiert und meint, dass wohl bei ihrer Zeichnung irgend etwas nicht stimmen kann.

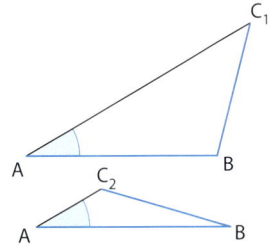

Woran könnte es deiner Meinung nach liegen, dass die Ergebnisse der beiden nicht übereinstimmen? ■

Nach Kongruenzsatz (sws) ist ein Dreieck aus zwei Seiten und dem eingeschlossenen Winkel eindeutig konstruierbar. Beim Beispiel von Leon sind aber zwei Seiten und ein anderer als der eingeschlossene Winkel gegeben.

Beispiel 1: Zeichne ein Dreieck ABC mit der Seitenlänge c = 4 cm und dem Winkel α = 120°. Prüfe, wie lang die Seite a mindestens sein muss, damit überhaupt ein Dreieck entsteht.

Lösung:
Zeichne eine Planfigur. Kennzeichne darin die gegebenen Stücke farbig.

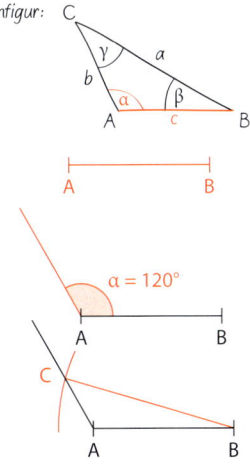

Zeichne $\overline{AB} = c = 4\,\text{cm}$.

Trage an $\overline{AB}$ den Winkel α = 120° in A an. Auf diesem freien Schenkel muss dann der Punkt C liegen.

Zeichne um Punkt B einen Kreis mit beliebigem Radius. Wähle den Radius so groß, dass der Kreis den freien Schenkel im Punkt C schneidet.
Ein Dreieck entsteht, wenn a größer als 4 cm ist.

Hinweis:
Auf einem Kreis liegen alle Punkte einer Ebene, die vom Mittelpunkt des Kreises gleich weit entfernt sind.

Sind von einem Dreieck zwei unterschiedlich lange Seiten gegeben und der gegebene Winkel liegt der **längeren Seite** im Dreieck gegenüber, sind alle Dreiecke mit dieser Eigenschaft zueinander kongruent. Darum schreibt man beim folgenden Kongruenzsatz das erste S und das W mit Großbuchstaben.

Wissen: Kongruenzsatz (SsW)
Zwei Dreiecke sind **zueinander kongruent,** wenn sie in den Längen **zweier Seiten** und der Größe des **Winkels, der der längeren der beiden Seiten gegenüberliegt,** übereinstimmen.

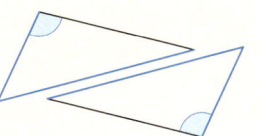

Basisaufgaben

1. Ein Dreieck ABC soll die Seite a = 6 cm und den Winkel β = 110° haben.
   a) Konstruiere das Dreieck ABC mit b = 8 cm.
   b) Für welche Seitenlängen b entsteht kein Dreieck?

2. Entscheide, ob das Dreieck ABC eindeutig konstruierbar ist. Begründe deine Antwort.
   a) a = 5 cm; b = 4 cm; β = 40°
   b) a = 5 cm; b = 6 cm; β = 60°
   c) a = 3 cm; b = 4 cm; α = 110°
   d) a = 4 cm; b = 3 cm; β = 110°

3. Konstruiere ein gleichschenkliges Dreieck mit den gegebenen Stücken.
   Wie viele Möglichkeiten dafür gibt es?
   a) b = 4,2 cm; β = 45°
   b) b = 5 cm; β = 113°

Weiterführende Aufgaben

4. Konstruiere Dreiecke ABC mit a = 5 cm und b = 8 cm. Wähle für α nacheinander die Werte 32°, 39° und 23°. Gib jeweils die Anzahl der Lösungen an.

5. Konstruiere die Dreiecke ABC und DEF und entscheide, ob sie zueinander kongruent sind:
   a) c = 6 cm; a = 6,5 cm; α = 100°   und   e = 1,8 cm; f = 6 cm; ε = 15°
   b) c = 3 cm; b = 4 cm; β = 40°   und   d = 3,5 cm; e = 4 cm; ε = 40°

6. Aufgrund von Bauarbeiten wurde die Silberburgstraße gesperrt. Sie ist Teil eines häufig genutzten Schulwegs. Somit müssen viele Schulkinder einen Umweg über die Rotebühlstraße und über die Herzogstraße in Kauf nehmen.
   a) Erstelle eine maßstabsgerechte Zeichnung.
   b) Ermittle die Länge der Silberburgstraße.
   c) Um wie viel Meter ist der Schulweg jetzt länger geworden?

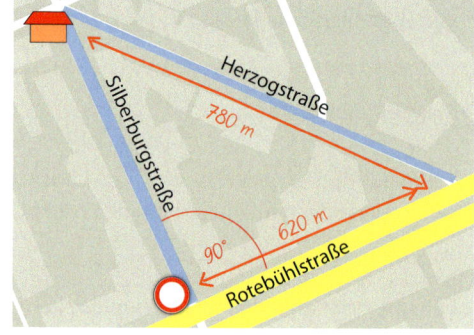

7. **Stolperstelle:** Anna kennt von einem gleichschenkligen Dreieck zwei Stücke, die Länge einer Seite (5 cm) und die Größe eines Innenwinkels (50°). Sie meint, dass das Dreieck damit eindeutig konstruierbar ist, da die Schenkel des Dreiecks gleich lang sind und damit der Winkel immer der größeren Seite gegenüber liegt. Was meinst du dazu?

8. An der Wand einer Lagerhalle soll, wie in der Abbildung zu sehen, eine neue Tür angebracht werden. Die Tür ist 1,60 m breit und wird in 1,20 m Entfernung vor den Regalen an der Wand verankert.
   Sie verdeckt nach dem Öffnen einen Teil des Regals. Ermittle zeichnerisch, wie viel Zentimeter von dem Regal verdeckt sind.

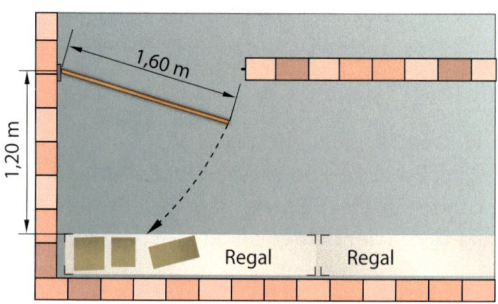

9. **Ausblick:** Leon meint, dass er einen weiteren Kongruenzsatz gefunden hat. Es soll der Kongruenzsatz (sww) sein.
   Erkläre am △ ABC mit c = 6 cm, β = 55° und γ = 85°, warum es eigentlich kein neuer Kongruenzsatz ist. Zeige aber, dass die Konstruktion eindeutig ist.

4.6 Anwendung der Kongruenzsätze

■ Das abgebildete Rechteck wurde in vier Teildreiecke zerlegt.

Welche dieser vier Dreiecke sind zueinander kongruent? Begründe deine Antwort. ■

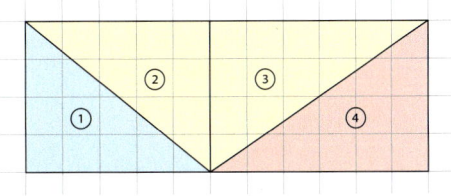

Tipp:
In einem Rechteck sind gegenüberliegende Seiten gleich lang. Jeder Innenwinkel ist ein rechter Winkel.

Dreiecke auf Kongruenz prüfen

Beispiel 1: Ist Dreieck ABC zum Dreieck DEF kongruent? Erläutere dein Vorgehen.
a) a = 4 cm; b = 5 cm; c = 8 cm und d = 8 cm; e = 4 cm; f = 5 cm
b) b = 4,6 cm; c = 7,2 cm; α = 39° und d = 4,6 cm; f = 7,2 cm; ε = 39°

Lösung:
a) Es sind jeweils drei Seiten gegeben. Markiere einander entsprechende Seiten: a = e, b = f, c = d
Nach Kongruenzsatz (sss) sind beide Dreiecke zueinander kongruent.

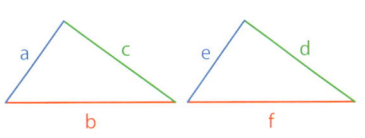

b) Es sind zwei Seiten und der von ihnen eingeschlossene Winkel gegeben. Markiere einander entsprechende Stücke: α = ε, b = d, c = f
Nach Kongruenzsatz (sws) sind beide Dreiecke zueinander kongruent.

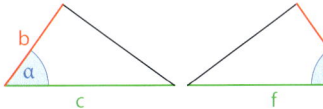

Erinnere dich:
Beschriftung von Dreiecken:

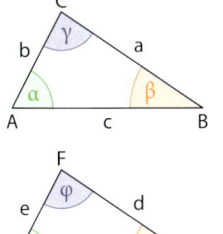

Basisaufgaben

1. Untersuche, ob die Dreiecke zueinander kongruent sind. Erläutere dein Vorgehen.
   a) ①: a = 5,6 cm; b = 11,3 cm; β = 55°
      ②: b = 5,6 cm; c = 11,3 cm; γ = 55°
   b) ①: α = β = 39°; b = 7,8 cm
      ②: β = 39°; a = 7,8 cm; γ = 65°

2. Prüfe, ob die Dreiecke ABM und CDM zueinander kongruent sind. Erläutere dein Vorgehen.

3. Du sollst zwei rechtwinklige Dreiecke auf Kongruenz untersuchen. Für welchen Kongruenzsatz würdest du dich entscheiden? Begründe deine Wahl.

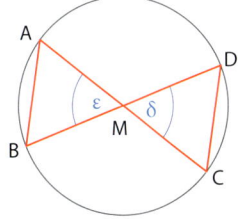

Sind von zwei Dreiecken jeweils drei geeignete Größen bekannt, genügt es, diese (entsprechend der Kongruenzsätze) zu vergleichen, um herauszufinden, ob beide Dreiecke zueinander kongruent sind.

Planfiguren sind dabei hilfreich:

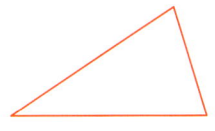
sss

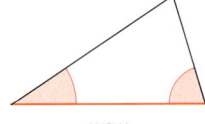
wsw

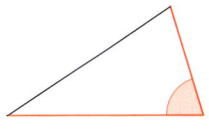
sws

SsW

Zueinander kongruente Dreiecke erkennen

Beispiel 2:
Prüfe, welche der folgenden Dreiecke zueinander kongruent sind. Begründe dies mithilfe geeigneter Kongruenzsätze. Nutze möglichst Stücke, die du gut messen kannst.

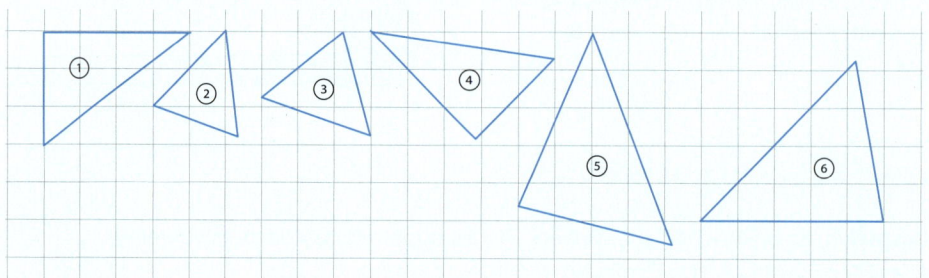

Lösung:
Zueinander kongruent sind:
– Dreiecke ① und ④ nach Kongruenzsatz (sss)
– Dreiecke ⑤ und ⑥ Kongruenzsatz (sws)

Nicht zueinander kongruent sind:
– Dreiecke ② und ③

Sie haben zwar zwei gleich lange Seiten, der jeweils von diesen Seiten eingeschlossene Winkel bzw. die dritte Seite stimmen aber nicht überein.

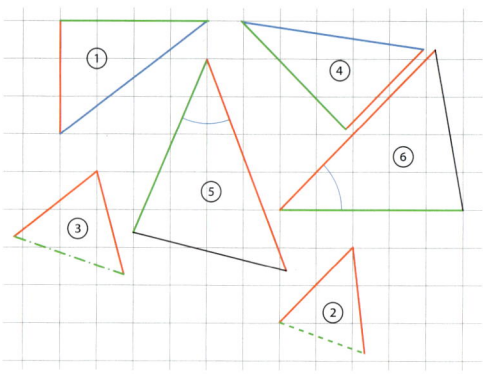

Basisaufgaben

4. Prüfe die folgenden Dreiecke auf Kongruenz. Begründe mit Kongruenzsätzen.

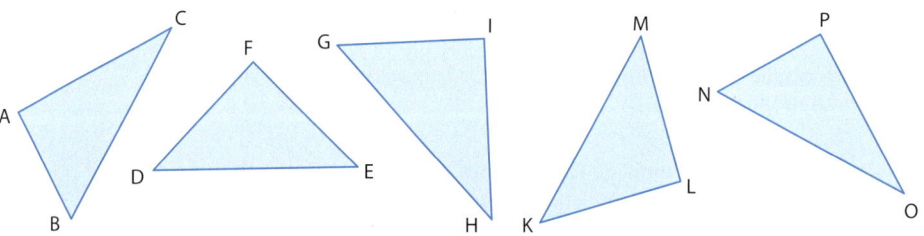

5. Prüfe die Dreiecke ABC und DEF auf Kongruenz. Begründe mit Kongruenzsätzen.
   a) $\alpha = 39°$; $b = 7{,}8\,\text{cm}$; $\gamma = 65°$ und $\varepsilon = 39°$; $d = 7{,}8\,\text{cm}$; $\varphi = 65°$
   b) $a = 5{,}6\,\text{cm}$; $b = 11{,}3\,\text{cm}$; $\beta = 55°$ und $e = 5{,}6\,\text{cm}$; $f = 11{,}3\,\text{cm}$; $\varphi = 55°$

6. Gib die Dreiecke an, die zueinander kongruent sind. Begründe deine Aussage nur mithilfe der Kongruenzsätze.
   ① Dreieck $A_1B_1C_1$ mit: $a_1 = 12{,}3\,\text{m}$; $b_1 = 456\,\text{dm}$; $\gamma_1 = 125°$
   ② Dreieck $A_2B_2C_2$ mit: $\beta_2 = 54°$; $a_2 = 243\,\text{mm}$; $\gamma_2 = 33°$
   ③ Dreieck $A_3B_3C_3$ mit: $\gamma_3 = 33°$; $b_3 = 24{,}3\,\text{cm}$; $\alpha_3 = 54°$
   ④ Dreieck $A_4B_4C_4$ mit: $\alpha_4 = 125°$; $b_4 = 45{,}6\,\text{m}$; $c_4 = 1230\,\text{cm}$
   ⑤ Dreieck $A_5B_5C_5$ mit: $a_5 = 33\,\text{cm}$; $\beta_5 = 24{,}3°$; $b_5 = 54\,\text{cm}$

Weiterführende Aufgaben

7. Gib alle Dreiecke an, die zueinander kongruent sind. Erläutere dein Vorgehen.

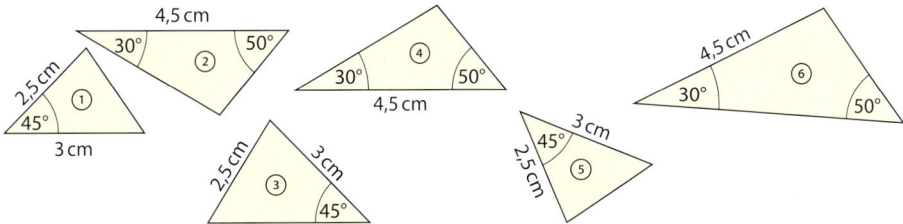

8. Trage die Punkte A (–2|3), B (1|–3), C (1|3), D (–1|–2), E (–3|1), F (1|0) G (4|0) in ein Koordinatensystem ein. Jeweils drei der Punkte sollen Eckpunkte eines Dreiecks sein. Gib möglichst viele solcher Dreiecke an, die zueinander kongruent sind.

9. **Stolperstelle:**
   Konstruiere ein Dreieck, bei dem du die drei Innenwinkel selbst wählst. Welche Bedingung musst du dabei beachten und wie viele Dreiecke lassen sich so konstruieren? Begründe deine Aussage.

10. Überprüfe die gegebene Formulierung kritisch. Formuliere dann gegebenenfalls genau.
    a) Zwei Dreiecke sind zueinander kongruent, wenn alle ihre Seiten gleich lang sind.
    b) Zwei Dreiecke sind zueinander kongruent, wenn bei ihnen Seiten gleich lang und gegenüberliegende Winkel gleich groß sind.

11. Zeichne ins Heft und entscheide, um welche besondere Dreiecksart es sich handelt.
    a) Ein Dreieck mit den Seitenlängen 3 cm, 4 cm und 5 cm ist kongruent zum Dreieck ABC mit a = 3 cm, b = 4 cm und γ = 90°.
    b) Ein Dreieck mit b = c = 7 cm und α = 60° ist kongruent zum Dreieck ABC mit β = γ = 60° und a = 7 cm.
    c) Ein Dreieck mit b = c = 5 cm und β = 70° ist kongruent zum Dreieck ABC mit b = c = 5 cm und γ = 70°.

12. Über einen Fluss soll eine Brücke gebaut werden, dafür wird die Breite des Flusses benötigt. Die Punkte A und B liegen auf der einen Seite des Flusses und haben einen Abstand von 8 m. Auf der anderen Seite des Flusses steht ein Baum direkt am Ufer. Der Baum wird von den Punkten A und B angepeilt. Als Ergebnis erhält man die Winkel α = 70° und β = 41°. Ermittle zeichnerisch:
    a) Wie weit sind A und B jeweils vom Baum entfernt?
    b) Wie breit ist der Fluss ungefähr?

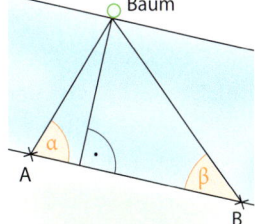

13. **Ausblick:**
    Vervollständige in deinem Heft zu wahren Aussagen:
    a) Quadrate sind zueinander kongruent, wenn …
    b) Gleichseitige Dreiecke sind zueinander kongruent, wenn …
    c) Gleichschenklige Dreiecke sind zueinander kongruent, wenn …
    d) Kreise sind zueinander kongruent, wenn…
    e) Regelmäßige Sechsecke sind zueinander kongruent, wenn …

4.7 Eindeutige Konstruierbarkeit von Dreiecken

■ Markus konstruiert ein Dreieck in folgenden Schritten:
- Er zeichnet eine Strecke $\overline{AB} = 6$ cm.
- Er trägt an $\overline{AB}$ in B einen Winkel von 45° an.
- Er zeichnet um A einen Kreis mit einem Radius r = 5 cm.

Markus meint, dass sein Ergebnis eindeutig ist. Was meinst du? ■

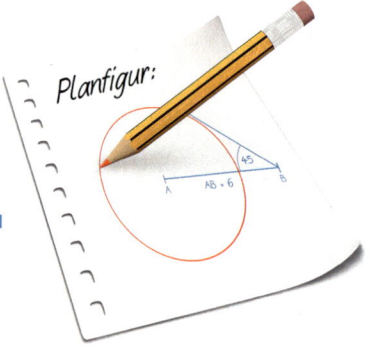

Es sollte immer geprüft werden, ob die Konstruktion eines Dreiecks überhaupt möglich ist. Prüfe deshalb zuvor, ob:
- die Dreiecksungleichung zutrifft
- die Innenwinkelsumme 180° beträgt
- die Beziehungen zwischen den Seiten und Winkeln stimmen
- die Kongruenzsätze für Dreiecke anwendbar sind

> **Wissen: Eindeutige Konstruierbarkeit von Dreiecken**
> Wenn die **Voraussetzungen** von einem der vier **Kongruenzsätze erfüllt** sind, ist ein Dreieck immer **eindeutig konstruierbar.**

Beispiel 1:
Konstruiere das Dreieck ABC und entscheide, ob die Konstruktion eindeutig ist.
a) a = 4,5 cm; b = 5,5 cm; β = 30°   b) a = 4,5 cm; b = 3 cm; β = 30°

Lösung:
Zeichne eine Planfigur.
Kennzeichne darin die gegebenen Stücke farbig.

Zeichne die Strecke a = $\overline{BC}$ und trage an $\overline{BC}$ in B den Winkel β an. Zeichne um C einen Kreis mit dem Radius r = b und bezeichne den Schnittpunkt des Kreises mit dem freien Schenkel mit A.

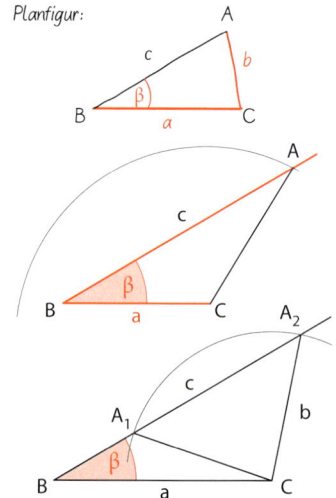

a) Der Winkel β liegt der längeren Seite b gegenüber. Es gibt nur einen Schnittpunkt mit dem freien Schenkel. Die Konstruktion ist eindeutig.

b) Der Winkel β ist kleiner als 90° und liegt der kürzeren Seite gegenüber. Es gibt zwei Schnittpunkte mit dem freien Schenkel und somit zwei zueinander nicht kongruente Dreiecke.
Die Konstruktion ist nicht eindeutig.

Basisaufgaben

1. Entscheide, ob das Dreieck ABC eindeutig konstruierbar ist. Begründe deine Antwort.
   a) a = 5 cm, b = 4 cm, β = 40° b) a = 5 cm, b = 6 cm, β = 60° c) a = 3 cm, b = 4 cm, α = 110°

2. Konstruiere das Dreieck ABC. Begründe, warum es gegebenenfalls gar nicht möglich ist.
   a) c = 3,5 cm; a = 2,8 cm; α = 40° b) a = c = 3,5 cm; α = 45° c) a = 6 cm; b = 5 cm; β = 115°

4.7 Eindeutige Konstruierbarkeit von Dreiecken

3. Konstruiere ein Dreieck mit a = 4,5 cm; b = 7 cm und β = 90°. Miss die fehlenden Innenwinkel und Seitenlängen des Dreiecks.

Beispiel 2: Konstruiere ein Dreieck ABC mit $\overline{AB}$ = c = 6 cm, h_c = 5 cm und b = 7 cm.

Lösung:
Zeichne eine Planfigur. Kennzeichne darin die gegebenen Stücke farbig.

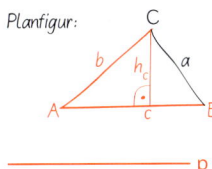

Zeichne die Strecke c = $\overline{AB}$ und zu $\overline{AB}$ eine Parallele p im Abstand von 5 cm.

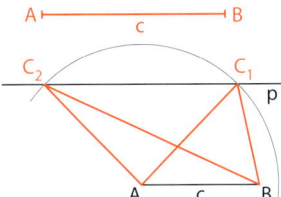

Zeichne um A einen Kreis mit r = 7 cm. Bezeichne die Schnittpunkte vom Kreis und p mit C_1 und C_2. Verbinde C_1 und C_2 jeweils mit A und B.
Die Konstruktion ist nicht eindeutig.

Basisaufgaben

1. Konstruiere ein Dreieck ABC mit:
   a) c = 5 cm, h_c = 3 cm, α = 30°
   b) c = 7 cm, h_c = 5 cm, b = 7 cm

2. Ein Dreieck ABC hat eine Seite a = $\overline{BC}$ = 4 cm und das angegeben Bestimmungsstück. Erläutere auf welcher Bestimmungslinie Punkt A liegt.
   a) c = 6 cm
   b) b = 4 cm
   c) β = 35°
   d) h_a = 5 cm
   e) γ = 115°
   f) b = c

Konstruktionsbeschreibungen verwenden

Die einzelnen Schritte einer Konstruktion können durch eine Konstruktionsbeschreibung dokumentiert werden.
Dabei wird immer zwischen dem Zeichnen eines Objektes und dem Bezeichnen dieses Objektes unterschieden.

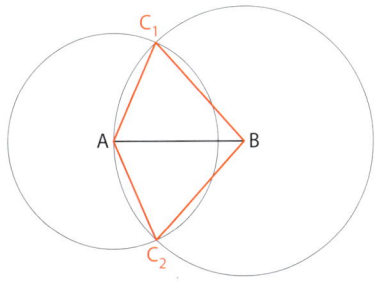

	Objekt zeichnen	Objekt bezeichnen
1.	Zeichne eine Strecke von 5 cm Länge.	Bezeichne die Endpunkte mit A und B.
2.	Zeichne um A einen Kreis mit r = 4 cm.	
3.	Zeichne um B einen Kreis mit r = 5 cm.	Die Kreise schneiden einander in C_1 und C_2.
4.	Verbinde A und B jeweils mit C_1 und C_2 zum Dreieck.	

Planfigur:

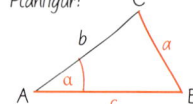

Beispiel 3:
Konstruiere das Dreieck ABC mit c = 6 cm; a = 6 cm und α = 60° und fertige eine Konstruktionsbeschreibung an.

Konstruktionsbeschreibung:

1. Zeichne c = $\overline{AB}$ = 6 cm.
2. Trage an $\overline{AB}$ in A den Winkel α = 60° an.
3. Zeichne um B einen Kreis mit r = a = 6 cm.
4. Bezeichne den Schnittpunkt des Kreises mit dem freien Schenkel von α mit C.
5. Verbinde A, B und C zum Dreieck ABC. Das Dreieck ABC ist gleichseitig.

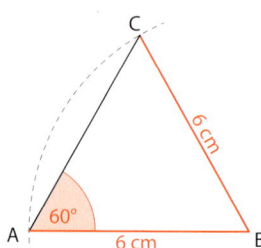

Basisaufgaben

3. Konstruiere ein Dreieck aus den gegebenen Stücken. Beschreibe die Konstruktionsschritte.
   a) a = 8 cm; b = 5 cm; c = 6 cm
   b) b = 6 cm; a = 4 cm; β = 58°
   c) b = 5 cm; c = 4 cm; α = 73°
   d) a = 4,5 cm; β = 27°; γ = 63°

4. Konstruiere ein gleichschenkliges Dreieck mit a = b = 5,5 cm und γ = 42° und beschreibe die Konstruktionsschritte.

5. Beschreibe die Konstruktion eines Dreiecks ABC nach Kongruenzsatz (sws) mit selbst gewählten Bestimmungsstücken.

Weiterführende Aufgaben

6. Wähle drei Bestimmungsstücke des abgebildeten Dreiecks ABC und konstruiere das Dreieck in deinem Heft.
   a) nach dem Kongruenzsatz (wsw)
   b) nach dem Kongruenzsatz (sss)
   a) nach dem Kongruenzsatz (SsW)
   b) nach dem Kongruenzsatz (sws)

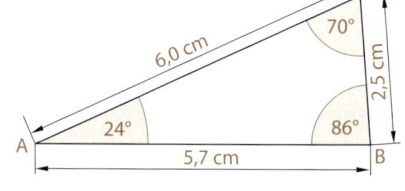

7. Konstruiere ein Dreieck ABC und fertige eine Konstruktionsbeschreibung an.
   a) a = 6,5 cm; b = 4,8 cm; γ = 50°
   b) b = 4,6 cm; c = 3,8 cm; ∢ ABC = 110°
   c) b = 4,5 cm; α = 65°; γ = 35°
   d) $\overline{BC}$ = 4,0 cm; $\overline{AC}$ = 7,0 cm; ∢ ACB = 90°

8. Gib ein drittes Bestimmungsstück so an, dass das Dreieck nach einem Kongruenzsatz eindeutig festgelegt ist. Verwende verschiedene Kongruenzsätze und gib sie in Kurzform an.
   a) b = 5 cm; a = 6 cm
   b) a = 4 cm; α = 40°
   c) α = 65°; β = 70°
   d) b = 5,2 cm; β = 90°
   e) c = 3,5 cm; γ = 100°
   f) b = 4,9 cm; β = 28°

9. Begründe, warum keine oder keine eindeutige Konstruktion des Dreiecks ABC mit den gegebenen Bestimmungsstücken möglich ist.
   a) α = 30°; β = 60°; γ = 90°
   b) a = 3,0 cm; b = 6,0 cm; c = 2,0 cm

4.7 Eindeutige Konstruierbarkeit von Dreiecken

10. Wähle aus den drei Vorschlägen in der Klammer ein drittes Bestimmungsstück, sodass das Dreieck ABC eindeutig bestimmt ist. Zeichne das Dreieck ABC dann in dein Heft.
    a) $\overline{BC} = 6{,}5$ cm; $\overline{AC} = 3{,}5$ cm   ($c_1 = 1{,}5$ cm; $c_2 = 5{,}5$ cm; $c_3 = 10{,}5$ cm)
    b) $\overline{BC} = 4{,}5$ cm; $\overline{AC} = 7{,}5$ cm   ($\alpha = 60°$; $\beta = 120°$; $\gamma = 180°$)
    c) ∢ BAC = 25°; ∢ CBA = 75°   (∢ ACB = 80°; $\overline{BC} = 2{,}5$ cm; $\overline{AB} = 7{,}5$ cm)

11. Zeichne um einen Endpunkt einer 7 cm langen Strecke $\overline{AB}$ einen Kreis mit einem Radius r = 6 cm. Trage dann im selben Endpunkt an die Strecke $\overline{AB}$ einen Winkel von 50° an. Ermittle danach den Schnittpunkt des Kreises mit dem freien Schenkel des Winkels und zeichne aus diesem und den Endpunkten der Strecke ein Dreieck.
    Entscheide, ob die Konstruktion eindeutig ist. Begründe deine Aussage.

12. **Stolperstelle:**
    Hannes, Ines und Jan haben ein Dreieck mit a = 4 cm, b = 6 cm, α = 35° gezeichnet.
    Die Dreiecke ①, ② und ③ zeigen ihre Ergebnisse.

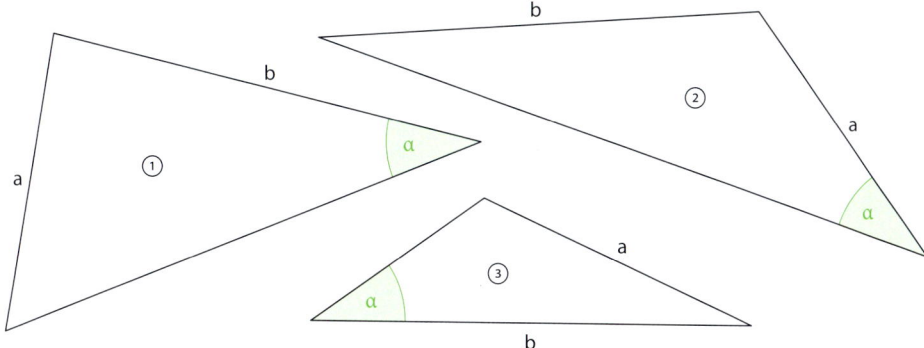

    Sie haben dabei eine Entdeckung gemacht. Finde heraus, was sie entdeckt haben könnten.

13. Prüfe, ob die Aussage korrekt ist. Skizziere ein Gegenbeispiel, wenn es nicht so ist.
    a) Zwei zueinander kongruente Dreiecke können immer zu einer achsensymmetrischen Figur zusammengesetzt werden.
    b) Jede punktsymmetrische Figur besteht aus zueinander kongruenten Dreiecken.

14. Beim Anlehnen einer Leiter an eine Hauswand soll aus Gründen der Sicherheit der „Anstellwinkel" nicht größer als 65° sein. Bis zu welcher Höhe reicht eine Leiter von 3 m (5 m, 7 m, 12 m) Länge?

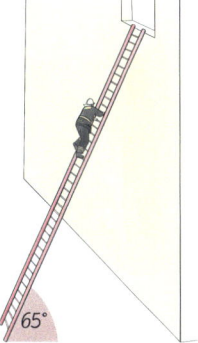

15. Konstruiere ein Dreieck ABC und miss die fehlenden Angaben.

	a	b	c	α	β	γ
a)		3 cm	4 cm		90°	
b)		6 cm	6 cm	50°		
c)	0,25 dm		0,5 dm			60°

16. **Ausblick:**
    Vervollständige im Heft zu wahren Aussagen.
    a) Quadrate sind zueinander kongruent, wenn …
    b) Gleichseitige Dreiecke sind zueinander kongruent, wenn …
    c) Regelmäßige Sechsecke sind zueinander kongruent, wenn …

Streifzug

4. Kongruente Figuren

Dynamische Geometrie-Software

■ Mit einem dynamischen Geometrieprogramm (z. B. GEOGEBRA) kann auch am Computer gezeichnet und konstruiert werden.

– Zwischen- und Endergebnisse können gespeichert und ausgedruckt werden.
– Freie Objekte, z. B. die Endpunkte einer Strecke, sind veränderbar (beweglich).
– Abhängige Objekte (Maße), z. B. Streckenlängen, können ohne Messgeräte ermittelt werden.

Erkundet das Programm GEOGEBRA. ■

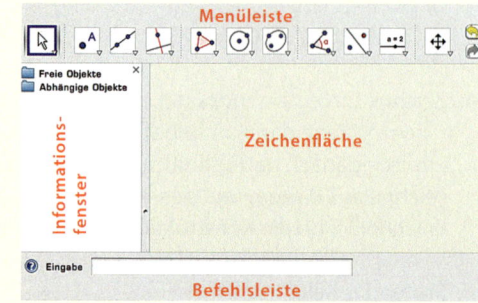

Nach dem Markieren eines Werkzeuges mit der Computermaus werden die jeweiligen Objekte erzeugt und Anweisungen ausgeführt.

Hinweis: Achte auf die Erklärungen beim Aktivieren eines Schalters.

Wissen: Zeichnen mit GEOGEBRA

In der Menüleiste befinden sich Symbole (Schalter), die vor dem Zeichnen mit dem Mauszeiger aktiviert werden müssen.

Häufig gibt es mehrere Möglichkeiten, um eine geometrische Figur zu zeichnen. Nach der Auswahl kann mit dem Mauszeiger auf der Zeichenfläche gezeichnet werden.

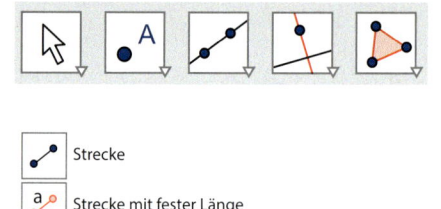

Strecke

Strecke mit fester Länge

Strecken, Parallelen und Senkrechte zu einer Geraden zeichnen

Beispiel 1:
a) Zeichne eine Strecke zwischen zwei Punkten A und B.
b) Zeichne eine Strecke $\overline{CD}$ = 5 LE (Längeneinheiten).
c) Zeichne zu einer Geraden AB eine Senkrechte durch einen Punkt C und eine Parallele durch einen Punkt D.

Hinweis: Achte immer auf den angezeigten Text.

Lösung:

a) Wähle den Schalter [ ] aus der Menüleiste. Zeichne dann mit dem Mauszeiger die Punkte A und B auf der Zeichenfläche. Die Strecke $\overline{AB}$ ist veränderbar.

b) Wähle den Schalter [ ] aus der Menüleiste. Zeichne dann mit dem Mauszeiger die Punkte C und D auf der Zeichenfläche mit 5 LE. Die Länge der Strecke $\overline{CD}$ ist nicht veränderbar.

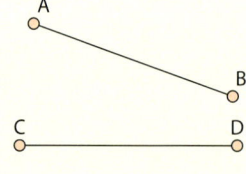

c) Zeichne auf der Zeichenfläche:
– mithilfe des Schalters [ ] die Gerade AB
– mithilfe des Schalters [ ] eine Senkrechte durch C zur Geraden AB
– mithilfe des Schalters [ ] eine Parallele durch D zur Geraden AB

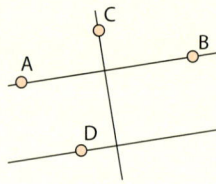

Streifzug

Basisaufgaben

 1. Bearbeite folgende Aufgaben mithilfe einer dynamischen Geometrie-Software.
   a) Zeichne zwei Punkte A und B sowie eine Gerade g durch die beiden Punkte A und B.
   b) Zeichne einen Punkt C (der kein Punkt von g ist) und eine Gerade h durch A und C.
   c) Verschiebe den Punkt A so, dass die Geraden g und h zueinander senkrecht sind.
   d) Zeichne einen Punkt D und durch Punkt D eine Gerade h, die zur Geraden g parallel ist.
   e) Bewege die Punkte nacheinander und erläutere, wie sich die Änderungen auswirken.

 2. Bearbeite folgende Aufgaben mithilfe einer dynamischen Geometrie-Software.
   a) Zeichne eine Strecke in beliebiger Länge und eine zweite Strecke mit 5,5 LE.
   b) Zeichne eine Gerade zwischen zwei Punkten. Zeichne dann durch jeden der beiden Punkte sowohl die Senkrechte als auch die Parallele zur gezeichneten Geraden.
   c) Zeichne zwei zueinander senkrechte Strecken, eine Strecke mit 5 LE und die andere Strecke mit 3 LE.

Punkte verschieben, spiegeln und drehen

Beispiel 2:
a) Verschiebe einen Punkt C mit $\overrightarrow{AB}$.
b) Spiegele einen Punkt C an einer Geraden AB.
c) Drehe einen Punkt A um einen Punkt B mit einem Drehwinkel von 45° im Uhrzeigersinn.

Lösung:
a) Zeichne drei Punkte A, B und C und dann mithilfe des Schalters ⬚ den Verschiebungspfeil $\overrightarrow{AB}$.
Wähle danach den Schalter ⬚ und markiere mit dem Mauszeiger sowohl den Verschiebungspfeil $\overrightarrow{AB}$ als auch Punkt C.

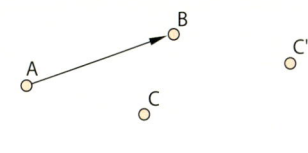

b) Zeichne mithilfe des Schalters ⬚ eine Gerade AB und mithilfe des Schalters ⬚ einen Punkt C.
Wähle dann den Schalter ⬚ und markiere mit dem Mauszeiger nacheinander den Punkt C und die Gerade AB.

c) Zeichne zwei Punkte A und B auf die Zeichenfläche, markiere den Punkt A, wähle den Schalter ⬚, markiere Punkt B und gib den Drehwinkel 45° ein.

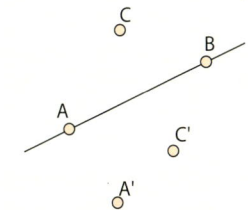

Basisaufgaben

 3. Bearbeite folgende Aufgaben mithilfe einer dynamischen Geometrie-Software.
   a) Zeichne ein beliebiges Dreieck ABC und verschiebe es um $\overrightarrow{AC}$.
   b) Spiegele Dreieck ABC an $\overline{AB}$.
   c) Drehe Dreieck ABC um Punkt A mit 45° entgegen dem Uhrzeigersinn.

 4. Bearbeite folgende Aufgaben mithilfe einer dynamischen Geometrie-Software.
   a) Zeichne zwei zueinander senkrechte Strecken $\overline{AB}$ = 5 LE und $\overline{BC}$ = 3 LE.
   b) Verschiebe $\overline{AB}$ um $\overline{BC}$.   c) Spiegele $\overline{AB}$ an $\overline{BC}$.
   d) Drehe $\overline{AB}$ um Punkt C mit einem Drehwinkel von 90° im Uhrzeigersinn.

Winkel messen

Beispiel 3:
Zeichne zwei Punkte A und B und eine Gerade g durch die beiden Punkte A und B sowie einen weiteren (nicht auf g liegenden) Punkt C. Verbinde den Punkt C mit dem Punkt A zur Geraden h und miss den Winkel, den die Geraden g und h miteinander bilden.

Hinweis:
Mit dem Werkzeug

lässt sich ein Winkel messen.

Lösung:
Zeichne die Gerade g durch die Punkte A und B sowie die Gerade h durch die Punkte A und C. Wähle das „Winkel-Mess-Werkzeug" und markiere nacheinander beide Geraden. Du kannst auch nacheinander die drei Punkte markieren.
Achte immer auf die Reihenfolge für die Auswahl der Punkte und darauf, dass der Scheitelpunkt des Winkels immer als zweiter Punkt markiert wird.

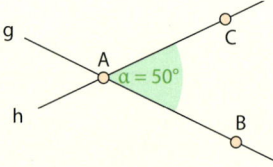

Basisaufgaben

Hinweis zu 5:
Mit dem Werkzeug

lassen sich Vielecke erstellen.

DGS 5. a) Zeichne mit einer dynamischen Geometrie-Software nacheinander ein Dreieck, ein Viereck, ein Fünfeck und ein Sechseck.
b) Miss jeweils alle Innenwinkel bei jeder Figur.

Winkel an Geraden antragen

Beispiel 4:
Zeichne zwei Punkte A und B und eine Gerade g durch die beiden Punkte A und B. Zeichne dann eine Gerade h durch A, die mit der Geraden g einen Winkel von 50° bildet.

Hinweis:
Mit dem Werkzeug

lässt sich ein Winkel antragen.

Lösung:
Zeichne die Punkte A und B sowie die Gerade g. Wähle das „Winkel-Antrage-Werkzeug" und markiere nacheinander den Punkt B und den Punkt A (als Scheitelpunkt). Trage dann in dem sich öffnenden Fenster 50° ein und entscheide dich „Gegen den Uhrzeigersinn" für den Drehsinn. Verbinde den entstandenen Punkt B' mit dem Punkt A.

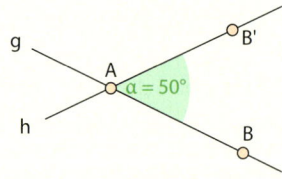

Basisaufgaben

DGS 6. Zeichne mit einer dynamischen Geometrie-Software eine Strecke $\overline{AB}$ mit 8 LE und trage an den Endpunkten der Strecke Winkel von 50° bzw. 70° so an, dass ein Dreieck ABC entsteht.

DGS 7. a) Zeichne eine Strecke $\overline{AB}$ mit 5 LE.
b) Zeichne eine Strecke $\overline{BC}$ mit 5 LE, die mit $\overline{AB}$ einen Winkel von 60° einschließt.
c) Trage an $\overline{BC}$ einen Winkel von 60° im Uhrzeigersinn an. Beschreibe die Figur.

DGS 8. a) Zeichne zwei gleich lange Strecken, die einen Winkel von 110° einschließen.
b) Trage an den beiden Strecken jeweils einen Winkel von 70° so an, dass ein Viereck entsteht. Wie groß ist der vierte Winkel im Innern des Vierecks?

Weiterführende Aufgaben

 9. Erstelle eine tabellarische Kurzanleitung für deine dynamische Geometriesoftware. Schreibe dazu alle Werkzeuge (Funktionen) auf, die du bisher kennengelernt hast, mit Tastaturkürzel, Symbol und Beschreibung.

 10. Zeichne ein Dreieck ABC und außerhalb dieses Dreiecks zwei zueinander senkrechte Geraden. Spiegele das Dreieck an einer dieser Geraden und das dabei entstehende Bild an der „anderen" Geraden. Setze dies solange fort, bis insgesamt vier Dreiecke vorhanden sind. Vergleiche die Lage des Ausgangsdreiecks mit der des letzten Bildes.

 11. Zeichne ein Quadrat mit einer Seitenlänge von 4 cm. Verwende nebenstehende Schalter.

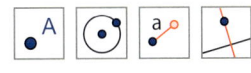

a) Erläutere die Reihenfolge der Verwendung dieser Schalter.
b) Bei welchen Drehwinkeln erhältst du nebenstehende Ergebnisse?
c) Prüfe deine Vermutungen. Führe dazu die Drehungen aus.

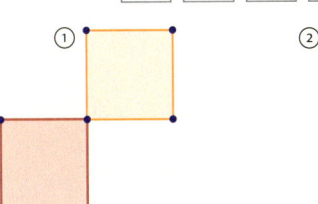

 12. Zeichne das Dreieck ABC mit einer dynamischen Geometrie-Software.

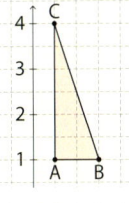

a) Verschiebe den Punkt C so auf der Geraden h parallel zu $\overline{AB}$, dass ein gleichschenkliges Dreieck entsteht.
b) Wie ändert sich der Flächeninhalt des Dreiecks ABC bei der Verschiebung in Aufgabe a)?

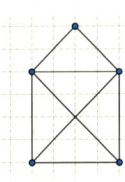 13. Zeichne das „Haus des Nikolaus".
a) Zeichne die Eckpunkte, verbinde sie durch Strecken und achte darauf, den Endpunkt der letzten Strecke als Anfangspunkt der nächsten Strecke zu wählen.
b) Erstelle eine Anleitung in Textform, in welcher Reihenfolge die Eckpunkte verbunden werden müssen. Gib möglichst zwei Lösungen an.

 14. Benedikt hat in seiner dynamischen Geometrie-Software eine Strecke s durch zwei Punkte A und B gezeichnet und einen Punkt C eingetragen, der auf s liegen soll. Als er Punkt A bewegt, bleibt Punkt C unverändert liegen, obwohl er sich auch bewegen sollte. Was hat Benedikt falsch gemacht?

 15. Der Vater von Tim möchte im Garten einen kreisförmigen Teich anlegen.
a) Erstelle mit einer dynamischen Geometrie-Software eine Zeichnung. Wähle passende Farben und stelle den Weg breit genug dar.
b) Parallel zum Fußweg soll von rechts ein Zufluss gerade auf die Mitte des Teichs angelegt werden. Ergänze die Zeichnung um den Zufluss.
c) Vergrößere den Teich. Er darf den Fußweg aber nicht berühren.

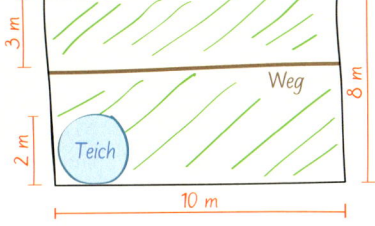

16. **Forschungsauftrag:** Daniel hat mit einer dynamischen Geometrie-Software einen Kreis gezeichnet und den Arbeitsbereich so lange verkleinert, bis der Kreis nur noch als Punkt erkennbar ist. Dann hat er den Arbeitsbereich so lange vergrößert, bis ein Teil der Kreislinie als Gerade erscheint. Gehe wie Daniel vor und erkläre, warum mit einem Computer ein Kreis auch als Punkt und Teile von Kreislinien als Geraden erscheinen können.

4.8 Vermischte Aufgaben

1. Entscheide, ob das Dreieck ABC aus den gegeben Bestimmungsstücken eindeutig konstruierbar ist. Begründe deine Entscheidung an einer Planfigur.
   Zeichne gegebenenfalls ein Gegenbeispiel.
   a) a = 5 cm; b = 2 cm; c = 9 cm
   b) c = 8 cm; α = 80°; β = 6°
   c) a = 7 dm; γ = 35°; b = 2 cm
   d) b = 6,5 dm; β = 75°; a = 3 dm
   e) γ = 94°; α = 80°; β = 6°
   f) c = 8 cm; β = 6°; a = 113 mm

2. Entscheide, welche der Dreiecke zueinander kongruent sind und begründe jeweils deine Entscheidung.
   ① a = 5 cm; β = 30°; c = 4 cm
   ② b = 5 cm; a = 4 cm; β = 30°
   ③ α = 80°; b = 6 cm; γ = 20°
   ④ α = 30°; c = 5 cm; b = 4 cm
   ⑤ c = 6 cm; α = 20°; β = 80°
   ⑥ c = 4 cm; a = 5 cm; α = 30°

3. Begründe, warum es keine Dreiecke ABC mit folgenden Stücken geben kann:
   a) a = 4 cm; b = 2 cm; α = 70°; β = 80°
   b) a = 5 cm; b = 2 cm; c = 3 cm
   c) b = 7,5 cm; c = 2,2 cm; β = 35°; γ = 60°
   d) a = 7,1 cm; b = 2,6 cm; c = 2,8 cm

4. Ermittle mithilfe einer Konstruktion die fehlenden Angaben des Dreiecks ABC.
   Nenne den Kongruenzsatz, den du verwendet hast. Gib auch den Umfang an.

	a	b	c	α	β	γ
a)	5 cm	6 cm	0,9 dm			
b)		70 mm	8 cm	40°		
c)	55 mm				30°	80°
d)		0,05 m	70 mm			60°

5. Das Dreieck ABC ist gleichschenklig.
   Die Punkte E; D und F sind die Mittelpunkte der Dreiecksseiten. Die Strecken $\overline{AB}$ und $\overline{DF}$ sind zueinander parallel.
   Zeige die Kongruenz zweier Teildreiecke.

   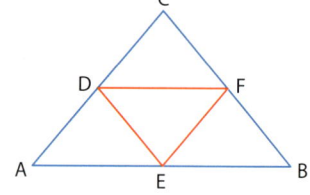

6. In einem Trapez ABCD sind die Winkel ∢ BDA und ∢ BCD jeweils rechte Winkel. Obwohl die Dreiecke ABD und BCD in einer Seite (Diagonale $\overline{DB}$) und zwei Winkeln (β und dem rechten Winkel) übereinstimmen, sind sie nicht zueinander kongruent. Begründe, dass dies trotzdem kein Widerspruch zum Kongruenzsatz (wsw) ist.

   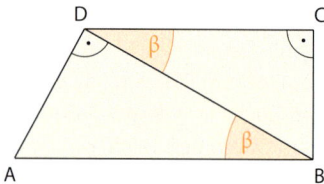

7. Prüfe, ob die Aussage korrekt ist.
   a) Ein Dreieck mit Seitenlängen von 3 cm, 4 cm und 5 cm ist kongruent zu einem Dreieck mit zwei Seitenlängen von 3 cm und 4 cm und einem Innenwinkel von 90°.
   b) Gleichschenklige Dreiecke mit einem Innenwinkel von 60° sind immer kongruent zueinander.

4.8 Vermischte Aufgaben

8. Zur Geländevermessung können Theodoliten verwendet werden. Dabei werden Strecken abgesteckt und mit dem Theodoliten Winkel gemessen.

   a) Lucie soll die Entfernung zwischen drei Kirchen ermitteln. Sie steckt dazu eine Strecke von 20 m ab und misst mir dem Theodoliten die Blickwinkel zu den drei Kirchen.
   Von Standort A aus sieht sie Kirche ① unter einem Blickwinkel von 84°, Kirche ② unter 62° und Kirche ③ unter 84°.
   Von Standort B sind die Blickwinkel 71° für Kirche 1, 98° für Kirche 2 und 85° für Kirche ③. Ermittle zeichnerisch die Entfernungen zwischen den drei Kirchen.

   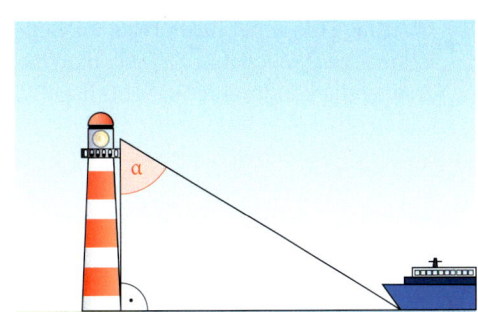

   b) Früher wurden Theodoliten auch zur Positionsbestimmung von Schiffen verwendet. Von einem 90 m hohen Leuchtturm wird ein Schiff mit dem Blickwinkel α = 64° gesichtet.
   15 Minuten später beträgt der Blickwinkel nur noch 57°.
   Ermittle, wie lange es dauert, bis das Schiff bei gleichbleibender Fahrt am Leuchtturm ankommen würde.

9. Familie Klausen sucht Ideen für die Gestaltung eines Teils ihres Grundstücks im Internet.

   Familie Klausen: *Jetzt wohnen wir seit einem Jahr im neuen Haus, aber mit dem dreieckigen Blumenbeet wissen wir nichts anzufangen.*

   Familie Grosse: *Wir haben auch solch ein Dreieck im Garten. Was wollt ihr denn wissen?*

   Familie Klausen: *Vielleicht könnt ihr uns schreiben, wie es aussieht und wie es gestaltet ist.*

   Familie Grosse: *Maße: c = 3 m, b = 4 m und α = 90°. Wir haben Salatköpfe drauf.*

   Irina Bauer: *Bei unserem Dreiecksbeet ist a = 5 m, b = 4 m und h_c = 3 m. Und wir haben Hortensienbüsche gepflanzt.*

   Peter Bode: *Bei mir ist a = 7 m, b = 3 m und α = 90° (Alles mit Zwergsträuchern bepflanzt.)*

   Elena Grieg: *Wir haben die gesamte Fläche von 12 m² mit Buschwindröschen bepflanzt. Und wir haben einen rechten Winkel im Beet.*

   🧡 Zeichne das Beet von Familie Grosse. Nimm als Maßstab für 1 m ≙ 2 cm.
   💚 Überlege, welche Seitenlängen das Beet von Frau Grieg haben kann, und erstelle eine Zeichnung.
   🧡 Erstelle eine Zeichnung für das Beet von Frau Bauer.
   💙 Konstruiere das Beet von Herrn Bode. Finde heraus, wie viele Zwergsträucher auf ein solches Beet passen.

Prüfe dein neues Fundament

4. Kongruente Figuren

Lösungen
↗ S. 244

1. Ermittle, welche der abgebildeten Figuren zueinander kongruent sind. Begründe deine Antwort.

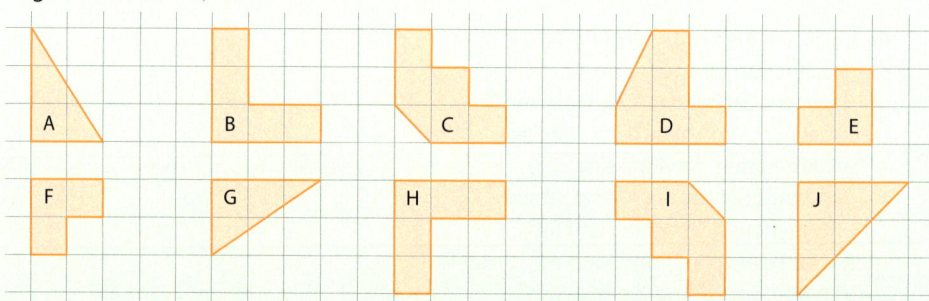

2. Übertrage die abgebildete Figur ins Heft. Skizziere mindestens zwei Möglichkeiten, wie man die Figur in vier zueinander kongruente Teilfiguren zerlegen kann.

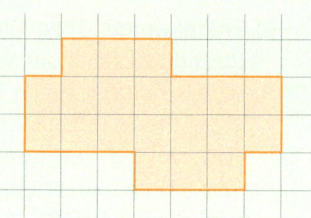

3. Übertrage die Dreiecke in dein Heft. Untersuche mithilfe von Kongruenzsätzen, welche der Dreiecke zueinander kongruent sind. Beschreibe, wie du vorgegangen bist.

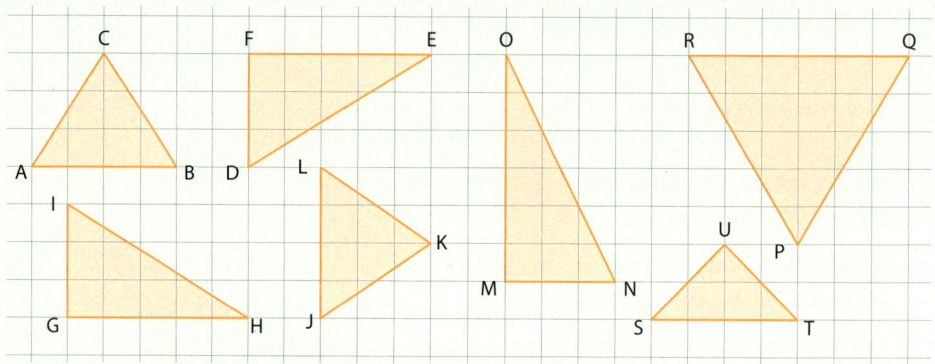

4. Prüfe, ob die Dreiecke ABC und DEF zueinander kongruent sind. Begründe die Antwort.
   a) $a = 6\,\text{cm}$; $\gamma = 80°$; $\beta = 38°$ und $e = 6\,\text{cm}$; $\delta = 80°$; $\varphi = 38°$
   b) $c = 8\,\text{cm}$; $\alpha = 40°$; $a = 6\,\text{cm}$ und $f = 6\,\text{cm}$; $\varphi = 40°$; $d = 6\,\text{cm}$
   c) $c = 1{,}2\,\text{cm}$; $\alpha = 49°$; $\beta = 91°$ und $d = 1{,}2\,\text{cm}$; $\varepsilon = 91°$; $\varphi = 49°$

5. Welche der abgebildeten Dreiecke sind zueinander kongruent? Begründe deine Antwort.

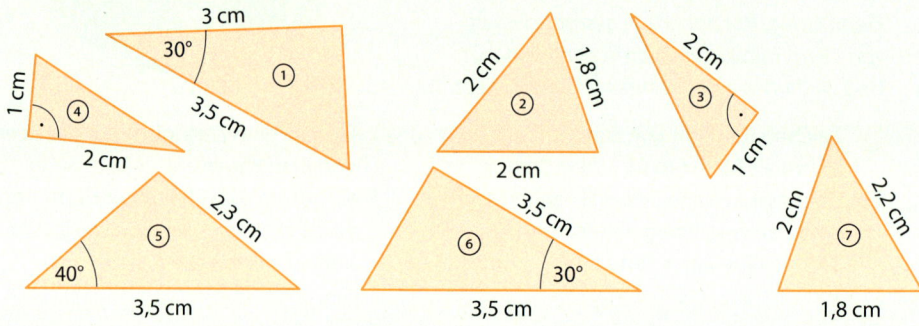

Prüfe dein neues Fundament

6. Konstruiere ein Dreieck ABC. Beschreibe die Konstruktionsschritte.
   a) a = b = c = 3,5 cm
   b) a = 5,3 cm; c = 6,5 cm; β = 38°
   c) b = 4,6 cm; c = 3,8 cm; β = 110°
   d) b = 4,5 cm; α = 65°; β = 80°

7. a) Konstruiere ein Dreieck mit b = 7 cm, c = 4 cm und γ = 30°.
   b) Sind die Dreiecke mit den folgenden Angaben konstruierbar (eindeutig konstruierbar)? Begründe deine Antwort.
      ① a = 5,2 cm, c = 7,1 cm, γ = 41°
      ② c = 5,1 cm, b = 6,7 cm, γ = 42°
      ③ a = 5 cm, c = 7 cm, α = 62°
      ④ a = 3 cm, b = 3 cm, γ = 90°

8. Konstruiere Dreiecke aus den gegebenen Größen. Übertrage die Tabelle in dein Heft und ergänze fehlende Angaben.

	a	b	c	α	β	γ
a)	3,6 cm	5,2 cm	6,4 cm			
b)		5 cm	7 cm			57°
c)		5,2 cm	6,4 cm	34°		

9. An einer Straße, die einen Berg hinaufführt, steht ein Warnschild, das eine Steigung von 15 % ausweist. Das bedeutet, dass auf einer horizontal gemessenen Strecke von 100 m ein Höhenunterschied von 15 m besteht. Man kann sich die Situation als ein Dreieck ABC im „Querschnitt" des Bergs vorstellen. Ermittle zeichnerisch, welche Entfernung ein Fahrzeug ungefähr zurücklegt, wenn es von A nach C fährt.

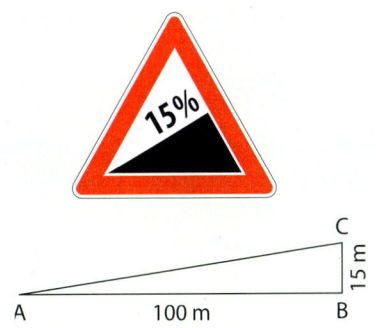

Tipp zu 9:
Übertrage das Dreieck in einem geeigneten Maßstab ins Heft.

Wiederholungsaufgaben

1. Rechne möglichst im Kopf.
   a) $\left(\frac{1}{2} + \frac{3}{4}\right) : 2$
   b) $0{,}9 \cdot 2 - 0{,}7$
   c) $3 - \left(0{,}4 + \frac{1}{6}\right)$
   d) $\frac{25}{100} + \frac{1}{2} - 0{,}3$

2. Schreibe die Zahl in Ziffern: neunundsiebzigtausendfünfhundertunddrei

3. Löse die Gleichung.
   a) $4 \cdot x - 5 = 11$
   b) $1 + 3 \cdot x = 4 + 2 \cdot x$
   c) $\frac{x}{2} - 3 = 1$

4. Übertrage die nebenstehende Zeichnung mithilfe von Zirkel und Geodreieck in dein Heft. Verwende für das äußere Quadrat eine Seitenlänge von 6 cm.

5. In der Abbildung rechts siehst du eine Tankuhr.
   a) Welcher Anteil des Tanks ist gefüllt?
   b) Skizziere in deinem Heft eine Tankuhr, die anzeigt, dass der Tank noch zu $\frac{3}{8}$ gefüllt ist.

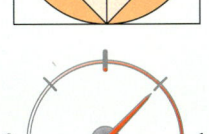

Zusammenfassung

4. Kongruente Figuren

Kongruenz von Figuren

Zwei geometrische Figuren F_1 und F_2 heißen genau dann **zueinander kongruent (deckungsgleich)**, wenn sie sowohl in ihrer **Form** als auch in der **Größe ihres Flächeninhaltes** übereinstimmen.

Kurzschreibweise: $F_1 \cong F_2$
Sprechweise: F_1 und F_2 sind zueinander kongruent.

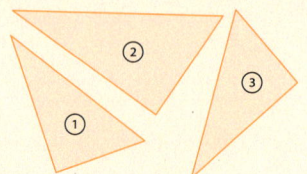

Kongruenzsätze für Dreiecke

Zwei Dreiecke sind zueinander kongruent, wenn sie:

– in allen drei Seitenlängen übereinstimmen
  Kongruenzsatz (sss)

– in der Länge einer Seite und den Größen der beiden anliegenden Winkel übereinstimmen
  Kongruenzsatz (wsw)

– in der Länge zweier Seiten und der Größe des von diesen Seiten eingeschlossenen Winkels übereinstimmen
  Kongruenzsatz (sws)

– in der Länge zweier Seiten und der Größe des Winkels, der der längeren der beiden Seiten gegenüberliegt, übereinstimmen
  Kongruenzsatz (SsW)

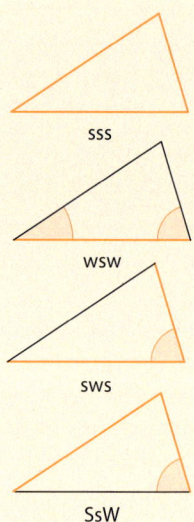

Anwendung der Kongruenzsätze

Mithilfe von Kongruenzsätzen lässt sich oft nachweisen, dass zwei Strecken gleich lang oder zwei Winkel gleich groß sind, denn bei zwei zueinander kongruenten Dreiecken sind einander entsprechende Seiten immer gleich lang und einander entsprechende Winkel immer gleich groß.

$\overline{AC}$ und $\overline{BD}$ sind Durchmesser des Kreises um M mit $r = \overline{AM}$.

Zeige, dass $\overline{AB}$ und $\overline{CD}$ gleich lang sind.

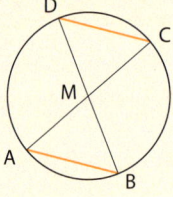

Lösung:
1. $\overline{AM} = \overline{BM} = \overline{CM} = \overline{DM} = r$
   (Radien im Kreis sind gleich lang.)
2. $\sphericalangle BMA = \sphericalangle DMC$
   (Scheitelwinkel sind gleich groß.)
3. $\triangle ABM \cong \triangle CDM$
   (Nach Kongruenzsatz sws)

Weil $\overline{AB}$ und $\overline{CD}$ einander entsprechende Seiten in zwei zueinander kongruenten Dreiecken sind, gilt: $\overline{AB} = \overline{CD}$

Konstruktion von Dreiecken

Wenn die **Voraussetzungen** von einem der vier **Kongruenzsätze erfüllt** sind, ist ein Dreieck durch Vorgabe dreier geeigneter Stücke immer **eindeutig konstruierbar**.

5. Geometrische Konstruktionen

Das Ergebnis beim Konstruieren ist die exakte zeichnerische Darstellung einer ebenen geometrischen Figur.
Zirkel, Lineal und Geodreieck oder eine dynamische Geometriesoftware können dabei als Hilfsmittel genutzt werden.

Nach diesem Kapitel kannst du …
- Winkelhalbierende und Mittelsenkrechte,
- Seitenhalbierende und Höhen von Dreiecken,
- Um- und Inkreise von Kreisen und
- Dreiecke konstruieren sowie
- geometrische Aussagen auf andere (gesicherte) geometrische Aussagen zurückführen.

Dein Fundament

5. Geometrische Konstruktionen

Lösungen
↗ S. 245

Punkt, Gerade, Strecke und Strahl

1. Übertrage das Bild mit den Punkten in dein Heft.
   a) Zeichne die Strecke $\overline{AB}$.
   b) Zeichne die Gerade g durch C und D.
   c) Zeichne den Strahl h von D durch E.
   d) Zeichne im Abstand von 2 cm eine zur Geraden g parallele Gerade. Wie viele solcher Geraden gibt es?
   e) Zeichne einen Punkt F so ein, dass die Gerade j durch A und F senkrecht zur Geraden g verläuft.

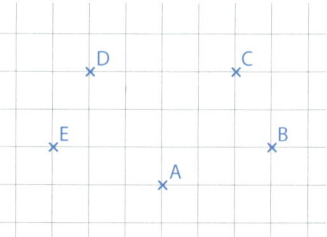

2. Zeichne drei Geraden g, h und i so, dass sie einander schneiden.
   a) Es sollen genau drei Schnittpunkte entstehen.
   b) Es sollen genau zwei Schnittpunkte entstehen.
   c) Es soll genau ein Schnittpunkt entstehen.

3. Übertrage die Punkte ins Heft und verbinde sie alle durch Strecken. Gib an, wie viele Strecken es insgesamt sind.

   a) 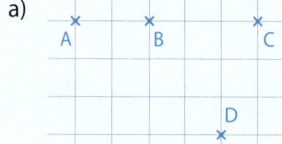   b) 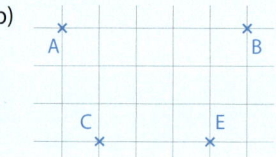   c)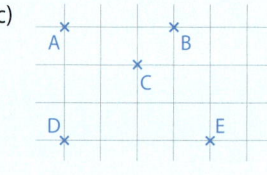

4. Übertrage die abgebildeten neun Punkte ins Heft. Zeichne vier Geraden so, dass alle Punkte auf diesen vier Geraden liegen und keine der Geraden zu einer anderen Geraden parallel ist.

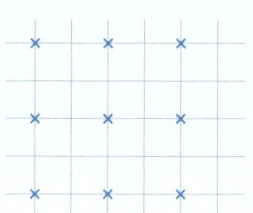

5. a) Zeichne eine Gerade g durch zwei Punkte A und B.
   b) Zeichne einen weiteren Punkt C, der kein Punkt der Geraden g ist.
   c) Spiegele den Punkt C an der Geraden g.
   d) Zeichne durch die Punkte C und B eine weitere Gerade und benenne diese mit h.
   e) Verschiebe den Punkt C so, dass die Geraden g und h senkrecht zueinander sind.

6. Eine zweigleisige Straßenbahnstrecke kreuzt eine andere zweigleisige Straßenbahnstrecke.
   a) Fertige eine Skizze an und kennzeichne die dabei entstandenen Schnittpunkte.
   b) Gib an, wie viele Schnittpunkte dabei insgesamt entstehen.

Winkel zeichnen und messen

7. a) Zeichne nach Augenmaß folgende Winkel: $\alpha = 45°$; $\beta = 60°$; $\gamma = 90°$; $\delta = 135°$; $\varepsilon = 180°$
   b) Miss die gezeichneten Winkel und schreibe die gemessene Größe an jeden Winkel.
   c) Gib jeweils an, welche Winkelart vorliegt.

8. Zeichne den Winkel α, teile ihn in zwei gleich große Winkel und gib deren Größe an.
   a) $\alpha = 90°$ b) $\alpha = 60°$ c) $\alpha = 70°$ d) $\alpha = 130°$ e) $\alpha = 148°$

9. Jeder der folgenden Kreise ist in gleich große Teile aufgeteilt worden. Dabei sind jeweils gleich große Winkel entstanden. Ermittle jeweils die Größe des Winkels α.

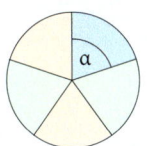 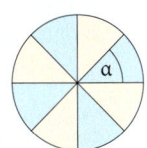 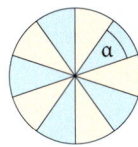 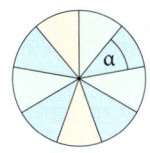 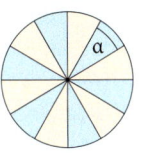 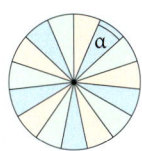

10. Die Zeiger der Uhr lassen sich als Schenkel zweier Winkel interpretieren.
    a) Gib die Winkelart und (wenn möglich) die Größe des jeweils kleineren Winkels bei folgenden Uhrzeiten an:
       14:00 Uhr; 8:00 Uhr; 9:00 Uhr; 24:00 Uhr; 6:00 Uhr.
    b) Gib für spitze, rechte, stumpfe und überstumpfe Winkel jeweils zwei zugehörige Uhrzeiten an.

11. Berechne die fehlenden Winkelgrößen.
    a)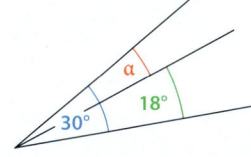
    b)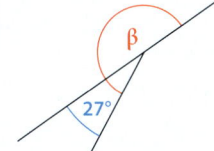
    c)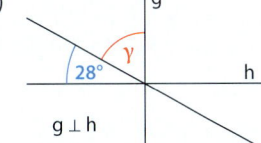
    g ⊥ h

12. Übertrage das Dreieck ABC in dein Heft.
    a) Miss die drei Winkel α, β und γ und ordne sie der Größe nach.
    b) Entscheide, welche Winkelart bei α, β und γ vorliegt.
    c) Miss die drei Seitenlängen a, b und c des Dreiecks ABC und ordne diese der Größe nach.
    d) Verlängere die Seiten des Dreiecks über die Eckpunkte hinaus. Es entstehen neue Winkel (außerhalb des Dreiecks). Miss deren Größe.

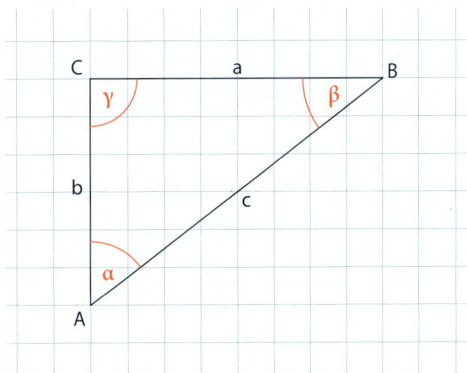

Dreiecke, Vierecke und Kreise

13. Zeichne in ein Koordinatensystem mit vier Quadranten (bei dem 1 cm einer Längeneinheit entspricht) einen Kreis mit dem Mittelpunkt M(0|0) und dem Durchmesser d = 4 cm. Zeichne in den Kreis ein Viereck ABCD so ein, dass die Punkte A, B, C und D auf dem Kreis und jeweils auf einer Koordinatenachse liegen. Gib die Koordinaten der Punkte A, B, C und D an. Zu welcher Viereckart gehört das Viereck?

14. Entscheide, ob die Aussage wahr oder falsch ist.
    a) In jedem Viereck beträgt die Summe der Innenwinkel 360°.
    b) Jedes Rechteck hat mindestens zwei Symmetrieachsen.
    c) Jedes Quadrat ist auch ein Rechteck.

5.1 Mittelsenkrechte und Winkelhalbierende

■ Lia hat auf Transparentpapier eine Strecke $\overline{AB}$ gezeichnet. Sie faltet das Papier so, dass Punkt A den Punkt B genau verdeckt. Die dabei entstandene Faltlinie entspricht der Mittelsenkrechten der Strecke $\overline{AB}$.

Was müsste Lia machen, um die Winkelhalbierende eines Winkels zu erhalten? ■

Zu einer Strecke lässt sich immer eine senkrechte Gerade durch den Mittelpunkt der Strecke konstruieren.

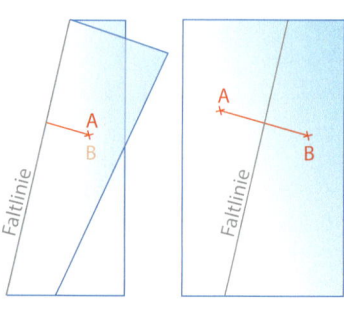

Die Mittelsenkrechte einer Strecke

Wissen: Mittelsenkrechte einer Strecke
Die **Mittelsenkrechte m** einer Strecke $\overline{AB}$ ist eine Gerade.
Jeder Punkt der Mittelsenkrechten m hat jeweils den gleichen Abstand zu den Endpunkten der Strecke $\overline{AB}$.

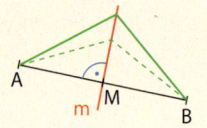

Beispiel 1:
Zeichne in dein Heft eine Strecke $\overline{AB}$ und konstruiere deren Mittelsenkrechte.

Lösung:
Zeichne jeweils einen Kreis mit dem Radius $r = \overline{AB}$ um die Punkte A und B.

Die Kreise schneiden einander in den Punkten C und D.

Die Gerade CD ist Mittelsenkrechte der Strecke $\overline{AB}$.

Hinweis:
Der Radius r muss größer als $\frac{\overline{AB}}{2}$ sein.

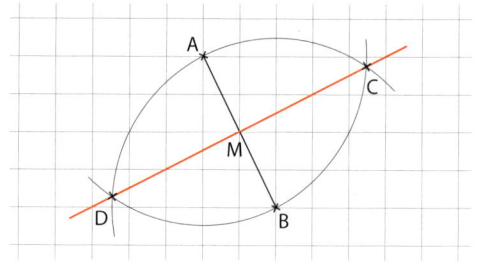

Die Mittelsenkrechte einer Strecke $\overline{AB}$ halbiert den gestreckten Winkel ∢ AMB. Es entstehen vier rechte Winkel. Solche Geraden lassen sich auch für Winkel konstruieren, die größer oder kleiner als 180° sind.

Basisaufgaben

1. Übertrage die Strecke $\overline{AB}$ in dein Heft und konstruiere die Mittelsenkrechte.
   a) 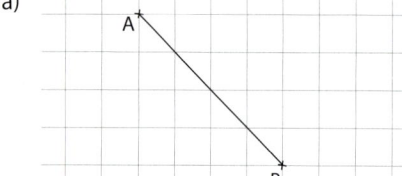   b)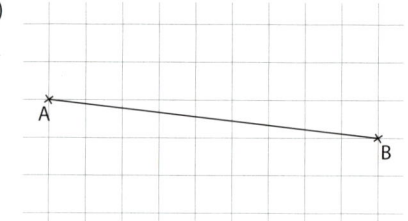

2. Konstruiere zur gegebenen Strecke im Koordinatensystem die Mittelsenkrechte m.
   Gib dann die Koordinaten von zwei Punkten an, die auf der Mittelsenkrechten m liegen.
   a) A(0|4); B(6|4)   b) C(4|3); D(4|5)   c) E(0|0); F(5|5)   d) G(2|1); H(6|2)

5.1 Mittelsenkrechte und Winkelhalbierende

Die Winkelhalbierende eines Winkels

Wissen: Winkelhalbierende
Die **Winkelhalbierende** w_α eines Winkels α mit dem Scheitelpunkt S
ist eine Gerade, für die gilt:
1. Sie geht durch den Scheitelpunkt S.
2. Jeder Punkt der Winkelhalbierenden w_α hat zu den Schenkeln des Winkels α jeweils den gleichen Abstand.

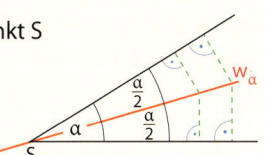

Beispiel 2:
Übertrage die Zeichnung in dein Heft und konstruiere die Winkelhalbierende des Winkels α.

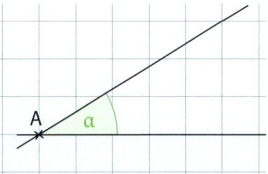

Lösung:
Zeichne um Punkt A einen Kreis mit beliebigem Radius r und bezeichne die Schnittpunkte des Kreises mit den Schenkeln von α mit den Buchstaben D und E.

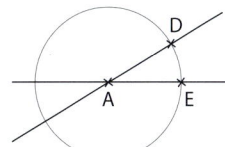

Zeichne zwei Kreise mit gleichem Radius r um den Punkt D und um den Punkt E. Bezeichne den Schnittpunkt der Kreise mit F. Die Gerade AF ist Winkelhalbierende von α.

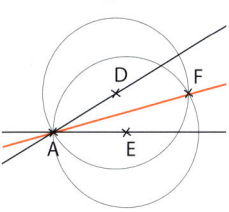

Basisaufgaben

3. Übertrage in dein Heft und konstruiere die Winkelhalbierende des Winkels α.
   a)
   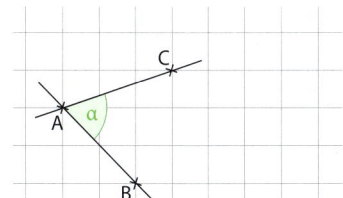
   b)
   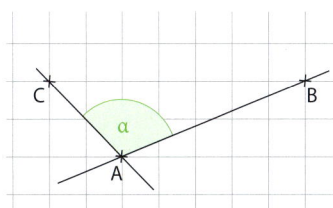

4. Konstruiere zum gegebenen Winkel im Koordinatensystem die Winkelhalbierende w_α. Gib dann die Koordinaten von zwei Punkten an, die auf der Winkelhalbierenden w_α liegen.
   a) $\alpha = \sphericalangle ABC$ mit $A(4|0)$; $B(0|0)$; $C(0|4)$
   b) $\beta = \sphericalangle CBA$ mit $A(2|4)$; $B(3|1)$; $C(4|4)$

5. Die Gerade ST mit $S(2|2)$ und $T(5|3)$ ist im Koordinatensystem die Winkelhalbierende eines spitzen Winkels mit dem Scheitelpunkt S. Gib die Koordinaten von zwei Punkten an, die auf je einem Schenkel zugehöriger Winkel liegen.

6. Konstruiere die Winkelhalbierende eines rechten Winkels.

Weiterführende Aufgaben

7. Beschreibe, wie du aus der Strecke $\overline{AB}$ die angegebenen Figuren Schritt für Schritt mithilfe von Mittelsenkrechten und Winkelhalbierenden konstruieren kannst. Überprüfe deine Anleitung gegebenenfalls mit einer dynamischen Geometrie-Software.

   a) 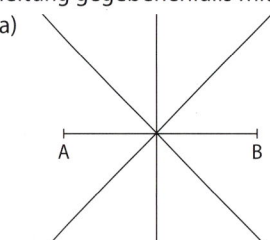   b)   c)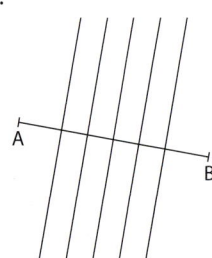

8. Erstelle eine Konstruktionsanleitung für die Konstruktion mit Zirkel und Lineal, ohne eine Länge mit dem Lineal abzumessen. Präsentiere diese anschließend der Klasse.
   a) für das Vervierfachen einer Strecke $\overline{AB}$
   b) für das Vierteln einer Strecke $\overline{AB}$
   c) für das Vierteln eines stumpfen Winkels α
   d) für das Verdoppeln eines spitzen Winkels β

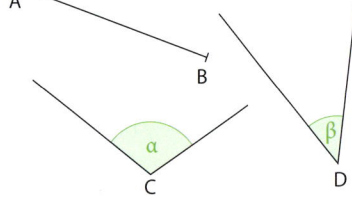

9. Finde für die Winkelhalbierende eines gestreckten Winkels einen Namen.

10. **Stolperstelle:** Mona soll für ihre Hausaufgaben eine Winkelhalbierende konstruieren.
    a) Woran erkennst du, dass die von Mona konstruierte Gerade nicht die Winkelhalbierende sein kann?
    b) Finde den Fehler in ihrer Konstruktion.

11. Zeichne ein Rechteck, das doppelt so lang ist wie breit.
    a) Konstruiere die Winkelhalbierenden aller vier Innenwinkel des Rechtecks.
    b) Beschreibe, welche Figur sich ergibt, wenn du die Schnittpunkte der Winkelhalbierenden verbindest.

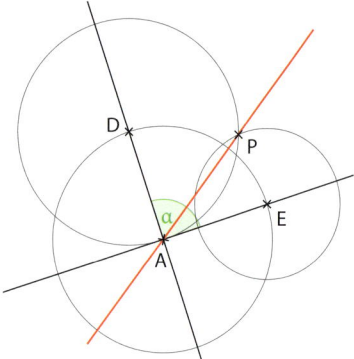

12. Gegeben ist das Dreieck ABC mit A(0|2), B(2|0) und C(4|2) in einem Koordinatensystem.
    a) Zeichne das Dreieck und beschreibe, welche spezielle Dreiecksart hier vorliegt.
    b) Konstruiere die Winkelhalbierenden aller drei Innenwinkel des Dreiecks ABC und stelle eine Vermutung über die Lage ihres Schnittpunktes auf.
    c) Überprüfe deine Vermutung an zwei weiteren selbst gewählten Beispielen der gleichen Dreiecksart.

13. Lia hat auf ein Transparentpapier eine Strecke $\overline{AB}$ gezeichnet. Sie faltet das Papier so, dass Punkt B genau Punkt A verdeckt. Die Knickfalte entspricht der Mittelsenkrechten der Strecke $\overline{AB}$. Erkläre Lia, wie sie die Winkelhalbierende eines Winkels erhalten kann.

14. **Ausblick:** Konstruiere ein regelmäßiges Sechseck nur mit Zirkel und Lineal. Erstelle zu deiner Konstruktion eine Anleitung.

5.2 Linien am Kreis

■ Im nebenstehenden Kreis sind zwei Durchmesser
und vier Sehnen eingezeichnet.
Sieh dir die roten Linien genau an. Wahrnehmung und Wirklichkeit stimmen bei optischen Täuschungen nicht überein.

Was stellst du fest? Prüfe mit einem Lineal. ■

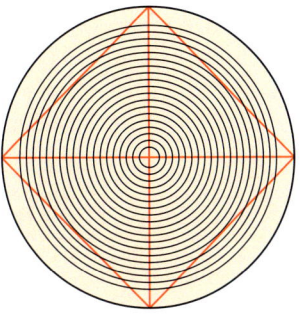

Wissen: Grundbegriffe am Kreis

Alle Punkte einer Ebene, die von einem festen Punkt M den gleichen Abstand r haben, bilden einen **Kreis k**.
Der Punkt **M** heißt **Mittelpunkt** des Kreises.

Der **Radius r** ist der Abstand des Mittelpunktes M zu den Punkten des Kreises. Der **Durchmesser d** ist der größtmögliche Abstand zweier Punkte des Kreises. Er ist doppelt so groß wie der Radius.
Eine Strecke $\overline{AB}$, deren Endpunkte auf dem Kreis liegen, heißt **Sehne**.

Eine Gerade *t*, die den Kreis in genau einem Punkt berührt, heißt **Tangente**.

Eine Gerade *s*, die den Kreis in genau zwei Punkten schneidet, heißt **Sekante**.

Es gilt stets:
– Alle Radien des Kreises sind gleich lang.
– Die längste Sehne im Kreis ist der Durchmesser.
– Tangente und Berührungsradius sind zueinander senkrecht.

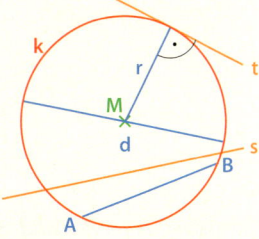

Hinweis:
Die Begriffe kommen aus dem Lateinischen.
tangere: berühren
secare: schneiden

Beispiel 1: Kennzeichne auf einem Kreis um M mit dem Radius r = 5 cm einen Punkt A und zeichne alle 3 cm langen Sehnen, die A als Endpunkt haben. Konstruiere dann die Mittelsenkrechten der Sehnen. Was stellst du fest?

Lösung:
Zeichen eine Kreis um M mit einer Zirkelspanne r = 5 cm und Markiere auf dem Kreis einen Punkt A.

Zeichne um A einen Kreis mit r = 3 cm und benenne die Schnittpunkte der Kreise B_1 und B_2.

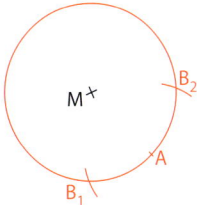

Konstruiere die Mittelsenkrechten der Strecken $\overline{AB_1}$ und $\overline{AB_2}$.

Die Mittelsenkrechten schneiden einander im Mittelpunkt M des Kreises.

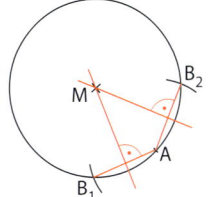

Basisaufgaben

1. Zeichne im Heft drei Kreise k_1, k_2 und k_3 um drei Punkte A, B, C mit $r_1 = 1\,cm$, $r_2 = 2\,cm$ und $r_3 = 4\,cm$.
   a) Wie groß sind die Durchmesser d_1, d_2 und d_3?
   b) Zeichne einen Durchmesser in den Kreis k_2 ein.
   c) Zeichne an k_3 eine Tangente im Punkt C.

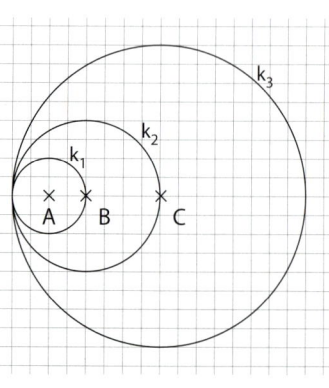

2. Zeichne einen Kreis durch Umfahren eines kreisförmigen Gegenstandes (z. B. Wasserglas) und konstruiere den Mittelpunkt des Kreises.

3. a) Zeichne in einem Koordinatensystem um M(5|5) einen Kreis k mit dem Radius $r = 3\,cm$.
   b) Zeichne an k jeweils Tangenten durch die Punkte A(5|2), B(8|5), C(5|8) und D(2|5).
   c) Zeichne eine Sekante durch M(5|5) und E(8|8).

4. Zeichne in einem Koordinatensystem um M(5|5) einen Kreis k mit dem Radius $r = 3\,cm$ und zwei gleich lange Sehnen $\overline{AB}$ und $\overline{CD}$. Miss den Abstand des Punktes M sowohl zur Sehne $\overline{AB}$ als auch zur Sehne $\overline{CD}$.

Tangente im Punkt eines Kreises

Beispiel 2: Konstruiere eine Tangente in einem beliebigen Punkt eines Kreises k mit einem Radius $r = 5\,cm$.

Lösung:
Zeichne einen Kreis k mit dem Mittelpunkt M und einem Radius $r = 5\,cm$.

Markiere auf dem Kreis einen Punkt T und zeichne den Radius $\overline{MT}$.

Zeichne im Punkt T die Senkrechte zu $\overline{MT}$.

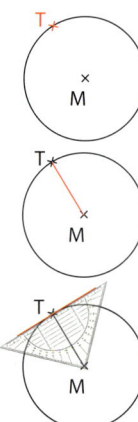

Basisaufgaben

5. a) Zeichne einen Kreis k um den Mittelpunkt M mit einem Durchmesser von $\overline{AB} = 5\,cm$.
   b) Konstruiere in den Punkten A und B die Tangenten t_1 und t_2 an den Kreis.
   c) Beschreibe, wie t_1 und t_2 zueinander liegen.

6. a) Zeichne einen Kreis k um den Mittelpunkt M mit einem Radius von $\overline{MC} = 4{,}5\,cm$.
   b) Konstruiere eine Sehne $\overline{AB} = 3\,cm$ des Kreises.
   c) Zeichne in den Punkten A, B und C jeweils die Tangenten t_1, t_2 und t_3 an den Kreis.

7. Zeichne zwei gleich große Kreise mit einer gemeinsamen Tangente.

Weiterführende Aufgaben

8. Übertrage die nebenstehende Zeichnung ins Heft.
   a) Zeichne einen Kreis k mit dem Mittelpunkt M durch die beiden Punkte A und C.
   b) Konstruiere in den Punkten A und C jeweils die Tangente an den Kreis. Erläutere dein Vorgehen.

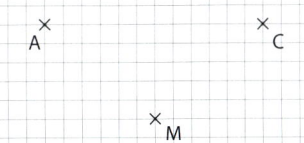

9. Zeichne im Inneren eines Kreises mit r = 4,5 cm einen Punkt A, der nicht der Mittelpunkt des Kreises ist. Untersuche, ob es Sehnen durch A gibt, die 10 cm (9 cm, 8 cm, 7 cm) lang sind.

10. Zeichne ein Rechteck ABCD, das kein Quadrat ist, und ein Quadrat EFGH.
    a) Zeichne einen Kreis durch die Eckpunkte E, F, G und H des Quadrates.
    b) Zeichne einen Kreis durch die Mittelpunkte der Seiten $\overline{EF}$, $\overline{FG}$, $\overline{GH}$ und $\overline{HE}$ des Quadrates.
    c) Untersuche, ob es solche Kreise wie in den Aufgaben a) und b) auch für das Rechteck ABCD gibt. Begründe deine Ergebnisse.

11. Rechne die Radien der Kreise in Zentimeter um und zeichne dann alle Kreise um ein und denselben Mittelpunkt M. Was fällt dir auf?
    (1) r = 0,2 dm   (2) r = 40 mm
    (3) d = 1,2 dm   (4) r = $\frac{8}{10}$ dm

12. a) Zeichne die nebenstehende Figur in doppelter Größe ins Heft.
    b) Markiere jeweils einen Durchmesser und einen Radius und gib an, wie groß die Durchmesser und die Radien jeweils sind.

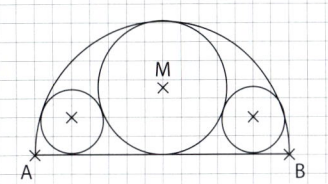

13. **Stolperstelle:** Nicole zeichnet in einen Kreis zwei zueinander senkrechte Durchmesser und konstruiert in deren Endpunkten die Tangenten an den Kreis. Sie behauptet, dass die Tangenten dann ein Rechteck bilden. Untersuche, ob Nicole Recht hat.

14. Zeichne den Kreis mit dem Mittelpunkt M(4|6) und dem Radius r = 3 cm in ein Koordinatensystem und markiere auf dem Kreis einen Punkt P. Gib die Koordinaten von P an.
    a) Zeichne im Punkt P die Tangente t an den Kreis um M und sowohl alle zu t parallelen als auch alle zu t senkrechten Tangenten an den Kreis.
    b) Zeichne alle Diagonalen des „Tangentenvierecks" ein und konstruiere die Tangenten an den Kreis in den Schnittpunkten der Diagonalen mit dem Kreis.

15. Zeichne einen Kreis mit dem Mittelpunkt M(4|6) und dem Radius r = 3 cm.
    a) Zeichne zwei Durchmesser so, dass der Kreis in vier gleiche Teile geteilt wird.
    b) Konstruiere in den Endpunkten dieser Durchmesser die Tangenten an den Kreis.
    c) Verbinde die vier Punkte zu einem Viereck und vergleiche den Inhalt dieses Vierecks mit dem Inhalt des Vierecks, das durch die vier Tangenten gebildet wird.

Hinweis zu 15:
Du kannst auch eine dynamische Geometriesoftware nutzen.

16. Die Tangente an einen Punkt eines Kreises kann man auch mit Zirkel und Lineal konstruieren. Schreibe eine Konstruktionsbeschreibung.

5.3 Umkreis und Inkreis beim Dreieck

■ Drei Schüler stehen mit Startklappen auf einer Wiese. Sie bilden die Eckpunkte eines Dreiecks, und schlagen die Klappen gleichzeitig zusammen. Ein vierter Schüler soll sich so zwischen die drei anderen Schüler stellen, dass er nicht drei, sondern nur einen Knall hört, also von jedem der drei Schüler gleich weit entfernt ist.

Wo würdest du dich hinstellen? Begründe deine Antwort. ■

Wissen: Umkreis und Inkreis eines Dreiecks

Der **Umkreis** eines Dreiecks ist der Kreis, auf dem alle Eckpunkte des Dreiecks liegen. Sein Mittelpunkt ist der **Schnittpunkt der Mittelsenkrechten** der Dreieckseiten.

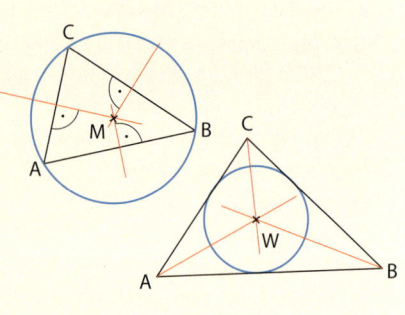

Der **Inkreis** eines Dreiecks ist der Kreis, der alle Seiten des Dreiecks innen berührt. Sein Mittelpunkt ist der **Schnittpunkt der Winkelhalbierenden** der Innenwinkel des Dreiecks.

Umkreis beim Dreieck

Hinweis:
Es reicht aus, zwei Mittelsenkrechten zu zeichnen. Die dritte Mittelsenkrechte kann zur Kontrolle genutzt werden.

Beispiel 1:
Übertrage das Dreieck ABC ins Heft und konstruiere den Umkreis des Dreiecks.

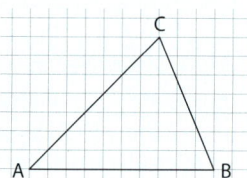

Hinweis:
Werkzeuge in einer dynamischen Geometrie-Software:

Mittelsenkrechte

Kreis um M durch einen anderen Punkt

Lösung:
Zeichne die Mittelsenkrechten der Seiten des Dreiecks. Sie schneiden einander im Punkt M. Der Punkt M ist Mittelpunkt des Umkreises mit r = $\overline{AM}$ = $\overline{BM}$ = $\overline{CM}$.

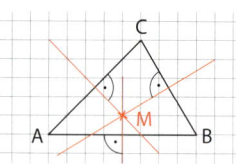

Zeichne um M einen Kreis mit r = $\overline{AM}$ durch einen Eckpunkt. Der Kreis verläuft auch durch die anderen Eckpunkte des Dreiecks.

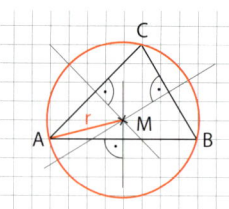

5.3 Umkreis und Inkreis beim Dreieck

Basisaufgaben

1. Zeichne ein Dreieck ABC in dein Heft und konstruiere den Umkreis.
   a) a = 5 cm, b = 6 cm, c = 7 cm
   b) a = 5 cm, b = 4 cm, c = 3 cm

2. Zeichne ein gleichseitiges Dreieck ABC mit einer Seitenlänge von 6 cm in dein Heft. Konstruiere den Umkreis und finde Besonderheiten.

Inkreis beim Dreieck

Beispiel 2:
Übertrage das Dreieck ABC ins Heft und konstruiere den Inkreis des Dreiecks.

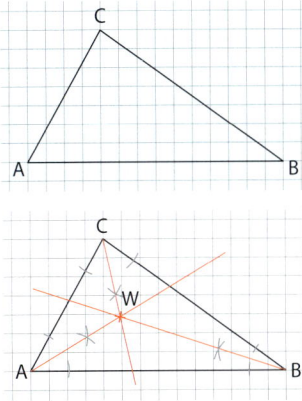

Lösung:
Zeichne die Winkelhalbierenden der Innenwinkel des Dreiecks. Sie schneiden einander im Punkt W. Der Punkt W ist der Mittelpunkt des Inkreises.

Zeichne das Lot von W auf die Seite $\overline{AB}$ und bezeichne den entstandenen Schnittpunkt mit D. Zeichne dann um W einen Kreis mit r = $\overline{WD}$, der alle Dreieckseiten von innen berührt.

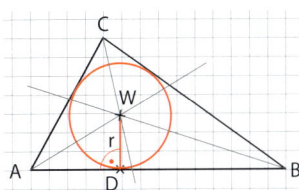

Hinweis:
Die dritte Winkelhalbierende kann zur Kontrolle genutzt werden.

Hinweis:
Werkzeuge in einer dynamischen Geometrie-Software:

Winkelhalbierende

senkrechte Gerade

Kreis um M durch einen anderen Punkt

Hinweis:
Ein Lot ist eine Senkrechte durch einen Punkt zu einer Geraden.

Basisaufgaben

3. Zeichne das nebenstehende Dreieck ins Heft.
   a) Konstruiere den Umkreis des Dreiecks.
   b) Konstruiere den Inkreis des Dreiecks.
   c) Fertige jeweils eine Konstruktionsbeschreibung an.

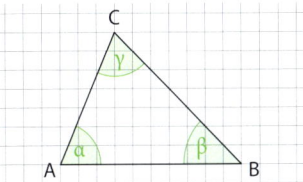

4. Zeichne ein Dreieck ABC mit folgenden Seitenlängen ins Heft und konstruiere den Inkreis.
   a) a = 5 cm, b = 6 cm, c = 7 cm
   b) a = 5 cm, b = 4 cm, c = 3 cm

5. Zeichne ein gleichseitiges Dreieck ABC mit einer Seitenlänge von 5 cm ins Heft und konstruiere den Inkreis. Finde Besonderheiten.

6. Zeichne jeweils ein Dreieck und konstruiere seinen Umkreis. Beschreibe die Lage der Umkreismittelpunkte dieser Dreiecke.
   ① c = 7 cm, α = 70°, β = 80°   ② c = 7 cm, a = 8 cm, β = 100°   ③ c = 7 cm, α = 45°, γ = 90°

Weiterführende Aufgaben

7. a) Zeichne das Dreieck in ein Koordinatensystem und konstruiere seinen Umkreis.
   ① A(0|0), B(5|1), C(2|4)   ② D(0|3), E(3|0), F(4|5)   ③ G(1|0), H(4|−1), I(2|3)
   b) Zeichne das Dreieck in ein Koordinatensystem und konstruiere seinen Inkreis.
   ① A(0|0), B(−4|2), C(2|4)   ② D(3|1), E(6|3), F(4|5)   ③ G(1|3), H(4|0), I(4|5)

8. a) Zeichne das Dreieck ABC mit A(1|2), B(7|4), C(5|10) in ein Koordinatensystem und bestimme den Mittelpunkt des Umkreises. Miss seinen Radius.
   b) Konstruiere das Dreieck ABC mit A(1|1), C(9|5) und M(4|5), wobei M der Mittelpunkt des Umkreises ist.

9. Eine Umgehungsstraße führt ungefähr in Form eines Kreisbogens um das Stadtzentrum. Sie soll in den nächsten Jahren zu einem vollständigen Ring um die Stadt ausgebaut werden. Erläutere, wie du die Streckenführung ermitteln würdest, wenn die Umgehungsstraße in ihrem endgültigen Ausbauzustand etwa auf einem Kreis liegen soll.

10. Bei Ausgrabungen wurde die abgebildete Scherbe eines Tellers gefunden. Es soll der Radius dieses Tellers ermittelt werden, damit man prüfen kann, ob andere Scherben zum selben Teller gehören könnten. Bereite einen Vortrag vor und erläutere dein Vorgehen. Erstelle auch ein Plakat oder ein Arbeitsblatt dazu.

11. Aus einer dreieckförmigen Holzplatte mit den Seitenlängen a = 50 cm, b = 70 cm und c = 100 cm möchte ein Schreiner einen möglichst großen Kreis ausschneiden, um daraus eine Tischplatte herzustellen. Aus Sicherheitsgründen muss das Sägeblatt einen Abstand von mindestens 10 cm zum Rand haben. Ermittle den Radius des Kreises.

12. Zeichne die Punkte A(2|0), B(0|3), C(−4|−4) und D(2|−6) in ein Koordinatensystem.
    a) Konstruiere einen Punkt E so, dass das Dreieck ABE gleichschenklig ist und die Höhe 3 Längeneinheiten beträgt. Gib die Koordinaten von E an.
    b) Konstruiere einen Punkt F so, dass der Punkt M(0|−4) der Mittelpunkt des Inkreises des Dreiecks CDF ist. Gib die Koordinaten von F an.

13. Wahr oder falsch? Begründe deine Antwort.
    a) Alle Punkte, die denselben Abstand zu zwei Punkten A und B haben, liegen auf der Mittelsenkrechten der Strecke $\overline{AB}$.
    b) Alle Punkte, die denselben Abstand zu einem Punkt A auf einer Geraden g und zu einem Punkt B auf einer Geraden h und zum Schnittpunkt der beiden Geraden haben, liegen auf ihrer Winkelhalbierenden.
    c) Alle Punkte, die denselben Abstand zu zwei sich schneidenden Geraden haben, liegen auf ihrer Winkelhalbierenden.
    d) Alle Punkte, die denselben Abstand zu zwei Punkten A und B haben, bilden mit den Punkten A und B ein gleichschenkliges Dreieck.
    e) Es gibt Dreiecke, bei denen der Mittelpunkt des Umkreises auf einer Seite liegt.
    f) Es gibt Dreiecke, bei denen der Mittelpunkt des Umkreises außerhalb des Dreiecks liegt.

5.3 Umkreis und Inkreis beim Dreieck

14. **Stolperstelle:** Prüfe, ob die Aussage wahr ist und begründe deine Entscheidung.
    ① Bei rechtwinkligen Dreiecken sind Um- und Inkreismittelpunkt immer gleich.
    ② Bei spitzwinkligen Dreiecken kann der Umkreismittelpunkt auf einer Dreieckseite liegen.
    ③ Bei stumpfwinkliges Dreiecken liegt der Umkreismittelpunkt nie innerhalb des Dreiecks.

15. Löse die Aufgabe. Eine dynamischen Geometrie-Software kann dabei hilfreich sein.
    a) Zwei Punkte A und B sind 5 cm voneinander entfernt.
    – Zeichne alle Punkte, die von A und B denselben Abstand haben.
    – Markiere den Bereich, in dem alle Punkte liegen, die näher an A als an B liegen.
    – Markiere den Bereich, in dem alle Punkte liegen, die genau 4 cm von A entfernt sind.
    b) Übertrage das nebenstehende Dreiecke ABC mit doppelten Seitenlängen ins Heft und konstruiere den Inkreis.
    c) Ermittle, wie viel Zentimeter jeweils die Radien der Umkreise der gleichseitigen Dreiecke mit den Seitenlängen 5 cm; 7 cm; 8,29 cm und 15,8 cm betragen.

Hinweis zu 15:
Tipps zum Umgang mit der dynamischen Geometrie-Software findest du auf den Seiten 229–236.

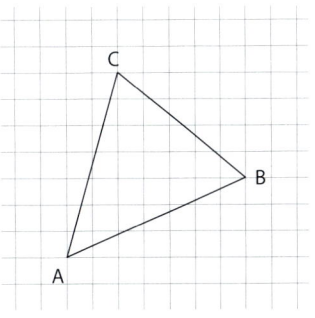

16. Konstruiere, wenn möglich, das Dreieck ABC mit dem Umkreisradius r.
    a) a = 4 cm, b = 5 cm, r = 3 cm
    b) β = 55°, a = 3,7 cm, r = 2,5 cm

17. Der abgebildete Schokoriegel mit einem gleichseitigen Dreieck als Querschnitt soll eine möglichst große kreisförmige Füllung aus Karamell enthalten. Die Karamellfüllung soll mindestens eine 1 mm dicke Schicht Schokolade umhüllen. Das Dreieck hat eine Seitenlänge von 3 cm.
    a) Ermittelt einen sinnvollen Radius für den Kreis.
    b) Vergleicht eure Ergebnisse untereinander.

18. Zeichne unterschiedliche Viereckarten die einen Umkreis haben. Beschreibe diese Vierecke.

19. Konstruiere das Dreieck ABC und miss die fehlenden Angaben.

	a	b	c	α	β	γ	Umkreisradius
a)	6 cm		4 cm				3 cm
b)		7 cm		40°			5 cm
c)	0,5 dm				60°		6 cm
d)		0,07 m	0,8 dm	50°			?

20. **Ausblick:**
    a) Konstruiere ein Dreieck mit den Seitenlängen a = 8 cm, b = 7 cm und c = 10 cm. Konstruiere und markiere den Umkreismittelpunkt M, den Höhenschnittpunkt H sowie den Schnittpunkt der Seitenhalbierenden. Beschreibe, was dir auffällt.
    b) Konstruiere weitere Dreiecke (die nicht gleichseitig sind) mit den oben angegebenen Punkten und beschreibe, was dir auffällt.
    c) Konstruiere ein gleichseitiges Dreieck mit der Seitenlänge a = 10 cm mit den oben angegebenen Punkten. Lässt sich deine Beobachtung allgemein auf gleichseitige Dreiecke übertragen? Begründe deine Antwort.

5.4 Seitenhalbierende und Höhen im Dreieck

■ Falte ein Dreieck aus Zeichenpapier entlang der drei markierten Linien. Jede der drei Linien ist senkrecht zu einer Seite des Dreiecks und geht durch Eckpunkt, der dieser Seite gegenüber liegt.

Was fällt dir auf? ■

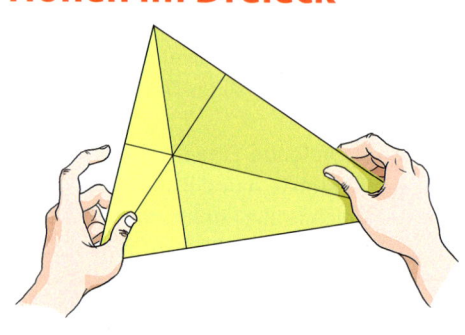

In Dreiecken gibt es Linien mit besonderen Eigenschaften.

Hinweis:
Liegt ein ausgeschnittenes Dreieck mit seinem Schwerpunkt auf einer Bleistiftspitze, dann bleibt es genau in der „Schwebe" und kippt nicht um.

> **Wissen: Seitenhalbierende und Höhen im Dreieck**
>
> Eine **Seitenhalbierende** verbindet den Mittelpunkt einer Dreieckseite mit dem der Seite gegenüberliegenden Eckpunkt. Die drei Seitenhalbierenden s_a, s_b und s_c schneiden einander im **Schwerpunkt S** des Dreiecks.
>
> s_a ist Seitenhalbierende von a
> s_b ist Seitenhalbierende von b
> s_c ist Seitenhalbierende von c
>
> Eine **Höhe** vom Dreieck ist eine senkrechte Strecke zu einer Dreieckseite (oder deren Verlängerung) durch den Eckpunkt, der dieser Seite gegenüberliegt.
>
> Die drei Höhen h_a, h_b und h_c schneiden einander im Punkt H.
>
> h_a ist Höhe zur Seite a
> h_b ist Höhe zur Seite b
> h_c ist Höhe zur Seite c

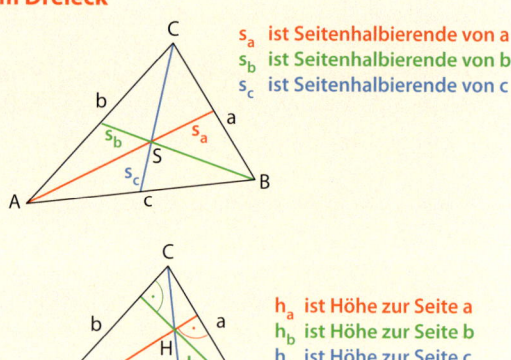

Die Eigenschaften von Höhen im Dreieck lassen sich mit einer dynamischen Geometrie-Software gut veranschaulichen.

Spitzwinkliges Dreieck	Rechtwinkliges Dreieck	Stumpfwinkliges Dreieck
H liegt im Innern des Dreicks.	H ist ein Eckpunkt.	H liegt außerhalb des Dreiecks.

Seitenhalbierdende und Höhen von Dreiecken konstruieren

Beispiel 1:
Übertrage das Dreieck ABC ins Heft
a) Konstruiere alle Seitenhalbierenden des Dreiecks.
b) Konstruiere alle Höhen des Dreiecks.

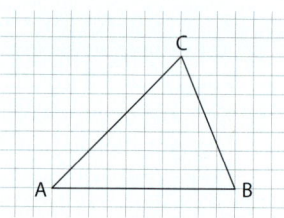

5.4 Seitenhalbierende und Höhen im Dreieck

Lösung:
a) Verbinde die Mittelpunkte der Dreieckseiten jeweils mit den gegenüberliegenden Eckpunkten.

b) Konstruiere jeweils die Lote von den Eckpunkten auf die gegenüberliegenden Seiten.

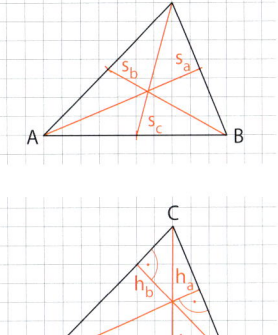

Hinweis:
Werkzeuge in einer dynamischen Geometrie-Software:

Mittelsenkrechte

Strecke

senkrechte Gerade

Basisaufgaben

1. Zeichne ein gleichseitiges Dreieck mit allen Seitenhalbierenden und allen Höhen. Was fällt dir auf?

2. Zeichne ein gleichschenkliges Dreieck mit allen Seitenhalbierenden und allen Höhen. Was fällt dir auf?

3. Zeichne das Dreieck PQR mit P(0|0), Q(6|4), R(5|1) in ein Koordinatensystem.
   a) Ermittle näherungsweise die Koordinaten des Schnittpunktes der Seitenhalbierenden.
   b) Ermittle näherungsweise die Koordinaten des Schnittpunktes der Höhen des Dreiecks.

Weiterführende Aufgaben

4. Alle Seitenhalbierenden und Höhen eines Dreiecks ABC schneiden einander jeweils im gemeinsamen Punkt X. Zeichne solch ein Dreieck ABC in ein Koordinatensystem und gib die Koordinaten der Punkte A, B, C und X an. Zu welcher Dreiecksart gehört das Dreieck ABC?

5. a) Zeichne ein spitzwinkliges Dreieck ABC.
   b) Zeichne durch die Punkte A, B und C jeweils eine Parallele zur gegenüberliegenden Seite des Dreiecks. Die Schnittpunkte der drei Parallelen bilden ein Dreieck DEF.
   c) Untersuche Gemeinsamkeiten und Unterschiede der Höhen und der Seitenhalbierenden der beiden Dreiecke ABC und DEF.

 6. **Stolperstelle:** Ina meint, dass es Dreiecke gibt, bei denen der Schnittpunkt der Seitenhalbierenden, so wie der Schnittpunkt der Höhen, außerhalb des Dreiecks liegen kann. Was meinst du? Begründe deine Aussage.

7. **Ausblick:** Konstruiere in einem selbst gewählten Dreieck ABC den Schnittpunkt S_m der Mittelsenkrechten und zeige, dass S_m von den Eckpunkten A, B und C des Dreiecks gleich weit entfernt ist. Konstruiere im gleichen Dreieck auch den Schnittpunkt S_h der Höhen. Konstruiere den Mittelpunkt M der Strecke $\overline{S_m S_h}$ und zeichne um M einen Kreis mit dem Radius $r = \overline{MS_m}$. Beschreibe, in welchen Punkten dieser Kreis das Dreieck schneidet.

5.5 Satz des Thales

■ Mia bewegt ihr Zeichendreieck zwischen zwei Nadeln so, dass die Nadeln vom Dreieck immer berührt werden. Dann markiert sie die Lage der rechtwinkligen Ecke des Dreiecks mehrfach durch Punkte und stellt fest, dass alle Punkte auf einem Kreis liegen.

Prüfe, ob du zum gleichen Ergebnis kommst. ■

Dieser schon im antiken Griechenland bekannte Zusammenhang ist nach seinem Entdecker (Thales von Milet) benannt und kann für Konstruktionsaufgaben verwendet werden.

Thales von Milet
(um 624 v. Chr.
bis 547 v. Chr.)

Hinweis:
Wenn man Voraussetzung und Behauptung vertauscht, erhält man die Umkehrung.

Der Satz des Thales und seine Umkehrung

Wissen: Satz des Thales (Thalessatz)
Wenn in einem Dreieck ABC der Punkt C auf dem Kreis mit dem Durchmesser $\overline{AB}$ liegt, dann ist das Dreieck ABC rechtwinklig mit dem rechten Winkel bei C.

Umkehrung des Thalessatzes:
Wenn ein Dreieck ABC bei C einen rechten Winkel hat, so liegt der Punkt C auf einem Kreis mit der Seite $\overline{AB}$ als Durchmesser.
Solch ein Kreis wird auch **Thaleskreis** genannt.

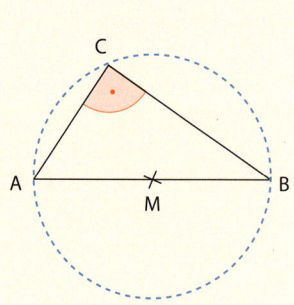

Mithilfe des Thalessatzes und des Innenwinkelsatzes für Dreiecke können Innenwinkelgrößen bei rechtwinkligen Dreiecken berechnet werden.

Beispiel 1: Berechne die Größe von γ im nebenstehenden Dreieck ABC.

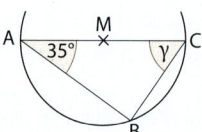

Lösung:
Nutze den Innenwinkelsatz für
Dreiecke und den Satz des Thales.
Setze die Winkelgrößen in die
Gleichung ein und löse diese.

$$35° + 90° + γ = 180°$$
$$125° + γ = 180°$$
$$γ = 55°$$

Basisaufgaben

1. Berechne die Größen der gesuchten Winkel eines rechtwinkligen Dreiecks ABC mit dem rechten Winkel bei C.
   a) β und γ für α = 75°
   b) α, β und γ für α = 2β
   c) α und β für γ = 90°
   d) α, β und γ für α = 3β
   e) α und γ für β = 45°
   f) α, β und γ für α = β

5.5 Satz des Thales

2. Berechne die Größen der Winkel β, γ und δ, wenn α die gebenen Größe hat.
   a) α = 30°   b) α = 75°   c) α = 45°   d) α = 10°

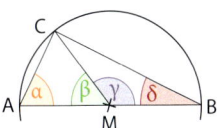

Rechtwinklige Dreiecke konstruieren

Mithilfe der Umkehrung des Thalessatzes können rechtwinklige Dreiecke konstruiert werden.

Beispiel 2: Konstruiere ein rechtwinkliges Dreieck ABC mit γ = 90° bei C.
a) aus c = 8,0 cm und a = 6,5 cm
b) aus c = 8,0 cm und α = 35°

Lösung:

a) Erstelle eine Planfigur und kennzeichne die gegebenen Stücke farbig.

Planfigur:

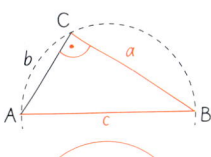

Zeichne die Strecke c = $\overline{AB}$ und darüber den Thaleskreis mit r = $\frac{c}{2}$ (auf dem der Punkt C liegen muss).

Konstruktion:

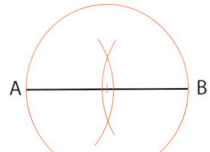

Zeichne einen Kreis um den Punkt B mit r = a = $\overline{BC}$.

Benenne die Schnittpunkte beider Kreise mit C_1 und C_2. Verbinde C_1 und C_2 jeweils mit den Punkten A und B.

Beachte: △ ABC_1 ≅ △ ABC_2

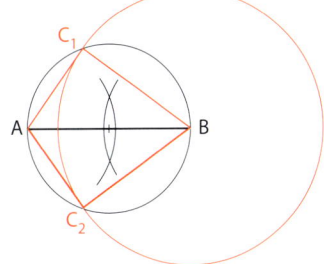

b) Erstelle eine Planfigur und kennzeichne die gegebenen Stücke farbig.

Planfigur:

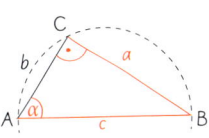

Zeichne Strecke c = $\overline{AB}$ und darüber den Thaleskreis mit r = $\frac{c}{2}$ (auf dem der Punkt C liegen muss).

Konstruktion:

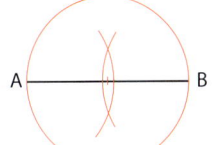

Trage an $\overline{AB}$ in A den Winkel α ab. Der freie Schenkel des Winkels α schneidet den Thaleskreis im Punkt C. Verbinde C mit B.

Das Dreieck ABC ist das gesuchte Dreieck.

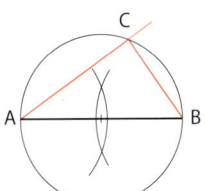

Basisaufgaben

3. Konstruiere ein rechtwinkliges Dreieck ABC mit $\gamma = 90°$ bei C.
   a) $\overline{AB} = 8\,\text{cm}$; $\overline{AC} = 6\,\text{cm}$ b) $\overline{AB} = 8\,\text{cm}$; $\alpha = 40°$ c) $\overline{AB} = 75\,\text{mm}$; $\beta = 55°$

4. Konstruiere ein rechtwinkliges Dreieck ABC mit $\gamma = 90°$ bei C.
   a) $c = 4\,\text{cm}$; $a = 2\,\text{cm}$ b) $c = 5\,\text{cm}$; $b = 1,5\,\text{cm}$ c) $c = 4\,\text{cm}$; $\beta = 60°$

5. Konstruiere mithilfe des Thaleskreises drei verschiedene rechtwinklige Dreiecke, deren längste Seite eine Länge von 4 cm hat.

Weiterführende Aufgaben

6. Löse die Aufgabe und erläutere dein Vorgehen.
   a) Konstruiere ein rechtwinkliges Dreieck ABC mit $\gamma = 90°$ bei C, $\overline{AB} = 5,0\,\text{cm}$ und $\overline{BC} = 2,0\,\text{cm}$.
   b) Berechne die Größen der Winkel α, β, γ, δ und ε in nebenstehender Abbildung.

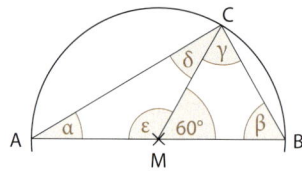

7. Zeichne einen Halbkreis mit einem Durchmesser $\overline{AB} = 6\,\text{cm}$. Zeichne in die Figur ein rechtwinkliges Dreieck ABC mit einem möglichst großen Flächeninhalt. Beschreibe die Lage des Punktes C und begründe deine Antwort.

Hinweis zu 8: Hier findest du Lösungen zu a und b.

8. Ermittle alle fehlenden Winkelgrößen in nebenstehender Zeichnung, wenn gilt:
   a) $\alpha = 25°$ b) $\gamma_1 = 55°$ c) $\alpha = \beta$
   d) $\delta_1 = 110°$ e) $\alpha = 2\beta$ f) $\gamma_1 = \gamma_2$

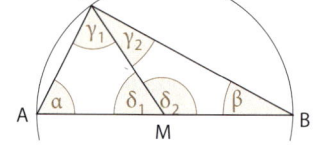

9. Berechne die fehlenden Winkelmaße.
   a)   b)

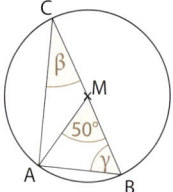   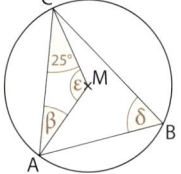

10. Veranschauliche mithilfe dynamischer Geometrie-Software die Gültigkeit des Thalessatzes und seiner Umkehrung. Zeichne dazu einen Kreis mit dem Durchmesser $\overline{AB}$ und einen Punkt C auf dem Kreis, einen Punkt D innerhalb des Kreises und einen Punkt E außerhalb des Kreises. Überprüfe in jedem der drei Fälle experimentell durch Bewegen der Punkte C, D und E, dass das Dreieck ABC stets rechtwinklig, das Dreieck ABD stets spitzwinklig und das Dreieck ABE stets stumpfwinklig ist.

11. **Stolperstelle:** Peggy schließt aus der Tatsache, dass zwei rechte Winkel in einem Thaleskreis immer über dem Durchmesser des Kreises liegen, dass zwei andere gleich große Winkel, die ihre Scheitelpunkte auf dem Kreis haben, immer über ein und demselben Bogen des Kreises liegen. Was meinst du dazu?

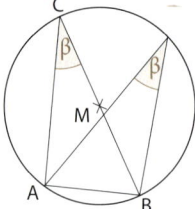

5.5 Satz des Thales

12. Zeichne einen Kreis mit dem Durchmesser d = 3 cm. Markiere auf dem Kreis einen Punkt P. Konstruiere die Tangente t in P an den Kreis.

13. Zeichne einen Kreis mit einem Radius r = 1,5 cm. Zeichne in den Kreis zwei zueinander senkrechte Sehnen $\overline{AB}$ und $\overline{BC}$. Gib die Länge der Sehne $\overline{AC}$ an. Begründe deine Aussage.

14. Konstruiere ein Drachenviereck ABCD aus folgenden Bestimmungstücken:
    $\overline{AB} = \overline{AD} = 6{,}4$ cm; $\sphericalangle BAD = 75°$; $\sphericalangle CBA = 90°$

15. Zeichne in einen Kreis zwei verschiedene Durchmesser $\overline{AC}$ und $\overline{BD}$ ein.
    a) Begründe, dass die Punkte A, B, C, D Eckpunkte eines Rechtecks sind.
    b) Beschreibe, welche Lage die Strecken $\overline{AC}$ und $\overline{BD}$ zueinander haben, wenn das Viereck ABCD ein Quadrat ist.

16. Die Eckpunkte eines Vierecks ABCD liegen auf einem Kreis mit dem Durchmesser d = 4 cm. Außerdem ist bekannt, dass gilt $\overline{AB} = 3$ cm und $\sphericalangle CBA = 90°$.
    a) Max meint, dass es zu dieser Aufgabe unendlich viele Lösungen gibt. Bist du der gleichen Meinung? Begründe deine Aussage.
    b) Gib die Größe des Winkels $\sphericalangle ADC$ an.

17. Ein Kreis k sei der Umkreis des rechtwinkligen Dreiecks ABC mit γ = 90°. Die Strecke $\overline{AB}$ ist der Durchmesser des Kreises. Überprüfe folgende Aussagen:
    Wenn der Punkt C auf dem Kreis k wandert, aber nicht mit A und mit B zusammenfällt, …
    a) können spitzwinklige Dreiecke ABC entstehen,
    b) gilt für die Innenwinkel α, β des Dreiecks ABC, dass deren Summe 90° beträgt,
    c) ändert sich der Flächeninhalt der Dreiecke ABC nicht,
    d) sind alle Dreiecke ABC rechtwinklig.

18. Zeichne eine Gerade h und zwei Punkte A und B, die nicht auf h, aber auf derselben Seite von h liegen. Kannst du einen Punkt C so auf h konstruieren, dass das Dreieck ABC rechtwinklig (γ = 90°) ist? Beschreibe dein Vorgehen. Welche Fälle sind möglich?

19. Die Bildfolge zeigt, wie Tangenten von einem Punkt P außerhalb eines Kreises an den Kreis konstruiert werden können. Beschreibe die Konstruktion mit eigenen Worten und führe die Konstruktion für einen Kreis mit einem Radius von 4 cm und $\overline{MP} = 10$ cm durch.

 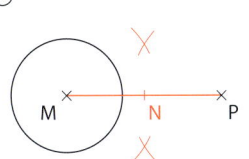 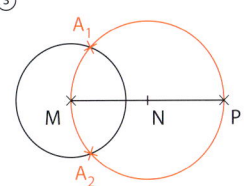 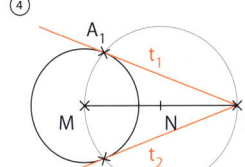

20. **Ausblick:** Gegeben sei ein Kreis mit dem Mittelpunkt M und drei Punkten A, B und C, die auf dem Kreis liegen. Der Winkel $\sphericalangle AMB$ heißt Zentriwinkel über dem Kreisbogen $\overset{\frown}{AB}$ und der Winkel $\sphericalangle ACB$ heißt Peripheriewinkel über dem Bogen $\overset{\frown}{AB}$.

    Beweisfigur

    a) Zeige für die Beweisfigur, dass der Zentriwinkel α doppelt so groß ist wie der zugehörige Peripheriewinkel γ (**Zentri-Peripheriewinkelsatz**).
    b) Wie groß sind Peripherie- und Zentriwinkel über einem Halbkreis?

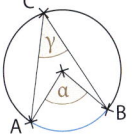 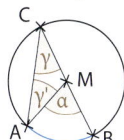

Streifzug

5. Geometrische Konstruktionen

Beweise in der Geometrie

Bei geometrischen Beweisen werden aus bekannten geometrischen Eigenschaften andere (noch nicht bekannte Eigenschaften) abgeleitet.

Wissen: Schritte beim Erstellen geometrischer Beweise

Veranschaulichung:
Fertige eine Skizze zum Sachverhalt an.
Trage auch Hilfslinien ein und markiere gegebene bzw. bekannte Stücke.

Voraussetzung:
Schreibe Bekanntes (Voraussetzungen) auf. Das sind Bedingungen.

Behauptung:
Stelle Vermutungen (Behauptungen) über Merkmale bzw. Eigenschaften von Figuren auf, die bei Vorliegen der Voraussetzung zutreffen. Verwende dazu Skizzen als Hilfsmittel und untersuche Beispiele. Das entfällt, wenn die Behauptung bereits in der Aufgabe gegeben ist.

Beweisidee:
Überlege, wie du bekannte Eigenschaften nutzen kannst, um deine Vermutung herzuleiten.

Beweis:
Gehe schrittweise vor und begründe jeden Schritt. Nutze dabei die Voraussetzung.

Beweisen mithilfe der Kongruenzsätze

Beispiel 1: Beweise mithilfe der Kongruenzsätze, dass die Diagonalen im Rechteck einander stets halbieren.

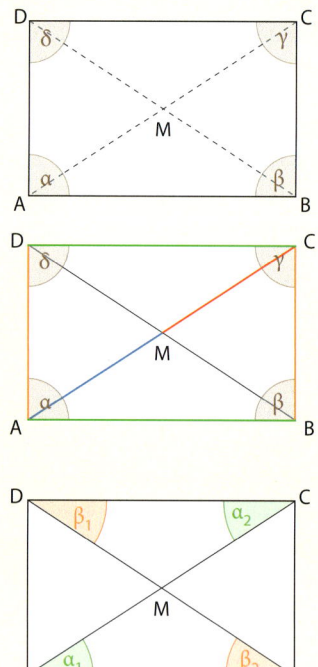

Veranschaulichung:
Skizziere ein Rechteck.
Anhand der Skizze lässt sich vermuten, dass die Diagonalen einander halbieren. Zum Beweis wird zunächst eine beliebige Diagonale gewählt, beispielsweise $\overline{AC}$.

Es muss gezeigt werden, dass gilt:
$\overline{AM} = \overline{MC}$ (**Behauptung**)

Für Rechtecke gilt (**Voraussetzung**):
– $\overline{AB} \parallel \overline{CD}$ und $\overline{BC} \parallel \overline{AD}$
– $\overline{AB} = \overline{CD}$ und $\overline{BC} = \overline{AD}$.

Beweis:
$\alpha_1 = \alpha_2$ und $\beta_1 = \beta_2$ (Wechselwinkel an geschnittenen Parallelen)
Die Dreiecke ABM und CDM sind nach dem Kongruenzsatz (wsw) zueinander kongruent. Daraus folgt: $\overline{AM} = \overline{MC}$
Also wird die Diagonale $\overline{AC}$ durch M halbiert. Entsprechend beweist man, dass M auch die Diagonale $\overline{DB}$ halbiert.

Streifzug

Ein Beweis des Thalessatzes

Beispiel 2: Beweise den Thalessatz:
Wenn in einem Dreieck ABC der Punkt C auf dem Kreis mit dem Durchmesser $\overline{AB}$ liegt, dann ist das Dreieck ABC rechtwinklig mit dem rechten Winkel bei C.

Voraussetzung: A, B, und C sind drei Punkte auf einem Kreis um M. $\overline{AB}$ ist Durchmesser des Kreises.

Behauptung: $\gamma = 90$

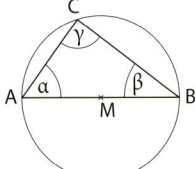

Beweis:

(1) $\alpha + \beta + \gamma = 180°$ (Winkelsumme im Dreieck)

(2) $\alpha = \gamma_1$ und $\beta = \gamma_2$ (Basiswinkel, gleichschenkliges Dreieck)

(3) $\gamma_1 + \gamma_2 + \gamma = 180°$ (1) und (2)

(4) $\gamma + \gamma = 180°$ ($\gamma_1 + \gamma_2 = \gamma$)

(5) $2\gamma = 180°$ $\gamma + \gamma = 2\gamma$

Also gilt: $\gamma = 90°$

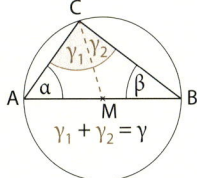

Aufgaben

1. Beweise, dass die Diagonalen im Parallelogramm einander stets halbieren.

2. Beweise, dass im „Sehnenviereck" ABCD gilt:
$\alpha + \gamma = 180°$ und $\beta + \delta = 180°$

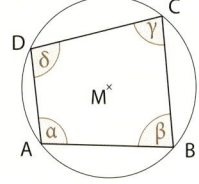

3. Beweise, dass in jedem gleichschenkligen Dreieck ABC mit $|\overline{AC}| = |\overline{BC}|$ die Innenwinkel α und β an der Basis gleich groß sind.

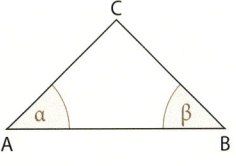

4. Auf den Seiten des gleichseitigen Dreieck ABC werden Punkte D, E und F so markiert, dass sie jeweils gleich weit von einem der Eckpunkte entfernt sind. Verbindet man D, E und F miteinander, entsteht das Dreieck DEF. Das Dreieck DEF ist auch gleichseitig. Im folgenden Beweis sind die Beweisschritte durcheinander geraten. Bringe sie in deinem Heft in die richtige Reihenfolge und ordne jeweils die passenden Begründungen zu.

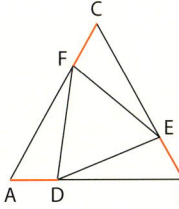

$\alpha = \beta = \gamma = 60°$

$\overline{EF} = \overline{FD} = \overline{DE}$

Das Dreieck DEF ist gleichseitig.

$\overline{DB} = \overline{EC} = \overline{FA}$ und $\overline{FC} = \overline{DA} = \overline{EB}$

Die Dreiecke EBD, FCE und DAF sind kongruent.

– In einem gleichseitigen Dreieck sind die drei Innenwinkel gleich groß.
– Die beiden Dreiecke EBD und FCE stimmen in zwei Seitenlängen und der Größe des eingeschlossenen Winkels überein. Ebenso stimmen die Dreiecke FCE und DAF überein.
– Kongruenzsatz sws
– Die Punkte D, E und F sind von den Ecken A, B beziehungsweise C jeweils gleich weit entfernt.
– Im Dreieck DEF sind alle Seiten gleich lang.

5.6 Vermischte Aufgaben

1. Konstruiere in einem Koordinatensystem das Dreieck ABC so, dass die Geraden AD und BE die Winkelhalbierenden der Innenwinkel des Dreiecks sind. Gib die Koordinaten von C an.
   a) A(0|1); B(2|0); D(2|−2); E(4|1)
   b) A(0|1); B(2|0); D(4|5,1); E(−2,1|2,9)

Hinweis zu 3:
Die Eigenschaften gleichschenkliger Dreiecke können dir helfen.

2. Begründe folgende Konstruktion:
   Um den Mittelpunkt eines Kreises zu konstruiert werden zwei (nicht zueinander parallele) Sehnen des Kreises gezeichnet und deren Mittelsenkrechten konstruiert. Der Schnittpunkt der beiden Mittelsenkrechten ist der Mittelpunkt des Kreises.

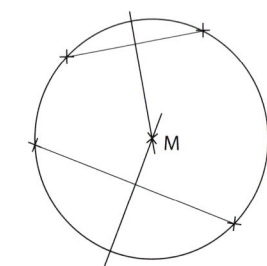

3. Jan plant zum Geburtstag eine Schatzsuche. Eine Karte und eine Beschreibung sollen beim Suchen helfen. Übertrage die Karte und markiere die Lage des Schatzes mit einem „x".

   Zwei Personen bilden ein Team und müssen sich immer auf geraden Pfaden bewegen. Die erste Person geht von der Hütte in Richtung Busch, bleibt auf halben Wege stehen, dreht sich dann um 90° entgegen dem Uhrzeigersinn und geht weiter. Die zweite Person bewegt sich von der Kreuzung aus genau in der Mitte zwischen den beiden eingezeichneten Wegen. Der Schatz liegt dort, wo sich beide treffen.

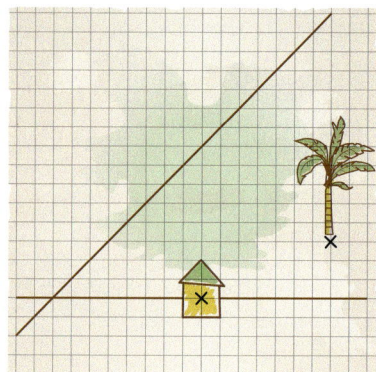

4. Die drei Orte A-Dorf, B-Hausen und C-Berg benötigen einen besseren Handyempfang und damit neue Sendetürme. Um Geld zu sparen, einigen sie sich darauf, gemeinsam einen stärkeren Sender anzuschaffen. A-Dorf und B-Hausen sind 10 km voneinander entfernt, B-Hausen und C-Berg 12 km und A-Dorf und C-Berg 11 km.
   a) Begründe mithilfe einer Zeichnung, wo der Sendemast aufgestellt werden sollte.
   b) Es gibt drei verschiedene Ausführungen: Mast 1 hat eine Reichweite von 5 km, Mast 2 von 10 km und Mast 3 von 15 km. Je höher die Reichweite, desto höher sind auch die Kosten. Welchen Mast würdest du empfehlen? Begründe deine Antwort.

5. Nimm begründet zu folgender Aussage Stellung: „Verläuft die Symmetrieachse eines Vielecks durch einen Eckpunkt, so ist sie gleichzeitig eine Winkelhalbierende."

6. Zeichne die Figur im Maßstab 2 : 1 in dein Heft.
   a)
   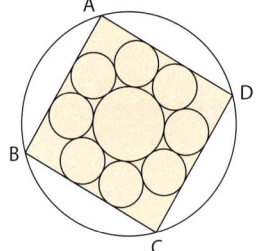
   b)
   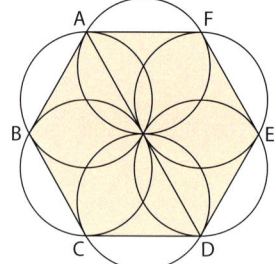

5.6 Vermischte Aufgaben

7. Nele behauptet, dass die beiden Winkelhalbierenden eines Nebenwinkelpaares senkrecht zueinander sind. Was meinst du? Begründe deine Aussage.

8. Zeichne das Dreieck RST mit R(1|4); S(6|1); T(6|8) in ein Koordinatensystem und ermittle jeweils die Koordinaten der Mittelpunkte vom Umkreis und vom Inkreis des Dreiecks.

9. Frau Schulte möchte in ihrem Garten eine Wäschespinne aufstellen. Die Stange für die Wäschespinne wird im Boden fest verankert. Sie möchte, dass der Weg von der Kellertreppe und von der Terrasse zur Wäschespinne jeweils gleich ist.
Außerdem soll die Wäschespinne mindestens 1 m vom Haus und 1,5 m vom Zaun entfernt stehen.
Zeichne alle möglichen Standorte in eine maßstabsgetreue Zeichnung ein.

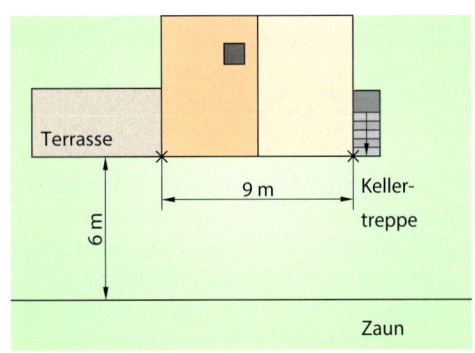

10. Zeichne einen Kreis mit beliebigem Radius. Markiere vier Punkte A, B, C und D auf dem Kreis, sodass das Viereck ABCD sowohl bei A als auch bei C einen rechten Winkel hat.
    a) Verschiebe A auf dem Kreis und miss die Innenwinkel. Beschreibe deine Beobachtung.
    b) Stelle eine Vermutung darüber auf, wie die Punkte B und D liegen müssen, damit bei A und C ein rechter Winkel ist. Überprüfe deine Vermutung an mehreren Beispielen.
    c) Setze die Punkte A, B, C und D so, dass das Viereck ABCD ein Quadrat ist. Nenne die Eigenschaften der Diagonalen in einem Quadrat und begründe sie mithilfe deiner Zeichnung.

11. Tim sieht zwei 40 m voneinander entfernte Bäume unter einem Winkel von 90°.
    a) Zeichne in einer maßstabsgerechten Zeichnung drei mögliche Standorte von Tim ein.
    b) Beschreibe seinen Standort, wenn er von jedem der Bäume gleich weit entfernt ist.
    c) Ermittle zeichnerisch, wie weit er vom zweiten Baum entfernt ist, wenn sein Abstand zum ersten Baum 15 m beträgt.

12. Erläutere, wie du unter Nutzung der Umkehrung des Thalessatzes im Gelände nur mit Hilfe einer Schnur und mit vier Fluchtstäben einen rechten Winkel abstecken würdest.

13. Leonhard Euler (1707 bis 1783), ein Schweizer Mathematiker, entdeckte, dass es in jedem Dreieck eine besondere Gerade gibt, die nach ihm benannte eulersche Gerade.
    a) Informiere dich über die eulersche Gerade.
    b) Zeichne die eulersche Gerade in einem beliebigen Dreieck.

14. Zeichne ein rechtwinklig-gleichschenkliges Dreieck ABC mit $\overline{AB}$ als längster Seite.
    a) Zeichne den Umkreis des Dreiecks ABC und beschreibe die Lage des Umkreismittelpunktes M?
    b) Vergleiche die Längen der Strecken $\overline{MA}$, $\overline{MB}$ und $\overline{MC}$.

15. Zeichne ein Rechteck ABCD mit der Diagonalen $\overline{AC}$. Konstruiere drei weitere Rechtecke, die $\overline{AC}$ als Diagonale haben. Beschreibe die Lage der Eckpunkte aller vier Rechtecke.

Prüfe dein neues Fundament

5. Geometrische Konstruktionen

Lösungen
↗ S. 245

1. Übertrage die Zeichnungen.
   a) Konstruiere die Mittelsenkrechte.
   b) Konstruiere die Winkelhalbierende.

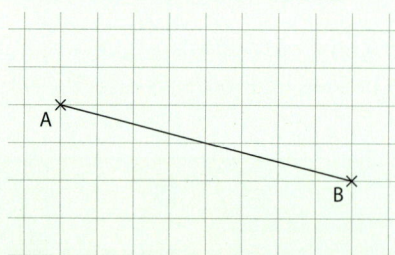
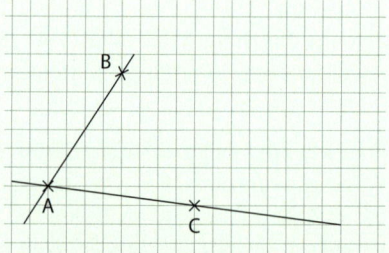

2. Auf einem Wandertag veranstaltet die Klasse 7c eine Schatzsuche. Der Schatz soll sich 30 m entfernt von einer Weggabelung in gleichem Abstand zu beiden Wegen befinden. Fertige eine Zeichnung in passendem Maßstab an und markiere den Fundort genau.

3. Übertrage das Dreieck im Maßstab 2 : 1 zweimal in dein Heft und konstruiere die drei Mittelsenkrechten der drei Dreiecksseiten sowie die drei Winkelhalbierenden der drei Winkel im Innern des Dreiecks. Notiere die Koordinaten des Schnittpunktes sowohl für die Mittelsenkrechten als auch für die Winkelhalbierenden, wenn der Ursprung des Koordinatensystems der Punkt A ist.

   a) 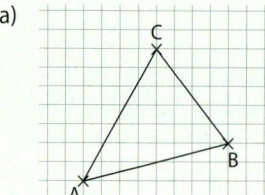   b) 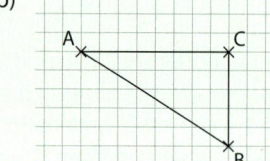   c)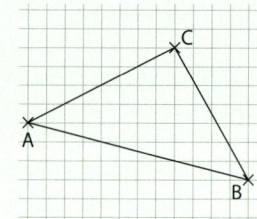

4. Zeichne in einem Koordinatensystem sowohl den Kreis mit dem Mittelpunkt M(0|0) und dem Radius r = 5 cm als auch den Punkt P(5|5). Zeichne durch P eine Sekante des Kreises und eine Tangente an den Kreis.

5. Zeichne einen Kreis k mit einem Radius r = 4 cm um einen Punkt M und benenne einen Punkt dieses Kreises mit P.
   a) Zeichne drei unterschiedliche Sehnen, die den Punkt P gemeinsam haben.
   b) Prüfe, ob es unter solchen Sehnen wie bei a) auch eine längste (eine kürzeste) Sehne gibt und zeichne solche Sehnen, wenn das so ist.
   c) Zeichne eine Sehne des Kreises, die halb so lang wie der Durchmesser des Kreises ist.

6. Zeichne einen Punkt P auf einem Kreis mit dem Radius r = 3,5 cm.
   a) Konstruiere in P die Tangente an den Kreis.
   b) Konstruiere eine weitere Kreistangente, die parallel zur ersten Tangente ist und beschreibe dein Vorgehen.
   c) Konstruiere eine weitere Kreistangente, die senkrecht zur ersten Tangente ist und beschreibe dein Vorgehen.

Prüfe dein neues Fundament

7. Gegeben sind zwei Punkte A und B. Zeichne Kreise mit $\overline{AB}$ als Sehne.
   a) Beschreibe, wo die Mittelpunkte der Kreise liegen.
   b) Prüfe, ob es unter diesen Kreisen einen kleinsten und einen größten Kreis gibt.

8. Zeichne das Dreieck ABC in einem Koordinatensystem und ermittle die Koordinaten des Schwerpunktes vom Dreieck ABC konstruktiv.
   a) A(0|0), B(6|0), C(0|6)   b) A(0|3), B(9|0), C(6|6)   c) A(3|1), B(8|2), C(1|6)

9. Ordne die folgenden Wortgruppen in deinem Heft zum Thalessatz:

10. Konstruiere mithilfe des Thaleskreises ein rechtwinkliges Dreieck, dessen längste Seite 5 cm beträgt. Eine der beiden anderen Seiten des Dreiecks ist 4 cm lang. Gib auch die Länge der dritten Seite des Dreiecks an.

11. Berechne die fehlenden Winkelmaße.
    a) 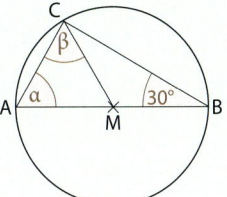   b) 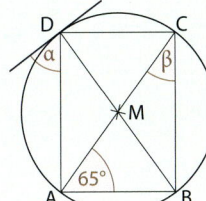   c)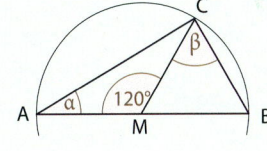

Wiederholungsaufgaben

1. a) Skizziere: ① ein Rechteck ② ein Quadrat ③ ein Dreieck mit 3 gleich langen Seiten
   b) Können die Figuren aus a) sowohl punkt- als auch achsensymmetrisch sein? Begründe.

2. Gib das Ergebnis in der in Klammer stehenden Maßeinheit an.
   a) Ein Viertel von 1 m. (in Zentimeter)   b) Das Achtfache von 400 g. (in Kilogramm)
   c) Ein Drittel eines Tages. (in Stunden) d) Das Zwölffache von 70 Cent. (in Euro)

3. Ein Sponsor spendet 100 € und zusätzlich für jeden gelaufenen Kilometer 50 Cent. Stelle eine Formel für den „erlaufenen Geldbetrag" auf, wenn x die gelaufenen Kilometer sind.

4. Im Diagramm siehst du das Ergebnis einer Umfrage. Jeder Befragte konnte genau eine Kategorie auswählen. Bestimme anhand des Diagramms, wie viele Personen insgesamt geantwortet haben.

Zusammenfassung

5. Geometrische Konstruktionen

Winkelhalbierende und Mittelsenkrechte

Auf der **Winkelhalbierenden** eines Winkels α liegen alle Punkte, die von den beiden Schenkeln des Winkels jeweils den gleichen Abstand haben.

Konstruktion der Winkelhalbierenden eines Winkels α:

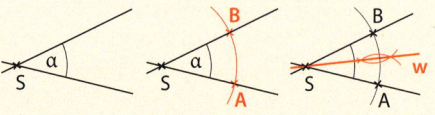

Auf der **Mittelsenkrechten** einer Strecke $\overline{AB}$ liegen alle Punkte, die von A und von B den gleichen Abstand haben.

Konstruktion der Mittelsenkrechten einer Strecke $\overline{AB}$:

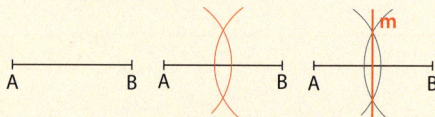

Geometrische Zusammenhänge am Kreis

Radius: Abstand des Mittelpunktes M zu den Punkten des Kreises.

Durchmesser: Größtmöglicher Abstand zweier Punkte des Kreises.

Sehne: Strecke zwischen zwei Punkten eines Kreises.

Sekante: Gerade, die einen Kreis in zwei Punkten schneidet.

Tangente: Gerade, die einen Kreis in genau einem Punkt berührt.

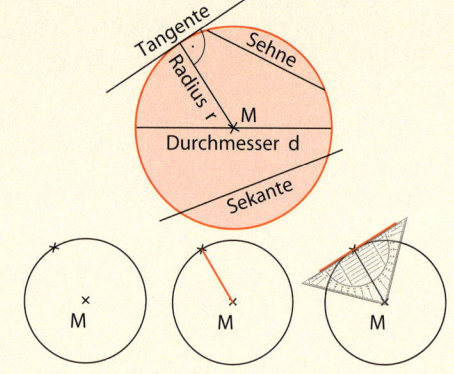

Umkreis und Inkreis von Dreiecken

Die drei **Winkelhalbierenden** der drei Innenwinkel des Dreiecks ABC schneiden einander in einem Punkt, dem **Inkreismittelpunkt**.

Die drei **Mittelsenkrechten** der drei Seiten des Dreiecks ABC schneiden einander in einem Punkt, dem **Umkreismittelpunkt**.

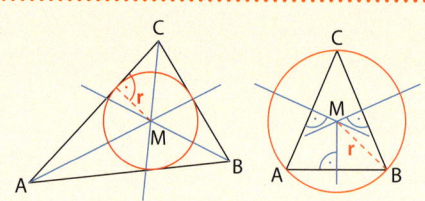

Seitenhalbierende und Höhen im Dreieck

Die drei **Seitenhalbierenden** eines Dreiecks ABC schneiden einander im **Schwerpunkt** S.

Die drei **Höhen** eines Dreiecks ABC schneiden einander im Punkt H.

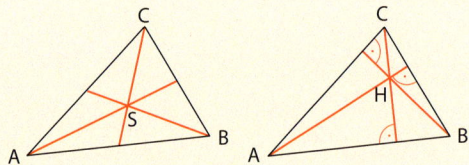

Satz des Thales

Wenn in einem **Dreieck** ABC der Punkt C auf dem Kreis mit dem Durchmesser $\overline{AB}$ liegt, ist das Dreieck ABC **rechtwinklig** mit dem rechten Winkel bei C.

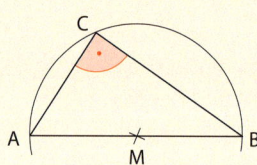

Umkehrung:
Wenn ein Dreieck ABC bei C einen rechten Winkel hat, so liegt der Punkt C auf einem Kreis mit der Seite $\overline{AB}$ als Durchmesser.

6. Zufall und Wahrscheinlichkeit

Wie wahrscheinlich ist es, zweimal hintereinander eine Sechs zu würfeln? Das Glück lässt sich nicht immer vorhersagen, Wahrscheinlichkeiten aber schon.

Nach diesem Kapitel kannst du …
- Wahrscheinlichkeiten bei Zufallsversuchen berechnen,
- Laplace-Versuchen beschreiben und untersuchen,
- Simulationen durchführen und Schätzwerte für Wahrscheinlichkeiten angeben.

Dein Fundament

6. Zufall und Wahrscheinlichkeit

Lösungen
S. 247

Bruch-, Dezimalbruch- und Prozentschreibweise

1. Gib sowohl in Dezimalbruch- als auch in Prozentschreibweise an.
   a) $\frac{1}{4}$ b) $\frac{3}{50}$ c) $\frac{17}{100}$ d) $\frac{12}{40}$ e) $\frac{3}{4}$ f) $\frac{19}{20}$

2. Schreibe als Bruch. Kürze das Ergebnis vollständig.
   a) 0,1   b) 0,5   c) 0,125   d) 0,375   e) 0,75   f) 0,05

3. Gib als Bruch und als Dezimalbruch an.
   a) 1 %   b) 40 %   c) 5 %   d) 75 %   e) 22 %   f) 30 %

4. Übertrage die Tabelle ins Heft und fülle sie aus.

Prozentschreibweise	1 %		5 %		30 %	160 %
Bruch mit Nenner 100		$\frac{20}{100}$				
Bruch (gekürzt)				$\frac{4}{5}$		$\frac{5}{4}$
Dezimalbruch			0,04		0,02	

5. Ordne der Größe nach. Beginne mit der kleinsten Zahl.
   a) 0,5; 0,33; $\frac{7}{8}$; $\frac{7}{9}$ b) $\frac{1}{4}$; 0,7; 0,03; $\frac{4}{5}$; 1,01   c) $0,5^2$; 0,13; $\left(\frac{1}{2}\right)^3$; 0,1

Mit Brüchen und Dezimalbrüchen rechnen

6. Rechne im Kopf.
   a) $\frac{1}{6} \cdot \frac{5}{6}$ b) $\frac{2}{3} \cdot \frac{1}{3} \cdot \frac{2}{3}$ c) $26 \cdot \frac{1}{48}$ d) $\frac{3}{8} \cdot \frac{2}{7}$ e) $\frac{3}{4} \cdot 0,5$
   f) $0,25 \cdot \frac{2}{5}$ g) $0,5 \cdot 0,5$ h) $7 \cdot 0,9$ i) $0,8 \cdot 0,02$ j) $0,4 \cdot 0,5 \cdot 0,6$

7. Gib das Ergebnis als Bruch und als Dezimalbruch (gerundet auf Hundertstel) an.
   a) $\frac{1}{3} + \frac{1}{4}$ b) $\frac{5}{8} - \frac{1}{4}$ c) $\frac{2}{3} + \frac{5}{9}$ d) $\frac{1}{20} + \frac{1}{10} + \frac{2}{5}$ e) $0,25 + \frac{3}{8} - \frac{1}{4}$

8. Berechne.
   a) $\frac{3}{4} \cdot \frac{2}{3} + \frac{2}{3} \cdot \frac{3}{4}$ b) $\frac{3}{8} \cdot \frac{5}{7} + \frac{5}{8} \cdot \frac{3}{7}$ c) $\frac{2}{3} \cdot \frac{3}{4} + \frac{3}{4} \cdot \frac{2}{3}$ d) $\frac{1}{6} \cdot \frac{3}{5} + \frac{3}{5} \cdot \frac{5}{6}$ e) $\frac{4}{7} \cdot \frac{7}{8} + \frac{7}{8} \cdot \frac{3}{7}$

Häufigkeiten und Mittelwerte

9. Frank hat 12 Freunde nach ihren Lieblingssportarten befragt.
   a) Übertrage die Tabelle ins Heft und fülle sie aus.

Sportart	Anzahl	Häufigkeit	Anteil in Prozent
Fußball	ℍℍ I	6	
Handball	II		
Tischtennis	IIII		

   b) Stelle die Häufigkeiten in einem Säulendiagramm dar.

10. Zensuren in einem Mathematiktest: 1, 3, 3, 3, 2, 2, 3, 3, 4, 2, 1, 3, 4, 4, 3, 3, 3, 2, 2, 1, 3
    a) Gib den Zensurendurchschnitt an.
    b) Stelle die Anteile der Zensuren 1 bis 4 an allen Zensuren in einem Diagramm dar.

Dein Fundament

11. Ein Kreisdiagramm zeigt die Befragungsergebnisse nach dem Alter der 24 Schülerinnen und Schüler in der Klasse 7 b.
    a) Gib das durchschnittliche Alter der Schülerinnen und Schüler der Klasse 7 b an.
    b) Ermittle, wie sich der Altersdurchschnitt der 7 b ändert, wenn zwei Schüler mit 11 Jahren die Klasse verlassen und ein 14-jähriger Schüler hinzukommt.

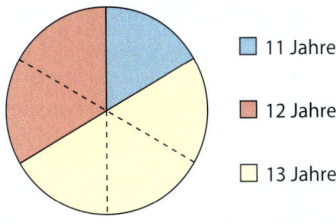

Vermischtes

12. Gib sechs Brüche an, die auf dem Zahlenstrahl zwischen $\frac{1}{8}$ und $\frac{5}{8}$ liegen.

13. Rechne im Kopf.
    a) 7 % von 500 €
    b) 10 % von 30 kg
    c) 15 % von 3 h
    d) 110 % von 700 €

14. Begründe, warum beim Würfeln mit zwei Würfeln die Augensumme 6 wahrscheinlich häufiger gewürfelt wird als die Augensumme 2.

15. Tom will zur Berechnung des Prozentwertes eine Tabellenkalkulation nutzen. Gib an, welche Formel in Zelle C4 einzutragen ist. Prüfe mithilfe von Beispielen.

	A	B	C
1	Prozentwerte berechnen		
2	gegeben	gegeben	gesucht
3	Grundwert (in €)	Prozentsatz	Prozentwert (in €)
4	500	3 %	15

16. Ermittle, wie viele Möglichkeiten es gibt, über die Wege a, b, c, (1) und (2) von A-Dorf über B-Dorf nach C-Dorf zu gelangen.

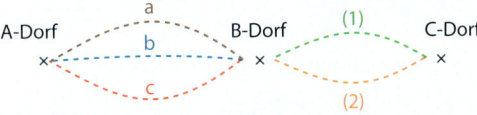

17. Die Blutgruppen 0, A, B und AB sind nicht überall gleich verteilt. Es gibt regionale Unterschiede. Die Tabelle enthält die Angaben für die Bundesrepublik Deutschland.

Blutgruppe	0	A	B	AB
Anteil	41 %	43 %	11 %	5 %

   a) Stelle die Verteilung der Blutgruppen im Diagramm dar.
   b) Berechne, wie viele von 500 zufällig ausgewählten Einwohnern Deutschlands bei jeder Blutgruppe zu erwarten sind.

18. Im statistischen Jahrbuch der BRD für 2014 ist folgende Aussage zu finden: „Jede fünfte Professur in der BRD übt eine Frau aus."
    Ermittle den prozentualen Anteil der Frauen an allen Professuren in der BRD.

6.1 Zufallsexperimente und Wahrscheinlichkeit

■ Elias und Laura wollen auslosen, wer von ihnen den neuen Rechner zuerst ausprobieren darf. Sie haben dafür mehrere Gegenstände gefunden.

Beschreibe, wie du die abgebildeten Gegenstände für eine Auslosung nutzen würdest. ■

Zufallsexperimente

Beim Würfeln kann nicht mit Sicherheit vorhergesagt werden, welche Augenzahl gewürfelt wird. Das Ergebnis beim Würfeln ist also vom Zufall abhängig. Das Würfeln ist ein Beispiel für ein **Zufallsexperiment** im Unterschied zum naturwissenschaftlichen Experiment, dessen Ergebnis nicht vom Zufall abhängt, wie z. B. das Erwärmen von Wasser und das Feststellen der Siedetemperatur.

> **Wissen: Zufallsexperiment**
> Ein **Zufallsexperiment** (oder auch **Zufallsversuch**) hat folgende Merkmale:
> – Es sind mehrere voneinander verschiedene **Ergebnisse** (Versuchsausgänge) möglich.
> – Alle möglichen Ergebnisse können vor dem Experiment angegeben werden.
> – Es lässt sich nicht mit Sicherheit voraussagen, welches Ergebnis eintreten wird.

Beispiel 1:
a) Untersuche, ob das Werfen des abgebildeten 2x2-Lego-Bausteins ein Zufallsexperiment ist. Gib gegebenenfalls alle möglichen Ergebnisse für das einmalige Werfen des Lego-Bausteins an.
b) Untersuche, ob das Fallenlassen einer Kugel ein Zufallsexperiment ist.

Lösung:

a) Prüfe die Merkmale eines Zufallsexperiments:	Es sind mehrere Versuchsausgänge möglich. Oben liegen kann:
– Sind mehrere voneinander verschiedene Ergebnisse möglich?	A: quadratische Fläche mit Noppen
– Welche Ergebnisse sind möglich?	B: quadratische Fläche ohne Noppen
– Kann vorhergesagt werden, welches Ergebnis eintreten wird?	C: Seitenfläche
	Es kann nicht vorhergesagt werden, ob A, B oder C eintritt.
Entscheide, ob es ein Zufallsexperiment ist.	Es ist ein Zufallsexperiment.
b) Prüfe die Merkmale eines Zufallsexperiments.	Es ist nur ein Versuchsausgang möglich, da sich frei fallende Kugeln auf der Erde immer senkrecht nach unten bewegen.
Entscheide, ob es ein Zufallsexperiment ist.	Es ist kein Zufallsexperiment.

Basisaufgaben

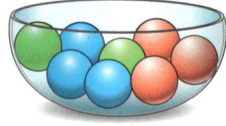

1. Nenne Beispiele für Zufallsexperimente und Beispiele für nicht zufällige Experimente.

2. Aus der abgebildeten Schüssel werden mit verbundenen Augen einmal gleichzeitig drei Kugeln entnommen. Gib alle möglichen Versuchsausgänge an.

3. Entscheide, ob ein Zufallsexperiment vorliegt und gib an, welche Versuchsausgänge möglich sind. Erkläre sonst, warum es kein Zufallsexperiment ist.
   a) Lea spielt Lotto 6 aus 49.
   b) Der nächste Sonntag ist schulfrei.
   c) Bernd zieht aus einem Kartenspiel eine Karte.
   d) Eine mit Marmelade bestrichene Brotscheibe fällt auf den Boden.
   e) Bayern München spielt nächstes Wochenende gegen Schalke 04.

4. Eine festgelegte Anzahl von Münzen wird gleichzeitig auf eine Tischfläche geworfen. Gib alle möglichen Versuchsausgänge an, wenn nur interessiert, wie oft „Zahl" oben liegt.
   a) Es werden zwei Münzen geworfen.
   b) Es werden drei Münzen geworfen.

Wahrscheinlichkeit von Ergebnissen

Beim „Mensch-ärgere-dich-nicht-Spiel" ist die Wahrscheinlichkeit, mit einem Spielwürfel eine ungerade Zahl zu werfen, genau so groß, wie für eine gerade Zahl.

> **Wissen: Zufallsexperimente und Wahrscheinlichkeit von Ergebnissen**
> Jedem Ergebnis eines Zufallsexperiments kann eine **Wahrscheinlichkeit** zwischen 0 und 1 (zwischen 0 % und 100 %) zugeordnet werden, mit der es eintritt.
>
> Für alle möglichen Ergebnisse ist die **Summe der Wahrscheinlichkeiten 1 (100 %)**.
>
> Die Wahrscheinlichkeit gibt an, welche **relative Häufigkeit** für ein Ergebnis bei vielen Versuchswiederholungen zu erwarten ist. Sie dient der Prognose (Voraussage).

Hinweis:
Relative Häufigkeiten treffen Aussagen über bereits *durchgeführte Zufallsversuche*.
Wahrscheinlichkeiten treffen Aussagen über die Chancen in *bevorstehenden Zufallsversuchen*.

Bei ausreichender Anzahl von Wiederholungen eines Zufallsexperiments kann der ermittelte Wert für die relative Häufigkeit eines Ergebnisses als Schätzwert für die Wahrscheinlichkeit dieses Ergebnisses angesehen werden.

> **Beispiel 2:**
> Der Zeiger am nebenstehenden Glücksrad mit vier Farbfeldern soll einmal gedreht werden. Ermittle die Wahrscheinlichkeit, mit der beim Drehen der Zeiger auf der Farbe Rot (Blau; Grün; Gelb) stehen bleibt.
>
>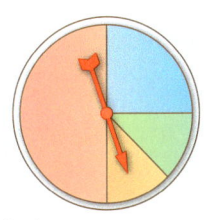
>
> **Lösung:**
> Vergleiche, welchen Anteil ein Farbfeld an der Gesamtfläche des Glücksrads hat.
>
> Anteile an der Gesamtfläche:
> Rot: 50 %   Blau: 25 %
> Grün: 12,5 %   Gelb: 12,5 %
>
> Gib den Anteil des Farbfeldes an der Gesamtfläche des Glücksrads als Bruch an.
>
> Wahrscheinlichkeit für:
> Rot: $\frac{1}{2}$ Blau: $\frac{1}{4}$
> Grün: $\frac{1}{8}$ Gelb: $\frac{1}{8}$

Basisaufgaben

5. Der Zeiger am nebenstehenden Glücksrad soll einmal gedreht werden. Ermittle die Wahrscheinlichkeit, mit der beim Drehen der Zeiger auf der Farbe Rot (Blau; Grün; Gelb) stehen bleibt.

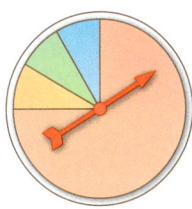

6. Eine regelmäßige dreiseitige Pyramide (ein Tetraeder) bleibt beim Werfen (wie in der Abbildung) liegen. Es zählt die Augenzahl oben (an der Spitze).
   a) Mit welcher Wahrscheinlichkeit bleibt der Tetraeder so liegen?
   b) Gib alle möglichen Ergebnisse und deren Wahrscheinlichkeiten an.

7. Zeichne ein Glücksrad mit den Farben Rot, Grün und Gelb, bei dem der Zeiger mit folgender Wahrscheinlichkeit beim einmaligen Drehen stehen bleibt:
   a) 25 % auf Rot, 25 % auf Gelb und 50 % auf Grün
   b) 80 % nicht auf Rot

Beispiel 3: Wird eine Reißzwecke auf den Tisch geworfen, kann sie in unterschiedlichen Lagen liegen bleiben.
a) Gib alle möglichen Ergebnisse des Zufallsexperiments an.
b) Ermittle die relative Häufigkeit dafür, dass eine Reißzwecke auf dem Rücken liegen bleibt, wenn von 15 Reißzwecken 6 auf dem Rücken landen.

Lösung:
a) Prüfe die Merkmale eines Zufallsexperiments:
   – Sind mehrere voneinander verschiedene Ergebnisse möglich?
   – Welche Ergebnisse sind möglich?

Mögliche Ergebnisse sind:
1. Reißzwecke landet auf dem Rücken.
2. Reißzwecke landet nicht auf dem Rücken.

b) Berechne die relative Häufigkeit als Quotient aus der absolute Häufigkeit H(A) der Beobachtungen und der Gesamtzahl n.

Relative Häufigkeit:
$\frac{6}{15} = \frac{2}{5} = \frac{4}{10} = 40\,\%$

Basisaufgaben

8. Es wird mit einem Würfel einmal gewürfelt, der das gegebene Körpernetz hat.
   a) Gib alle Ergebnisse an, die beim Würfeln mit diesem Würfel auftreten können.
   b) Gib die Wahrscheinlichkeiten für das Würfeln von „Blau" für folgende Würfelnetze an:
   (1)   (2)   (3)

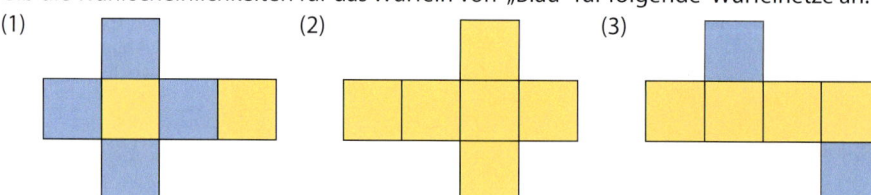

9. a) Gib alle möglichen Ergebnisse für die Lage eines Kronkorkens an, wenn er nach dem Hochwerfen auf dem Fußboden liegen bleibt.
   b) Ermittle jeweils die relative Häufigkeit dafür, dass ein Kronkorken in der Lage A „Wölbung nach oben" liegen bleibt. Die Tabelle zeigt Angaben mehrerer Versuche.

Anzahl der Versuche	5	10	20	30	50	100
Häufigkeit der Lage A	2	6	7	13	25	66

Weiterführende Aufgaben

10. Aus der Schüssel wird mit verbundenen Augen und einem Griff eine Kugel gezogen.
    a) Gib alle Ergebnisse an, die dabei auftreten können.
    b) Berechne die Wahrscheinlichkeit dafür, dass:
       (1) eine rote Kugel gezogen wird,
       (2) eine blaue Kugel gezogen wird,
       (3) eine grüne Kugel gezogen wird,
       (4) keine grüne Kugel gezogen wird,
       (5) keine rote Kugel gezogen wird.

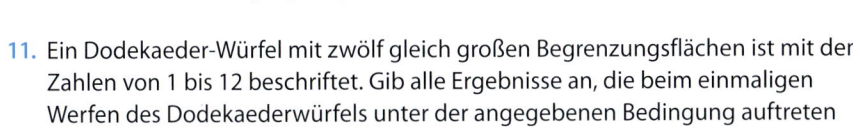

11. Ein Dodekaeder-Würfel mit zwölf gleich großen Begrenzungsflächen ist mit den Zahlen von 1 bis 12 beschriftet. Gib alle Ergebnisse an, die beim einmaligen Werfen des Dodekaederwürfels unter der angegebenen Bedingung auftreten können und berechne die Wahrscheinlichkeit für das Eintreten.
    a) Die Augenzahl ist größer als 10.
    b) Die Augenzahl ist eine Primzahl.
    c) Die Augenzahl ist kleiner als 1.
    d) Die Augenzahl ist gerade.
    e) Die Augenzahl ist größer als 3 und kleiner als 5.

12. Beim Werfen des abgebildeten Glücksschweins gibt es vier Möglichkeiten. Das Experiment wurde mehrfach durchgeführt. Es ergaben sich folgende Häufigkeiten:

Schwein			
steht auf vier Beinen	liegt auf dem Rücken	liegt auf der Seite	steht auf der Schnauze
35	19	64	6

Ermittle die relative Häufigkeit für jede der vier Möglichkeiten.

13. **Stolperstelle:** Miriam würfelt mit zwei Würfeln und behauptet, dass man mit einer Wahrscheinlichkeit von 50 % einen Pasch erhält, da es nur die beiden Ergebnisse „Pasch" und „Nicht-Pasch" gibt. Was meinst du? Begründe deine Aussage.

Hinweis: Beim Pasch haben beide Würfel gleiche Augenzahl.

14. Wie groß ist die Wahrscheinlichkeit für folgendes Ergebnis:
    a) Mit einem Spielwürfel wird eine ungerade Zahl geworfen.
    b) Aus einem Skatspiel mit 32 Karten wird eine Karte gezogen, auf der eine Zahl steht.
    c) Beim zweimaligen Werfen einer Münze liegt zweimal „Zahl" oben.

15. Von den 28 Schülerinnen und Schülern der Klasse 7a haben 4 Schüler ihre Hausaufgaben in Mathematik überhaupt nicht und 7 Schüler nur unvollständig angefertigt. Die Mathematiklehrerin möchte aus Zeitgründen nicht alle Hausaufgaben kontrollieren. Sie wählt nach dem Zufallsprinzip nur ein Heft aus.
    Wie groß ist die Wahrscheinlichkeit, dass die Hausaufgabe:
    a) unvollständig ist, b) vollständig ist, c) nicht vorhanden ist.

16. Zeichne das Netz eines Würfels, dessen Begrenzungsflächen nur mit den Ziffern 1, 2 oder 3 Beim Netz eines Würfels sollen sich auf den Seitenflächen nur die Zahlen 1; 2 oder 3 befinden. Zeichne solch ein Netz so, dass sich folgende Wahrscheinlichkeiten ergeben:
    a) $\frac{1}{3}$ für das Würfeln von 1
    b) $\frac{1}{2}$ für das Würfeln von 1 oder 3
    c) 0 für das Würfeln einer 3
    d) 1 für das Würfeln einer 2

17. Mit einem der drei abgebildeten Glücksräder wurde ein Zufallsexperiment durchgeführt. Die Farben Rot, Blau, Grün und Gelb traten mit folgenden Häufigkeiten auf:

Rot	Blau	Grün	Gelb
46	22	50	24

a) Berechne jeweils die relative Häufigkeit.
b) Welches der abgebildeten Glücksräder könnte es gewesen sein? Begründe das.
c) Gib für jedes der beiden anderen Glücksräder mögliche Häufigkeiten für das Auftreten der vier Farben an.

(1) 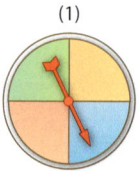   (2) 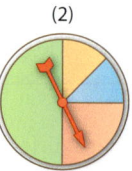   (3)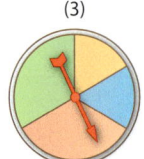

18. Beim Werfen eines zweifarbigen Zylinders auf eine Tischfläche kann die blaue Seite oder die grüne Seite oben liegen. Es kann auch sein, dass er auf der Mantelfläche M liegen bleibt. Miriam, Sven, Christina, Sophie und Yannick haben Wahrscheinlichkeiten geschätzt.

	grün oben	blau oben	liegt
Miriam	45 %	45 %	30 %
Sven	0,5	0,35	0,15
Christina	0,25	0,25	0,5
Sophie	40 %	40 %	20 %
Yannick	$\frac{1}{3}$	$\frac{1}{3}$	$\frac{1}{3}$

a) Beurteile die fünf Schätzungen.
b) Beim 50-maligen Werfen des Zylinders lag 20-mal die blaue Seite oben, 22-mal die grüne Seite und 8-mal lag der Zylinder auf der Mantelfläche. Entscheide und begründe, welcher der Schätzungen am besten zu diesem Ergebnis passt.
c) Wie würdest du die Wahrscheinlichkeiten schätzen, wenn du das Ergebnis aus b) berücksichtigst?

19. In einem Beutel sind grüne, blaue, rote und gelbe Murmeln. Es wurde immer eine Murmel mit geschlossenen Augen aus dem Beutel genommen und dann wieder zurückgelegt.

Farbe	Grün	Blau	Rot	Gelb
Anzahl	26	18	40	16

a) Berechne die relative Häufigkeit für jede Farbe.
b) Wie viele Murmeln von jeder Farbe könnten im Beutel sein, wenn es insgesamt 30 sind?

20. **Ausblick:** Pia, Marie und Erik merken, dass beim „Mensch-ärgere-dich-nicht-Spiel" plötzlich der Würfel verschwunden ist. Sie suchen ein anderes Zufallsgerät als Ersatzwürfel.
   – Pia möchte drei Buchstabenplättchen mit den Buchstaben O, P und A in ein Säckchen legen und diese drei nacheinander herausziehen.
   – Marie hat zwei unterschiedliche Münzen in der Tasche und will diese werfen.
   – Erik hat einen quaderförmigen USB-Stick in der Hosentasche und meint, dies sei der ideale Ersatz für den Würfel.

Untersuche für alle drei Fälle, ob es möglich ist, damit einen Würfel zu ersetzen, d. h. ein Zufallsgerät zu erzeugen, bei dem es sechs Fälle gibt, die gleich wahrscheinlich sind.

6.2 Lange Versuchsreihen

■ Wird eine Reißwecke auf den Tisch geworfen, landet sie entweder auf dem Rücken oder nicht auf dem Rücken. In der nebenstehenden Abbildung liegen 12 von den 30 Reißwecken auf dem Rücken.

Ermittle die relative Häufigkeit dafür, dass eine Reißwecke auf dem Rücken landet. Schätze, wie viele von 40 Reißwecken bei einem weiteren Zufallsversuch unter gleichen Bedingungen auf dem Rücken landen. ■

Bei weiteren Versuchen wurden für „*Reißwecke landet auf dem Rücken*" folgende Häufigkeiten erhalten:

Anzahl n	20	50	100	200	300	400
Absolute Häufigkeit H(A)	2	28	43	77	123	153
Relative Häufigkeit h(A)	0,10	0,56	0,43	0,39	0,41	0,38

Die relative Häufigkeit h(A) scheint sich mit größer werdender Versuchsanzahl um einen festen Wert zu stabilisieren.

Obwohl es hier auch bei großer Versuchsanzahl keine Gewissheit darüber gibt, wie viele Reißwecken auf dem Rücken landen, vermittelt die stabilisierte relative Häufigkeit eine gewisse Vorstellung von der „Chance", wie oft die Reißwecken so liegen bleiben.

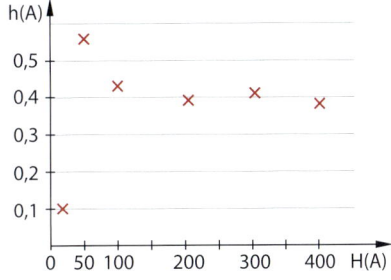

Ein solcher Wert wird genutzt, um für die Wahrscheinlichkeit eine Zahl festzulegen, die bei vielen Versuchsdurchführungen „möglichst wenig" von den relativen Häufigkeiten abweicht. Bei obigem Beispiel könnte festgelegt werden:

Die Wahrscheinlichkeit dafür, dass die *Reißwecke auf dem Rücken landet,* beträgt 0,4.

Zwischen der Wahrscheinlichkeit und der relativen Häufigkeit gibt es einen Zusammenhang, der in langen Versuchsreihen erkennbar ist.
So lässt sich die Wahrscheinlichkeit für ein Ergebnis mithilfe der relativen Häufigkeit annähernd bestimmen.

> **Wissen: Empirisches Gesetz der großen Zahlen**
> Wird ein Zufallsexperiment sehr oft durchgeführt, so stabilisieren sich mit einer ausreichend hohen Anzahl von Versuchsdurchführungen die relativen Häufigkeiten der Ergebnisse um einen festen Wert p, der zwischen 0 und 1 liegt.
>
> Dieser feste Wert p wird als **Wahrscheinlichkeit P(A)** (sprich: P von A) der betrachteten Ergebnisse bezeichnet.
>
> Mithilfe einer **stabilisierten relativen Häufigkeit** kann ein **Schätzwert** für die **Wahrscheinlichkeit** angegeben werden.

Hinweise:
P(A) = 0,4 bedeutet beispielsweise, dass bei 1000 Würfen mit der Reißwecke etwa 400-mal das Ereignis A zu erwarten ist.

P von probability [engl.] = Wahrscheinlichkeit

6. Zufall und Wahrscheinlichkeit

Beispiel 1: Der Zufallsversuch „Werfen eines 2x2-Lego-Bausteins" wurde wiederholt durchgeführt und beobachtet, wie oft die Seite mit Noppen oben liegt.
Dabei ergab sich:

Hinweis:
A bedeutet hier:
Seite mit Noppen
liegt oben.

Anzahl der Würfe n	30	90	150	210	270	330
Absolute Häufigkeit H(A)	17	46	80	107	130	157

a) Berechne die relativen Häufigkeiten h(A) und entscheide, ob sie sich um einen Wert stabilisieren. Lege, wenn das so ist, eine Zahl für die Wahrscheinlichkeit P(A) fest.
b) Ermittle, wie oft A bei 10 000 Durchführungen dieses Versuchs etwa vorkommen wird.

Lösung:

a) Berechne die relativen Häufigkeiten h(A).

Gib einen Schätzwert für P(A) an.

n	30	90	150	210	270	330
h(A)	0,511	0,533	0,533	0,510	0,481	0,476

h(A) stabilisiert sich für größere Anzahlen von Versuchsdurchführungen um 0,48.

b) Multipliziere die Anzahl der Versuchsdurchführungen mit dem Schätzwert für die Wahrscheinlichkeit.

Formuliere eine Antwort.

Schätzwert: $P(A) = 0{,}48$
$0{,}48 \cdot 10\,000 = 4800$

Bei 10 000 Würfen wird A etwa 4800-mal eintreten.

Basisaufgaben

1. Bei einem Zufallsversuch wurden für ein und dieselben Ergebnisse die absoluten Häufigkeiten H(A) bei jeweils n Durchführungen gezählt.

Anzahl n	60	120	180	240	300	360
H(A)	16	32	49	70	94	109

   a) Berechne die relativen Häufigkeiten für A und gib einen Schätzwert für P(A) an.
   b) Ermittle, wie oft A bei 100 000 Durchführungen dieses Versuchs etwa vorkommen wird.

2. Werft jeder fünf Serien zu je 20 Würfen mit einer Münze.
   a) Ermittelt für jede Serie die relative Häufigkeit dafür, dass „Zahl" oben liegt.
   b) Berechnet diese relativen Häufigkeiten für 2; für 3; für 4; für alle 5 Serien zusammen.
   c) Gebt einen Schätzwert für die Stabilisierung der relativen Häufigkeiten an.

Weiterführende Aufgaben

3. In einem Gefäß befinden sich nur rote und blaue Kugeln. Es wird jeweils eine Kugel mit verbundenen Augen gezogen und wieder zurückgelegt. Folgende Versuchsergebnisse für das *Ziehen einer roten Kugel* (A) traten auf:

   Hinweis:
   A bedeutet hier:
   Ziehen einer roten
   Kugel

Anzahl der Ziehungen n	80	160	240
Anzahl der roten Kugeln H(A)	13	33	48

   a) Untersuche, ob sich diese relativen Häufigkeiten stabilisieren.
   b) Mit wie vielen roten Kugeln wäre bei 1000 Ziehungen zu rechnen?
   d) Welchen Anteil blauer Kugeln in der Urne kann man vermuten?

6.2 Lange Versuchsreihen

4. Eine Reißzwecke wird 200-mal auf den Tisch geworfen und notiert, wie oft die „Rückenlage" auftritt. Die Tabelle enthält die notierten Angaben:

Anzahl der Würfe	20	40	60	80	100	120	140	160	180	200
Reißzwecke auf Rücken	8	12	15	22	31	41	52	56	61	68

a) Berechne die relativen Häufigkeiten und stelle sie in einem Diagramm dar.
b) Schätze die Wahrscheinlichkeit, dass eine Reißzwecke auf dem Rücken landet.

Hinweis zu 4 a: Hier findest du die gerundeten Lösungen.

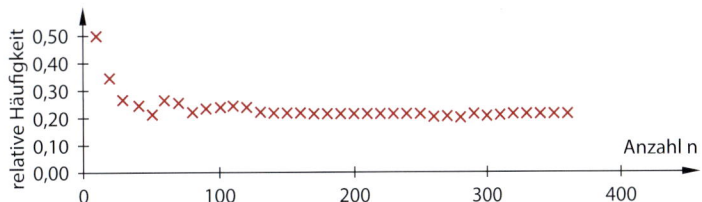

35% 25%
34% 28%
40% 34%
31% 30%
37% 34%

5. Es werden zwei Münzen gleichzeitig geworfen. Gesucht ist die Wahrscheinlichkeit dafür, das zweimal „Zahl" oben liegt. Arbeitet zu zweit.
   a) Gebt eine Vermutung über die gesuchte Wahrscheinlichkeit ab.
   b) Führt diesen Vorgang mit zwei Münzen 50-mal durch und ermittelt einen Schätzwert für die gesuchte Wahrscheinlichkeit.

6. **Stolperstelle:** Jörg hat 20-mal einen Spielwürfel geworfen und dabei zehnmal die Augenzahl Sechs erhalten. Er vermutet nun, dass der von ihm verwendete Würfel gezinkt ist. Was meinst du zu dieser Vermutung?

Hinweis: Ein Würfel gilt als „gezinkt", wenn nicht alle Augenzahlen mit derselben Wahrscheinlichkeit gewürfelt werden können.

7. Das nebenstehende Glücksrad wird 400-mal gedreht. Beim Erreichen des goldenen Feldes gibt es einen Gewinn. Nach jeweils 50 Versuchen wird notiert, wie häufig es bis dahin einen Gewinn gab.

Anzahl der Versuche n	50	100	150	200	250	300	350	400
H(Gewinn)	9	14	18	21	24	35	42	48

a) Berechne jeweils die relativen Häufigkeiten und stelle sie in einem Diagramm dar.
b) Jens meint, dass sich die relative Häufigkeit bei 12% stabilisiert, also die Wahrscheinlichkeit für einen Gewinn 12% beträgt. Susi erwidert, dass sich bei weiteren Versuchen die relative Häufigkeit noch etwas ändern könnte. Nimm zu beiden Aussagen Stellung.
c) Zeige, dass die Wahrscheinlichkeit für einen Gewinn $\frac{1}{8} = 12{,}5\%$ beträgt.

8. Vermute, was wahrscheinlicher ist. Begründe deine Aussage.
   A: Beim zehnfachen Werfen einer Münze erhält man 7-mal „Zahl".
   B: Beim hundertfachen Werfen einer Münze erhält man 70-mal „Zahl".
   C: Beim tausendfachen Werfen einer Münze erhält man 700-mal „Zahl".

9. Erläutere, wie man am nebenstehenden Diagramm den Effekt der Stabilisierung relativer Häufigkeiten bei einem Zufallsversuch erkennen kann.
   Beschreibe einen Zufallsversuch und gib ein Ergebnis an, das zu diesem Diagramm passen könnte.

10. **Ausblick:** Beim Würfeln mit zwei Würfeln gibt es für die Augensummen 9 und 10 die beiden Möglichkeiten $4 + 5 = 9$ und $3 + 6 = 9$ sowie $6 + 4 = 10$ und $5 + 5 = 10$.
    Miriam hat 100-mal gewürfelt und vermutet, dass die Augensumme 9 wahrscheinlicher ist.
    a) Führe dieses Zufallsexperiment selbst durch und simuliere dann 1000 Versuche mit einer Tabellenkalkulation. Vergleiche deine Ergebnisse mit Miriams Vermutung.
    b) Begründe, dass die Augensumme 9 eine höhere Wahrscheinlichkeit hat als die Augensumme 10.

6.3 Laplace-Wahrscheinlichkeit

■ Jonas will die Wahrscheinlichkeit für das Würfeln einer 6 ermitteln und würfelt dazu zehnmal jeweils mit zehn Würfeln gleichzeitig. Er notiert, wie oft welche Augenzahl gewürfelt wurde: 3; 3; 5; 6; 3; 6; 2; 4; 6; 6
Leon meint, dass man keine Versuchsreihe braucht, da ja jede Augenzahl gleich wahrscheinlich ist.

Gib die Wahrscheinlichkeit für das Würfelergebnis 6 an. ■

Es gibt Zufallsversuche, bei denen alle Ergebnisse die gleiche Wahrscheinlichkeit haben. Solche Zufallsversuche werden nach dem französischen Mathematiker Pierre Simon de Laplace (1749 bis 1827) als Laplace-Versuche bezeichnet.

> **Wissen: Laplace-Experiment und Summenregel**
> Ein Zufallsexperiment mit endlichen vielen Versuchen, bei dem alle Ergebnisse die gleiche Wahrscheinlichkeit haben, heißt **Laplace-Experiment**.
>
> Bei n Ergebnissen ist die **Wahrscheinlichkeit in einem Laplace-Experiment** für jedes einzelne Ergebnis: $p = \frac{1}{n}$
>
> Die Wahrscheinlichkeit von mehreren Ergebnissen ergibt sich durch Addition der Wahrscheinlichkeit von jedem einzelnen Ergebnis (**Summenregel**).

Beispiel 1: Ein Spielwürfel wird einmal geworfen. Prüfe, ob ein Laplace-Experiment vorliegt und berechne (wenn das so ist) die Wahrscheinlichkeit dafür, dass die Augenzahl eine Primzahl ist.

Lösung:

Prüfe die Anzahl der möglichen Ergebnisse. Prüfe, ob jedes mögliche Ergebnis die gleiche Wahrscheinlichkeit hat.	Mögliche Ergebnisse: 1; 2; 3; 4; 5; 6 Alle Ergebnisse sind gleich wahrscheinlich. Es ist ein Laplace-Experiment.
Ermittle die Anzahl der Primzahlen von 1 bis 6.	Es könnten die Primzahlen 2; 3 und 5 gewürfelt werden. Es sind genau 3.
Ermittle die Wahrscheinlichkeit für „Primzahl gewürfelt" durch Addition der einzelnen Wahrscheinlichkeiten.	Die Wahrscheinlichkeit, dass die gewürfelte Zahl eine Primzahl ist, beträgt: $\frac{1}{6} + \frac{1}{6} + \frac{1}{6} = 3 \cdot \frac{1}{6} = \frac{3}{6} = \frac{1}{2} = 50\%$

Basisaufgaben

1. Beurteile, ob ein Laplace-Experiment vorliegt.
    a) Werfen einer Münze
    b) Schießen eines Elfmeters
    c) Durchführen einer Befragung nach der Anzahl der Kinder in einer Familie
    d) einmaliges Drehen eines Glücksrads mit zehn gleich großen Sektoren
    e) ermitteln des Siegers beim Pferderennen mit zehn Pferden

2. Zeichne mindestens zwei verschiedene Glücksräder für Laplace-Experimente, bei denen es jeweils sechs mögliche Ergebnisse gibt.

6.3 Laplace-Wahrscheinlichkeit

3. Ein Spielwürfel wird einmal geworfen. Begründe, warum ein Laplace-Experiment vorliegt. Berechne die Wahrscheinlichkeit des Ergebnisses:
   a) Die Augenzahl ist mindestens 2.
   b) Die Augenzahl ist höchstens 6.
   c) Die Augenzahl ist kleiner als 0.
   d) Die Augenzahl ist größer als 5.

4. In einem Gefäß befinden sich rote und schwarze Kugeln. Die Wahrscheinlichkeit, dass eine rote Kugel gezogen wird, soll den angegebenen Wert haben. Gib mögliche Anzahlen für die roten und schwarzen Kugeln in dem Gefäß an.
   a) 0,2   b) 50 %   c) 0,01   d) $\frac{1}{3}$ e) 1   f) 0

5. In einem Skat-Kartenspiel mit 32 Spielkarten gibt es vier Buben, vier Damen und vier Könige. Karo und Herz werden „rote Karten" genannt, Pik und Kreuz werden „schwarze Karten" genannt. Berechne die Wahrscheinlichkeit, mit der die angegebene Karte aus dem Kartenspiel gezogen werden kann.
   a) Dame   b) Kreuz-Karte
   c) schwarze Karte   d) Kreuz-König

6. Aus allen Buchstaben des Wortes L A P L A C E E X P E R I M E N T wird zufällig ein Buchstabe ausgewählt. Berechne die Wahrscheinlichkeit dafür, dass der Buchstabe:
   a) ein C ist   b) ein E ist   c) ein Vokal ist
   d) ein Konsonant ist   e) ein U ist   f) kein A ist

Hinweis zu 6:
Gerundete Lösungen:

0 % 41,2 %
88,2 %
5,9 %
58,8 %
23,5 %

7. Beschreibe, wie ein Experiment mit einem Spielwürfel aussehen könnte.
   a) Es soll ein Laplace-Experiment mit drei möglichen Ergebnissen sein.
   b) Es soll ein Laplace-Experiment mit zwei möglichen Ergebnissen sein.
   c) Es soll kein Laplace-Experiment sein.

Weiterführende Aufgaben

8. Ermittle für das abgebildete Glücksrad die Wahrscheinlichkeit, dass das angegebene Ergebnis eintritt. Erläutere dein Vorgehen.
   a) Es bleibt auf einer ungeraden Zahl stehen.
   b) Es bleibt auf einem gelben Feld stehen.
   c) Es bleibt auf einer durch 3 teilbaren Zahl stehen.
   d) Es bleibt nicht auf einem blauen Feld stehen.
   e) Es bleibt auf einem blauen oder einem grünen Feld stehen.

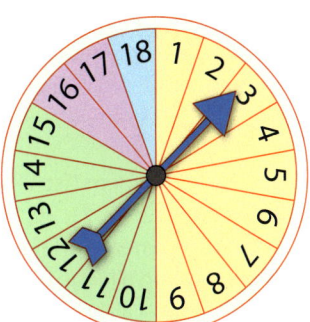

9. Entscheide, ob es sich um ein Laplace-Experiment handelt. Begründe deine Aussage und ermittle, wenn es so ist, die Wahrscheinlichkeit.
   a) Ziehung eines Loses aus 200 Losen   b) Wahl eines Klassensprechers aus 24 Personen
   c) Geburt eines Jungen oder eines Mädchens

Hinweis zu 9c:
Informiere dich im Internet über die Anteile der Mädchen- und Jungengeburten.

10. Beschreibe für den Vorgang alle möglichen Ergebnisse und entscheide, ob alle Ergebnisse gleichwahrscheinlich sind. Begründe deine Aussage.
   a) Ziehen der ersten Kugel beim Lotto 6 aus 49.
   b) Werfen einer Streichholzschachtel.
   c) Gleichzeitiges Werfen eines Zwei- und eines Ein-Euro-Stücks.

11. **Stolperstelle:** Aus einer Tüte mit 5 roten, 3 gelben und 2 grünen Fruchtgummis wird zufällig ein Fruchtgummi ausgewählt. Peer meint, dass das Ziehen eines Fruchtgummis kein Laplace-Experiment ist, da die Wahrscheinlichkeit für ein rotes Fruchtgummi viel größer ist als für ein grünes Fruchtgummi. Was meinst du?

12. In der Klasse 7c wurde gefragt, wer an den Schultagen zu welcher Zeit frühstückt. Die Tabelle enthält die Antworten.

Zeit	6:00 bis 6:30 Uhr	6:30 bis 7:00 Uhr	7:00 bis 7:30 Uhr
Häufigkeit	6	18	2

    a) Erstelle mit den Daten in der Tabelle ein Diagramm.
    b) Schätze die Wahrscheinlichkeit, dass ein zufällig gewählter Schüler der Klasse 7c vor halb sieben frühstückt.

13. Aus der Schale wird zufällig eine der Kugeln gezogen. Gib die Wahrscheinlichkeit dafür an:
    a) dass die Kugel blau ist
    b) dass die Kugel grün ist
    c) dass Kugel rot ist
    Wie ändern sich die Wahrscheinlichkeiten aus a) bis c), wenn die Kugeln aus einer Schale mit doppelt so vielen Kugeln von jeder Farbe gezogen werden?

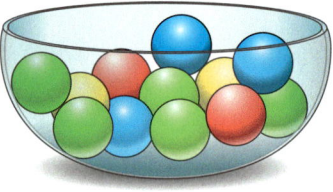

14. Lennox, sein Freund Joshua und fünf weitere Jungen bilden ein Volleyballteam. Da aber nur sechs Spieler auf dem Feld stehen dürfen, wird gelost, wer mitspielen darf.
    a) Wie groß ist die Wahrscheinlichkeit, dass Lennox mitspielen darf?
    b) Wie groß ist die Wahrscheinlichkeit, dass Lennox und Joshua dabei sind?

15. Aus den Ziffern 1, 2, 3 und 4 soll zufällig eine vierstellige Zahl gebildet werden, bei der jede Ziffer genau einmal vorkommt.
    a) Beschreibe ein Zufallsexperiment, mit dem diese Zahl zufällig erzeugt werden kann.
    b) Wie viele verschiedene Ergebnisse sind möglich?
    c) Bestimme die Wahrscheinlichkeit dafür, dass die Zahl:
       ① eine 3 enthält   ② ungerade ist   ③ mit einer 4 endet

16. **Ausblick:** Auf dem Tisch liegen zwei Würfel, deren Augensumme jeweils 100 beträgt.
    Würfel A: 1; 7; 17; 21; 25; 29   Würfel B: 5; 11; 15; 19; 23; 27
    Judith darf einen Würfel wählen, Alex erhält den anderen Würfel.
    Beide würfeln einmal. Gewinner ist, wer die höhere Zahl gewürfelt hat.
    a) Gib jeweils alle möglichen Ergebnisse an, die beim Würfeln auftreten können.
    b) Welchen Würfel würdest du Judith empfehlen? Begründe.
    c) Welche Zahlen müsste ein Würfel C haben, der besser ist als einer der beiden vorhandenen Würfel, aber schlechter als der andere? Die Summe der Zahlen bei Würfel C soll ebenfalls 100 betragen.

6.4 Prognosen durch Simulationen

■ Über Funk gesendete Nachrichten bestehen aus einzelnen Signalen. Eine Funkstation geht davon aus, dass jedes sechste Signal falsch übertragen wird.
Es ist auch bekannt, dass eine Nachricht nicht mehr entschlüsselt werden kann, wenn mindestens 20% der Signale fehlerhaft sind.

Beschreibe, wie man Spielwürfel nutzen könnte, um die Wahrscheinlichkeit dafür, dass eine Nachricht aus zehn Signalen nicht mehr zu entschlüsseln ist, schätzen zu können. ■

Bei vielen zufälligen Vorgängen können Wahrscheinlichkeiten nicht oder nur mit erheblichem Aufwand berechnet werden. Außerdem gibt es zufällige Vorgänge, die nur schwer oder gar nicht in der Realität durchgeführt werden können. Um einen Schätzwert für die Wahrscheinlichkeit für eine „nonstop Durchfahrt" bei vier aufeinanderfolgenden, aber nicht abgestimmten Ampeln zu ermitteln, müsste man sehr oft mit dem Auto diese Stellen passieren.
Es ist einfacher, die realen Vorgänge mit einem passenden Zufallsversuch zu simulieren.

Wissen: Simulationen
Eine **Simulation** ist die Nachbildung eines realen Objektes oder eines Vorgangs als Modell und die Nutzung dieses Modells statt des Originals.

Beim Simulieren von Zufallsversuchen können geeignete **Zufallsgeräte** wie **Würfel, Münzen, Glücksräder** oder **Zufallszahlen** genutzt werden.

Hinweis:
Solche Zufallsgeräte müssen Vorgänge mit der geforderten Wahrscheinlichkeit simulieren können.

Simulationen zufälliger Vorgänge beschreiben

Beispiel 1: Beschreibe einen Zufallsversuch, mit dem folgender realer Vorgang mit der gegebenen Wahrscheinlichkeit simuliert werden kann.
a) Geburt eines Kindes mit der Wahrscheinlichkeit einer Jungengeburt von $\frac{1}{2}$
b) Fahren auf einer Autobahn im Berufsverkehr mit einer Stauwahrscheinlichkeit von $\frac{1}{3}$
c) Stehendschießen beim Biathlon mit einer Trefferwahrscheinlichkeit von 0,8

Lösung:
a) Wähle ein geeignetes Zufallsgerät. Beschreibe den Zufallsversuch und den Zusammenhang zum realen Vorgang.

Beim Werfen einer Münze treten zwei Ereignisse, „Wappen" oder „Zahl", jeweils mit der Wahrscheinlichkeit $\frac{1}{2}$ auf. „Zahl" kann beispielsweise dem Ereignis „Jungengeburt" zugeordnet werden.

Hinweis::
Für die Wahl eines Zufallsgerätes gibt es mehrere Möglichkeiten.

b) Gehe wie bei a) vor.

Beim Würfeln mit einem Spielwürfel tritt das Ereignis „Augenzahl 1 oder 2" mit der Wahrscheinlichkeit $\frac{1}{3}$ auf. Dies kann dem Ereignis „Stau" zugeordnet werden.

c) Gehe wie bei a) vor.

Beim Drehen eines Glücksrads mit 10 gleich großen Sektoren, von denen acht rot und zwei grün gefärbt sind, wird „rot" mit einer Trefferwahrscheinlichkeit von 0,8 erreicht.
Dies kann der „Trefferwahrscheinlichkeit beim Stehendschießen" zugeordnet werden.

Basisaufgaben

1. Beschreibe einen Zufallsversuch, mit dem folgender realer Vorgang simuliert werden kann.
   a) Schießen eines Elfmeters mit einer Trefferwahrscheinlichkeit von 0,7
   b) Teilnahme an der Mittagsversorgung mit einer Wahrscheinlichkeit von 35 %

2. Entscheide, ob der vorgeschlagene Zufallsversuch für eine Simulation des realen Vorgangs geeignet ist: *Teilnahme am Lauftraining mit einer Teilnahmewahrscheinlichkeit von 80 %.*
   a) Aus einem Gefäß mit 8 roten Kugeln wird zufällig genau eine rote Kugel entnommen.
   b) Beim Würfeln mit einem Spielwürfel wird ermittelt, ob genau eine der Zahlen 1, 2, 3 oder 4 geworfen wurde.
   c) Mit einer Tabellenkalkulation wird eine ganzzahlige Zufallszahl von 1 bis 10 erzeugt. Dann wird geprüft, ob diese Zahl kleiner oder gleich 8 ist.

Simulationen durchführen und Schätzwerte angeben

Beispiel 2: Die Trefferwahrscheinlichkeit eines Biathleten beim Liegendschießen sei 0,8. Er gibt fünf Schuss auf fünf Scheiben ab. Beschreibe, wie mithilfe einer Simulation die Wahrscheinlichkeit dafür, dass der Biathlet fünf Treffer hat, ermittelt werden kann. Führe die Simulation durch und gib einen Schätzwert für die Wahrscheinlichkeit von „fünf Treffer" an.

Lösung:

Beschreibe mögliche Ergebnisse.	Jedes Ergebnis gibt an, welche der fünf Scheiben getroffen (T) oder nicht getroffen (N) wurde. Das Ergebnis (T, T, N, T, T) bedeutet beispielsweise, dass nur die dritte Scheibe nicht getroffen wurde.
Gib die Wahrscheinlichkeit p jedes Ergebnisses an.	$p = 0{,}8 = \frac{8}{10} = \frac{4}{5}$
Wähle ein geeignetes Zufallsgerät aus.	*Beispielsweise:* Vier rote Spielsteine („Treffer") und ein schwarzer Spielstein („kein Treffer"). 
Beschreibe, wie dieses Zufallsgerät genutzt werden soll, um den gesuchten Schätzwert zu erhalten.	Die Wahrscheinlichkeit, zufällig einen roten Stein zu ziehen, beträgt $\frac{4}{5}$. Sie ist gleich der Trefferwahrscheinlichkeit des Biathleten.
Führe die Simulation mit einer größeren Anzahl von Versuchen durch.	Es wird fünfmal zufällig ein Stein (mit Zurücklegen) gezogen. Die Farbe wird notiert. Dann wird die Gesamtanzahl der roten Steine ermittelt. Ist sie gleich fünf, wurden „fünf Treffer" simuliert.
Ermittle einen Schätzwert für die gesuchte Wahrscheinlichkeit.	Gab es beispielsweise bei 20 Serien mit jeweils 5 Ziehungen sechs Serien mit fünf Treffern, dann beträgt der gesuchte Schätzwert: $\frac{6}{20} = \frac{30}{100} = 0{,}3$
Formuliere eine Antwort zum untersuchten Sachverhalt.	Die Wahrscheinlichkeit, dass der Biathlet bei einer Trefferwahrscheinlichkeit von 80 % fünf Treffer mit fünf Schuss erzielt, beträgt etwa 30 %.

Basisaufgaben

3. Bei einer Umfrage gaben $\frac{1}{3}$ der Befragten an, dass sie Taxifahrten auch mit ihrem Smartphone bezahlen würden. Beschreibe eine Simulation zur Ermittlung eines Schätzwertes für die Wahrscheinlichkeit, dass mindestens sechs von zehn Fahrgästen das Smartphone zum Bezahlen nutzen würden, falls das Umfrageergebnis stimmt.

4. Prüfe, ob sich mit einem Ikosaeder-Würfel („Zwanzigflächner") ein Laplace-Versuch mit zehn (vier, fünf, sechs, zwei) möglichen Ergebnissen simulieren lässt.

Simulationen mit einer Tabellenkalkulation durchführen

Mit Tabellenkalkulationen lassen sich Zufallszahlen erzeugen und Simulationen durchführen. Schätzwerte für Wahrscheinlichkeiten können so sehr schnell und einfach für große Anzahlen von Zufallsversuchen gewonnen werden.

Beispiel 2: Zwei Münzen werden gleichzeitig geworfen. Gesucht ist die Wahrscheinlichkeit dafür, dass genau eine der Münzen „Zahl" zeigt. Ermittle einen Schätzwert für diese Wahrscheinlichkeit durch 500 Simulationen mit einer Tabellenkalkulation.

Lösung:

Finde heraus, mit welchem Befehl in deiner Tabellenkalkulation Zufallszahlen erzeugt werden können.	Das Werfen von „Wappen" kann durch „1", das Werfen von „Zahl" durch „0" simuliert werden. Wenn man zwei der Zufallszahlen addiert, gibt es genau eines der Ergebnisse 0, 1, 2. Es interessiert aber nur das Ergebnis 1. *Befehle:* A1: =ZUFALLSBEREICH(0;1) B1: =ZUFALLSBEREICH(0;1) C1: =A1+B1 Diese Befehle markieren und durch Ziehen an der rechten unteren Ecke bis in die Zeile 500 kopieren.
Lege fest, welche Zufallszahlen und welche Operationen mit ihnen zur Simulation des gegebenen Problems geeignet sind.	*Befehl:* D1: =ZÄHLENWENN(C1:C500;1)/500 Weil nur das Ergebnis 1 interessiert, muss gezählt werden, wie oft die Summe 1 vorkommt.
Verwende die Tabellenkalkulation zur Realisierung der Simulation.	In Zelle D1 wird gezählt, wie oft im Bereich C1 bis C500 die Summe den Wert 1 hat, und diese Summe wird durch 500 dividiert. Das Ergebnis ist der gesuchte Schätzwert. Mit der Taste <F9> können beliebig viele Neuberechnungen durchgeführt werden.

	A	B	C	D
1	1	1	2	0,484
2	0	1	1	
...	...	...	...	

Basisaufgaben

5. Zwei Münzen werden gleichzeitig geworfen. Gesucht ist die Wahrscheinlichkeit dafür, dass genau zwei Münzen „Zahl" zeigen. Ermittle einen Schätzwert für diese Wahrscheinlichkeit durch Simulation mit einer Tabellenkalkulation.

6. Kai will wissen, wie wahrscheinlich es ist, bei zwei Würfen mit einem Spielwürfel zweimal hintereinander eine Sechs zu würfeln. Ermittle einen Schätzwert durch Simulation mit einer Tabellenkalkulation.

Weiterführende Aufgaben

7. Lars will untersuchen, mit welcher Wahrscheinlichkeit die gewürfelte Augenzahl beim Werfen eines Spielwürfels eine durch 3 teilbare Zahl ist.
   a) Schätze die Wahrscheinlichkeit dafür.
   b) Lars behauptet, folgende Versuchsergebnisse erzielt zu haben:

Anzahl der Versuche	50	100	150	200	250	300	350	400
Absolute Häufigkeit	17	30	60	66	95	135	140	190

   Berechne die relativen Häufigkeiten und stelle diese in einem Diagramm dar. Prüfe, ob die Angaben von Lars richtig sein können.
   c) Simuliere den Versuch mit einer Tabellenkalkulation und werte ihn aus.

8. Wie groß ist die Wahrscheinlichkeit dafür, dass von sechs Schülern mindestens zwei im gleichen Monat Geburtstag haben?
   a) Betrachte das Tabellenblatt und erläutere, wie dort das Geburtstagsproblem simuliert wird.
   b) Erstelle selbst ein Tabellenblatt mit 25 Versuchen.
   c) Erläutere, wie man damit einen Näherungswert für die gesuchte Wahrscheinlichkeit finden kann.

	A	B	C	D	E	F	G
1	1.Versuch	11	7	6	8	3	8
2	2.Versuch	9	4	2	7	12	11
3	3.Versuch	6	4	12	7	4	2
4	4.Versuch	8	2	3	3	4	2

B1   fx =ZUFALLSZAHLBEREICH(1;12)

9. **Stolperstelle:** Sven behauptet, dass die Wahrscheinlichkeiten der drei Münzwurfserien gleich sind. Was meinst du? Begründe deine Aussage.
   1. Serie: Kopf; Kopf; Kopf; Kopf; Kopf; Zahl; Zahl; Zahl; Zahl; Zahl
   2. Serie: Kopf; Zahl; Kopf; Zahl; Kopf; Zahl; Kopf; Zahl; Kopf; Zahl
   3. Serie: Zahl; Kopf; Zahl; Zahl; Zahl; Kopf; Zahl; Kopf; Kopf; Zahl

10. Bei einem Spiel muss mit einem Oktaeder (Achtflächner) gewürfelt werden, um zufällig eine der Zahlen von 1 bis 8 zu erhalten. Der Oktaeder ist verschwunden, es sind aber zehn verschiedene Spielsteine, ein Kartenspiel und zwei Tetraeder mit Zahlen von 1 bis 4 vorhanden.
    Beschreibe, wie man mit diesen Gegenständen das Würfeln mit dem Oktaeder simulieren kann.

11. **Ausblick:** Simuliere das gleichzeitige Werfen von drei Spielwürfeln mit einer Tabellenkalkulation. Berechne die dabei auftretenden relativen Häufigkeiten der Summen der geworfenen Augenzahlen und stelle sie in einem Diagramm dar.

6.5 Vermischte Aufgaben

1. Begründe, ob die angegebenen Ergebnisse zu einem Zufallsversuch gehören. Berechne gegebenenfalls die Wahrscheinlichkeit.
   a) In den nächsten zwei Wochen scheint jeden Tag die Sonne.
   b) Claudia zieht unter 100 Losen einen der 10 Gewinne.
   c) Peter schreibt in der Mathematikarbeit eine „6".
   d) Marcel ist morgen und übermorgen krank.
   e) Jana hat am 6. Juni Geburtstag.
   f) Jasper gewinnt beim Pokerspiel gegen Ben.
   g) Beim Werfen einer Münze fällt zweimal hintereinander „Kopf".
   h) Ein Kandidat bei „Wer wird Millionär?" entscheidet sich von vier gegebenen Antwortmöglichkeiten für die korrekte Antwort.

2. Alina erhielt beim 25-maligen Werfen des abgebildeten Würfels folgende Ergebnisse:

   ESSEN, ESSEN, ESSEN, SCHLAFEN, BADEN, BADEN, ESSEN,
   ESSEN, ESSEN, SCHLAFEN, SCHLAFEN, ESSEN, SCHLAFEN,
   ESSEN, ESSEN, ESSEN, ESSEN, SCHLAFEN, ESSEN, ESSEN,
   SCHLAFEN, SCHLAFEN, BADEN, ESSEN, ESSEN

   a) Ermittle für jedes Ergebnis die relative Häufigkeit.
   b) Stelle eine Vermutung über die Beschriftung der nicht sichtbaren Seiten des Würfels auf.

3. Die besten Elfmeterschützen beim Fußballclub „Blau-Weiß" sind Christian und Daniel. Christian trifft bei einem Elfmeter mit einer Wahrscheinlichkeit von 70 %, Daniel mit einer Wahrscheinlichkeit von 67 %.

   a) Erkläre, wie man zu diesen Wahrscheinlichkeiten gekommen sein könnte.
   b) Beim Training schießt jeder 30 Elfmeter. Stelle eine Vermutung auf, wie oft Christian und Daniel dabei treffen.
   c) In den Punktspielen hat Christian die letzten beiden Elfmeter verschossen. Wer sollte deiner Meinung nach den nächsten Elfmeter schießen? Begründe.

4. Bei einem Zufallsversuch beträgt die Wahrscheinlichkeit für ein Ergebnis $\frac{5}{8}$. Gib ein Beispiel für ein Zufallsversuch mit einem solchem Ergebnis an.

5. Für welchen der beiden Würfel würdest du dich entscheiden, um mit größtmöglicher Wahrscheinlichkeit beim Würfeln zu gewinnen?
   a) Es erscheint eine gerade Zahl.
   b) Es erscheint keine Primzahl.
   c) Bei zwei Würfen kommt dieselbe Zahl.
   d) Bei zwei Würfen kommt keine 1.

   „Sechsflächner"

   „Achtflächner"

 6. a) Erläutert, wie ihr überprüfen würdet, ob eine Münze gezinkt ist oder nicht. Beschreibt dazu ein mögliches Experiment.
   b) Führt dieses Experiment anschließend mit einer Münze durch.

7. a) Simuliere den tausendfachen Wurf eines Würfels mit einer Tabellenkalkulation.
   b) Berechne nach 10, 100, 200, 500 und 1000 Versuchen die bis dahin zutreffende relative Häufigkeit für das Ergebnis 6 und stelle die Ergebnisse in einem Diagramm dar.

8. Bei Auto-Pannen fällt mit einer Wahrscheinlichkeit von ca. 38 % die Fahrzeugelektrik aus und mit einer Wahrscheinlichkeit von ca. 13 % liegt ein Fehler der Zündanlage vor.
   Ein Automobil-Club leistet in einem Jahr etwa 220 000-mal Pannenhilfe.
   a) Schätze, bei wie vielen Pannen die Fahrzeugelektrik Ursache war.
   b) Bei wie vielen Pannen pro Woche ist ein Fehler der Zündanlage zu erwarten?

9. Beschreibe und führe eine Simulation mit einer Tabellenkalkulation durch, mit deren Hilfe man ermitteln kann, wie oft man würfeln muss, bis beim Werfen eines Spielwürfels erstmals die Sechs auftritt.

10. Beim Würfeln mit zwei Würfeln gibt es für die Augensumme 9 die beiden Möglichkeiten $4 + 5 = 9$ und $3 + 6 = 9$ und für die Augensumme 10 die beiden Möglichkeiten $6 + 4 = 10$ und $5 + 5 = 10$. Miriam hat 100-mal gewürfelt und vermutet, dass die Augensumme 9 wahrscheinlicher ist.

    a) Führe diesen Zufallsversuch selbst durch und simuliere dann 1000 Versuche mit einer Tabellenkalkulation. Vergleiche deine Ergebnisse mit Miriams Vermutung.
    b) Warum ist die Wahrscheinlichkeit für die Augensumme 9 größer ist als die der 10?

11. Nach dem Wetterbericht beträgt die Wahrscheinlichkeit für Regen am Samstag 70 % und am Sonntag 60 %. Ermittle durch eine Simulation einen Schätzwert für die Wahrscheinlichkeit, dass es an wenigstens einem der beiden Tage trocken bleibt.

12. Für Glücksspiele findet man in Spielcasinos Roulettetische. Auf roten und schwarzen Feldern sind die Zahlen von 1 bis 36 in Dreierreihen angeordnet. Die Zahl 0 ist auf einem grünen Feld zu finden. In jeder Runde wird per Zufall eine der Zahlen von 0 bis 36 ermittelt. Vorher legt jeder Spieler fest, welchen Geldbetrag er setzen will und welche Zahl wohl „fallen" wird. Berechne die Wahrscheinlichkeit, dass eine Zahl mit folgender Eigenschaft ermittelt wird:
    a) Die Zahl befindet sich auf einem roten Feld.
    b) Die Zahl befindet sich in der mittleren Zahlenreihe.
    c) Die Zahl ist ungerade.
    d) Die Zahl ist größer als 18.
    e) Die Zahl ist durch 5 teilbar.

13. Auf den sechs Begrenzungsflächen eines Holzquaders befinden sich die sechs Buchstaben A, B, C, D, E, F. Der Quader wurde 800-mal geworfen. Aus der Tabelle kann entnommen werden, wie oft jede der Seitenflächen oben lag.

Seitenfläche	A	B	C	D	E	F
Absolute Häufigkeit	101	23	279	275	24	98

a) Berechne die relativen Häufigkeiten der Ergebnisse.
b) Welche der Seitenflächen lagen sich wohl gegenüber?
c) Ordne jeder Seitenfläche eine Wahrscheinlichkeit zu.

6.5 Vermischte Aufgaben

14. Auf der Fahrt zur Arbeit muss Frau Anders fünf Ampeln überqueren, die offensichtlich nicht aufeinander abgestimmt sind.
Jede der Ampeln schaltet unabhängig von den anderen mit einer Wahrscheinlichkeit von 0,5 auf „Grün".
Ermittle durch Simulation einen Schätzwert für die Wahrscheinlichkeit, dass alle fünf Ampeln bei einer Fahrt von Frau Anders auf „Grün" stehen.

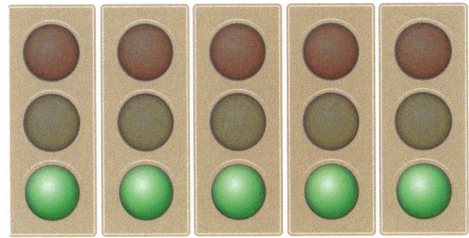

15. Gib ein Beispiel für einen realen Vorgang mit der gegebenen Wahrscheinlichkeit an.
a) $P(A) = 0$
b) $P(B) = 0{,}5$
c) $P(C) = 1$
d) $P(D) = \frac{1}{3}$
e) $P(E) = \frac{5}{6}$
f) $P(F) = 1{,}5$

11. Paula und Nele spielen „Mensch ärgere Dich nicht".
Paula hat die gelben Spielfiguren. Nele sagt zu Paula: „Deine Chance, ins Haus zu kommen, ist beim nächsten Wurf viel größer als meine."
a) Was meinst du zu Neles Bemerkung?
b) Ändert sich etwas am Wahrheitswert von Neles Behauptung, wenn beide einmal an der Reihe waren, aber nicht ins Haus setzen konnten?

12. Alkoholkonsum im Straßenverkehr erhöht die Unfallgefahr enorm. Nach Angaben des Statistischen Bundesamtes wird jeder vierte Autounfall unter Alkoholeinfluss durch junge Menschen zwischen 18 und 24 Jahren herbeigeführt.
Ermittle durch Simulation einen Schätzwert für die Wahrscheinlichkeit, dass mehr als die Hälfte von zehn unter Alkoholeinfluss entstehenden Unfällen von Menschen herbeigeführt wird, die älter als 24 Jahre sind.

13. Der Sicherheitscode vieler Handys umfasst vier Ziffern. Somit kann eine vierstellige Zahl von 0000 bis 9999 als Sicherheitscode vorkommen.
a) Begründe, dass es sich beim zufälligen Eintippen von vier Ziffern um ein Laplace-Experiment handelt und gib die Wahrscheinlichkeit an, dass man den Code zufällig trifft.
b) Friederike weiß, dass in ihrem Sicherheitscode drei Fünfen und eine Eins enthalten sind. Sie hat allerdings vergessen, an welcher Stelle die Eins stand. Ermittle, wie groß ihre Chance ist, den Code mit einem Versuch zu finden.

14. Die Qualitätskontrolle von Datenträgern (kurz: DT) ergab:

(1) Von 750 DT der Marke X-Plus waren 12 fehlerhaft.

(2) Von 500 DT der Marke Y-Minus waren 11 fehlerhaft.

(3) Von 800 DT der Marke Z-Super waren 14 fehlerhaft.

a) Berechne jeweils die relative Häufigkeit der fehlerhaften Datenträger.
b) Gib jeweils einen Schätzwert für die Wahrscheinlichkeit eines Fehlers bei weiteren Datenträgern an.
c) Berechne, wie viele fehlerhafte Datenträger bei 10 000 Stück von jeder Marke zu erwarten sind.

Prüfe dein neues Fundament

6. Zufall und Wahrscheinlichkeit

Lösungen ↗ S. 248

1. Bestimme für jede Farbe des Glücksrads die Wahrscheinlichkeit, mit der der Zeiger darauf stehen bleibt.

   a) 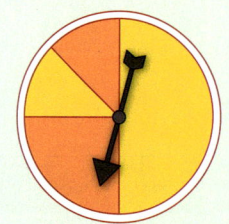   b) 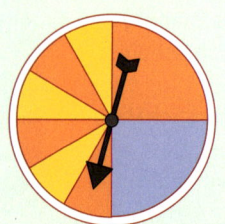   c)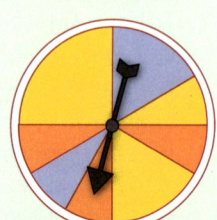

2. Ben und Svenja drehen das Glücksrad. Ben gewinnt, wenn eine Zahl gedreht wird, die größer als 5 ist, und Svenja gewinnt, wenn eine Zahl gedreht wird, die kleiner als 5 ist. Wer von beiden hat die größeren Gewinnchancen? Begründe deine Antwort.

3. Ein gewölbter Knopf wurde auf den Boden geworfen. Die Tabelle zeigt, wie oft der Knopf auf der nach außen gewölbten Seite landet.
Schätze die Wahrscheinlichkeit, dass der Knopf auf der nach innen gewölbten Seite landet.

Anzahl der Würfe	50	100	150	200	300
Absolute Häufigkeit	22	50	63	87	127

4. Paul wirft eine 2-Euro-Münze. In drei aufeinanderfolgenden Würfen landet die Münze jeweils so, dass „Zahl" oben ist. Welche der folgenden drei Aussagen trifft für den vierten Wurf zu? Begründe deine Antwort.
   a) Es ist wahrscheinlicher, dass „Adler" oben liegt.
   b) Es ist wahrscheinlicher, dass „Zahl" oben liegt.
   c) Es ist gleich wahrscheinlich, dass „Zahl" oder „Adler" oben liegen.

5. Mit einem Spielwürfel wurden zehn Serien zu je fünf Würfen durchgeführt und notiert, wie oft bei jeder Serie eine „Sechs" geworfen wurde:

Serie Nr.	1	2	3	4	5	6	7	8	9	10
Anzahl „6"	0	2	0	2	2	0	0	0	0	1

Berechne die relativen Häufigkeiten für 5; 10; 15; 20; 25; 30; 35; 40; 45; 50 Würfe und stelle sie in Abhängigkeit von der Anzahl der Würfe in einem Diagramm dar.

6. Ein Glücksrad mit drei gleich großen Flächen in den Farben Gelb, Orange und Blau wird 1000-mal gedreht. Erläutere, wie man bei der Simulation des tausendfachen Drehens dieses Glücksrads vorgehen kann, um die relativen Häufigkeiten für die Ergebnisse Gelb, Orange und Blau nach 100, 200, 500 und 1000 Versuchen darzustellen.

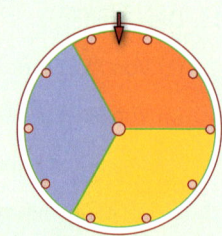

7. In einem Beutel befinden sich 30 gleichartige (von 1 bis 30 nummerierte) Kugeln. Es wird genau eine Kugel gezogen. Berechne die Wahrscheinlichkeit, dass auf der Kugel:
   a) eine durch 7 teilbare Zahl steht   b) eine nicht durch 3 teilbare Zahl steht
   c) eine durch 2 und durch 3 teilbare Zahl steht

Prüfe dein neues Fundament

8. Entscheide und begründe, ob hier ein Laplace-Experiment vorliegt. Ermittle bei Vorliegen eines Laplace-Experiments die möglichen Ergebnisse und Wahrscheinlichkeiten.
   a) Es wird eine Karte aus einem Skat-Kartenspiel mit 32 Karten gezogen.
   b) Eine Reißzwecke wird 1000-mal geworfen.
   c) Es wird eine Kugel aus einer Kiste mit 3 weißen und 7 grünen Kugeln gezogen.

9. Ein Würfel wurde mehrere Male solange geworfen, bis zum ersten Mal eine „Sechs" auftrat. In der Tabelle steht, bei welchem Wurf das erste Mal eine „Sechs" auftrat.

Versuch Nr.	1	2	3	4	5	6	7	8	9	10	11	12
Anzahl Versuche bis zur ersten „Sechs"	9	7	10	8	3	1	5	4	11	1	16	1

   a) Ermittle mithilfe der Tabelle einen Schätzwert für die durchschnittliche Anzahl von Versuchen, bis zum ersten Mal eine Sechs auftritt.
   b) Ron führt selbst dreimal diesen Zufallsversuch durch. Er muss beim ersten Versuch 28-mal, beim zweiten Versuch 10-mal und beim dritten Versuch 3-mal werfen, bis die erste „Sechs" erscheint. Argumentiere, ob man Rons Ergebnisse als Widerspruch zum Ergebnis aus Teilaufgabe a) ansehen muss.

10. Mobiltelefone gehören für die große Mehrheit der Schülerinnen und Schüler ebenso in die Schultasche wie Bücher und Hefte. Das ist das Ergebnis einer repräsentativen Umfrage im Auftrag des Digitalverbands BITKOM. Jeder Vierte spielt in den Pausen auf dem Gerät. Beschreibe eine Simulation zur Ermittlung eines Schätzwertes für die Wahrscheinlichkeit, dass mindestens ein Schüler einer Klasse mit 25 Schülern in der Pause mit dem Handy spielt, wenn davon ausgegangen werden kann, dass das Umfrageergebnis wahr ist.

Wiederholungsaufgaben

1. Übertrage ins Heft und ersetze ■ so, dass eine wahre Aussage entsteht: $4 \cdot (\blacksquare + 1) = 4$

2. Berechne Umfang und Flächeninhalt eines 2,5 cm langen und 4 cm breiten Rechtecks.

3. a) Gib die Koordinaten der Eckpunkte des Dreiecks OAB und die der Mittelpunkte der Dreiecksseiten an.
   b) Ermittle den Flächeninhalt des Dreiecks für eine Kästchenlänge von 0,5 cm.

4. Peter erzählt seinem Freund: „In meiner Klasse sind 40 % Mädchen und 15 Jungen."
   Berechne, wie viele Mädchen in Peters Klasse sind.

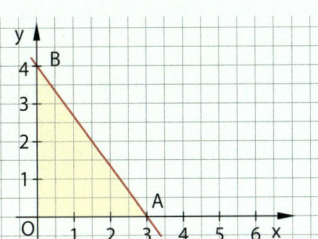

5. Zeichne ein Rechteck mit den Seitenlängen 2 cm und 5 cm und färbe dann:
   a) 60 % der Fläche
   b) $\frac{1}{4}$ der Fläche

6. Finde den Fehler und berichtige dann.
   a) $\frac{2}{7} + \frac{3}{8} = \frac{5}{15}$
   b) $\frac{4}{5} - \frac{1}{4} = \frac{3}{20}$
   c) $\frac{8}{9} : \frac{2}{9} = \frac{4}{9}$
   d) $5 \cdot \frac{2}{9} = \frac{10}{45}$

Zusammenfassung

6. Zufall und Wahrscheinlichkeit

Zufalls-Experiment	Ein **Zufallsexperiment** hat folgende Merkmale: – Es sind mehrere voneinander verschiedene **Ergebnisse** (Versuchsausgänge) möglich. – Alle möglichen Ergebnisse können vor dem Experiment angegeben werden. – Es lässt sich nicht mit Sicherheit voraussagen, welches Ergebnis eintreten wird.	**Werfen eines Spielwürfels** *Mögliche Ergebnisse:* 1; 2; 3; 4; 5; 6 Eines dieser Ergebnisse wird eintreten. Es kann nicht vorhergesagt werden, welche Augenzahl geworfen wird.
Zufallsexperimente und Wahrscheinlichkeiten	Bei einem Zufallsexperiment kann man jedem Ergebnis eine **Wahrscheinlichkeit** zwischen **0 und 1** (zwischen **0%** und **100%**) zuordnen, mit der es eintritt. Die **Summe der Wahrscheinlichkeiten** aller möglichen Ergebnisse ist **1 (100%)**. Die Wahrscheinlichkeit gibt an, welche **relative Häufigkeit** für ein Ergebnis bei vielen Versuchswiederholungen zu erwarten ist.	Die Wahrscheinlichkeit, eine 1 zu würfeln, beträgt: $\frac{1}{6} \approx 16{,}67\%$ Die Wahrscheinlichkeit, eine gerade Zahl zu würfeln, beträgt: $\frac{3}{6} = \frac{1}{2} = 50\%$ Die Wahrscheinlichkeit, eine der Zahlen von 1 bis 6 zu würfeln, beträgt: $\frac{1}{6} + \frac{1}{6} + \frac{1}{6} + \frac{1}{6} + \frac{1}{6} + \frac{1}{6} = \frac{6}{6} = 1 = 100\%$
Stabilisierung relativer Häufigkeiten	Wird ein Zufallsexperiment sehr oft durchgeführt, so stabilisieren sich mit einer ausreichend hohen Anzahl von Versuchsdurchführungen die relativen Häufigkeiten. Mithilfe einer **stabilisierten relativen Häufigkeit** kann ein **Schätzwert für die Wahrscheinlichkeit** angegeben werden. Dieser Schätzwert dient der **Prognose** (Voraussage).	Es wird ein 2x2-Lego-Baustein n-mal geworfen und untersucht, wie oft eine der vier Seitenflächen oben liegt. | n	30	150	270	360
---	---	---	---	---
relative Häufigkeit	0,17	0,25	0,31	0,30	 Die relative Häufigkeit stabilisieren sich bei 0,3, also wird man bei 10 000 Würfen ungefähr 3000-mal erwarten können, dass einer der vier Seitenflächen oben liegt, denn: $0{,}3 \cdot 10\,000 = 3000$
Laplace-Experiment	Ein Zufallsexperiment mit endlich vielen Versuchen, bei dem alle Ergebnisse gleichwahrscheinlich sind, heißt **Laplace-Experiment**. In einem Laplace-Experiment mit n Ergebnissen ist die **Wahrscheinlichkeit für jedes einzelne Ergebnis** $\frac{1}{n}$. Die Wahrscheinlichkeit mehrerer Ergebnisse ergibt sich durch Addition der Wahrscheinlichkeit von jedem einzelnen Ergebnis (**Summenregel**).	Das Würfeln mit einem Würfel ist ein Laplace-Experiment. Die Wahrscheinlichkeit für das Würfeln von 1, 2, 3, 4, 5 oder 6 ist jeweils $\frac{1}{6}$. Die Wahrscheinlichkeit eine gerade Zahl (eins der **Ergebnisse** 2 oder 4 oder 6) zu würfeln beträgt: $\frac{1}{6} + \frac{1}{6} + \frac{1}{6} = \frac{3}{6} = \frac{1}{2} = 50\%$
Simulation	Das **Nachbilden** eines realen Objektes oder eines Vorgangs **als Modell** und die Nutzung dieses Modells statt des Originals ist eine **Simulation**. Beim Simulieren von Zufallsexperimenten können geeignete **Zufallsgeräte** wie **Würfel**, **Münzen** oder **Glücksräder** sowie **Zufallszahlen eines Computers** genutzt werden.	*Realer Vorgang:* Beim Nutzen von Verkehrsmitteln in einer Stadt beträgt die Wahrscheinlichkeit für das Nutzen eines Fahrrades etwa $\frac{1}{3}$. *Simulation:* Beim Würfeln hat das Ereignis „Augenzahl 1 oder 2" die gleiche Wahrscheinlichkeit.

7. Gleichungen

Im Hafen gib es 80 Liegeplätze für Boote. Wenn x die Anzahl der Boote ist, die im Hafen liegen, dann gibt 80 – x die Anzahl der freien Plätze im Hafen an.

Nach diesem Kapitel kannst du …
- Terme mit Variablen aufstellen und vereinfachen,
- Gleichungen durch Probieren lösen,
- Gleichungen durch Umformen lösen,
- Gleichungen als Modelle für reale Probleme benutzen,
- Verhältnisgleichungen aufstellen und lösen.

Dein Fundament

7. Gleichungen

Lösungen ↗ S. 249

Rechenausdrücke bilden und beschreiben

1. Schreibe als Rechenaufgabe und berechne die Lösung.
   a) Die Summe der Zahlen –7 und 28
   b) 9 vermindert um das Produkt aus 3 und 5
   c) Das Vierfache der Summe aus 12 und 8
   d) Die Hälfte der Summe aus 13, 14 und 15

2. In der Zahlenfolge $1 \xrightarrow{+4} 5 \xrightarrow{+4} 9 \xrightarrow{+4} 13 \xrightarrow{+4} \ldots$ werden die Zahlen in jedem Schritt um 4 erhöht. Die dritte Zahl der Zahlenfolge ist 9. Gib die fünfte und die neunte Zahl an.

3. Gegeben ist die Zahlenfolge 1; 2; 4; 7; 11; …
   a) Gib an, wie die Zahlenfolge gebildet sein könnte.
      Nutze dazu die Pfeildarstellung: $1 \xrightarrow{?} 2 \xrightarrow{?} 4 \xrightarrow{?} 7 \xrightarrow{?} 11 \xrightarrow{?} \ldots$
   b) Gib die nächsten beiden Zahlen der Zahlenfolge an.

4. Gib an, wie die Zahlenfolge gebildet sein könnte. Gib die nächsten beiden Zahlen an.
   a) 1; 3; 9; 27; …
   b) 4; 3; 5; 4; 6; 5; 7; …
   c) 4; 5; 10; 11; 22; 23; 46; …

5. Schreibe die Rechenaufgabe als Text. Gib auch das Ergebnis an.
   a) $(-7 + 3) : 2$
   b) $4{,}1 \cdot 3 - 7$
   c) $5 \cdot (3{,}3 + 7{,}7)$
   d) $\frac{1}{2} \cdot (-12 \cdot 9)$

6. Die Aufgabe 6 : 3 + 4 kann man auch so schreiben: $6 \xrightarrow{:3} \blacksquare \xrightarrow{+4} \blacksquare$
   Stelle die Aufgaben in analoger Weise dar und gib jeweils das Ergebnis an.
   a) $5 \cdot 3 - 7$
   b) $15 + 3 - 0{,}5$
   c) $8 : 0{,}5 - 7$
   d) $(5 + 4 + 3) : 2$

7. Übertrage in dein Heft und vervollständige.
   a) $\blacksquare \xrightarrow{\cdot 2} \blacksquare \xrightarrow{-2} \blacksquare \xrightarrow{+4} 12$
   b) $\blacksquare \xrightarrow{:2} 8 \xrightarrow{?} 14 \xrightarrow{-7} \blacksquare$
   c) $18 \xrightarrow{?} 3 \xrightarrow{+5} \blacksquare \xrightarrow{-9} \blacksquare$

8. Bestimme die gedachte Zahl.
   a) Das Dreifache der gedachten Zahl ist 12.
   b) Vermindert man das Doppelte der gedachten Zahl um 7, so erhält man 21.
   c) Das Fünffache der gedachten Zahl, vermehrt um 12, ergibt 22.

Grundrechenoperationen sicher ausführen

9. Berechne.
   a) $124 : 2$
   b) $-17 + 23$
   c) $-1{,}2 - 0{,}8$
   d) $23 : 23$
   e) $-17 : 17$
   f) $-5{,}2 + 5{,}2$

10. Setze für ■ eine Zahl so ein, dass die Rechnung stimmt.
    a) $246 - \blacksquare = 231$
    b) $\blacksquare + 19 = 49$
    c) $\blacksquare - 1{,}3 = 2$
    d) $1{,}6 + \blacksquare = 3$

11. Setze für ▲ eine Zahl so ein, dass die Rechnung stimmt.
    a) $24 \cdot \blacktriangle = 96$
    b) $\blacktriangle : 5 = 7$
    c) $\blacktriangle \cdot \frac{1}{2} = 5$
    d) $8 : \blacktriangle = 16$
    e) $2 \cdot \blacktriangle + 4 = 26$
    f) $3 \cdot (\blacktriangle + 0{,}5) = 15$
    g) $\blacktriangle : 2 + 4 = 16$
    h) $7 + \blacktriangle : 7 = 8$

12. Zeige mithilfe der Umkehroperation, dass die Aufgabe richtig gelöst ist.
    a) $23 + 17 = 40$
    b) $45 - 17 = 28$
    c) $235 \cdot 2 = 470$
    d) $144 : 4 = 36$

13. Ermittle von den Zahlen 6; $\frac{1}{2}$ und 0,6 jeweils
    a) das Doppelte,
    b) das Dreifache,
    c) die Hälfte,
    d) das Zehnfache.

Formeln nutzen

14. Berechne von einem Rechteck mit den Seitenlängen a = 3 cm und b = 2 cm den Umfang u mit der Formel u = 2 · a + 2 · b und den Flächeninhalt A mit der Formel A = a · b.

15. Berechne von einem Quader mit den Kantenlängen a = 2 cm, b = 3 cm und c = 4 cm
    a) das Volumen,   b) den Oberflächeninhalt,   c) die gesamte Kantenlänge.

16. Ein Rechteck hat die Länge a = 4 cm. Berechne die Breite b und den Umfang u des Rechtecks mit dem angegebenen Flächeninhalt A.
    a) A = 36 cm²   b) A = 16 cm²   c) A = 44 cm²   d) A = 400 mm²   e) A = 4 dm²

17. Berechne die Länge der zweiten Seite des Rechtecks.
    a) A = 4 cm²   b) u = 10 cm   c) A = 28 cm²   d) u = 18 cm

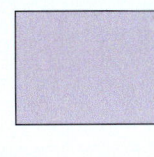
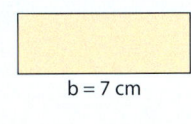

18. Berechne von einem Quader mit den Kantenlängen a, b und c die Kantenlänge c, wenn gilt: a = 3 cm; b = 2 cm; Volumen V = 6 cm³.

19. Bestimme für das Dreieck ABC mit α = 30° und β = 90° die Größe des Winkels γ.

Vermischtes

20. Löse die Aufgaben mithilfe des Dreisatzes.
    a) 3 Schreibhefte kosten 3,60 €. Wie viel kosten 5 Hefte?
    b) 5 Flaschen Wasser gleicher Sorte kosten 7,00 €. Wie viel kosten 12 Flaschen Wasser?
    c) Für 100 km benötigt ein PKW 7,2 Liter Benzin. Wie viel Liter Benzin benötigt der PKW bei gleichem Verbrauch für 35 km?
    d) Mit einer Tankfüllung legt Herr Karge bei einem Verbrauch von 7,2 ℓ je 100 km 690 km zurück. Wie viel Liter fasst der Tank? Runde auf volle Liter.
    e) Ermittle 2,5 % von 440 €.

21. Die blauen Dosen auf der Waage sind alle gleich schwer. Gib an, wie viel Gramm eine blaue Dose wiegt.

22. Die roten Dosen auf der Waage sind alle gleich schwer. Gib an, wie viel Gramm eine rote Dose wiegt.

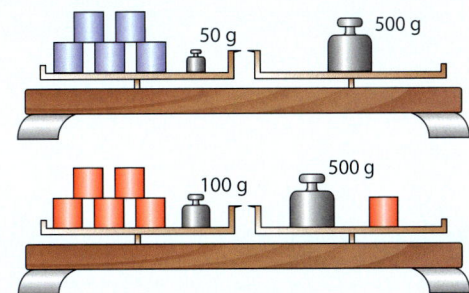

23. Britta kauft 3 Stück Streuselkuchen und 4 Stück Mohnkuchen. Dafür bezahlt sie 8,80 €. Ein Stück Streuselkuchen kostet 10 ct weniger als ein Stück Mohnkuchen. Wie viel kostet ein Stück Streuselkuchen?

7.1 Variablen und Terme

■ Daniel und Arzu rätseln. Sie wollen herausfinden, mit welchen Buchstaben die Zeichen ●, ■, ▼ und ◖ so zu ersetzen sind, dass sinnvolle deutsche Wörter entstehen. Finde verschiedene Möglichkeiten. ■

Den Flächeninhalt eines Rechtecks berechnet man mit
$a \cdot b$ („Länge mal Breite").
Den Umfang eines Rechtecks berechnet man mit
$2 \cdot a + 2 \cdot b$ („2-mal Länge plus 2-mal Breite").

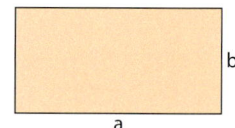

Hinweis:
Das lateinische Wort **varius** bedeutet verschieden.

Die Buchstaben **a** und **b** sind **Platzhalter** für die Länge und die Breite des Rechtecks. In der Mathematik nennt man Platzhalter, für die man Zahlen oder Größen einsetzen kann, **Variablen**.

Den Flächeninhalt und den Umfang berechnet man, indem man für die Variablen a und b konkrete Werte einsetzt.

$A = 4 \text{ cm} \cdot 2 \text{ cm} = 8 \text{ cm}^2$
$u = 2 \cdot 4 \text{ cm} + 2 \cdot 2 \text{ cm} = 12 \text{ cm}$

Hinweis:
Auch Rechenausdrücke ohne Variablen nennt man Terme,
z. B. $(5 - 3) \cdot 7$

> **Wissen: Term, Wert eines Terms**
> Jeder sinnvolle Rechenausdruck, der aus Zahlen, Größen oder Variablen mit den vier Grundrechenarten gebildet wird, ist ein **Term**.
> Beispiele: $8 - x$ $7 + y$ $2 \cdot (a + b)$ $a \cdot b \cdot c$
> Setzt man für die Variablen konkrete Zahlen oder Größen ein, kann man den **Wert eines Terms** berechnen.

Werte von Termen berechnen

Beispiel 1: Setze die angegebenen Zahlen in den Term ein und berechne den Wert des Terms.

a) $a = 4$ in $5 \cdot a + 3$
b) $b = 2,5$ in $3 \cdot b + b$
c) $x = \frac{1}{2}$ und $y = -1$ in $2 \cdot (x + y)$

Hinweis:
Tritt in einem Term eine Variable mehrfach auf, müssen in die Variable gleiche Zahlen eingesetzt werden.

Lösung:

a) Setze im Term $5 \cdot a + 3$ für a den Wert 4 ein.

   [Ersetze a durch 4.]

   $5 \cdot 4 + 3$
   $= 20 + 3 = 23$

b) In $3 \cdot b + b$ kommt die Variable b doppelt vor.

   [Ersetze beide b durch 2,5.]

   $3 \cdot 2,5 + 2,5$
   $= 7,5 + 2,5 = 10$

c) Für x wird $\frac{1}{2}$ und für y wird -1 eingesetzt.

   [Setze -1 in Klammern.]

   $2 \cdot \left(\frac{1}{2} + (-1) \right)$
   $= 2 \cdot \left(-\frac{1}{2} \right) = -1$

Hinweis zu 1:
Hier findest du die Lösungen.

Basisaufgaben

1. Ersetze die Variable durch die Zahl 7 und berechne den Wert des Terms.

   a) $9 - y$
   b) $x \cdot 5$
   c) $3 + 5 \cdot x$
   d) $(12 + 2) : a$
   e) $\frac{1}{2} \cdot (b + 3)$
   f) $x + 8 + x$
   g) $z \cdot z$
   h) $3 \cdot a + 2 \cdot a$
   i) $56 : a + a$
   j) $3 + z - 2 \cdot z$

7.1 Variablen und Terme

2. Setze für die Variable nacheinander die Zahlen 4; –2; 0,5 und $\frac{1}{4}$ ein und berechne den Wert des Terms.
   a) $8 + x$
   b) $10 - x + 1$
   c) $5 \cdot (y + 1)$
   d) $(1 + a) \cdot 2$
   e) $(c - 1) \cdot (c + 1)$

3. Berechne die Werte der Terme.

	$a = 5; b = 3$	$a = -2; b = 4$	$a = -2,5; b = -1$	$a = \frac{1}{4}; b = -3$
$2 \cdot a - b$				
$-3 \cdot (b + a)$				
$a \cdot b - 2 \cdot a$				
$(a + b) \cdot (a - b)$				

4. a) Berechne mit den angegebenen Formeln den Umfang und den Flächeninhalt des abgebildeten Rechtecks.

   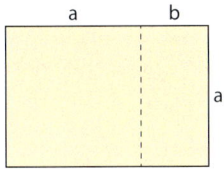

	$a = 6$ cm; $b = 2$ cm	$a = 5$ cm; $b = 2,5$ cm
$u = 4 \cdot a + 2 \cdot b$		
$A = a \cdot (a + b)$		

   b) Erkläre, welche Werte für die Variablen a und b eingesetzt werden dürfen.

Terme mit einer Variablen aufstellen

Bei vielen Aufgaben in der Mathematik muss man eine Situation durch einen Term mit einer Variablen ausdrücken.

Beispiel: Simon denkt sich eine Zahl. Er multipliziert die Zahl mit 5. Dann addiert er 3 und subtrahiert die gedachte Zahl.

Strategie zur Lösung:

① Führe ein paar Berechnungen für ausgewählte Beispiele durch. Diese kannst du in einer Tabelle notieren.
② Finde heraus, welche Zahl oder Größe sich verändert.
③ Ersetze die sich verändernden Zahlen oder Größen durch eine Variable.

Zahl	Rechnung	Ergebnis
1	$1 \cdot 5 + 3 - 1$	$= 7$
2	$2 \cdot 5 + 3 - 2$	$= 11$
3	$3 \cdot 5 + 3 - 3$	$= 15$
4	$4 \cdot 5 + 3 - 4$	$= 19$
x	$x \cdot 5 + 3 - x$	

Basisaufgaben

5. Schreibe als Term mit einer Variablen.
   a) Das Doppelte einer Zahl
   b) Das Fünffache einer Zahl
   c) Die Summe aus einer Zahl und 7
   d) 6 addiert zum Fünffachen einer Zahl

6. a) Ordne jedem Text den passenden Term zu.

   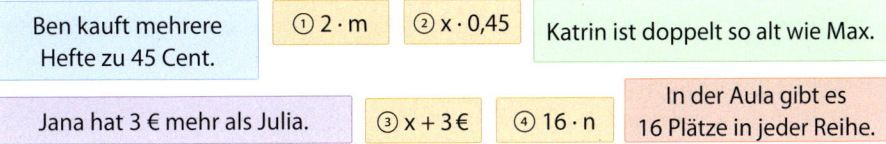

   b) Gib die Bedeutung der Variablen und die Bedeutung des Terms an.

7. In der Tabelle sind die ersten drei Figuren einer Figurenfolge zu sehen.

Figur	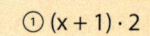	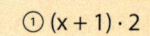	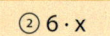		
x (Nummer der Figur)	1	2	3	4	5
Anzahl der Punkte					

a) Ergänze im Heft die fehlenden Figuren und bestimme die Anzahl der Punkte.
b) Gib einen Term für die Anzahl der Punkte einer beliebigen Figur Nr. x an.

8. Bei einem Tennisturnier erhält der Gewinner einen Gutschein über 50 €, der Zweitplatzierte einen Gutschein über 25 €. Jeder Teilnehmer erhält ein T-Shirt im Wert von 7 €.
   a) Berechne die Gesamtkosten für die Preise, wenn 8 Spieler (16 Spieler) am Turnier teilnehmen.
   b) Gib einen Term an, mit dem man die Gesamtkosten für x Spieler berechnen kann.

Weiterführende Aufgaben

9. In der zweiten Spalte der Tabelle stehen die Werte des Terms $2 \cdot x + 1$, wenn man für x die Zahlen 1, 2, 5 und 10 einsetzt.

x	2·x+1	C	D	E	F
1	2·1+1=3	6	3	4	4
2	2·2+1=5	12	4,5	6	7
5	2·5+1=11	30	9	12	16
10	2·10+1=21	60	16,5	22	31

① (x+1)·2   ② 6·x   ③ 1,5·x+2,5   ④ 2,5·x+1,5−x   ⑤ (6·x+2):2

a) Ordne den Spalten C, D, E und F je einen der Terme auf den Karten zu.
b) Ein Term passt zu keiner Spalte. Berechne für diesen Term die passenden Werte.

 10. **Stolperstelle:** Thomas hat in den Term Zahlen eingesetzt und den Termwert berechnet. Erkläre seine Fehler und korrigiere sie.
   a) x = −4 in 6 − x
      6 − 4 = 2
   b) y = 3 in 4 · y − y
      4 · 3 − y = 12 − y
   c) a = 2; b = 3 in 2 · b + a
      2 · 2 + 3 = 4 + 3 = 7

11. Schreibe als Term mit einer Variablen. Überlege, ob du Klammern setzen musst.
    a) Das Fünffache einer um 3 verminderten Zahl
    b) Die Summe aus dem Doppelten und dem Dreifachen einer Zahl
    c) Das Produkt aus einer Zahl und der Summe aus dieser Zahl und 8

12. Beschreibe den Term mit Worten. Die Variable steht für eine Zahl.
    Beispiel: 3 · x + 4   Die Summe aus dem Dreifachen einer Zahl und 4
    a) 4 · x   b) a + 2   c) 7 + 2 · y   d) 6 · (x + 4)   e) 9 · a − a

13. Welche Bedeutung hat hier die Verwendung von x?
    a) Ich habe x-mal versucht, dich anzurufen.
    b) Er wählte eine x-beliebige Karte aus.
    c) Der Detektiv ist auf der Suche nach Mister X.
    d) Der Wert des Gemäldes stieg in den vergangenen Jahren um das x-Fache.

7.1 Variablen und Terme

14. Zoe und Till besuchen einen Freizeitpark. Jede Fahrt mit der Achterbahn kostet 2,50 €, der Eintritt zum Park für jeden 4 €.
    a) Gib einen Term an, mit dem man für eine Person die Kosten für den Eintritt und eine beliebige Anzahl an Fahrten berechnen kann.
    b) Zoe fährt dreimal und Till viermal mit der Achterbahn. Berechne mit dem Term aus a), wie viel jeder insgesamt bezahlen musste.

15. Inka und Max sollen für den Spieleabend Essen von einer Trattoria besorgen. Inka kauft einige Pizzastücke zu je 1,50 €. Max kauft ausschließlich Foccaciastücke zu einem Preis von 2,30 € und eine große Flasche Limonade für 3,90 €.
    a) Berechne die Gesamtpreise, wenn Inka und Max jeweils 3 Stücke (4 Stücke) kaufen.
    b) Gib für Inka und Max jeweils einen Term an, mit dem man den Preis ihres Einkaufs berechnen kann. Erkläre dein Vorgehen und die Bedeutung der Variablen.
    c) Berechne mit den Termen aus b), wie viel Inka und Max bezahlen müssen, wenn sie jeweils 6 Stücke kaufen.

16. Eine Kerze ist zum Anfang 30 cm lang. Jede Stunde brennt sie 1,5 cm ab.
    a) Gib einen Term an, mit dem man die Gesamtlänge der Kerze nach einer beliebigen Anzahl von Stunden berechnen kann.
    b) Berechne mit dem Term aus a), wie lang die Kerze nach 2 Stunden (5 Stunden, 4,5 Stunden, 22 Stunden) ist.
    c) Erkläre, welche Werte für die Variable x sinnvoll in den Term eingesetzt werden können.

17. Ein neu gepflanzter Baum ist 2 m hoch. Ein Landschaftsgärtner misst drei Jahre lang die Höhe des Baumes und notiert die Ergebnisse in einer Tabelle.

Jahr n	0	1	2	3
Höhe Baum	2,00 m	2,06 m	2,12 m	2,18 m

    a) Gib einen Term an, mit dem man die Höhe des Baumes nach n Jahren berechnen kann.
    b) Berechne mit dem Term aus a), wie hoch der Baum in 7 Jahren (12 Jahren, 15 Jahren) ist.

18. Die Abbildung zeigt die ersten drei Figuren einer Figurenfolge.

            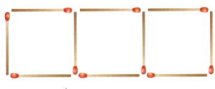

    Figur 1   Figur 2   Figur 3

    a) Stelle einen Term mit der Variablen n auf, der die Anzahl der Streichhölzer für die n-te Figur angibt. Erstelle zunächst eine Tabelle.
    b) Berechne die Anzahl der Streichhölzer für Figur 40, Figur 60 und Figur 80.
    c) Erkläre, warum es keine Figur mit 45 Streichhölzern geben kann.

19. **Ausblick:** Gib jeweils den Wert der Variablen an, sodass der Term den Wert 10 hat.
    a) $2 \cdot b$ b) $3 \cdot x + 4$ c) $3 + y - 5$ e) $(4 - a) \cdot 2$ e) $\frac{z}{2} - 2$ f) $(2 + 4 \cdot a) : 3$

7.2 Äquivalente Terme und Termumformungen

■ Peter stellt seine Hausaufgaben vor: „Zufällig habe ich Zahlen gewählt, bei denen immer dasselbe herauskommt." Ist das wirklich Zufall? ■

eingesetzte Zahl	$x - 1 + 3 \cdot x$	$x \cdot 4 - 1$
3	11	11
7	27	27
−10	−41	−41
$\frac{1}{2}$	1	1

Äquivalente Terme

In den drei Termen der Tabelle wurden für x nacheinander die Zahlen 1, 2 und 3 eingesetzt.

Bei $3 \cdot x + 4$ und $2 \cdot (x + 2) + x$ sieht man, dass sich beim Einsetzen derselben Zahl auch derselbe Termwert ergibt. Dies ist sogar für jede beliebige Zahl der Fall. Solche Terme heißen **gleichwertig** oder **äquivalent**.

	$3 \cdot x + 4$	$2 \cdot (x + 2) + x$	$9 - 2 \cdot x$
x = 1	7	7	7
x = 2	10	10	5
x = 3	13	13	3

$3 \cdot 1 + 4 = 7$

Der Term $9 - 2 \cdot x$ ist nicht äquivalent zu den ersten beiden Termen, da die Termwerte nicht für jede Zahl übereinstimmen. Zum Beispiel sind die Werte bei x = 2 und x = 3 verschieden.

> **Wissen: Äquivalente Terme**
> Zwei Terme sind **äquivalent (gleichwertig)**, wenn man beim Einsetzen derselben Zahlen für die Variablen in beide Terme stets denselben Wert erhält.

Basisaufgaben

1. Die beiden Terme sind äquivalent. Setze fünf verschiedene Zahlen in die Variable ein und zeige, dass die Termwerte übereinstimmen.
   a) $2 \cdot x + 5$ und $5 + x \cdot 2$
   b) $3 \cdot a + 4 \cdot a$ und $7 \cdot a$
   c) $7 \cdot a + 2 - 5 \cdot a$ und $2 \cdot (a + 1)$
   d) $10 - 20 \cdot b$ und $(2{,}5 - 5 \cdot b) \cdot 4$

2. Einer der Terme ist nicht äquivalent zu den anderen. Finde ihn. Erkläre deinen Lösungsweg.

a)	$3 \cdot x + 6$	$3 \cdot (x + 2)$	$3 \cdot x + 2$	$(2 + x) \cdot 3$
b)	$-2 \cdot (-1 + x)$	$-2 - 2 \cdot x$	$-2 \cdot (x - 1)$	$2 - 2 \cdot x$
c)	$a + b + a + b$	$2 \cdot a + 2 \cdot b$	$2 + a + 2 + b$	$2 \cdot (a + b)$

Erinnere dich:
Für gleiche Variablen müssen gleiche Zahlen eingesetzt werden, für verschiedene Variablen können verschiedene Zahlen eingesetzt werden.

3. Prüfe, ob die Terme äquivalent sein können, indem du verschiedene Zahlen für die Variablen einsetzt.
   a) $2 \cdot x + 3$ und $2 \cdot (x + 3)$
   b) $-2 \cdot a + 4 \cdot a - 10$ und $2 \cdot (a - 5)$
   c) $4 \cdot b + a$ und $a - 4 \cdot (1 - b) + 4$
   d) $3 \cdot a \cdot (a - b)$ und $a \cdot (3 \cdot b - a)$

4. Alina überlegt: „Wenn ich in zwei Termen dieselbe Zahl einsetze und die Termwerte sind nicht gleich, dann können die Terme nicht äquivalent sein. Aber wenn ich zeigen will, dass zwei Terme äquivalent sind, dann muss ich ja …"
Ergänze Alinas Gedanken.

7.2 Äquivalente Terme und Termumformungen

Vielfache von Variablen zusammenfassen

> **Wissen: Termumformungen**
> Um Terme zu vereinfachen, kann man sie durch **Termumformungen** in äquivalente Terme umwandeln.
>
> Dabei verwendet man die Regeln und Gesetze wie beim Rechnen mit rationalen Zahlen.
> $a + b = b + a$ $\qquad a \cdot b = b \cdot a$ $\qquad$ (Kommutativgesetz der Addition/Multiplikation)
> $a + (b + c) = (a + b) + c$ $\quad a \cdot (b \cdot c) = (a \cdot b) \cdot c$ $\quad$ (Assoziativgesetz der Addition/Multiplikation)
> $a \cdot (b + c) = a \cdot b + a \cdot c$ $\quad a \cdot b + a \cdot c = a \cdot (b + c)$ $\quad$ (Distributivgesetz: Ausmultiplizieren/Ausklammern)

Vielfache von Variablen kann man nach dem Distributivgesetz zusammenfassen:

$\qquad 2 \cdot x + 3 \cdot x = (2 + 3) \cdot x = 5 \cdot x$ $\qquad\qquad 4 \cdot y - 6 \cdot y = (4 - 6) \cdot y = -2 \cdot y$

Den „Malpunkt" zwischen dem **Koeffizienten** und der Variablen kann man auch weglassen. Statt $2 \cdot x$ schreibt man oft $2x$.

$\qquad 2 \cdot x = 2x$
$\qquad$ Koeffizient $\quad$ Variable

Hinweis:
„Malpunkte" kann man bei Variablen oder Klammern weglassen, wenn dadurch keine Missverständnisse entstehen können.
Zum Beispiel:
$a \cdot b = ab$
$2 \cdot (x + 1) = 2(x + 1)$
$(y + 1) \cdot (y - 1)$
$= (y + 1)(y - 1)$

> **Wissen: Vielfache von Variablen zusammenfassen**
> Vielfache von gleichen Variablen werden addiert oder subtrahiert, indem man ihre Koeffizienten addiert oder subtrahiert.
> $\qquad 2x + 3x = 5x$ $\qquad\qquad\qquad 4y - 6y = -2y$

> **Beispiel 1:** Fasse den Term so weit wie möglich zusammen.
> a) $8x - 4x + 5x$ $\qquad$ b) $4y - y$ $\qquad$ c) $3a + 4 - 5a + 2$
>
> **Lösung:**
> a) und b) Subtrahiere und addiere die Koeffizienten von gleichen Variablen.
>
> $\qquad$ c) Stelle vorher so um, dass Teilterme mit und ohne Variable nebeneinander stehen.
>
> $8 - 4 + 5 = 9$ $\qquad$ Denke dir den Koeffizienten 1.
>
> $\qquad\qquad\qquad\qquad\qquad\qquad 3a + 4 - 5a + 2$
> $\qquad\qquad\qquad\qquad\qquad = 3a - 5a + 4 + 2$
> $\qquad\qquad\qquad\qquad\qquad = \;\; -2a \;\; + 6$
>
> a) $8x - 4x + 5x = 9x$ $\qquad$ b) $4y - y = 4y - 1y = 3y$

Basisaufgaben

5. Fasse den Term so weit wie möglich zusammen.
   a) $5x + 3x$ $\qquad$ b) $7y - 2y$ $\qquad$ c) $-18b + 3b$ $\qquad$ d) $-0{,}7x - 1{,}4x$
   e) $4y + 2y + 6y$ $\qquad$ f) $a + a + a$ $\qquad$ g) $4x - 0{,}5x - x$ $\qquad$ h) $\frac{1}{2}x + \frac{5}{8}x - \frac{1}{8}x$

6. Fasse den Term so weit wie möglich zusammen.
   a) $7x + 3 + 4x$ $\qquad$ b) $6 + 6a - 3a + 3$ $\qquad$ c) $4z + 6 - 9z - 1$ $\qquad$ d) $5 + x - 6 + x$
   e) $1{,}4y + 2{,}8 - 0{,}9y$ $\qquad$ f) $2b + 6b + 2 - b$ $\qquad$ g) $a + 27 - a + 3$ $\qquad$ h) $x + 3x - 5 - 9x - 8$

7. a) Setze für die Variable die Zahl -2 ein und berechne jeweils den Wert des Terms.
   ① $4x - 3x$ $\qquad$ ② $5{,}5a + 2{,}5a$ $\qquad$ ③ $-y + 5 - 6y + 3$ $\qquad$ ④ $4x - 4 - 3x + 9x$
   b) Vereinfache die Terme in a) durch Termumformungen.
   c) Setze in die vereinfachten Terme aus b) die Zahl -2 ein und berechne die Termwerte.
   d) Vergleiche die Termwerte aus a) und c). Vergleiche auch den Rechenaufwand.

Erinnere dich:
Addition- und Subtraktionsschritte dürfen vertauscht werden.
Zum Beispiel:
$69 + 87 - 9$
$= 69 - 9 + 87$
$= 60 + 87 = 147$

Weiterführende Aufgaben

Hinweis zu 8:
Hier findest du die Lösungen zu ① bis ③.

8. a) Berechne die Werte der Terme für die vorgegebenen Werte der Variablen.

	x = 2	x = 0,5	x = –0,5	x = –2
① 8x – 4				
② –1 + 4x – 3 + 4x				
③ 4 · (1 – 2x)				
④ 2x + x · 6 – 2 · 2				

b) Erkläre anhand der Tabelle, welche Terme äquivalent sein können.
c) Bestätige durch Termumformungen, dass die in b) genannten Terme äquivalent sind.

9. **Stolperstelle:** Finde die Fehler und korrigiere sie. Erläutere, wie die Fehler entstanden sind.
   a) ① 3 + x + 4x = 7x ② 9x – x = 9 ③ 9x – 9 + 1 = x + 1
   b) Maria behauptet: „Wenn ich 1 oder 2 für x in die Terme 4x – 2 und x · (x + 1) einsetze, stimmen die Termwerte überein. Die Terme sind äquivalent."

10. Welche Malpunkte darf man weglassen? Erkläre.
    a) 3,5 · a   b) 2 · 2 · x   c) 5 · x + 5 · 3   d) $3 \cdot \frac{1}{4} \cdot x$ e) 2 · 2 · x + 2 · 3

11. Stelle einen möglichst einfachen Term auf, der den Umfang der Figur angibt.

   a) 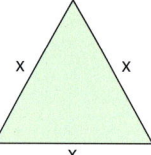   b) 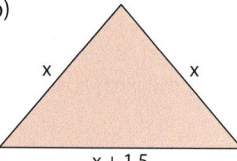   c)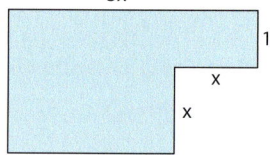

12. Multipliziere aus.
    Beispiel: 2 · (3x + 5) = 2 · 3x + 2 · 5 = 6x + 10
    a) 2 · (b + 3)   b) –2 · (3 + 7x)   c) $\frac{1}{2} \cdot (-6x + 9)$ d) 4 · (2x + 3y)   e) (8 – 2x) · (–0,5)

13. Den Umfang eines Rechtecks kann man mit den Termen 2a + 2b oder (a + b) · 2 berechnen.
    a) Setze die Werte von a und b in beide Terme ein und berechne jeweils den Termwert.
       ① a = 4 cm; b = 3 cm ② a = 2,5 cm; b = 6 cm
    b) Begründe, dass die beiden Terme äquivalent sind,
       ① durch Umformung eines Terms mithilfe von Rechengesetzen, ② anhand der Abbildung.

14. **Ausblick:** Die Abbildung zeigt die ersten drei Figuren einer Figurenfolge.

    Figur 1   Figur 2   Figur 3

    a) Welche der Terme geben die Anzahl der Streichhölzer der n-ten Figur an? Begründe.
       ① 3 + 3n + 2   ② 2 + 4n + 2   ③ 8 + 3 · (n – 1)   ④ 5 + 3n
    b) Berechne die Anzahl der Streichhölzer für Figur 40 (Figur 60) mit einem der Terme.
    c) Gibt es eine Figur mit 35 Streichhölzern (51 Streichhölzern)? Begründe jeweils.

7.3 Gleichungen

■ Anna behauptet, dass sie Zahlen erraten kann. Sie fordert Henri auf, sich eine Zahl zu merken, diese Zahl zu verdoppeln und zum Ergebnis 4 zu addieren. Nun soll Henri sein Ergebnis mitteilen. Henri gibt 10 an. Darauf nennt Anna die Zahl, die sich Henri gemerkt hat. Prüfe, ob sich Henri eine der Zahlen 2, 3 oder 4 gemerkt hat. Wie könnte Anna die gesuchte Zahl ermittelt haben? ■

Bei einem Sparplan zahlt man monatlich einen festen Geldbetrag auf ein Sparkonto ein. Auf einem Sparkonto liegen 60 €. Jeden Monat kommen 20 € hinzu. Das gesparte Geld (in €) kann man durch den Term 60 + 20x beschreiben. x gibt die Anzahl der Monate an.

In wie viel Monaten liegen auf dem Konto 100 €? Zur Lösung der Frage setzt man den Term gleich 100.

Es entsteht die **Gleichung** 60 + 20x = 100.

Die **Lösung der Gleichung** ist x = 2, da beim Einsetzen von 2 in die Gleichung eine **wahre Aussage** entsteht.
Setzt man andere Zahlen für x ein, entsteht eine **falsche Aussage**. Diese Zahlen sind keine Lösung der Gleichung.

x	60 + 20x = 100	
1	60 + 20 · 1 = 100 80 = 100	falsche Aussage
2	60 + 20 · 2 = 100 100 = 100	wahre Aussage
3	60 + 20 · 3 = 100 120 = 100	falsche Aussage

> **Wissen: Gleichungen, Lösung einer Gleichung**
> Zwei Terme, die durch ein Gleichheitszeichen verbunden sind, nennt man **Gleichung**.
> **Lösung** der Gleichung ist jede Zahl, die beim Einsetzen eine wahre Aussage ergibt.
> Beispiel: x = 2 ist Lösung der Gleichung 3x + 4 = 10, da 3 · 2 + 4 = 10 eine wahre Aussage ist.

Hinweis:
Gleichungen ohne Variablen sind entweder wahre oder falsche Aussagen.

Gleichungen durch Probieren lösen

> **Beispiel 1:** Prüfe durch Einsetzen, ob 1, 2, 3 oder 4 Lösungen der Gleichung x · x + 6 = 5x sind.
>
> **Lösung:**
> Setze 1, 2, 3 und 4 auf beiden Seiten der Gleichung ein und rechne aus.
>
> Für x = 2 und x = 3 entsteht eine wahre Aussage. Also sind 2 und 3 Lösungen der Gleichung.
>
> Für x = 1 und x = 4 entsteht eine falsche Aussage. Also sind 1 und 4 sind keine Lösungen der Gleichung.
>
> | x | x · x + 6 = 5x | |
> |---|---|---|
> | 1 | 1 · 1 + 6 = 5 · 1
7 = 5 | falsche Aussage |
> | 2 | 2 · 2 + 6 = 5 · 2
10 = 10 | wahre Aussage |
> | 3 | 3 · 3 + 6 = 5 · 3
15 = 15 | wahre Aussage |
> | 4 | 4 · 4 + 6 = 5 · 4
22 = 20 | falsche Aussage |

Basisaufgaben

1. Prüfe durch Einsetzen, ob 4 eine Lösung der Gleichung ist.
   a) $4x + 14 = 40$ b) $x + 24 = 7x$ c) $3 \cdot (2y - 9) = -3$ d) $-6 = x \cdot (1 - x)$

2. Finde eine Lösung der Gleichung, indem du die Zahlen 1, 2, 3, … einsetzt.
   a) $13x = 39$ b) $4a + 5 = 25$ c) $1 = 0{,}5x - 3$ d) $-1{,}5 - 2{,}5x = -9$
   e) $2 \cdot (x + 1) = 12$ f) $14 - x = x + 6$ g) $11b - 22 = 48 - 3b$ h) $2y + 1 = 3 \cdot (y - 2)$

3. Prüfe, welche ganzen Zahlen von −4 bis 4 Lösungen der Gleichung sind.
   a) $3x - 12 = 0$ b) $21 = 2y + 23$ c) $a \cdot a = a + a$ d) $(x - 2) \cdot (x + 4) = 0$

4. Bestimme, welche Lösung zu welcher Gleichung gehört.

   ① $2x + 5 = 17$ ② $85 = 25 + 20x$ $x = 4$ $x = 6$

   ③ $-3 - 6x = 9$ ④ $6x + 0{,}5 + 3x = 14$ $x = -10$ $x = 1{,}5$

   ⑤ $-3x + 8 = 5x - 24$ ⑥ $3x + 16 = -14$ $x = -2$ $x = 3$

Gleichungen durch Rückwärtsrechnen lösen

Erinnere dich:
Multiplikation
$5 \xrightarrow{\cdot 3} 15$
$\xleftarrow{: 3}$
Division
(Umkehroperation)

Bestimme die Seitenlänge a des Rechtecks.

Mit der Flächeninhaltsformel „Länge mal Breite" kommt man auf die Gleichung $a \cdot 3\,m = 15\,m^2$.

$A = 15\,m^2$, $b = 3\,m$, $a = ?$

Eine Lösung der Gleichung ergibt sich, indem
- man überlegt, welche Zahl mit 3 multipliziert als Ergebnis 15 hat: $a \cdot 3\,m = 15\,m^2$
- man mit der Umkehroperation rechnet und 15 durch 3 dividiert: $15\,m^2 : 3\,m = a$

Die Lösung ist $a = 5\,m$.

Bei komplizierteren Gleichungen kann es schwieriger sein, durch Überlegen zu einer Lösung zu gelangen. Durch Rückwärtsrechnen mithilfe von Umkehroperationen lässt sich eine Lösung dann besser bestimmen.

Beispiel 2: Löse die Gleichung $6x + 7 = 31$ durch Rückwärtsrechnen.
Prüfe die Lösung mithilfe einer Probe.

Lösung:
Stelle $6x + 7 = 31$ mit Pfeilen dar:
„Multipliziere die gesuchte Zahl mit 6, addiere dann 7. Das Ergebnis ist 31."

$x \xrightarrow{\cdot 6} \blacksquare \xrightarrow{+ 7} 31$

Rechne nun ausgehend von 31 rückwärts.
Die Umkehroperation zu $+ 7$ ist $- 7$.
Also: $31 - 7 = 24$

$x = 4 \xleftarrow{: 6} 24 \xleftarrow{- 7} 31$

Die Umkehroperation zu $\cdot 6$ ist $: 6$.
Also: $24 : 6 = 4$

Lösung der Gleichung: $x = 4$

Die Lösung ist richtig, wenn beim Einsetzen in $6x + 7 = 31$ eine wahre Aussage entsteht.

Probe: $6 \cdot 4 + 7 = 31$
             $31 = 31$ wahre Aussage

Hinweis:
Bei der Probe kontrolliert man durch Einsetzen, ob eine erhaltene Lösung richtig ist.

7.3 Gleichungen

Basisaufgaben

5. Löse die Gleichung durch Rückwärtsrechnen. Mache hinterher die Probe.
   a) x + 9 = 52   b) b − 7 = 2   c) 7x = −49   d) 84 = 12x
   e) 3y + 2 = 41 f) −2a − 2 = 16 g) 4 + 5a = 29 h) a : 4 + 20 = 45

Hinweis zu 5:
Hier findest du die Lösungen.

6. Stelle eine passende Gleichung auf. Löse die Gleichung durch Rückwärtsrechnen.
   a) Johan denkt sich eine Zahl. Er addiert 27 und erhält 60.
   b) Elisa denkt sich eine Zahl. Verdreifacht sie die Zahl und addiert 22, so erhält sie 55.
   c) Das Vierfache einer Zahl vermindert um 42 ergibt −22.

7. a) Übertrage das Pfeilbild zur Gleichung (x − 2) · 7 = 42 in dein Heft.

   x —−2→ ■ —·7→ 42

   b) Zeichne Pfeile in umgekehrter Richtung ein und berechne die Lösung mit den zugehörigen Umkehroperationen. Prüfe deine Lösung mit der Probe.

8. Löse die Gleichung durch Rückwärtsrechnen.
   a) (x + 1) · 8 = 56   b) 9 = (a − 3) · 6   c) (y + 12) · (−9) = 36   d) 2 · (6,5 + x) = 11

Weiterführende Aufgaben

9. Gib eine Gleichung mit der Lösung a = 3 (der Lösung b = −5; der Lösung c = 12,5) an.

10. a) Die Gleichung zum Zahlenrätsel ① lautet (x + 5) · 4 = 48. Erkläre, warum in der Gleichung Klammern stehen müssen.
    b) Löse die Gleichung zu ① durch Rückwärtsrechnen.
    c) Erstelle zum Zahlenrätsel ② eine passende Gleichung und bestimme die Lösung.

   ① Ich addiere zu einer Zahl 5 und multipliziere das Ergebnis mit 4. Ich erhalte 48.

   ② Ich subtrahiere von einer Zahl 5,5. Dann rechne ich mal 8. Das Ergebnis ist 100.

11. Leon, Paul und Ella sind zusammen 50 Jahre alt. Ella ist 2 Jahre jünger und Paul ist 4 Jahre älter als Leon. Erstelle eine Gleichung und bestimme das Alter der Geschwister. Verwende für das Alter von Leon die Variable x.

12. **Stolperstelle:** Mia löst die Gleichung 6x + 24 = 60 durch Rückwärtsrechnen.
    Rechnung: 60 : 6 = 10   Lösung: x = −14   Probe: 6 · (−14) + 24 = −60
              10 − 24 = −14

    Die Probe muss doch 60 ergeben!

    Erkläre, wo hier der Fehler liegt. Korrigiere die Lösung.

13. **Ausblick:** Die Gleichung 2 · (2x + 10) = 32 + x soll durch systematisches Probieren gelöst werden. Bei x = 1 ist der Wert der rechten Seite größer, bei x = 10 ist der Wert der linken Seite größer. Daher liegt die Lösung zwischen 1 und 10.
    a) Probiere im nächsten Schritt x = 5 aus. Fahre nach dem gleichen System fort, bis du die Lösung gefunden hast.
    b) Löse (4x − 3) · 6 = 20x + 50 durch systematisches Probieren. Beginne mit x = 1 und x = 20.

x	2 · (2x + 10)	32 + x
1	24	33
10	60	42
5	…	…

Hinweis zu 13:
Die Gleichung 2 · (2x + 10) = 32 + x kann man nicht durch Rückwärtsrechnen lösen.

7.4 Äquivalenzumformungen

■ Die Waage ist im Gleichgewicht. Erkläre, ob sie bei den folgenden Aktionen weiterhin im Gleichgewicht bleibt:
① Auf beiden Seiten wird ein blauer Quader entfernt.
② Auf beiden Seiten wird die Anzahl der roten Kugeln verdoppelt.
③ Auf beiden Seiten wird die Anzahl der blauen und roten Objekte halbiert. ■

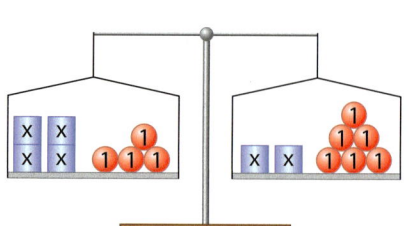

Beim Lösen der Gleichung $3x + 1 = x + 7$ hilft die Vorstellung einer **Waage im Gleichgewicht**. Die Variable x steht für ein unbekanntes, gleich schweres Gewicht. Jede Kugel wiegt 1 kg.

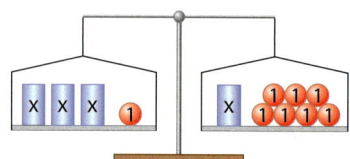

3 Gewichte und 1 kg sind genau so schwer wie 1 Gewicht und 7 kg.

$3x + 1 \quad = x + 7$

Nimmt man auf beiden Seiten 1 kg weg, bleibt die Waage im Gleichgewicht.

Rechne auf beiden Seiten der Gleichung „– 1".

$3x + 1 - 1 = x + 7 - 1$

$3x \quad\quad = x + 6$

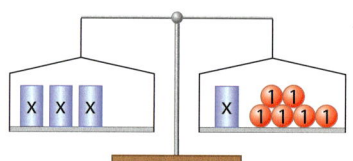

Nimmt man auf beiden Seiten ein Gewicht weg, bleibt die Waage im Gleichgewicht.

Rechne auf beiden Seiten der Gleichung „– x".

$3x - x \quad = x + 6 - x$

$2x \quad\quad = 6$

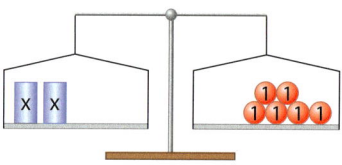

Halbiert man den Inhalt jeder Seite, bleibt die Waage ebenfalls im Gleichgewicht.

Teile beide Seiten der Gleichung durch 2.

$2x : 2 \quad = 6 : 2$

$x \quad\quad = 3$

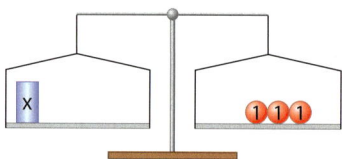

Man sieht nun, dass ein Gewicht 3 kg wiegt. Die Lösung ist $x = 3$.

Die Änderungen auf der Waage entsprechen genau den Umformungen der Gleichung auf der rechten Seite. Waage und Gleichung blieben nach jeder Änderung im Gleichgewicht.
Das bedeutet, dass sich die Lösung durch die Umformung nicht ändert.
Jede Gleichung hat dieselbe Lösung, nämlich $x = 3$. Man sagt, die Gleichungen sind **äquivalent**. Deswegen heißen diese Umformungen von Gleichungen **Äquivalenzumformungen**.

7.4 Äquivalenzumformungen

> **Wissen: Äquivalenzumformungen**
> Gleichungen kann man durch **Äquivalenzumformungen** in **äquivalente Gleichungen** (Gleichungen, die dieselben Lösungen haben) umwandeln.
>
> Mögliche Äquivalenzumformungen:
> – Addition oder Subtraktion einer Zahl oder eines Terms auf beiden Seiten der Gleichung.
> – Multiplikation oder Division mit einer Zahl ungleich Null auf beiden Seiten der Gleichung.
>
> Beim Lösen einer Gleichung formt man die Gleichung durch Äquivalenzumformungen so um, dass die Variable auf einer Seite der Gleichung allein steht.

Beispiel 1: Löse die Gleichung durch Äquivalenzumformungen. Mache hinterher die Probe.
a) $6 - 5x = 16$ b) $8x + 4 - 2x = 9 + 2x - 3$

Lösung:

a) **1. Sortieren:** Bringe alle Zahlen auf eine Seite der Gleichung. Rechne dazu „– 6". Auf der anderen Seite steht ein Term, der x enthält.

$6 - 5x = 16 \quad |-6$ ← Auf beiden Seiten – 6
$-5x = 10 \quad |:(-5)$ ← Auf beiden Seiten : (– 5)

2. Isolieren: Stelle x „allein".

$x = -2$ ← Lösung ablesen

3. Probe: Setze x = –2 in die Ausgangsgleichung ein.

Probe: $6 - 5 \cdot (-2) = 16$
$16 = 16$ wahre Aussage

b) **0. Vereinfache** rechte und linke Seite.
1. Sortieren: Bringe alle Zahlen auf eine Seite. Bringe alle „x-Terme" auf die andere Seite.

$8x + 4 - 2x = 9 + 2x - 3 \quad |\text{zusammenfassen}$
$6x + 4 = 6 + 2x \quad |-4$
$6x = 2 + 2x \quad |-2x$
$4x = 2 \quad |:4$

2. Isolieren: Stelle x „allein".

$x = 0{,}5$

3. Probe: Setze x = 0,5 in die Ausgangsgleichung ein.

Probe: $8 \cdot 0{,}5 + 4 - 2 \cdot 0{,}5 = 9 + 2 \cdot 0{,}5 - 3$
$7 = 7$ wahre Aussage

Basisaufgaben

1. Führe auf beiden Seiten der Gleichung die Rechenoperation hinter dem Strich aus.
   a) $x + 7 = 16 \,|-7$ b) $5x = 20 \,|:5$ c) $12 = -8x \,|:(-8)$ d) $4x = 3x \,|-3x$

2. Vervollständige die Rechnung im Heft und löse die Gleichung.
   a) $-5x + 24 = 49 \quad |-24$
   ___ = ___ $\quad |:(-5)$
   b) $4 = 0{,}5a - 6 \quad |+6$
   ___ = ___ $\quad |:0{,}5$
   c) $5x = 3x + 4 \quad |-3x$
   ___ = ___ $\quad |:2$

3. Übertrage ins Heft und ergänze jeweils rechts hinter dem Strich die Rechenoperation.
   a) $4x + 3 = 11 \,|\blacksquare$
     $4x = 8 \,|\blacksquare$
     $x = 2$
   b) $8 - 4a = 24 \,|\blacksquare$
     $-4a = 16 \,|\blacksquare$
     $a = -4$
   c) $15 = -41 + 8x \,|\blacksquare$
     $56 = 8x \,|\blacksquare$
     $7 = x$
   d) $0{,}5 - 0{,}5y = -2{,}5 \,|\blacksquare$
     $-0{,}5y = -3 \,|\blacksquare$
     $y = 6$
   e) $-2x + 7 = 0 \,|\blacksquare$
     $7 = 2x \,|\blacksquare$
     $3{,}5 = x$
   f) $5x + 9 = 8x \,|\blacksquare$
     $9 = 3x \,|\blacksquare$
     $3 = x$
   g) $a + 1 = 9 - 3a \,|\blacksquare$
     $a = 8 - 3a \,|\blacksquare$
     $4a = 8 \,|\blacksquare$
     $a = 2$
   h) $-5 + 2x = 5x + 7 \,|\blacksquare$
     $-5 = 3x + 7 \,|\blacksquare$
     $-12 = 3x \quad |\blacksquare$
     $-4 = x$

4. Löse die Gleichung schrittweise durch Äquivalenzumformungen. Mache hinterher die Probe.
   a) $4x + 2 = 30$
   b) $6x - 13 = 23$
   c) $-7x - 3 = -52$
   d) $73 = -5x + 18$
   e) $0{,}5 + 0{,}5x = 2{,}5$
   f) $4{,}5b + 6 = 24$
   g) $7 = 1{,}1a + 1{,}5$
   h) $1{,}2 - 2x = 0$

5. In der Bilderserie wird eine Gleichung gelöst.

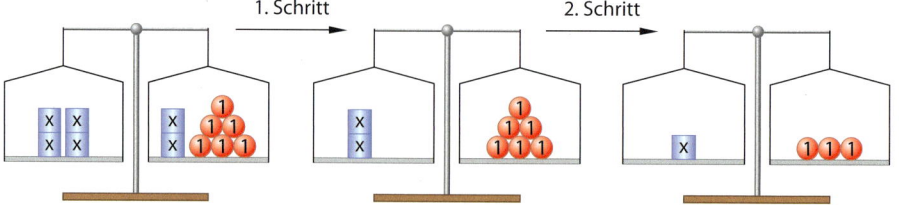

   Schreibe zu jeder Waage eine Gleichung auf und gib für jeden Schritt an, welche Äquivalenzumformung durchgeführt wird.

6. Bestimme, wie schwer ein blaues Gewicht ist. Jede rote Kugel wiegt 1 kg.
   Erläutere dein Vorgehen.
   a)   b)   c)

Hinweis zu 8:
Hier findest du die Lösungen.

7. Löse die Gleichung schrittweise durch Äquivalenzumformungen. Mache hinterher die Probe.
   a) $3x + 14 = 5x$
   b) $15b = 2b - 13$
   c) $7x + 5 = 3x + 9$
   d) $a + 5{,}5 = -3a - 4{,}5$
   e) $2 - 11x = 2 + x$
   f) $1{,}5x - 16 = x + 4$
   g) $19y - 2 = -3y - 13$
   h) $3{,}7z - 1{,}5 = 1{,}85 - 3z$

8. Vereinfache zuerst die Seiten der Gleichung und löse anschließend.
   a) $3x + 14 - x = 26$
   b) $18y - 15 + 3y = 12 - 3y + 21$
   c) $6a - 21 + 4a + 11 = -2a + 12 + 7a + 8$
   d) $x \cdot 0{,}25 + 2{,}5 + x = 7{,}5 + 0{,}75x - 10$

Weiterführende Aufgaben

9. a) Die Gleichung $8x + 13 = 53$ soll durch Rückwärtsrechnen gelöst werden. Vervollständige das Pfeilbild im Heft.
   b) Löse die Gleichung $8x + 13 = 53$ durch Äquivalenzumformungen.
   c) Vergleiche die beiden Lösungswege.

   $x \xrightarrow{\cdot 8} \square \xrightarrow{+13} 53$
   $x = \square \xleftarrow{} \square \xleftarrow{} 53$

10. a) Vervollständige die unterschiedlichen Lösungswege im Heft.

    Mark: 1) $23 - 7x = 2 \quad | -23$
           $\quad\quad -7x = -21 \quad | :(-7)$
           2) $4x + 6 = 5x + 8 \quad | -6$
           $\quad\quad 4x = 5x + 2 \quad | -5x$

    Marie: 1) $23 - 7x = 2 \quad | +7x$
           $\quad\quad 23 = 2 + 7x \quad | -2$
           2) $4x + 6 = 5x + 8 \quad | -4x$
           $\quad\quad 6 = x + 8 \quad | -8$

    b) Wie würdest du in Aufgabe 1) und 2) jeweils rechnen? Begründe deine Meinung.
    c) Löse die folgenden Gleichungen, indem du wie Mark oder wie Marie rechnest.
       ① $-11 = 5 - 3x$
       ② $2x + 4 = 4x + 1$
       ③ $x - 5 = 2x + 3$
       ④ $-6 + 5x = -7x$

7.4 Äquivalenzumformungen

11. Stolperstelle: Finde und erkläre die Fehler. Löse die Gleichungen dann korrekt.

$8x = 20 \mid -8$
$x = 12$

$-3x = 2 + x \mid -x$
$-2x = 2 \quad \mid : (-2)$
$x = -1$

$x - 3 = 1 - 3x \mid +3$
$x = 1$

$4x + 4 = 8x \mid :4$
$x + 4 = 2x \mid -x$
$4 = x$

12. Als Hausaufgabe soll die Gleichung $3 \cdot (2x + 1) = -9$ gelöst werden.
Emilia und Fara haben unterschiedliche Ideen.

Ich teile beide Seiten durch 3. Das ergibt:
$2x + 1 = -3$

Ich multipliziere zuerst die Klammer aus.
$3 \cdot (2x + 1) = -9$

a) Berechne die Lösung, indem du einmal mit der Idee von Emilia und einmal mit der Idee von Fara rechnest. Erläutere, worin sich die Lösungswege unterscheiden.
b) Löse die folgenden Gleichungen auf beiden Wegen.
① $2 \cdot (x - 5) = 40$ ② $2 \cdot (z - 3) = 0$ ③ $-3 \cdot (4x + 1) = -39$ ④ $-8x = (2x + 4) \cdot 4$

13. Multipliziere die Klammern aus und vereinfache. Löse dann die Gleichung.
a) $-2 \cdot (3 - x) + 6x = 40$ b) $2x + 4 \cdot (x + 1) = 3 + 4x$ c) $4 \cdot (c + 7) - 3 \cdot (2c + 3) = 25$

14. In dem Beispiel rechts werden Brüche durch Multiplikation in ganze Zahlen umgeformt.

Beispiel: $\frac{2}{7}x + \frac{1}{7} = -\frac{2}{7} + \frac{5}{7}x \mid \cdot 7$
$2x + 1 = -2 + 5x$

a) Setze das Beispiel fort und löse die Gleichung.
b) Löse, indem du zuerst in eine Gleichung mit ganzen Zahlen umformst.
① $\frac{3}{4}x + \frac{1}{4} = \frac{7}{4} - \frac{5}{4}x$ ② $-\frac{2}{5}x - \frac{1}{5} = \frac{4}{5}x + \frac{2}{5}$ ③ $\frac{2}{3}x - \frac{5}{6} = -\frac{1}{6}x + \frac{4}{3}$

15. Gib zur Gleichung zwei äquivalente Gleichungen an. Erkläre deine Vorgehensweise.
a) $2x = 16$ b) $x + 3 = 15$ c) $2x + 4 = 3x - 10$ d) $-0{,}25m - 3 = 4$

16. Gib zwei Gleichungen mit der angegebenen Lösung an.
a) $x = 4$ b) $n = -4$ c) $m = \frac{1}{2}$ d) $x = -5{,}5$

17. Zeige, dass die beiden Gleichungen äquivalent sind.
a) $-4 = 2 + 3y$
$3y - 4 = 6y + 2$
b) $2x + 4 = 3$
$3x = x - 1$
c) $x - 4x = 5$
$x + 8 = 3 - 2x$
d) $0{,}5a + 2 = 4 - 0{,}5a$
$2a - 3a = 2a + 4 - 5a$

18. Löse das Zahlenrätsel. Stelle zunächst eine Gleichung auf. Mache hinterher die Probe.
a) Gesucht ist eine Zahl, deren Dreifaches zu 15 addiert 78 ergibt.
b) Das Sechsfache einer Zahl ist um 12 größer als das Vierfache der Zahl.
c) Subtrahiert man von der gesuchten Zahl 5 und multipliziert das Ergebnis mit 7, so erhält man das Sechsfache der Zahl.
d) Addiert man 5 zum Doppelten einer Zahl, so erhält man das gleiche Ergebnis, als wenn man die gesuchte Zahl von 5 subtrahiert und das Ergebnis verdreifacht.

19. Schreibe ein Zahlenrätsel zu der Gleichung und löse es.
a) $-3x + 7 = -20$ b) $8x + \frac{1}{2} = \frac{5}{2}$ c) $(x + 67) \cdot 3 = 450$ d) $2x - 6 = 54 - 4x$

20. Wie viele Streichhölzer sind jeweils in einer Schachtel? Es gilt:
    1. Links und rechts vom Gleichheitszeichen liegen gleich viele Streichhölzer.
    2. Jede Streichholzschachtel enthält die gleiche Anzahl an Streichhölzern.
    Stelle eine Gleichung auf und berechne die Lösung.

    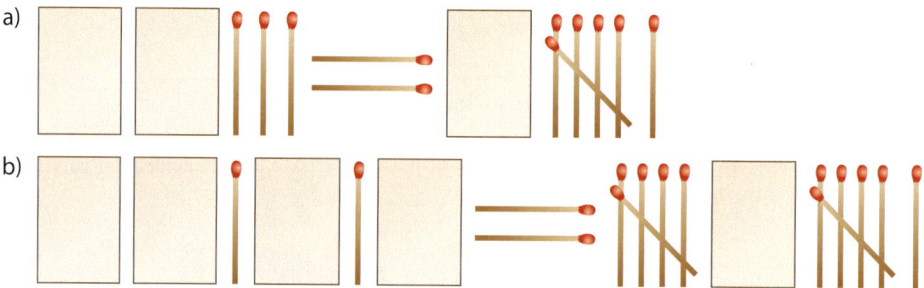

21. Der Wasserpegel eines Flusses liegt bei 8,19 m. Man rechnet damit, dass das Wasser jede Stunde um 6 cm steigt.
    a) Stelle einen Term auf, mit dem man den Wasserpegel nach x Stunden berechnen kann.
    b) Berechne, nach wie vielen Stunden der Wasserpegel die kritische Höhe von 8,70 m erreicht. Stelle eine Gleichung auf und löse sie.

22. In einer Zahlenmauer ergibt jeweils die Summe der beiden unteren Steine den Wert des darüber liegenden Steins.
    a) Ergänze in der Zahlenmauer ① in der mittleren Zeile jeweils Terme mit der Variablen x.
    b) Berechne dann mithilfe einer Gleichung alle Zahlen, die in Zahlenmauer ① stehen.
    c) Löse die Zahlenmauern ② und ③, indem du in der untersten Zeile eine Variable x ergänzt.

    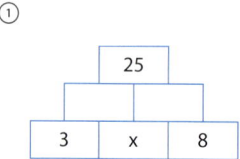 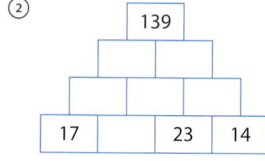 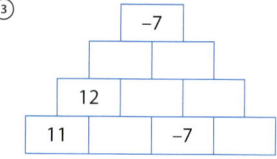

23. **Ausblick:** Im Jahr 1858 kaufte der Schotte Henry Rhind in einem Antiquariat in Luxor einen alten Papyrus, der einige der ältesten mathematischen Aufzeichnungen der Welt enthielt. Unter anderem fand er darin eine Methode der Ägypter zum Lösen von Gleichungen.

    Die Methode wird auch die „Methode des falschen Ansatzes" genannt.
    Wähle einen (falschen) Ansatz. Mit x = 2 wird die Rechnung hier sehr einfach. Vergleiche das falsche und das richtige Ergebnis.

    a) Löse mit der „Methode des falschen Ansatzes" die Gleichung
    $\frac{1}{3}x + x - \frac{1}{6}x = 21$.
    Wähle den falschen Ansatz x = 6.
    b) Untersuche, ob die Methode des falschen Ansatzes immer funktioniert. Versuche dazu Gegenbeispiele zu finden.

    > $2x + \frac{1}{2}x = 20$
    > Lösung: x = 2
    > $2 \cdot 2 + \frac{1}{2} \cdot 2 = 5$
    > 5 ist *ein Viertel* der eigentlichen Lösung.
    > Also ist die wahre Lösung
    > $x = 2 \cdot 4 = 8$.

7.5 Sonderfälle beim Lösen von Gleichungen

■ Ordne jeder Waage das passende Zahlenrätsel zu und bestimme die Lösung.
„Das Doppelte einer Zahl ist gleich der Summe aus dem Doppelten dieser Zahl und 2."
„Das Doppelte einer Zahl ist gleich der Summe aus der Zahl und 2." ■

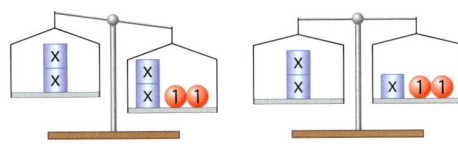

Beim Lösen von Gleichungen gibt es Sonderfälle. Eine Gleichung kann keine Lösung haben oder eine Gleichung kann unendlich viele Lösungen haben.

Sonderfall 1: $x + 3 = x + 5$

Egal, wie groß x ist, die Waage ist nie im Gleichgewicht.

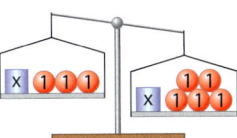

Sonderfall 2: $2x + 4 = 2x + 4$

Egal, wie groß x ist, die Waage ist immer im Gleichgewicht.

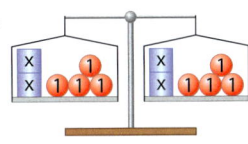

Beim Vereinfachen der Gleichung ergibt sich daher eine falsche Aussage.

$x + 3 = x + 5 \;|\; -x$
$3 = 5$

Die Gleichung hat **keine Lösung**.

Beim Vereinfachen der Gleichung ergibt sich daher eine wahre Aussage.

$2x + 4 = 2x + 4 \;|\; -2x$
$4 = 4$

Die Gleichung hat **unendlich viele Lösungen**.

> **Wissen: Gleichungen mit keiner Lösung oder unendlich vielen Lösungen**
> Ergibt sich beim Vereinfachen einer Gleichung durch Äquivalenzumformungen eine
> – **wahre Aussage**, so hat die Gleichung **unendlich viele Lösungen**.
> – **falsche Aussage**, so hat die Gleichung **keine Lösung**.

Die Lösungen einer Gleichung kann man auch zu einer Menge zusammenfassen. Man nennt sie **Lösungsmenge L**, die Lösungen stehen in geschweiften Klammern. Lösung der Gleichung $x + 4 = 12$ ist $x = 8$. Da es keine weitere Lösung gibt, ist die Lösungsmenge $L = \{8\}$. Hat eine Gleichung keine Lösung, schreibt man die Lösungsmenge als **leere Menge** $L = \{\}$. Bei unendlich vielen Lösungen umfasst die Lösungsmenge alle Zahlen, die in die Gleichung eingesetzt werden dürfen. Sind das beispielsweise alle rationalen Zahlen $\mathbb{Q}$, schreibt man $L = \mathbb{Q}$.

> **Beispiel 1:** Löse die Gleichung.
> a) $2x + 6 = x + 10 + x$
> b) $5x + x + 4 = 1 + 3x + 3 + 3x$
>
> **Lösung:**
> a) Die Gleichung $6 = 10$ ist eine falsche Aussage.
>
> Da bis zur Gleichung $6 = 10$ Äquivalenzumformungen angewendet wurden, müssen auch alle Gleichungen darüber falsche Aussagen ergeben, unabhängig davon, welche Zahl für x eingesetzt wird.
>
> Daher gibt es keine Lösung, die Lösungsmenge ist leer.
>
> $2x + 6 = x + 10 + x \quad |\, \text{zusammenfassen}$
> $2x + 6 = 2x + 10 \quad |\, -2x$
> $6 = 10 \quad\quad\quad\quad\; \text{falsche Aussage}$
>
> $L = \{\,\}$

b) Die Gleichung 4 = 4 ist eine wahre Aussage.

Wegen der äquivalenten Umformungen sind auch alle Gleichungen darüber wahr. Also ergibt sich beim Einsetzen beliebiger Zahlen für x immer eine wahre Aussage.

Daher gibt es unendlich viele Lösungen, die Lösungsmenge besteht aus allen rationalen Zahlen.

$5x + x + 4 = 1 + 3x + 3 + 3x$ | zusammenfassen
$6x + 4 = 6x + 4$ | $-6x$
$4 = 4$ wahre Aussage

$L = \mathbb{Q}$

Basisaufgaben

1. Entscheide, ob die Gleichung keine, genau eine oder unendlich viele Lösungen hat. Begründe deine Entscheidung.
   a) $x + 5 = 5 + x$
   b) $x + 5 = x + 6$
   c) $x + 5 = 6$

Hinweis zu 2:
Auch 0 kann die Lösung einer Gleichung sein.

2. Vereinfache die Gleichung und gib an, ob es eine, keine oder unendlich viele Lösungen gibt.
   a) $11x - 3 = 11x + 4$
   b) $4x + 3 = 3 + 4x$
   c) $2a - 3 - 4a = 1 - 2a$
   d) $2x + 11 - 7x = x - 1 - 6x$
   e) $2x + 12 - 3x = 4 - x + 8$
   f) $2x + 2 = x + 2$

3. Bestimme, wie viele Lösungen die Gleichung hat. Gib auch die Lösungsmenge an.
   a) $5x + 7 = 4x + 7 + x$
   b) $a + 3 + a = 2a + 2$
   c) $3x + 4 + 7x = 1 - 5x + 3$
   d) $2a + 6 = 2a - 6$
   e) $y - 7 = 7 - y$
   f) $2z + 3 = 6 - 2z$

Weiterführende Aufgaben

4. Bestimme die Lösungsmenge.
   a) $t + 2t - 3t = 6 \cdot (t + 1)$
   b) $2 \cdot (3x + 7) = 13 + 6x$
   c) $2,5 \cdot (3 - x) = 10x + 7,5 - 2,5x$
   d) $2 \cdot (a - 1) = a - 3 + a + 1$
   e) $3 \cdot (4 - 5x) = \frac{1}{2} \cdot (28 - 30x)$
   f) $4 \cdot (1,5x - 7) = (12x - 56) \cdot \frac{1}{2}$

5. Kann das „Gleichheitszeichen" stimmen? Links und rechts vom Gleichheitszeichen sollen gleich viele Streichhölzer liegen und jede Schachtel soll gleich viele Streichhölzer enthalten.

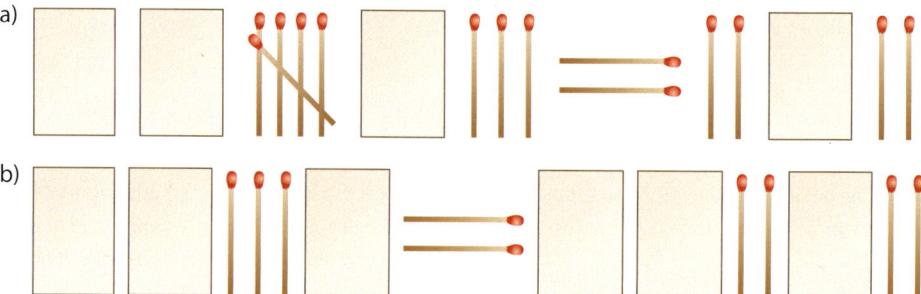

6. Ermittle mindestens eine Gleichung, die die angegebene Lösungsmenge hat.
   a) $L = \{4\}$
   b) $L = \{\}$
   c) $L = \{0\}$
   d) $L = \mathbb{Q}$

7. Bestimme für das Kästchen ■ einen Term ein, sodass die Gleichung $-2x + 8 = -2x +$ ■
   a) keine Lösung,
   b) genau eine Lösung,
   c) unendlich viele Lösungen hat.

7.5 Sonderfälle beim Lösen von Gleichungen

8. **Stolperstelle:** Die Gleichungen wurden nicht richtig gelöst. Erkläre die Fehler und korrigiere sie im Heft.

$5x + 7 = 2x + 7$	$2x + 6x = 8x$	$2 - 4a = 2 + 4a$
$5x = 2x$	$8x = 8x$	falsche Aussage
falsche Aussage	$x = 1$	$L = \{\}$
$L = \{\}$	$L = \{1\}$	

9. Setze für das Kästchen ■ einen Term ein, sodass die Gleichung $2x + 5 = $ ■ die angegebene Lösungsmenge hat.
   a) $L = \{1\}$ b) $L = \{\}$ c) $L = \mathbb{Q}$ d) $L = \left\{\frac{3}{4}\right\}$

10. Bestimme für a und b Zahlen, sodass die Gleichung $a \cdot x = b$ die angegebene Lösungsmenge hat.
    a) $L = \{1\}$ b) $L = \{0\}$ c) $L = \mathbb{Q}$ d) $L = \{\}$

11. Löse – wenn möglich – das Zahlenrätsel.
    a) Subtrahiert man 8 von dem Doppelten einer Zahl, so erhält man dasselbe, als wenn man die Zahl mit 2 multipliziert und 1 addiert. Wie heißt die Zahl?
    b) Addiert man zur Hälfte einer Zahl 30, so erhält man das Dreifache der um 320 verminderten Zahl. Wie heißt die Zahl?
    c) Multipliziert man das Vierfache einer Zahl mit 2, so erhält man die Differenz aus dem Achtfachen der Zahl und 2. Wie heißt die Zahl?
    d) Addiert man 6 zu dem Quotienten aus dem Neunfachen einer Zahl und 3, so erhält man die Summe aus dem Dreifachen der Zahl und 6. Wie heißt die Zahl?

12. In einem alten Mathematikbuch findet man die hier abgedruckte Aufgabe. Kannst du herausfinden, wie viele Dukaten der Händler am Anfang hatte? Begründe mithilfe einer Gleichung.

    > Ein reicher Händler gibt $\frac{1}{4}$ seiner Dukaten für neue Ware aus. Diese verkauft er andernorts und gewinnt $\frac{1}{3}$ seines Besitzes hinzu.
    > Er besitzt dann genauso viele Dukaten wie am Anfang.

13. **Multiplikation mit Null:** In einer der beiden Rechnungen ist ein Fehler. Finde den Fehler. Mache dazu zunächst die Probe. Begründe dann, wo der Fehler liegt.

    Carolin: $2x + 3 = 1 \quad |-3$
    $\quad\quad\quad 2x = -2 \quad |:2$
    $\quad\quad\quad\quad x = -1$
    $\quad\quad\quad L = \{-1\}$

    Max: $2x + 3 = 1 \quad |-3$
    $\quad\quad 2x = -2 \quad |\cdot 0$
    $\quad\quad\quad 0 = 0$
    Es gibt unendlich viele Lösungen.
    $L = \mathbb{Q}$

    Tipp zu 13: Bei der Lösungsmenge $L = \mathbb{Q}$ ist jede rationale Zahl x Lösung der Gleichung. Setze zur Probe mehrere Zahlen ein.

14. **Division durch x:** Setze die Rechnungen von Carolin und Max fort und bestimme die Lösungsmenge. Prüfe die Ergebnisse mit einer Probe. Was stellst du fest? Erkläre und ziehe eine Schlussfolgerung.

    Carolin: $2x = 4x \quad |-2x$
    Max: $2x = 4x \quad |:x$

15. **Ausblick:** Bestimme, welche rationalen Zahlen die Gleichung erfüllen.
    a) $x - x = 0$ b) $x + x = 0$ c) $x : x = 0$ d) $x \cdot x = 0$
    e) $x + x = 2x$ f) $x \cdot x = x$ g) $x \cdot (x + 1) = 0$ h) $x : x = 1$

Streifzug

7. Gleichungen

Spiel: Termjagd

Das hier abgebildete Spielfeld befindet sich auch auf der Rückseite deines Buches.
Zwei Teams spielen gegeneinander. Ihr benötigt einen Würfel und für jedes Team jeweils vier Spielfiguren einer Farbe. Jedes Team hat zu Beginn alle seine vier Spielfiguren auf dem großen grünen Feld oben links stehen. Beide Teams spielen abwechselnd.
Jedes Team setzt zuerst eine Spielfigur auf das kleine grüne Startfeld.
Vor dem Würfeln muss einer der beiden Terme auf dem Feld ausgewählt werden. Die gewürfelte Augenzahl wird für x eingesetzt: Der Wert des Terms gibt dann an, um wie viele Felder die Spielfigur bewegt werden muss. Dabei gilt: Nur bei Werten größer Null, wird die Spielfigur vorwärts bewegt, sonst zurück.

Wissen: Spielregeln
Die roten Eckfelder sind „Gleichungsfelder". Dort muss eine Zahl gewürfelt werden, die eine der beiden Gleichungen löst. Dafür sind drei Versuche möglich. Gelingt es nicht, so setzt das Team eine Runde aus. Gelingt es, so wird erneut gewürfelt. Die gewürfelte Augenzahl gibt an, um wie viele Felder die Spielfigur vorgerückt wird.
Kommt eine Spielfigur in das große grüne Zielfeld, wird eine weitere Spielfigur auf das Startfeld gesetzt. Sieger ist das Team, das zuerst alle seine Spielfiguren im Zielfeld hat.

Beispiel 1: Terme beurteilen
Zuerst zieht das „gelbe" Team, dann das „rote" Team.
a) Was muss das „gelbe" Team tun, um weiter ziehen zu können?
b) Mit welchen Augenzahlen kann das „rote" Team ins Zielfeld treffen?
c) Welchen Term sollte das „rote" Team wählen, wenn das Zielfeld genau getroffen werden müsste?

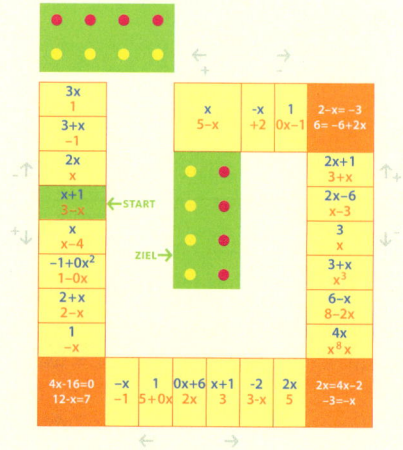

Lösung:
a) Löse die Gleichungen. Das „gelbe" Team muss eine 5 oder 6 würfeln, um das Feld verlassen zu dürfen.

$2 - x = -3 \qquad 6 = -6 + 2x$
$x = 5 \qquad\qquad x = 6$

b) Das „rote" Team benötigt mindestens eine 8, um das Zielfeld betreten zu dürfen. Mit jeder Augenzahl, außer 1, könnte es ins Zielfeld treffen.

c) Der Termwert muss 8, 9, 10 oder 11 betragen. In diesem Fall wäre es besser, den Term $3 + x$ zu wählen, da es mit 8 und 9 zwei Möglichkeiten gibt, während es bei x^3 nur eine Möglichkeit gibt.

Gewürfelt	3 + x	x^3
1	4	1
2	5	8
3	6	27
4	7	64
5	8	125
6	9	216

Spielvariante: Genau

Die Felder im Zielfeld müssen am Ende der Runde genau getroffen werden.
Kann eine Spielfigur nicht bewegt werden, so setzt das Team eine Runde aus.

Aufgaben

1. Zuerst zieht das „rote" Team, dann das „gelbe" Team.
   a) Was muss das „rote" Team tun, um weiter ziehen zu können?
   b) Mit welchen Augenzahlen kann der gelbe Stein ins Zielfeld treffen?
   c) Welchen Term sollte das „gelbe" Team in der einfachen Spielvariante wählen?
   d) Welchen Term sollte das „gelbe" Team in der Spielvariante „Genau" wählen?

2. **Eure Spielvariante**
   In dieser Spielvariante zählen die Terme auf dem Spielfeld nicht. Denkt euch selbst Terme aus und schreibt diese auf Karten. Überlegt vorab: Welche Karten benötigt man, um gut ins Zielfeld zu kommen? Welche Karten werden benötigt, um schnell voran zu kommen?
   Ihr benötigt für ein Spiel rund 30 Karten, da es 23 Termfelder gibt. Zu Beginn des Spiels werden die Karten gemischt und verdeckt auf den Tisch gelegt. Der Spieler, der an der Reihe ist, würfelt zuerst und zieht dann eine Karte. Er hat einmalig die Möglichkeit, sich gegen diese Karte zu entscheiden, sie abzulegen und eine neue Karte zu ziehen. Dann muss gesetzt werden. In dieser Variante bleiben die Gleichungsfelder erhalten.

3. **Eigene Gleichungen**
   Ihr notiert für jedes Gleichungsfeld zwei neue Gleichungen. Könnt ihr schon vor dem Spiel beurteilen, ob es damit leichter oder schwerer wird, ins Ziel zu gelangen, als bisher?

7.6 Mit Gleichungen modellieren

■ Beurteile die Lösung:

Informationen: Fußball 26 €, jeder zahlt gleich viel
Gesucht: Geldbetrag, den jeder zahlen muss
Rechnung: $3 \cdot g = 26$, also $g = \frac{26}{3} = 8\frac{2}{3}$.
Jeder zahlt $8\frac{2}{3}$ €. ■

Für viele Fragestellungen, die sich aus realen Sachverhalten ergeben, kann man eine Gleichung aufstellen und mit der Gleichung Lösungen finden. Die Gleichung nennt man dann ein **mathematisches Modell** für das **Problem**. Die Lösung der Gleichung ist eine **Lösung im Modell**.

Die Lösung im Modell muss man zurück in den realen Sachverhalt übertragen. Folgende Fragen können dabei helfen:
– Überlege, was das Ergebnis im realen Sachverhalt bedeutet.
– Überlege, ob das Ergebnis plausibel (sinnvoll) ist.
– Vergleiche, ob das Ergebnis ungefähr mit einem Schätzwert übereinstimmt.

Beispiel 1: Modellierungskreislauf

Problem: Kiko arbeitet auf einer Orangenplantage. Für jede Orangen bekommt er viel weniger als einen Cent nämlich genau $\frac{6}{100}$ Cent. Wie viele Orangen muss er pflücken, um seine Familie zu ernähren? Für seine Familie braucht er täglich etwa 7 €.

Modell bilden: Übersetze die reale Situation in eine Gleichung.

Variable x = „Anzahl Orangen"

Gleichung: $x \cdot \frac{6}{100}$ Cent = 700 Cent

oder $x \cdot \frac{6}{100} = 700$

Lösung im Modell bestimmen:
Bestimme die Lösung der Gleichung.

$x \cdot \frac{6}{100} = 700 \mid \cdot 100$ und $: 6$

$x = \frac{700 \cdot 100}{6} = 11\,666\frac{2}{3}$

Lösung interpretieren und überprüfen:
Da x die „Anzahl Orangen" angibt, muss man $x = 11\,666\frac{2}{3}$ aufrunden auf „mindestens 11 667 Orangen" oder „etwa 12 000 Orangen täglich".

Überprüfung: $12\,000 \cdot \frac{6}{100}$ Cent = 720 Cent

Bei 12 000 Orangen verdient Kiko also etwas mehr als 7 €.

Basisaufgaben

1. Berechne aus den Angaben im Beispiel oben, wie viele Orangen Kiko pflücken muss, um 1 Liter Orangensaft in Deutschland kaufen zu können.

2. Jonathan trainiert für einen 10 km-Lauf. In den letzten fünf Tagen ist er insgesamt 242 min gelaufen. Am Ruhetag danach vergleicht er die Laufzeiten mit dem ersten Tag. Am zweiten Tag ist er doppelt so lange gelaufen, am dritten drei Minuten länger, am vierten zwölf Minuten länger, am fünften eine Minute weniger. Wie viele Minuten ist er am ersten Tag gelaufen?

Weiterführende Aufgaben

3. Ein Vergnügungspark kostet 20 € Eintritt. Jeden Tag kommen 800 Besucher. Der Betreiber möchte seinen Umsatz steigern, indem er mehr Besucher anlockt. Dazu plant er die Preise zu senken.
Wie viele Besucher müssten zusätzlich kommen, wenn er den Eintrittspreis um
a) um 4 € senkt,   b) um 2,50 € senkt?

4. Stell dir vor: Als Herr Meyer am Morgen den Sportteil seiner Zeitung las, bemerkte er, dass ein Teil des Zeitungsblattes abgerissen wurde. Kannst du herausfinden, wie lang die gefahrene Strecke ist?

> … gab es während des gesamten Rennens nur Führende. B. Peter führte ein Viertel der Strecke, für ein Drittel der Strecke übernahm K. Jens die Führung und zwei Fünftel der Strecke wurden von S. Henning angeführt. Nur der letzte Kilometer wurde vom Sieger Max Schmidt dominiert.

5. Jede Seite eines Buches hat 80 Zeilen. Wenn jede Seite 12 Zeilen weniger hätte, so müsste das Buch 48 Seiten mehr haben. Wie viele Seiten hat das Buch?

Tipp zu 5: Überlege zuerst, was du mit der Variablen bezeichnest.

6. Familie Peters möchte im Urlaub einen Mietwagen für einen Tagesausflug buchen. Es liegen Angebote von zwei Autovermietungen vor.

	Grundpreis	Preis pro km
Bluecar	40 €	0,60 €
Rent a car	30 €	0,70 €

a) Bei welcher Kilometerzahl ist der Gesamtpreis bei beiden Angeboten gleich? Erstelle für beide Angebote als Modell eine Gleichung, die die Kosten in Abhängigkeit von den gefahrenen Kilometern beschreibt.
b) Beantworte mit den beiden Modellen die Frage, bei welcher Kilometerzahl welches Angebot günstiger ist.

7. **Stolperstelle:** Marla hat ein Säckchen mit Murmeln. Sie behauptet:
„Wenn ich von meinen Murmeln 5 Murmeln wegnehme und anschließend 8 Murmeln hinzufüge, habe ich doppelt so viele Murmeln wie jetzt."
a) Stelle zu dem Sachverhalt als Modell eine Gleichung auf.
b) Bestimme eine Lösung im Modell.
c) Überprüfe mit der Lösung Marlas Behauptung und nimm Stellung dazu.

8. **Ausblick:** Lies die Beiträge aus dem News-Ticker einer Fußball-Website.

Wolfsburg Vizemeister!
Nur 5 Niederlagen in 34 Spielen und 69 Punkte, das reichte …

VfB rettet sich: Wenige Siege, genauso viele Unentschieden.
Im 34. Spiel hat sich der VfB Stuttgart vor der Relegation gerettet. 36 Punkte war nach dem letzten Spiel …

Hamburg: Die bittere Bilanz
Nach 34 Spielen hat der HSV 16 Niederlagen und 35 Punkte …

a) Finde mithilfe einer Gleichung heraus, wie viele Spiele der VfL Wolfsburg gewonnen hat.
b) Bestimme die Anzahl der Siege, Unentschieden und Niederlagen des VfB Stuttgart.
c) Kann die Nachricht zum Hamburger SV stimmen?

7.7 Verhältnisgleichungen

■ Fotos haben oft das Bildformat 3 : 4. Die Angabe bedeutet, dass Höhe und Breite dieser Fotos im Verhältnis 3 : 4 stehen.
Bestimme die Breite von dem Foto in diesem Format, wenn es 12 cm hoch ist. Beschreibe wie du vorgehst. Wie breit wäre ein Foto mit gleicher Höhe im Format 16 : 9? ■

Wissen: Verhältnisgleichungen
Eine Gleichung heißt **Verhältnisgleichung**, wenn jede Seite der Gleichung aus einem Verhältnis von Zahlen, Variablen oder Größen besteht. Man sagt: „a verhält sich zu b wie c zu d."

$$\frac{a}{b} = \frac{c}{d} \quad (b, d \neq 0)$$

Ein einfacher Weg zum Lösen einer Verhältnisgleichung ist das „Multiplizieren über Kreuz".

$$\frac{a}{12} = \frac{4}{3} \quad \frac{a}{12} \times \frac{4}{3}$$
$$a \cdot 3 = 12 \cdot 4$$

Beispiel 1:
Bei einem Motorradrennen wird das Preisgeld für Platz 1 und Platz 2 im Verhältnis 3 zu 2 vergeben.
Der Sieger erhält 6000 € vom gesamten Preisgeld.
a) Stelle eine Verhältnisgleichung dazu auf.
b) Berechne, wie viel Euro der Zweitplatzierte bekommt.

Lösung:

Stelle aus den Informationen zwei Verhältnisse auf, die denselben Wert haben.
Das Verhältnis „3 zu 2" entspricht dem Verhältnis des Preisgeldes für Platz 1 und 2.
Da das Preisgeld für Platz 2 gesucht ist, schreibst du den Nenner als Unbekannte z.

$$\frac{3}{2} = \frac{6000}{z}$$

3 Anteile → Preisgeld Platz 1
2 Anteile → Preisgeld Platz 2

Multipliziere über Kreuz. $\frac{3}{2} = \frac{6000}{z}$ | über Kreuz multiplizieren

Isoliere die Variable z. $3 \cdot z = 2 \cdot 6000$ | : 3

$z = 12000 : 3 = 4000$

Führe eine Probe durch.   Probe: $\frac{3}{2} \cdot \frac{6000}{4000}$

$\frac{3}{2} = \frac{3}{2}$ wahre Aussage

Formuliere einen Antwortsatz.   Der Zweitplatzierte erhält 4000 €.

Basisaufgaben

1. Es gibt Reinigungsmittel, die vor der Verwendung mit Wasser gemischt werden müssen. 125 mℓ Reinigungskonzentrat sollen im Verhältnis 3 zu 10 mit Wasser gemischt werden.
   a) Stelle eine Verhältnisgleichung zu dem Sachverhalt auf.
   b) Berechne, wie viel Wasser bei 125 mℓ Konzentrat zugefügt werden muss.

7.7 Verhältnisgleichungen

2. Begründe, welche Verhältnisgleichung zur Situation passt. Berechne auch die Lösung.

a) In Dänemark muss man mit dänischen Kronen (DKK) bezahlen. Herr Schulz hat beim Wechseln für 50 € 373 DKK bekommen. Nun möchte er wissen, wie viel Euro eine Jacke für 200 DKK kostet.

b) Für einen vollen Arbeitstag mit 8 Arbeitsstunden bekommt Franzi 92 €. Wie viel verdient sie, wenn sie in einer Woche 30 Stunden arbeitet?

① $\frac{50}{x} = \frac{373}{200}$ ② $\frac{50}{373} = \frac{x}{200}$ ① $\frac{x}{92} = \frac{30}{8}$ ② $\frac{x}{92} = \frac{8}{30}$

③ $\frac{x}{373} = \frac{50}{200}$ ④ $\frac{50}{200} = \frac{373}{x}$ ③ $\frac{92}{x} = \frac{8}{30}$ ④ $\frac{30}{92} = \frac{8}{x}$

Hinweis zu 3: Hier findest du die Lösungen.

3. Löse die Gleichung und führe eine Probe durch.

a) $\frac{x}{6} = \frac{4}{3}$ b) $\frac{21}{5} = \frac{7}{z}$ c) $\frac{3}{2} = \frac{y}{5}$ d) $\frac{7}{k} = \frac{14}{5}$

e) $\frac{x}{1{,}2} = \frac{3{,}6}{0{,}3}$ f) $\frac{0{,}1}{z} = \frac{1{,}4}{0{,}5}$ g) $\frac{\frac{1}{2}}{\frac{3}{4}} = \frac{x}{5}$ h) $\frac{7}{k} = 3$

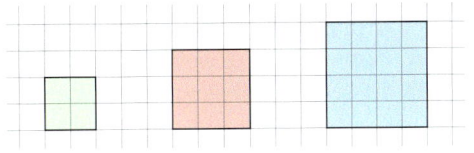

Weiterführende Aufgaben

4. Stolperstelle: Beschreibe die Umformungen, die in jedem Schritt gemacht wurden. Korrigiere dabei Fehler oder suche nach kürzeren Lösungswegen.

a) $\frac{3}{x} = \frac{5}{7}$
$7x = 15$
$x = 2\frac{1}{7}$

b) $\frac{a}{3} = \frac{12}{4}$
$4 \cdot a = 3 \cdot 12$
$a = \frac{36}{4} = 9$

c) $\frac{12}{z} = \frac{3}{5}$
$\frac{12}{z} = 0{,}6$
$12 = 0{,}6 \cdot z$
$z = 20$

5. 25 kg Kartoffeln kosten 30 €. Wie viel Euro kosten 6 kg?

a) Setze die Rechnung von Sara und Zamira fort und berechne die Lösung.

Sara:

25 kg	30 €
1 kg	
6 kg	

:25 ... :25

Zamira: $\frac{25}{6} = \frac{30}{x}$ | über Kreuz multiplizieren

$\underline{\quad} = \underline{\quad}$

b) Beschreibe Gemeinsamkeiten und Unterschiede zwischen dem Lösungsweg „Dreisatz" und dem Lösungsweg „Verhältnisgleichung".

6. Der Kraftstoffverbrauch von Autos wird in „Liter pro 100 km" angegeben. Herr Held hat für 550 km 18,2 Liter Kraftstoff gebraucht. Stelle eine Verhältnisgleichung auf und berechne den Kraftstoffverbrauch auf 100 km.

7. Ausblick: Ermittle Seitenlängen und Flächeninhalte der Quadrate (1 Kästchenlänge = 5 mm). Überprüfe, ob Seitenlänge und Flächeninhalt im gleichen Verhältnis stehen.

7.8 Vermischte Aufgaben

1. Stelle eine Gleichung auf und berechne die gesuchte Seitenlänge.
   a)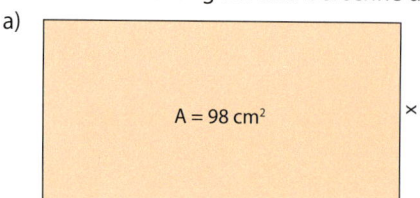
   b)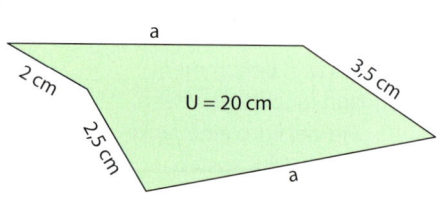

2. a) Beschreibe die folgenden Terme in Worten.
   Beispiel: $2x - 5$ Das Doppelte einer Zahl, vermindert um 5
   ① $6 - x$ ② $3x + 4$ ③ $2x : 5$ ④ $18x - 3x$ ⑤ $5 \cdot (x + 16)$
   b) Der Wert der Terme soll jeweils 10 betragen. Berechne die unbekannte Zahl x.

3. Wie muss a gewählt werden, damit die Gleichung $x - a + 4x = 10 + 5x$
   a) keine,   b) genau eine Lösung,   c) unendlich viele Lösungen hat?

4. Die drei Pakete sind würfelförmig. Die Kantenlängen verdoppeln sich von Paket zu Paket. Die Kantenlänge des kleinen Pakets ist x cm.

   🟠 Stelle einen Term für die Länge der Geschenkbänder aller drei Pakete auf. Die Länge der Schleife soll hierbei nicht mitgezählt werden.

   🟠 Die Pakete wiegen zusammen 1 kg. Das mittelgroße Paket ist fünfmal so schwer wie das kleine. Wie schwer ist jedes Paket, wenn das große 760 g wiegt?

   🟢 Schätze, wie viel Band für die Schleife des kleinen Pakets benötigt wird. Gib einen Term an, der x enthält.

   🔵 Berechne die Kantenlängen der drei Pakete, wenn das Geschenkband des kleinen Pakets 40 cm lang ist (ohne Schleife).

5. Laras Mutter ist heute 42 Jahre alt. Vor halb so vielen Jahren, wie Lara heute alt ist, war ihre Mutter sechsmal so alt, wie Lara zu diesem Zeitpunkt. Wie alt ist Lara heute?

6. Bei einer Fernsehshow kann ein Kandidat Geld gewinnen. Im Falle eines Gewinns darf er zwischen zwei Geldumschlägen wählen, darin befinden sich folgende Geldbeträge:

   Umschlag A
   Das Fünfzigfache vom Alter des Kandidaten abzüglich 500 €.

   Umschlag B
   Das Dreißigfache vom Alter des Kandidaten und zusätzlich 500 €.

   a) Stelle für die Umschläge A und B jeweils einen Term auf, mit dem man den gewonnenen Geldbetrag berechnen kann.
   b) Für welchen Umschlag würdest du dich entscheiden? Für welchen Umschlag sollte sich ein 60 Jahre alter Kandidat entscheiden?
   c) Bestimme, bis zu welchem Alter der blaue Umschlag mehr Geld enthält als der rote.
   d) Ein Kandidat gewinnt 1250 €. Wie alt könnte er sein?

7.8 Vermischte Aufgaben

7. Ermittle mit einer Tabellenkalkulation die Lösungen der Gleichung $x \cdot x - 19 \cdot x + 66 = 0$ im Bereich der natürlichen Zahlen zwischen 0 und 21.

8. Tom sammelt Fußballbilder. Er hat schon 42 Bilder. Sein Onkel schenkt ihm zum Geburtstag mehrere Packungen, in denen je 6 Bilder sind. Als Tom durchzählt, stellt er fest, dass er nun dreimal so viele Bilder wie vorher hat. Berechne, wie viele Packungen Tom geschenkt bekommen hat.

9. a) Ein Grundstück ist 15 m breit. Verlängert man die Länge um 5 m, dann hat das Grundstück einen Umfang von 80 m. Berechne, wie lang das ursprüngliche Grundstück war.
   b) Ein Grundstück hat eine Länge von 30 m. Verlängert man die Breite um 7 m, dann hat das Grundstück einen Flächeninhalt von 465 m². Berechne, wie breit das Grundstück vorher war.

10. Auf dem Wochenmarkt hat die Fleischerei Wiechmann einen Würstchenstand. Die Standgebühr beträgt pro Tag 100 €. Der Stundenlohn des Würstchenverkäufers ist 13,50 €. Im Schnitt werden jede Stunde 20 Würstchen verkauft und an jeder Wurst macht die Fleischerei 1 € Gewinn.
    Lohnt sich die Würstchenbude für die Fleischerei Wiechmann? Begründe.

11. Das Niedersachsenticket ist besonders für Gruppenreisen geeignet. Dem Ticket ist der Preis für ein bis maximal fünf Reisende zu entnehmen.

    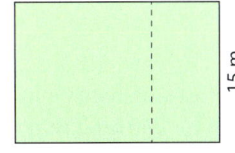

    a) Erkläre, ob der Preis für das Ticket mit dem Term $23 + 4 \cdot (n - 1)$ berechnet werden kann.
    b) Eine Gruppe aus 7 Reisenden (27 Reisenden) möchte mit dem Niedersachsenticket einen Ausflug machen. Berechne den Preis für die Reise.
    c) Ein Reisebüro berechnet für die Zugfahrt einer 8. Klasse den Preis 257 €. Wie viele Schüler sind in der Klasse?

12. Lies den Artikel rechts, der in den Nachrichten stand.
    a) Erkläre, wie die Firma zum Preisnachlass von 1,5 Cent pro Rolle gekommen ist.
    b) Erstelle einen neuen Vorschlag für den Preisnachlass, den die Firma den Ämtern anbieten sollte. Benutze dabei die folgenden Angaben:
       – Ein 8er-Paket Toilettenrollen hat die Maße 20 cm x 10 cm x 40 cm.
       – Die Ladefläche eines LKWs hat die Maße 2 m x 5 m x 4 m.
       – Die Lieferung einer LKW-Ladung Toilettenpapier kostet 800 €.

    „Beschwerde – Papier zwei Zentimeter zu kurz"
    Toiletten-Aufstand bei den Behörden im Regierungsbezirk Arnsberg (NRW):
    „Wir lassen uns doch nicht besch…"
    Der Vorfall: Alle 41 Ämter bezogen von einer Firma Toilettenpapier für die Dienstklos: zweilagig, je 250 Blatt, insgesamt 146 000 Rollen, jedes Blatt angeblich 14 cm lang.
    Aber ein Beamter maß nach – nur 12 cm.
    Beschwerde an die Firma – jetzt gibt der Hersteller einen Preisnachlass von 1,5 Cent pro Rolle (9 statt bisher 10,5).

Prüfe dein neues Fundament

7. Gleichungen

Lösungen S. 250

1. Setze die angegebenen Zahlen in den Term ein und berechne den Wert des Terms.
   a) $a = 7$ in $8 - 3a$
   b) $b = -2$ in $(9 + 2b) \cdot b$
   c) $a = -1$ und $b = 1{,}5$ in $a \cdot b - a$

2. Ordne den folgenden Aussagen den passenden Term zu und gib die Bedeutung der Variablen an.
   a) Frau Meier sagt: „An jedem Werktag arbeite ich acht Stunden."
   b) Herr Schulz sagt: „Ich schneide von einem 400 cm langen Holzbrett ein Stück ab."
   c) Frau Müller sagt: „Eine Anzeige in einer Zeitung kostet 4 €, dazu jede Zeile 80 Cent."

   ① $400 - x$ ② $400 + 80x$ ③ $8x$ ④ $400 - 80x$ ⑤ $400 + x$ ⑥ $\frac{1}{8}x$

3. An einer Schule spendet ein Sponsor bei einem Sponsorenlauf 100 € und für jeden gelaufenen Kilometer zusätzlich 50 Cent.
   a) Wie groß ist die Spende, wenn 182 km gelaufen werden?
   b) Stelle einen Term für das gespendete Geld auf, wenn x Kilometer gelaufen werden.

4. Prüfe, ob die beiden Terme äquivalent sind. Begründe.
   a) $2 \cdot (a + 2)$ und $4 + a + 1$
   b) $-6b$ und $5b - 11b$
   c) $3a - b$ und $(b - a) \cdot 3$

5. Vereinfache den Term so weit wie möglich.
   a) $15a - 6a$
   b) $3b + 2b + 7b$
   c) $x - \frac{1}{2}x$
   d) $4{,}5y - y + 5y$
   e) $3x + 4 + 3x$
   f) $-2a + 7 + 7a$
   g) $y + 1 - 3y - 4$
   h) $-9x + \frac{1}{2}x - 5 + 9x$

6. Je zwei Terme sind äquivalent. Ordne richtig zu.

   | ① $x + 2x + x$ | ③ $8x - 4x$ | ⑤ $-x - 1 + 5x$ | ⑦ $4x - 1$ |
   | ② $4x - 4$ | ④ $-4x$ | ⑥ $4 \cdot (x - 1)$ | ⑧ $4x - 8x$ |

7. Prüfe, welche ganzen Zahlen von –3 bis 3 Lösungen der Gleichung sind.
   a) $5x + 12 = 2$
   b) $a = a \cdot a$
   c) $4b - 7 = 5 - 2b$
   d) $x \cdot x - 3 = 2x$

8. Löse die Gleichung durch Rückwärtsrechnen. Mache hinterher die Probe.
   a) $x + 19 = 61$
   b) $8a - 1 = -9$
   c) $y \cdot (-5) - 22 = 8$
   d) $(x - 3) \cdot (-3) = -12$

9. Vervollständige die Rechnung im Heft und löse die Gleichung.
   a) $10x + 65 = 5$ | -65
      ___ = ___ | $:10$
   b) $-13 = -3x - 4$ | $+4$
      ___ = ___ | $:(-3)$
   c) $3a = -a + 6$ | $+a$
      ___ = ___ | $:4$

10. Löse die Gleichung durch Äquivalenzumformungen. Mache hinterher die Probe.
    a) $x + 7 = 19$
    b) $2s + 3 = 5$
    c) $5w + 10 = 7w$
    d) $x + 2x + 3 = 4x - 1$
    e) $3a - 6 = 8a + 10$
    f) $-21 = 3 \cdot (2x - 1)$

11. Bestimme die Lösungsmenge der Gleichung.
    a) $t + 2 = 2t - 1$
    b) $x + 5 = x - 5$
    c) $2t + 8t + 7 = 4t + 6t - 5$
    d) $3x + 2 = x + 2x + 2$
    e) $3x + 2x + 1 = 2x - 1$
    f) $2b + 5b + 18 = 7 \cdot (b + 2) + 1$

12. Von einem 185 m langen Brett werden fünf gleich lange Bretter abgesägt. Ein 35 cm langes Stück bleibt übrig. Wie lang ist jedes der fünf abgesägten Stücke?

Prüfe dein neues Fundament

13. Mona ist doppelt so alt wie Tom. Wenn man von Monas Alter 10 subtrahiert, erhält man dasselbe Ergebnis, wie wenn man zu Toms Alter 3 addiert. Wie alt ist Tom?

14. Für welche Zahl x haben die Figuren denselben Umfang?

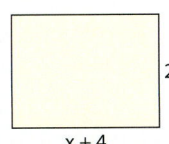
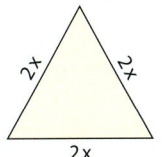

15. Ein gleichseitiges Dreieck wird zu einem gleichschenkligen Dreieck, indem man zwei Seiten um jeweils 6 cm verlängert. Das gleichschenklige Dreieck hat einen Umfang von 24 cm. Berechne die Seitenlänge des gleichseitigen Dreiecks.

16. Für einen Kiba werden Bananen- und Kirschnektar im Verhältnis 3 : 2 gemischt. Der Kiba enthält 160 mℓ Kirschnektar. Wie viel Milliliter Bananennektar enthält er?

17. Die Abbildung zeigt die ersten drei Figuren einer Figurenfolge.
    a) Erkläre, dass der Term $3n + (n - 1)$ die Anzahl der Punkte in Figur n angibt.
    b) Vereinfache den Term aus a).
    c) Berechne die Anzahl der Punkte in Figur 10.
    d) Gibt es eine Figur mit 89 Punkten? Begründe.

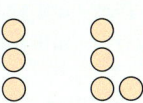
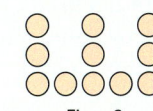

Figur 1   Figur 2   Figur 3

Wiederholungsaufgaben

1. „Wofür verwendet ihr den größten Anteil eures Taschengeldes?" fragte die Klasse 7a auf dem Schulhof. Das Ergebnis ihrer Umfrage: Für Süßigkeiten und Getränke sagten 50 %, für „Klamotten" 25 %, für das Kino 15 % und 10 % sparten den größten Anteil.
    a) Stelle das Ergebnis in einem Säulendiagramm dar.
    b) Es wurden 200 Schüler gefragt. Bestimme, wie viele jeweils die einzelnen Antworten gaben.

2. Ein Auflauf wird um 10:51 in den Ofen geschoben und soll dort eine Stunde und 20 Minuten bleiben. Wann muss der Auflauf aus dem Ofen geholt werden?

3. Bestimme den Umfang und den Flächeninhalt des Rechtecks.

4. Bestimme die Anzahl der Symmetrieachsen der Figur.

Zusammenfassung

7. Gleichungen

Variablen und Terme

Variablen sind Platzhalter, für die man Zahlen oder Größen einsetzen kann. Für Variablen werden häufig Buchstaben verwendet.

$9 - \blacksquare + 2$ $\blacksquare$ ist Platzhalter.
$9 - x + 2$ Variable x ist Platzhalter.

Ein Rechenausdruck, der aus Zahlen, Größen oder Variablen besteht, nennt man **Term**.

$a \cdot b$ $x \cdot (y + z)$ $l \cdot b \cdot h$ $x + 5\,kg$

Setzt man für Variablen konkrete Zahlen oder Größen ein, kann der **Wert eines Terms** (oder **Termwert**) berechnet werden.

Term	x	Termwert
2x	18	$2 \cdot 18 = 36$
x + 5 kg	7 kg	7 kg + 5 kg = 12 kg

Äquivalente Terme und Termumformungen

Äquivalente Terme haben beim Einsetzen derselben Zahlen für die Variablen stets denselben Wert.

Die Terme $2 - x - 3 + 3x$ und $2x - 1$ sind äquivalent. Einsetzen von z. B. $x = 4$ ergibt:
$2 - 4 - 3 + 3 \cdot 4 = 7$ und $2 \cdot 4 - 1 = 7$

Um **Terme** zu **vereinfachen**, kann man sie durch Termumformungen in **äquivalente Terme** umwandeln.
Vielfache von gleichen Variablen kann man addieren oder subtrahieren, indem man ihre Koeffizienten addiert oder subtrahiert.

Den Term $2 - x - 3 + 3x$ kann man durch Vereinfachen zum äquivalenten Term $2x - 1$ umformen.

$2 - x - 3 + 3x$
$= -x + 3x + 2 - 3$
$= 2x - 1$

Gleichungen

Zwei Terme, die durch ein Gleichheitszeichen verbunden sind, nennt man **Gleichung**. **Lösung der Gleichung** ist jede Zahl, die beim Einsetzen eine wahre Aussage ergibt.

$3 + x = 5x + 7$ ist eine Gleichung.
Eine Lösung dieser Gleichung ist $x = -1$, denn es gilt: $3 + (-1) = 5 \cdot (-1) + 7$
                $2 = 2$ (wahre Aussage)
Lösungsmenge $L = \{-1\}$

Es gibt Gleichungen,
– die **unendlich viele Lösungen** haben,

$3x + 3 = x + 3 + 2x$ $| - 3$
    $3x = 3x$ (Jede Zahl x ergibt eine wahre Aussage.)
Lösungsmenge $L = \mathbb{Q}$

– die **keine Lösung** haben.

$x + 3 = 2x - 2 - x$ $| - x$
    $3 = -2$ (falsche Aussage für jede Zahl x)
Lösungsmenge $L = \{\,\}$

Gleichungen durch Äquivalenzumformungen lösen

Durch **Äquivalenzumformungen** kann man die **Variable** auf einer Seite der Gleichung **isolieren**:
– **Addition (Subtraktion)** derselben Zahl (desselben Terms) auf beiden Seiten der Gleichung;
– **Multiplikation (Division)** beider Seiten der Gleichung mit derselben (durch dieselbe) von Null verschiedenen Zahl.

$7x = 35 + 2x$ $| - 2x$
$5x = 35$ $| : 5$
 $x = 7$

Probe: $7 \cdot 7 = 35 + 2 \cdot 7$
            $49 = 49$ wahre Aussage

Lösungsmenge $L = \{7\}$

8. Komplexe Aufgaben

Beim Lösen der Aufgaben in diesem Kapitel ist Wissen und Können aus allen anderen Kapiteln dieses Buches erforderlich.

Anhaltewege, Reaktionswege und Bremswege ermitteln

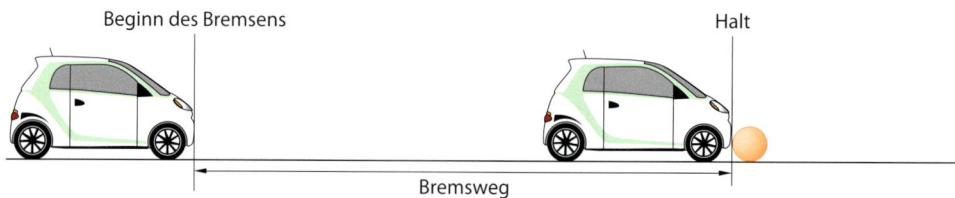

Beginn des Bremsens — Halt
Bremsweg

Der Bremsweg eines Fahrzeugs ist die Strecke, die das Fahrzeug in der Zeit vom Drücken des Bremspedals bis zum Stillstand zurücklegt. Fahrschüler lernen für die Länge des Bremsweges folgende „Faustformel", bei der nur die Maßzahlen ohne Einheit verwendet werden:

$$\text{Bremsweg (in m)} = \frac{\text{Geschwindigkeit in}\left(\frac{km}{h}\right)}{10} \cdot \frac{\text{Geschwindigkeit in}\left(\frac{km}{h}\right)}{10}$$

Hinweis:
Eine Einheit der Geschwindigkeit ist Kilometer pro Stunde kurz: $\frac{km}{h}$

Der Einsatz einer Tabellenkalkulation kann beim Lösen der Aufgabe hilfreich sein. Auch Probieren kann zur Lösung führen.

a) Lege eine Wertetabelle für Geschwindigkeiten von 0 bis 100 $\frac{km}{h}$ (in Schritten von 10 $\frac{km}{h}$) an und stelle die Daten in einem Diagramm dar.

b) Wievielmal länger ist der Bremsweg bei 50 $\frac{km}{h}$ verglichen mit 30 $\frac{km}{h}$?

c) Warum ist in Spielstraßen Tempo 30 (30 $\frac{km}{h}$) mitunter noch zu schnell?

Vor dem Drücken des Bremspedals legt ein Fahrzeug in Abhängigkeit von der Reaktionszeit des Fahrers den sogenannten Reaktionsweg zurück. Hier gilt die „Faustformel":

$$\text{Reaktionsweg (in m)} = 3 \cdot \frac{\text{Geschwindigkeit in}\left(\frac{km}{h}\right)}{10}$$

d) Gib eine „Faustformel" für den Anhalteweg als Summe aus Reaktionsweg und Bremsweg an.

e) Stelle die Daten für den Reaktionsweg und für den Anhalteweg im selben Koordinatensystem wie die Daten für den Bremsweg dar und beantworte folgende Fragen:

① Was stellst du beim Vergleich der Bremswege bei 100 $\frac{km}{h}$, 50 $\frac{km}{h}$ und $\frac{30\,km}{h}$ fest?

② Was beeinflusst den Anhalteweg bei kleinen (großen) Geschwindigkeiten besonders?

③ Bei welcher Geschwindigkeit ist der Reaktionsweg genau so groß wie der Bremsweg?

Nachbarbrüche finden

In der Mathematik werden zwei Brüche $\frac{a}{b} < \frac{c}{d}$ als sogenannte „Nachbarbrüche" bezeichnet, wenn gilt:

$$\frac{c}{d} - \frac{a}{b} = \frac{1}{b \cdot d}$$

$\frac{1}{6}$ und $\frac{1}{7}$ sind Nachbarbrüche, denn:

$$\frac{1}{6} - \frac{1}{7} = \frac{7}{42} - \frac{6}{42} = \frac{1}{42} = \frac{1}{6 \cdot 7}$$

a) Zeige, dass $\frac{1}{3}$ und $\frac{1}{4}$ Nachbarbrüche sind.

b) Zeige, dass $\frac{2}{7}$ Nachbarbruch sowohl von $\frac{1}{3}$ als auch von $\frac{1}{4}$ ist.

c) Nenne selbst mindestens zwei weitere Beispiele für Nachbarbrüche.

d) Zeige, dass die folgenden Brüche Nachbarbrüche sind:

① $\frac{3}{10}$ von $\frac{1}{3}$ und von $\frac{2}{7}$ ② $\frac{3}{11}$ von $\frac{2}{7}$ und von $\frac{1}{4}$ ③ $\frac{4}{13}$ von $\frac{1}{3}$ und $\frac{3}{10}$

④ $\frac{5}{17}$ von $\frac{3}{10}$ und $\frac{2}{7}$ ⑤ $\frac{5}{18}$ von $\frac{2}{7}$ und $\frac{3}{11}$ ⑥ $\frac{4}{15}$ von $\frac{3}{11}$ und $\frac{1}{4}$

e) Gib ein Verfahren an, wie man zu zwei Nachbarbrüchen einen weiteren Nachbarbruch von beiden finden kann. Wie viele Nachbarbrüche gibt es zu zwei Nachbarbrüchen?

Ortsänderungen in der Ebene mit Pfeilen beschreiben

In einem Koordinatensystem kann eine geradlinige Bewegung durch einen Pfeil dargestellt werden. Das Pfeilende gibt den Anfangspunkt und die Pfeilspitze den Endpunkt der Bewegung an. Beim Verwenden ganzer Zahlen befinden sich der Ausgangs- und der Endpunkt immer auf Gitterpunkten. Einen Pfeil mit beliebiger Richtung und beliebiger Länge kann als Summe zweier Pfeile aufgefasst werden, die parallel zu den beiden Koordinatenachsen sind. Der nebenstehende grüne Pfeil wäre die Summe des blauen und es roten Pfeils, da die Bewegung entlang des grünen Pfeils der Bewegung entlang des blauen und des roten Pfeils entspricht.

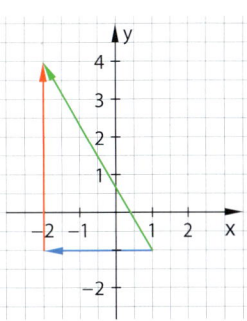

Für 3 Einheiten nach links und 5 Einheiten nach oben kann man schreiben:

$$\binom{x}{y} = \binom{-3}{0} + \binom{0}{5} = \binom{-3}{5}$$

Für 3 Einheiten nach rechts und 5 Einheiten nach unten kann man schreiben:

$$\binom{x}{y} = \binom{3}{0} + \binom{0}{-5} = \binom{3}{-5}$$

a) Überprüfe folgende Gleichung zeichnerisch. Überlege, wie man die Werte für x und y erhält.

$$\binom{x}{y} = \binom{-4}{3} + \binom{6}{-8} = \binom{2}{-5}$$

b) Zeichne die Summe der vier Pfeile $\binom{-3}{5}$; $\binom{-2,5}{-7}$; $\binom{4,5}{-3,5}$; $\binom{-3,5}{2}$ und überprüfe rechnerisch.

c) Zeichne fünf Pfeile, die nicht parallel zu den Achsen sind, und die zum Ausgangspunkt zurückführen, wenn man sie addiert. Überprüfe dann rechnerisch, ob das Ergebnis $\binom{0}{0}$ ist.

d) Spiele Geocaching. Skizziere dazu eine Landkarte in einem Koordinatensystem, auf der ein Startpunkt und ein Ort für das geheime Versteck (den sogenannten Cache) markiert sind. Zeichne auch Hindernisse (Mauern, Gewässer, Grundstücke, usw.) zwischen Startpunkt und Versteck ein. Beschreibe einen Weg vom Start zum Versteck mithilfe von Pfeilen.

Dreiecke und Kreise untersuchen*

In einem Koordinatensystem sind die Punkte A(2|−3) und B(8|5) gegeben.

a) Zeichne ein rechtwinkliges Dreieck ABC so, dass C auf der Mittelsenkrechten von $\overline{AB}$ liegt.

b) Zeige zeichnerisch, dass der Mittelpunkt M des Umkreises des Dreiecks ABC in der Mitte der Strecke $\overline{AB}$ liegt. Konstruiere dafür zuerst den Mittelpunkt der Strecke $\overline{AB}$. Prüfe, ob es einen Kreis um diesen Punkt gibt, auf dem A, B und C liegen?

c) Zeige, dass der Mittelpunkt M des Umkreises von Dreieck ABC in der Mitte von $\overline{AB}$ liegt.

d) Konstruiere den Mittelpunkt M_1 des Inkreises von Dreieck ABC. Zeichne das Dreieck ABM_1 ein. Dieses Verfahren kannst du beliebig fortsetzen: Im Dreieck ABM_1 ist M_2 der Mittelpunkt des Inkreises, im Dreieck ABM_2 ist M_3 der Mittelpunkt des Inkreises, im Dreieck ABM_3 ist M_4 der Mittelpunkt des Inkreises, …

e) Konstruiere in der Zeichnung den Punkt M 2 und miss jeweils die Länge folgender Strecken: $\overline{CM}$; $\overline{M_1M}$; $\overline{M_2M}$; …

f) Finde mithilfe eines Diagramms heraus, welche Länge die Strecke $\overline{M_{10}M}$ hat.

g) Spiegele deine Zeichnung an Strecke $\overline{AB}$.

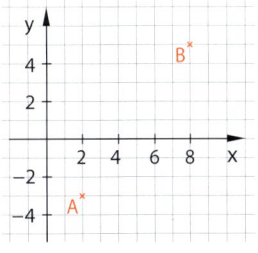

Hinweis zu 4:
Der Einsatz einer dynamischen Geometrie-Software kann beim Lösen der Aufgabe hilfreich sein.

Hinweis zu 4 g:
Zur besseren Veranschaulichung kannst du Teilfiguren färben.

*Diese Aufgabe bezieht teilweise fakultative Inhalte mit ein.

Muster mithilfe von Kreisen, Quadraten und Dreiecken zeichnen

Zeichne die abgebildete Figur in ein Koordinatensystem. Lege dabei die Mitte der Figur in den Koordinatenursprung. Ein Eckpunkt des äußeren Quadrates sei Punkt (5|5).

a) Beschreibe dein Vorgehen mithilfe der Begriffe Winkelhalbierende, Mittelsenkrechte, Inkreis und Umkreis.
b) Zeichne drei Dreiecke, die den äußeren Kreis als Umkreis haben. Gib die Koordinaten der Eckpunkte an.
c) Zeichne drei Dreiecke, die den mittleren Kreis als Inkreis haben. Gib die Koordinaten der Eckpunkte an.
d) Zeichne ein Trapez, das den inneren Kreis als Umkreis hat. Gib die Koordinaten der Eckpunkte an.
e) Gib an, welche Viereckarten immer einen Umkreis haben.
f) Gib an, welche Viereckarten immer einen Inkreis haben.

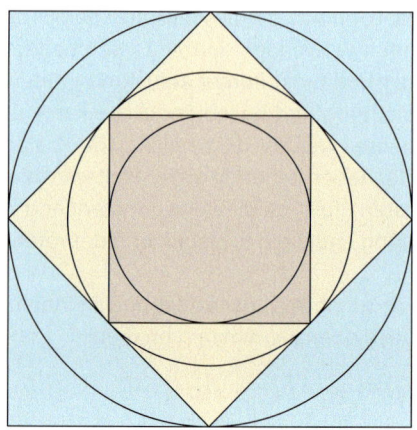

Ebene Figuren zerlegen

Die folgenden sechs Figuren sollen in Teilfiguren zerlegt werden. Fertige für jede der Teilaufgaben I bis VIII eine Skizze an. Übertrage dazu jeweils alle sechs Figuren ins Heft und zeichne die „Schnittlinien" mit dem Geodreieck. Zugelassen sind nur geradlinige Schnitte.

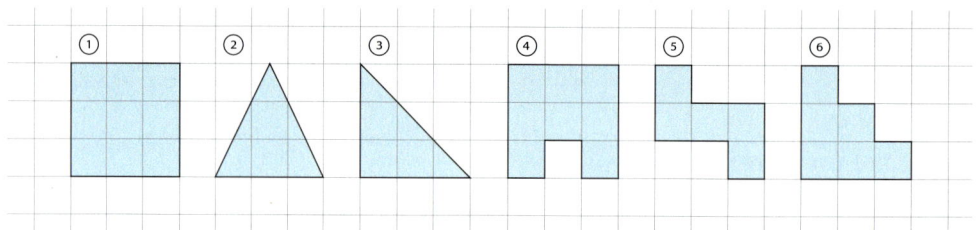

Nr.	n	Zerlege (wenn möglich) durch genau n Schnitte.
I	1	Zwei Teile mit gleichem Flächeninhalt, die zueinander nicht kongruent sind.
II	1	Zwei Teile mit gleichem Flächeninhalt, die kongruent zueinander, aber keine Dreiecke sind.
III	1	Zwei Teile mit gleichem Flächeninhalt, die zueinander kongruente Dreiecke sind.
IV	1	Zwei Teile mit gleichem Umfang, die zueinander nicht kongruent sind.
V	2	Teile mit gleichem Flächeninhalt, die Rechtecke sind.
VI	2	Teile mit gleichem Umfang, die nicht kongruent zueinander sind.
VII	3	Teile, die zueinander kongruent sind.
VIII	4	Teile, die zueinander kongruent sind.

a) Es gibt auch unlösbare Aufgaben. Begründe, warum das so ist.
b) Gib die Anzahl der Schnitte an, die bei zwei Schnitten maximal entstehen können.
c) Gib die Anzahl der Schnitte an, die bei drei Schnitten maximal entstehen können.

Rabattkarten nutzen

Es gibt Geschäfte, die ein Treuepunkt-Systeme haben. In einem Einkaufs-Center gibt es für vollständig erreichte 10 € auf der Rechnung einen Treuepunkt, für vollständig erreichte 20 € zwei Treuepunkte, für vollständig erreichte 30 € drei Treuepunkte usw.
Wenn 50 Treuepunkte erreicht sind, kann sich jeder 5 € am Info-Stand auszahlen lassen.

a) Ermittle für folgende Rechnungsbeträge die Anzahl der Treuepunkte:
3,69 €; 9,99 €; 10,01 €; 20,00 €; 99,99 €; 100,01 €
b) Berechne, wie viel Prozent vom eingezahlten Geldbetrag für 50 Treuepunkte wieder ausgezahlt werden.
Wie viel Prozent sind es bei 100 Treuepunkte und bei 500 Treuepunkte?
c) Nimm zu folgender Werbebotschaft Stellung:

> „Nutzen Sie ihre Chance, denn auf Ihren nächsten Einkauf erhalten Sie 5-fach Punkte. Das entspricht einem Rabatt von 5 %."

d) Vor einigen Jahren stiegen die Treibstoffpreise an den Tankstellen auf über 1 € pro Liter und die Anzahl der Punkte für das Tanken wurde von der getankten Kraftstoffmenge statt vom zu zahlenden Betrag abhängig gemacht. So gibt es beim Einkaufs-Center pro 10 Liter getanktem Kraftstoff einen Punkt.
Wie hoch ist der Rabatt, wenn 57 Liter zu einem Preis von 1,81 € pro Liter getankt wurden?
Wie hoch wäre der Rabatt nach dem alten System gewesen?

Sparpläne interpretieren

Für Neukunden bietet eine Bank einen Sparplan für ein Jahr mit folgenden Konditionen an:

> Feste monatliche Einzahlung und ein Zinssatz von 4 % pro Jahr.
> Auszahlung erfolgt am Ende von 12 Monaten.

Hinweis:
Die Aufgabe bezieht sich auf einen fakultativen Inhalt.

Patrizia, Carmen und Julia überlegen nun, wie viel Euro Zinsen sie am Ende eines Jahres erhalten könnten, wenn sie monatlich 100 € in den Sparplan einzahlen.

Patrizia murmelt vor sich hin:
*„Die erste Einzahlung wird 12 Monate verzinst, die zweite 11 Monate, die dritte 10, ...
Die zwölfte Einzahlung wird dann nur noch einen Monat verzinst, also ..."*

Carmen rechnet direkt los:
„$100\,€ \cdot 4\,\% \cdot \frac{1}{12} + 2 \cdot 100\,€ \cdot 4\,\% \cdot \frac{1}{12} + ... + 12 \cdot 100\,€ \cdot 4\,\% \cdot \frac{1}{12} = ...$"

Julia denkt nach und sagt:
„Wir bekommen $100\,€ \cdot 4\,\% \cdot 6{,}5$ an Zinsen ausgezahlt."

a) Stelle einen Term auf, der zu Patrizias Überlegungen passt.
b) Was hat sich wohl Carmen bei ihrer Rechnung überlegt?
c) Zeige, dass alle drei Mädchen zum gleichen Ergebnis kommen.
d) Verallgemeinere die drei Terme, indem du die monatliche Einzahlung mit E und den Zinssatz mit p bezeichnest.
e) Zeige mithilfe von Termumformungen, dass Julias Term sowohl zu Patrizias als auch zu Carmens Term äquivalent ist.

Steigung einer Zahnradbahn ermitteln

Vom Ort Grund in der Schweiz fahren Züge zur Kleinen Scheidegg. Dabei überwinden sie eine Höhendifferenz von etwa 1200 m. Die Bergfahrt dauert etwa 30 Minuten. In den Zügen findet man im Führerstand die Angaben zur maximal erlaubten Geschwindigkeit, die vom Anstieg und von der Fahrtrichtung abhängt. Die Steigung in Promille (‰) gibt an, um wie viele Meter sich die Höhe verändert, wenn die Entfernung waagerecht gemessen 1000 m betragen würde.

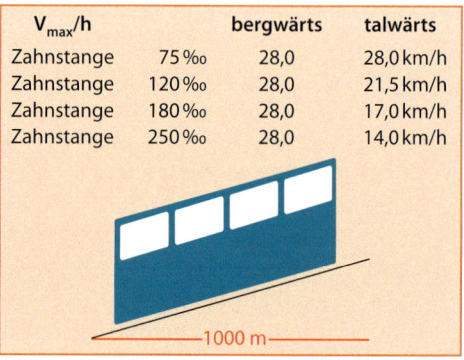

V_{max}/h		bergwärts	talwärts
Zahnstange	75 ‰	28,0	28,0 km/h
Zahnstange	120 ‰	28,0	21,5 km/h
Zahnstange	180 ‰	28,0	17,0 km/h
Zahnstange	250 ‰	28,0	14,0 km/h

a) Zeichne ein Dreieck im Maßstab 1:10 000 mit einer Steigung von 75 Promille, und ein zweites Dreieck im gleichen Maßstab mit einer Steigung von 250 Promille. Miss jeweils den Steigungswinkel, also den Winkel zwischen der Horizontalen und der tatsächlich zurückgelegten Strecke.
b) Anhand der Zeichnungen aus a) kann man vermuten, dass die tatsächlich zurückgelegte Strecke sich um weniger als 5 % von der horizontal zurückgelegten Strecke unterscheidet. Zeige das durch eine Rechnung. Man kann also statt der tatsächlich zurückgelegten Strecke die horizontale Entfernung als gute Näherung nutzen.
c) Nimm an, dass der Zug mit seiner Maximalgeschwindigkeit bergauf fährt. Zeichne dafür das Streckenprofil vereinfacht als Dreieck. Gib den Steigungswinkel dafür an. Berechne auch die Steigung in Promille für diesen vereinfachten Fall.
d) Berechne mit Hilfe der Steigung aus c) und den Angaben zur maximalen Geschwindigkeit die Dauer der Talfahrt.

Schätzen trainieren

Sucht im Klassenraum Gegenstände mit Längen zwischen 1 bis 50 cm (0,5 m bis 2,0 m). Arbeitet zu zweit. Jeder entscheidet sich jeweils für zwei Strecken und schätzt deren Längen. Der Partner misst nach und notiert den Messwert. Dann wechselt ihr. Schreibt immer den Unterschied zwischen Schätz- und Messwert mit auf.

a) Fasst alle Ergebnisse der Klasse zusammen und veranschaulicht sie grafisch.
b) Entwickelt eine Strategie, wie man das Schätzen trainieren kann. Übt diese Strategie eine Woche lang und notiert die eigenen Fortschritte.
c) Schätzt nach dieser Woche noch einmal andere Längen zwischen 1 bis 50 cm (0,5 m bis 2,0 m), stellt die Ergebnisse der Klasse wieder zusammen und veranschaulicht sie grafisch.
d) Vergleicht die Unterschiede zwischen den Schätz- und den Messwerten mit denen vor einer Woche.
e) Formuliert die Fortschritte beim Schätzen nach dieser Woche.

	Tischbreite	Fensterhöhe
Schätzwert	75 cm	1,50 m
Messwert	71,5 cm	
Unterschied	3,5 cm	

Interessantes und Kniffliges

Die folgenden Aufgaben fordern zum **Knobeln** auf. Arbeitet überwiegend selbstständig.
Formuliert bei Bedarf zu Schwierigkeiten Fragen und tauscht euch dazu aus.
Vergleicht eure Lösungswege und Ergebnisse.

Geheimcode übersetzen

Astrid erhält von Martin einen durch Ziffern verschlüsselten Satz mit vier Worten.

| 23 | 5 | 19 | | 19 | 2 | 3 | 11 | | 7 | 23 | 5 | 19 | | 37 | 23 | 11 | 3. |

Er sagt zu ihr: „Da es eine einfache Zuordnung zwischen den natürlichen Zahlen und den Buchstaben unseres Alphabets gibt, wirst du den Satz sicher entziffern können. Schau dir die Zahlen ganz genau an." Ermittle den Geheimcode und entschlüssele den Satz.

„Zahlensalat" entwirren

Bilde eine Rechenaufgabe zuerst aus fünf Einsen, dann aus fünf Zweien, danach aus fünf Dreien und zum Schluss aus fünf Fünfen mit beliebig vielen Operationszeichen und Klammern so, dass das Ergebnis der Rechnung immer 100 ist.

Große Zahlen vergleichen

Vergleiche a mit b, ohne die Brüche in Dezimalbrüche umzuwandeln. Welcher Bruch ist größer?

$a = \frac{5678901234}{6789012345}$; mit $b = \frac{5678901235}{6789012346}$

Eine Zahlensackgasse erforschen

Arbeite nebenstehende Schrittfolge für mehrere Zahlen ab.
Was stellst du fest?

(1) Schreibe eine dreiziffrige Zahl auf, deren Ziffern alle verschieden sind.
(2) Ordne die Ziffern dieser Zahl so, dass einmal die größtmögliche und einmal die kleinstmögliche Zahl entsteht.
(3) Subtrahiere die kleinstmögliche Zahl von der größtmöglichen Zahl.
(4) Wiederhole mit dieser Differenz die Schritte (2) und (3) mindestens fünfmal.

Steckbrief eines Körpers schreiben

Von einem Körper „Namenlos" wurden nur noch die Grundrisse dreier Zweitafelbilder entdeckt. Mathematikkommissar Fuchs betrachtet sich die drei Grundrisse und sagt: „Kein Problem, ich kann „Namenlos" beschreiben." Gib eine mögliche Beschreibung an.

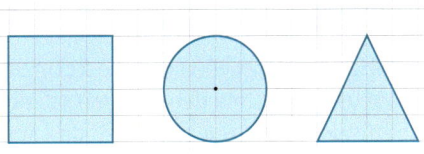

Magische 4x4-Quadrate erzeugen

In magischen Quadraten sind die Summen aller Zahlen in jeweils einer Zeile, in jeweils einer Spalte und in beiden Diagonalen immer gleich groß. Erzeuge ein magisches Quadrat:
a) mit den natürlichen Zahlen von 1 bis 16
b) mit den natürlichen Zahlen von 11 bis 26

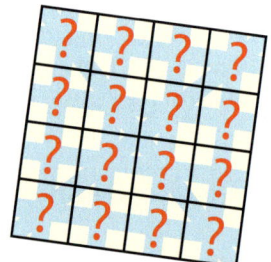

Einbrecher überführen

Nach einem Überfall auf eine Tankstelle werden vier Verdächtige in der Nähe festgenommen. Beim Verhör geben sie folgende Aussagen zu Protokoll:
Karl Langfinger: „Erwin Unehrlich hat die Tankstelle überfallen."
Erwin Unehrlich: „Fritz Knack ist der Täter."
Uwe Flink: „Ich habe den Überfall nicht begangen."
Fritz Knack: „Erwin Unehrlich lügt."
Genau einer der vier Verdächtigen hat die Tankstelle überfallen und nur genau eine der vier Aussagen ist wahr. Überführe den Einbrecher.

Gewinnanteile berechnen

Die vier Freunde Andreas, Bernd, Chris und Danny haben 14 500 € im Lotto gewonnen und für die Aufteilung des Gewinns vereinbart, dass Bernd doppelt so viel wie Andreas vermindert um 3000 € bekommt, Chris doppelt so viel wie Bernd vermindert um 4000 € und Danny doppelt so viel wie Chris vermindert um 5000 €. Ermittle, wie viel Euro jeder vom Lottogewinn erhält.

Thinking about time

a) Sebastian thinks about time and gives Phillip the following maths problem: There is a given moment in time between 2:00 p.m. and 5:00 p.m., when there are three times as many minutes prior to 5:00 p.m., than there are minutes past 2:00 p.m. What is the time at that moment?
b) After Phillip solved the problem, he gives Sebastian one: At 8:30 a.m. on 15 March 2015 a maths-lesson begins at Chapman School in Canberra. What date and what time are 2015 minutes later?

Türme in der Landschaft

Auf einem Schachspiel-Feld mit n Zeilen und n Spalten sollen n Türme so platziert werden, dass keiner der Türme den anderen schlagen kann. Dabei dürfen die Türme, wie beim Schachspiel üblich, nur parallel zu den Spielfeldkanten gezogen werden.
Ermittle alle Aufstellungsmöglichkeiten für: a) n = 3   b) n = 4   c) n = 5

9. Digitale Mathematikwerkzeuge

Hier kannst du nachschlagen, wenn du Hilfe bei der Arbeit mit einer dynamischen Geometriesoftware oder mit einer Tabellenkalkulation benötigst.

Mit einer dynamischen Geometrie-Software arbeiten

Grundlagen einer dynamischen Geometrie-Software (DGS)

Mit einer dynamischen Geometrie-Software (z. B. GEOGEBRA) kann auch am Computer gezeichnet und konstruiert werden.

- Zwischen- und Endergebnisse können gespeichert und ausgedruckt werden.
- Freie Objekte, z. B. die Endpunkte einer Strecke, sind veränderbar (beweglich).
- Abhängige Objekte (Maße), z. B. Streckenlängen, können ohne Messgeräte ermittelt werden.

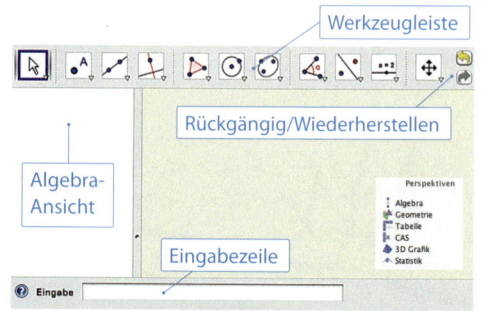

Neben der Geometrie-Ansicht und Algebra-Ansicht gibt es eine Tabellen-Ansicht und weitere Ansichten, die im Menü *Ansicht* ein- und ausgeblendet werden können.

Beim Wechseln einer Ansicht ändert sich die Werkzeugleiste automatisch.

Jede Werkzeugleiste setzt sich aus verschiedenen Werkzeugkästen mit mehreren (miteinander verwandten) Werkzeugen zusammen.

Speichern und Öffnen von Dateien

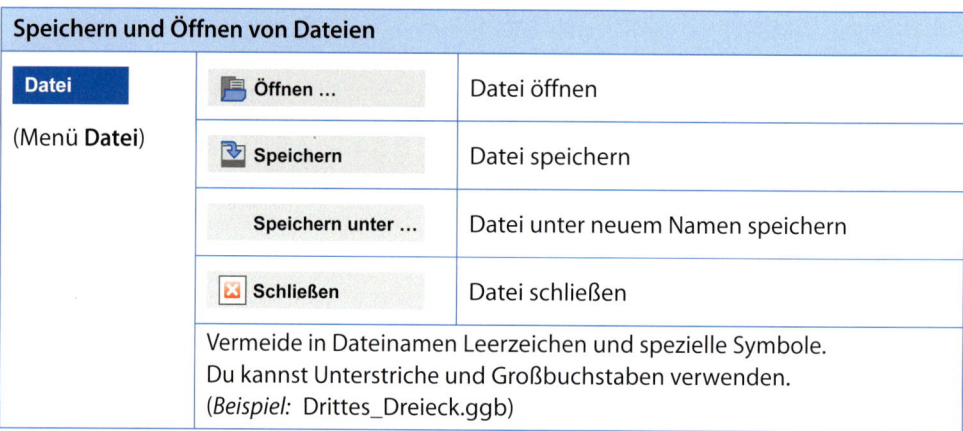

Werkzeuge zum Messen

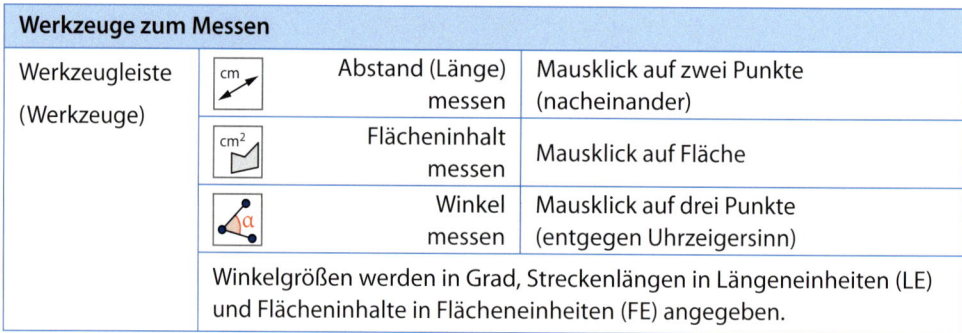

Mit einer dynamischen Geometrie-Software arbeiten

Werkzeuge zum Zeichnen (Konstruieren)			
Werkzeugleiste (Werkzeuge)		Neuer Punkt	Mausklick auf Zeichenblatt (auf Objekt)
		Bewege Objekt	Markieren des Objekts mit der Maus
		Gerade durch zwei Punkte	Zweimaliges Klicken mit der Maus auf Zeichenblatt (auf zwei Punkte)
		Strecke mit fester Länge	Mausklick auf einen Punkt (Streckenlänge eingeben)
		Strecke zwischen zwei Punkten	Zweimaliges Klicken mit der Maus auf Zeichenblatt (auf zwei Punkte)
		Lösche Objekt	Mausklick auf Objekt
		Verschiebe Zeichenblatt	Mausklick auf Zeichenblatt, Fenster bei gedrückter Maustaste verschieben
		Vergrößere Verkleinere	Mausklick auf Zeichenblatt
		Senkrechte Geraden	Mausklick auf eine Gerade und einen Punkt (nacheinander)
		Parallele Geraden	Mausklick auf eine Gerade und einen Punkt (nacheinander)
		Mittelsenkrechte	Mausklick auf zwei Punkte (nacheinander)
		Winkelhalbierende	Mausklick auf drei Punkte oder auf beide Schenkel (nacheinander)
		Objekt an Gerade spiegeln	Mausklick auf zu spiegelndes Objekt und auf Spiegelgerade (nacheinander)
		Schnittpunkt zweier Objekte	Mausklick auf beide Objekte (nacheinander)
		Kreis mit Mittelpunkt um Punkt	Erster Mausklick erzeugt Mittelpunkt, zweiter Mausklick bestimmt Radius
		Kreis mit Mittelpunkt und Radius	Mausklick auf einen Mittelpunkt (Länge vom Radius eingeben)
		Kreis durch drei Punkte	Mausklick auf drei Punkte (nacheinander)
		Vieleck	Mausklick auf Zeichenblatt oder Punkte (entgegen Uhrzeigersinn)
		Winkel fester Größe antragen	Mausklick entgegen Uhrzeigersinn auf zwei Punkte (Winkelgröße eingeben)
		Tangente an Kreis	Mausklick auf Kreis und auf einen Punkt des Kreises (nacheinander)
Die Werkzeuge befinden sich in den Werkzeugkästen oberhalb der Arbeitsfläche. Ein aktives Werkzeug ist an einer blauen Umrandung erkennbar. Das ausgewählte Werkzeug ist solange wirksam, bis ein anderes Werkzeug ausgewählt wird.			

9. Digitale Mathematikwerkzeuge

Geometrische Objekte in der Geometrie-Ansicht zeichnen (konstruieren) Erstelle eine neue Datei und wähle als Perspektive *Geometrie*.			
Zeichne ein Rechteck ABCD und ermittle den Flächeninhalt des Rechtecks.		Strecke $\overline{AB}$ zeichnen. (Beschriftung anzeigen, Mausklick, rechte Taste)
		Senkrechte Gerade zu $\overline{AB}$ durch A zeichnen.
		Punkt C auf der Senkrechten festlegen. (Beschriftung anzeigen, Mausklick, rechte Taste)
		Parallele zu $\overline{AB}$ durch Punkt C zeichnen.
		Senkrechte Gerade zu $\overline{AB}$ durch Punkt B zeichnen.
		Schnittpunkt D der Parallelen zu $\overline{AB}$ und der Senkrechten zu $\overline{AB}$ durch Punkt B ermitteln. (Beschriftung anzeigen)
		Fläche ABCD kennzeichnen.
		Flächeninhalt des Rechtecks ABCD ermitteln.
Die Punkte A, B und C können als freie Objekte bewegt werden. Das Viereck ABCD bleibt beim Bewegen der Eckpunkte aber immer ein Rechteck. Form und Flächeninhalt des Rechtecks ändern sich dabei.			

Geometrische Objekte in der Geometrie-Ansicht zeichnen (konstruieren) Erstelle eine neue Datei und wähle als Perspektive *Geometrie*.			
Zeichne den Umkreis eines Quadrates mit einer Seitenlänge von 5 Längeneinheiten.		Strecke $\overline{AB}$ mit 5 LE zeichnen. (Beschriftung anzeigen, Mausklick, rechte Taste)
		Senkrechte Gerade zu $\overline{AB}$ durch A und durch B zeichnen.
		Kreis mit r = 5 LE um A und um B zeichnen.
		Schnittpunkt C des Kreises um B mit Senkrechte zu $\overline{AB}$ durch B ermitteln. (Beschriftung anzeigen)
		Schnittpunkt D des Kreises um A mit Senkrechte zu $\overline{AB}$ durch A ermitteln. (Beschriftung anzeigen)
		Strecke $\overline{CD}$ zeichnen.
		Kreis durch A, B und C zeichnen.
Der Punkt B kann als freies Objekt bewegt werden. Hilfslinien können ausgeblendet werden. Markiere dazu die Hilfslinie mit der rechten Maustaste und entferne den Haken bei *Objekt anzeigen* im Menü *Eigenschaften*.			

Mit einer dynamischen Geometrie-Software arbeiten

Geometrische Objekte in der Algebra-Ansicht zeichnen (konstruieren)
Erstelle eine neue Datei und wähle als Perspektive *Algebra*.

Zeichne ein Viereck ABCD in einem Koordinatensystem, dessen Diagonalen auf den Koordinatenachsen liegen. Welche Vierecksarten können so entstehen?		Viereck ABCD zeichnen. (Mausklick auf Koordinatenachsen, entgegen Uhrzeigersinn)
	Es können entstehen: – beliebige Vierecke – Drachenvierecke – Rhomben – Quadrate	

Geometrische Objekte in der Algebra-Ansicht zeichnen (konstruieren)
Erstelle eine neue Datei und wähle als Perspektive *Algebra*.

Zeichne ein Dreieck ABC in einem Koordinatensystem. Ermittle sowohl die Koordinaten der Eckpunkte des Dreiecks als auch die Seitenlängen und den Flächeninhalt des Dreiecks.		Dreieck ABC zeichnen. (Mausklick auf Zeichenblatt, entgegen Uhrzeigersinn)
	Im (linken) Algebra-Fenster sind sofort ablesbar: – der Flächeninhalt des Dreiecks in Flächeneinheiten – die Koordinaten der Punkte – die Seitenlängen in Längeneinheiten Die Punkte A, B und C können als freie Objekte bewegt werden. Die Koordinaten der Punkte im Algebra-Fenster ändern sich dabei ebenfalls. Nach Doppelklicken mit der linken Maustaste auf die Koordinaten eines Punktes im Algebra-Fenster können diese über die Tastatur verändert werden. Diese Änderung führt auch zur Lageänderung des Punktes im Grafik-Fenster.	

Geometrische Objekte in der Algebra-Ansicht zeichnen (konstruieren)
Erstelle eine neue Datei und wähle als Perspektive *Algebra*.

Konstruiere in einem Koordinatensystem den Mittelpunkt eines Kreises, der die Koordinatenachsen schneidet. Ermittle die Koordinaten des Kreismittelpunktes für: A(0|2) B(1|0) C(6|0)		Punkte A auf der y-Achse und Punkt B auf der x-Achse festlegen.
		Kreis durch A, B und beliebigen Punkt C zeichnen.
		Mittelsenkrechte zu $\overline{AB}$ und $\overline{BC}$ zeichnen.
		Schnittpunkt D der beiden Mittelsenkrechten ermitteln.
	Hilfslinien können ausgeblendet werden. Markiere dazu die Hilfslinie mit der rechten Maustaste und entferne den Haken bei *Objekt anzeigen* im Menü *Eigenschaften*.	
	Bewege die Punkte A, B und C mit der Maus im Grafik-Fenster und beobachte die Änderung ihrer Koordinaten im Algebra-Fenster. Für die vorgegebenen Koordinaten hat der Mittelpunkt D des Kreises die Koordinaten: D(3,5|2,5)	

Mit einer Tabellenkalkulation arbeiten

Grundlagen einer Tabellenkalkulation

Jedes Arbeitsblatt ist in **Zeilen** 1, 2, 3 … und **Spalten** A, B, C … aufgeteilt.

Die einzelnen Felder auf dem Arbeitsblatt bezeichnet man als Zellen. Der **Zellname** ergibt sich durch die Zeilen- und Spaltenbezeichnung, zum Beispiel A1.

Durch Klick in eine **aktive Zelle** kann man eine Zelle bearbeiten.

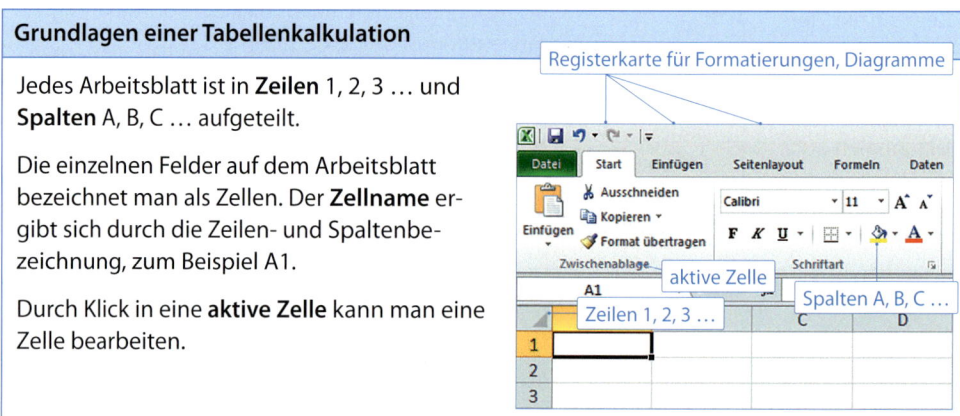

Umgang mit Dateien

(Menü **Datei**)	Öffnen	Datei öffnen
	Speichern	Datei speichern
	Speichern unter	Datei unter einem neuen Namen speichern
	Schließen	Datei schließen

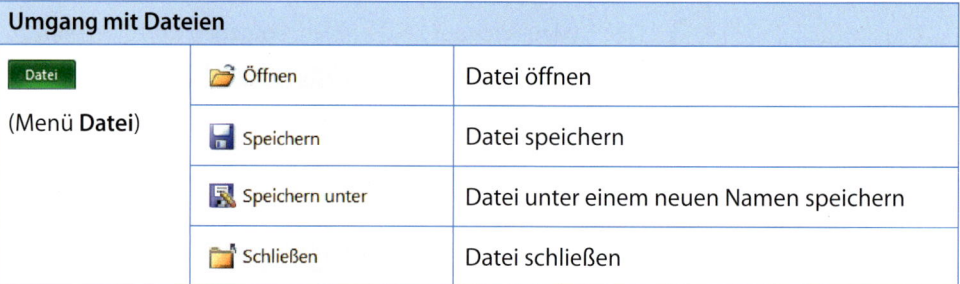

Umgang mit Text und Tabellen

(Registerkarte **Start**)	Calibri 11	Schriftart und -größe wählen
	F oder *K*	Schrift fett oder kursiv setzen
	A	Schriftfarbe wählen
		Textausrichtung einstellen
		Rahmen ergänzen oder löschen
		Füllfarbe wählen
	STRG+C	Kopieren
	STRG+V	Einfügen
	STRG+Z / STRG+Y	Einen Schritt rückgängig machen bzw. einen Schritt wiederholen
		Formatierungen lassen sich auch über das Kontextmenü einstellen. Das Kontextmenü erscheint, wenn man mit der rechten Maustaste auf eine Zelle oder einen markierten Bereich klickt.

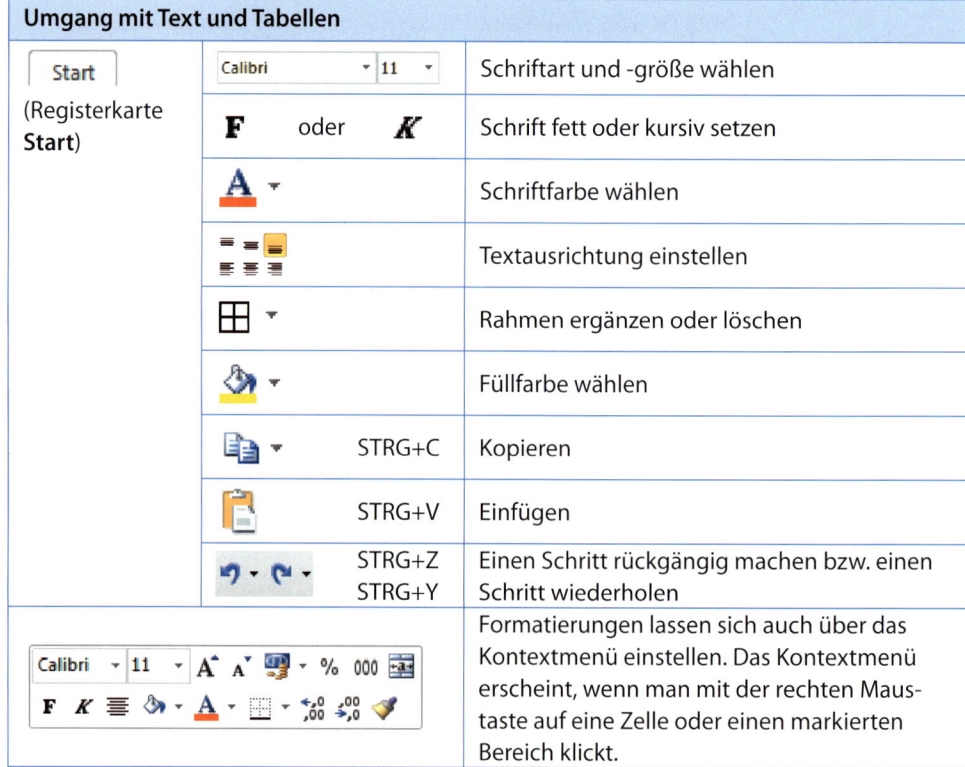

Mit einer Tabellenkalkulation arbeiten

Zahlenformate

Start (Registerkarte **Start**)	%	Zahlenformat Prozent
		Zahlenformat Geldbetrag
	,0 ,00 / ,00 ,0	Anzeige der Nachkommastellen einstellen

Spalten- und Zeilenbreite

In der linken/der oberen Leiste kann man mit dem Doppelpfeil die Spalte/Zeile auf die gewünschte Größe ziehen.

Bei Doppelklick wird automatisch die optimale Breite/Höhe eingestellt.

Formeln Grundrechenarten (relativen Häufigkeit berechnen)

Am Anfang einer **Formel** steht immer ein Gleichheitszeichen „=".
Dann folgt die Rechenvorschrift (ohne Leerzeichen).

Die **Zeichen für Grundrechenarten** sind:
Addition: +   Subtraktion: -
Multiplikation: *   Division: /

Mehrere Additionen: SUMME()
In der Klammer stehen die Zellen, die addiert werden sollen.

Beispiel:

C4 =B4/B10

	A	B	C
1	Sportfest		
2			
3	Sportart	Anmeldungen	Relative Häufigkeit
4	Frisbee	14	,0,14
5	Fußball	12	=B4/B10
6	Handball	19	
7	Tischtennis	24	
8	Bouldern	18	
9	Slackline	11	
10	Gesamtzahl	98	

=SUMME(B4:B9)

Markiere C4 bis C9 und wähle:

 Start | Format | Zellen formatieren...

Wähle Prozent aus und gib die Anzahl der gewünschten Nachkommastellen an.

C4 =B4/B10

	A	B	C
1	Sportfest		
2			
3	Sportart	Anmeldungen	Relative Häufigkeit
4	Frisbee	14	14,3%
5	Fußball	12	12,2%
6	Handball	19	19,4%
7	Tischtennis	24	24,5%
8	Bouldern	18	18,4%
9	Slackline	11	11,2%
10	Gesamtzahl	98	

Diagramme erstellen

1. Markiere die Zellen mit den Daten.
2. Füge dann ein Diagramm ein, z. B.

Beispiel:

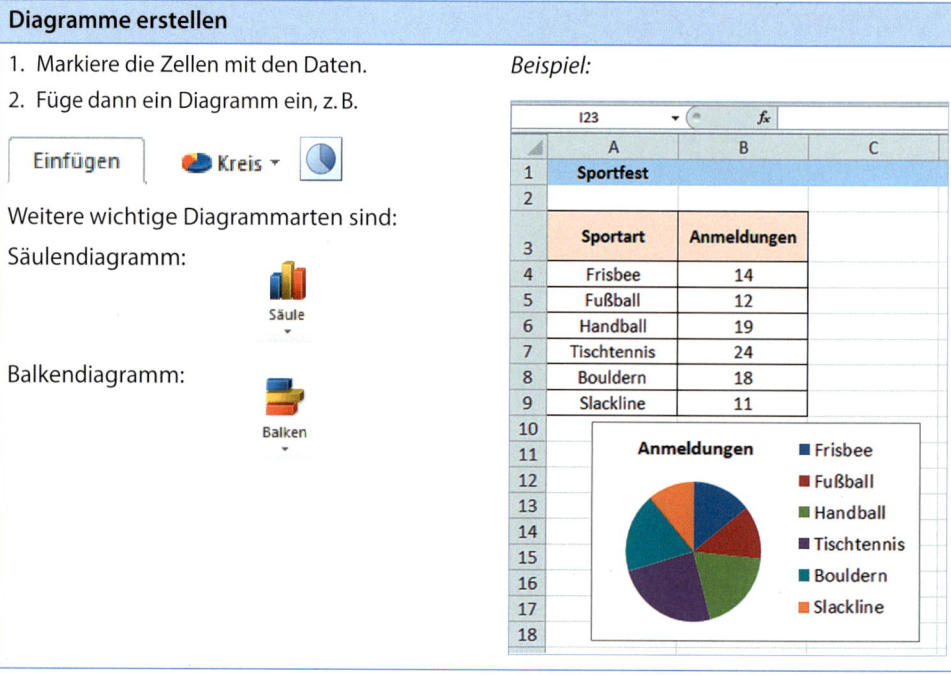

Weitere wichtige Diagrammarten sind:

Säulendiagramm:

Balkendiagramm:

Diagramme nachträglich verändern

Zuerst wird einmal mit der Maus auf das Diagramm geklickt.

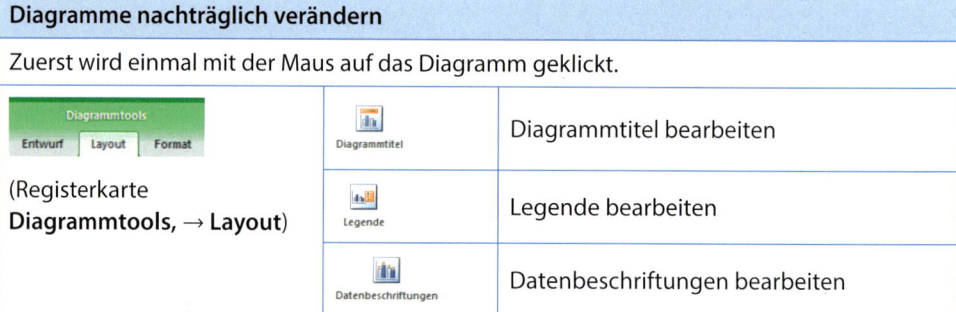

	Diagrammtitel bearbeiten
(Registerkarte **Diagrammtools, → Layout**)	Legende bearbeiten
	Datenbeschriftungen bearbeiten

Funktionen für Kennwerte (arithmetisches Mittel, Maximum, Minimum, Modalwert)

arithmetisches Mittel: MITTELWERT()
Maximum: MAX()
Minimum: MIN()
Modalwert: MODALWERT()

Beispiel:

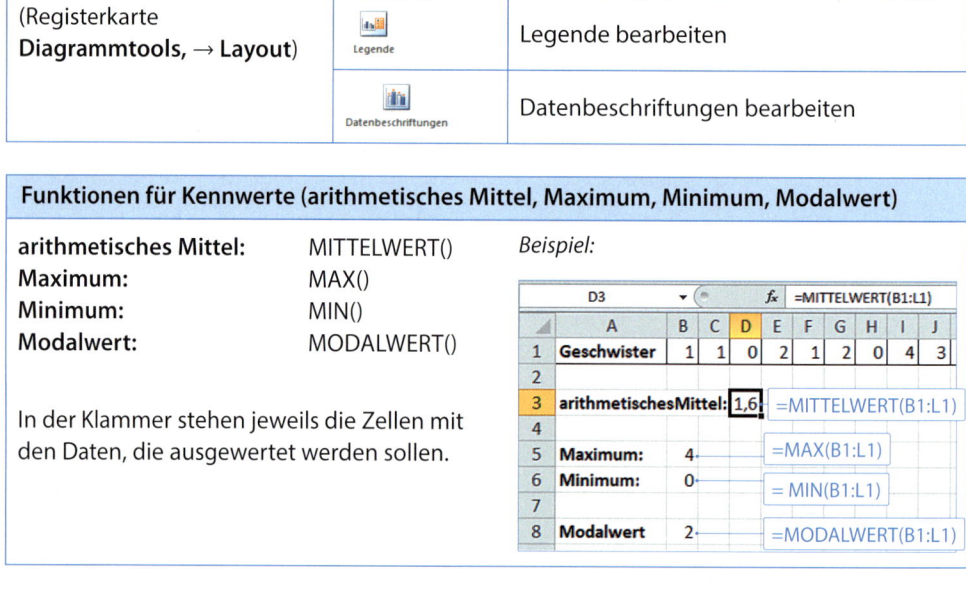

In der Klammer stehen jeweils die Zellen mit den Daten, die ausgewertet werden sollen.

10. Anhang

Lösungen zu
- Dein Fundament
- Prüfe dein neues Fundament

Wichtige Tätigkeiten im Mathematikunterricht
Stichwortverzeichnis
Bildnachweis

Lösungen

Lösungen zu Kapitel 1: Zuordnungen

Dein Fundament (Seite 8/9)

Seite 8, 1.
Viereck ABCD ist ein Quadrat.

Seite 8, 2.
E(1|0,5); F(4|0,5); G(4|2)

Seite 8, 3.
a) P_4; P_7 b) P_1; P_3; P_8 c) P_6; P_9 d) P_2; P_5

Seite 8, 4.

a)
x	2·x
$\frac{1}{2}$	1
1,5	3
2	4
3,5	7

b)
y	$\frac{1}{2}$·y
1	0,5
2	1
3	1,5
11	5,5

c)
z	1,2·z
2	2,4
2,5	3
3	3,6
5	6

Seite 8, 5. (Beispiel)

Anzahl	1	2	3	4	5	6
Preis in €	0,85	1,70	2,55	3,40	4,25	5,10

Seite 8, 6.
a) höchste Temperatur 10°C (um 14 Uhr);
   niedrigste Temperatur 2°C (um 2 Uhr)

b)
Uhrzeit	6:00	10:00	14:00	18:00
Temperatur in °C	4	8	10	8

Seite 8, 7. (Beispiel)

Seite 9, 8. (Beispiel)

Seite 9, 9.
a) Ein Rosinenbrötchen kostet 0,45 €.
b) Fünf Stück Apfelkuchen kosten 6,25 €.

Seite 9, 10.
a) Martin bezahlt 6,75 €.   (5 · 1,35 = 6,75)
   Kai bezahlt 7,75 €.   (5 · 1,01 + 2,70 = 7,75)
   Martin hat günstiger eingekauft.
b) 10 Blöcke kosten im Internet (einschließlich Versandkosten): 12,80 €   (10 · 1,01 + 2,70 = 12,80)

Seite 9, 11.
Es dauert noch ein Jahr, da sich die mit Seerosen bedeckte Fläche jedes Jahr verdoppelt.

Seite 9, 12.
a) wahr   b) falsch
c) wahr, wenn nicht zu viele Personen gleichzeitig arbeiten, da sie sich dann gegenseitig behindern könnten

Seite 9, 13.
a) 4   b) 5   c) 24   d) 20
e) 14   f) 20   g) 18   h) 6

Seite 9, 14.
a) 23 mm   b) 3,321 t   c) 90 min   d) 1,025 Liter

Seite 9, 15.
a) 1750 m   b) 2 mm   c) 1 min
d) 1 km   e) 500 ml

Prüfe dein neues Fundament (Seite 40/41)

Seite 40, 1.

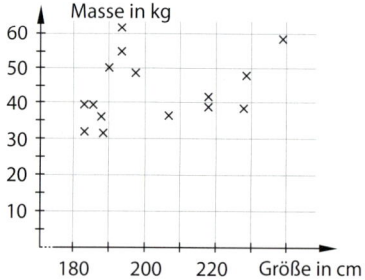

Seite 40, 2.
Das Diagramm C stellt den Sachverhalt richtig dar. In den ersten beiden Stunden sind 1,50 € zu zahlen und dann kommt mit jeder weiteren angebrochenen Stunde 1 € dazu, also für die angefangene 3. Stunde 2,50 €, die angefangene 4. Stunden 3,50 € usw. Der Preis steigt „stufenweise".

Seite 40, 3.

a)

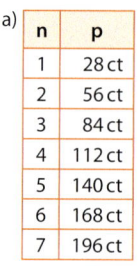
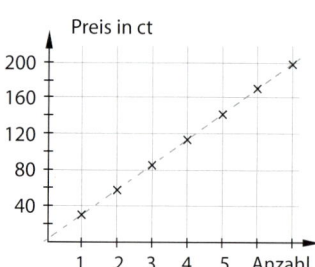

n	p
1	28 ct
2	56 ct
3	84 ct
4	112 ct
5	140 ct
6	168 ct
7	196 ct

k = 28; p = 28 · n

Seite 40, 4.
Die Zuordnung ist nicht direkt proportional.
Ab 50 Brötchen wird offenbar ein Rabatt gewährt.

Seite 40, 5.

a)
Personenanzahl n	1	2	3	4
Anzahl der Tage t	96	48	24	12

t = 96 : n

Seite 40, 6.
a) antiproportionale Zuordnung mit: $y = \frac{4800}{x}$
b) direkt proportionale Zuordnung mit: $y = 0,7 \cdot x$
c) Die Zuordnung ist weder direkt noch antiproportional, da weder Quotientengleichheit noch Produktgleichheit vorliegt.

Seite 41, 7.
a) Den höchsten Punkt erreicht man nach 25 km.
b) Nach etwa 140 km gelangt man zum ersten Mal unter 400 m über NN.
c) Stärkster Anstieg: Zwischen 20 km und 25 km.
   Stärkster Abstieg: Zwischen 125 km und 150 km.

Lösungen

Seite 41, 8.
a) Da V ~ m gilt: 50 cm³ ≙ 390 g
   (quotientengleich)   1 cm³ ≙ 7,8 g
                        30 cm³ ≙ 234 g
b) Da h ~ $\frac{1}{n}$ gilt: 20 cm ≙ 18 Stufen
   (produktgleich)   1 cm ≙ 360 Stufen
                        15 cm ≙ 24 Stufen
c) Es besteht keine Proportionalität. Das Musikstück dauert (unabhängig von der Anzahl der Musiker) 4,5 min.

Wiederholungsaufgaben

Seite 41, 1.
a) wahr
b) falsch $\left(\frac{3}{4}\right)$
c) falsch (28)
d) falsch (2)
e) falsch $\left(\frac{1}{3} - 0,3 = 0,33333... - 0,3 = 0,03333...\right)$

Seite 41, 2.
Es könnte 1:42 Uhr und 24 Sekunden oder 13:42 Uhr und 24 Sekunden sein.

Seite 41, 3.
a) 1,3 cm   b) 0,7 cm²   c) 7 100 000 cm³
d) 0,012 Liter   e) 1500 mg   f) 90 min

Seite 41, 4.
a) γ = 50°; spitzwinklig-ungleichseitiges Dreieck
b) α = 45°; rechtwinklig-gleichschenkliges Dreieck
c) β = 25°; stumpfwinklig-ungleichseitiges Dreieck
d) α = 60°; spitzwinklig-gleichseitiges Dreieck

Seite 41, 5.
a) 57 + 23 = 80
b) 15 · 12 = 180
c) 751 − 228 = 523

Seite 41, 6.
a) −8 < −2
b) 71 > −71
c) 0 > −1

Lösungen zu Kapitel 2: Prozent- und Zinsrechnung

Dein Fundament (Seite 44/45)

Seite 44, 1.
a) 8,8   b) 4,11   c) 10,3
d) 9,5   e) 2,08   f) 5,2
g) 1,2   h) 0,012   i) 0,05
j) 50   k) 3   l) 0,5

Seite 44, 2.
a) $\frac{8}{15}$ b) $\frac{19}{12}$ c) $\frac{4}{5}$
d) $\frac{5}{9}$ e) 2   f) $\frac{2}{5}$
g) $\frac{1}{6}$ h) $\frac{3}{4}$ i) $\frac{3}{2}$
j) $\frac{1}{50}$ k) 0,02   l) 2

Seite 44, 3.
a) $1,25 - \frac{1}{2} = \frac{3}{4}$ b) $8 \cdot \frac{1}{4} + 1 = 3$
c) $\frac{6}{5} : 0,2 = 6$ d) $0,75 : \frac{3}{4} = 1$

Seite 44, 4.

Bruch-schreibweise	$\frac{1}{100}$	$\frac{1}{10}$	$\frac{1}{4}$	$\frac{3}{4}$	$\frac{1}{5}$	$\frac{1}{2}$
Dezimal-bruch-schreibweise	0,01	0,1	0,25	0,75	0,2	0,5
Prozent-schreibweise	1%	10%	25%	75%	20%	50%

Seite 44, 5.
$0,02 = 2\% = \frac{1}{50} = \frac{20}{1000}$; $0,2 = \frac{1}{5} = \frac{20}{100}$;
$0,30 = 30\% = \frac{3}{10}$; $0,4 = 40\% = \frac{4}{10} = \frac{2}{5}$;
$0,75 = 75\% = \frac{6}{8}$

Seite 44, 6.
a) $\frac{1}{4} = 25\%$ b) $\frac{1}{2} = 50\%$ c) $\frac{1}{10} = 10\%$
d) $\frac{9}{20} = 45\%$ e) $\frac{3}{5} = 60\%$

Seite 44, 7.
a)   b)   c)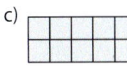

d) 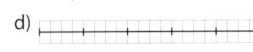   e)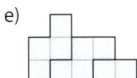

Seite 45, 8.
a)

Gewicht	Preis
5 kg	3,50 €
1 kg	0,70 €
3 kg	2,10 €

b)

Anzahl	Preis
7	3,50 €
1	0,50 €
5	2,50 €

c)

Zeit	Weg
10 min	2 km
1 min	0,2 km
1 h	12 km

Seite 45, 9.
a) 2,50 €   b) 120 kg   c) 5 Stücke

Seite 45, 10.
100 g der Sorte A kosten 60 ct;
100 g der Sorte B kosten 58 ct;
100 g der Sorte C kosten 56 ct;

Angebot C ist das günstigste Angebot, sofern diese Menge benötigt wird.

Seite 45, 11.
a) … 16,20 €.
b) … zueinander direkt proportional.
c) … 9 km …
d) … 9 km …
e) … vier Fünftel …

Lösungen

Seite 45, 12.
a) 5 b) 15 c) 50 d) 15

Seite 45, 13.
a) um 4 Grad; auf 23 °C
b) 1,43 € pro Kubikmeter; auf 1,79 € pro Kubikmeter

Seite 45, 14.
a) $\frac{1}{4}$ h b) $\frac{1}{5}$ h c) $\frac{2}{3}$ h
d) $\frac{1}{60}$ h e) $\frac{1}{20}$ h f) $\frac{1}{2}$ h

Seite 45, 15.
a) 1,75 m b) 0,55 m c) 3,9 kg
d) 50,05 g e) 2,02 m² f) 398 cm²
g) 1,25 m² h) 3,53 ℓ

Prüfe dein neues Fundament (Seite 68/69)

Seite 68, 1.

Grundwert	350 t	900 kg	7890 g	115,00 €
Prozentwert	6,3 t	99 kg	789 g	2,30 €
Prozentsatz	1,8 %	11 %	10 %	2 %

Grundwert	450 kg	2400 m	6,60 €	≈ 217,39 €
Prozentwert	550 kg	60 m	7,26 €	250 €
Prozentsatz	≈ 122 %	2,5 %	110 %	115 %

Seite 68, 2.
a) Tischtennis-AG (10); Theater-AG (30); Mathe-AG (35); Streitschlichter-AG (15); Keine AG (50)
b) Da einige Schülerinnen und Schüler an mehreren Arbeitsgemeinschaften teilnehmen könnten, kann das Ergebnis stimmen.

Seite 68, 3.
a) 62,30 € b) 31,00 €

Seite 68, 4.
80 €

Seite 68, 5.
1,90 €; Taschenrechner-Anzeige (1,8975)

Seite 68, 6.

$\overline{AC}$ = 3 cm; $\overline{AD}$ = 12 cm

Seite 68, 7.
Auf Cent gerundete Werte:
a) 32,77 €
b) 99,16 €
c) 17,76 €
d) 7,94 €

Seite 68, 8.
369,89 €
Taschenrechner-Anzeige (369,88718)

Seite 68, 9.
a) 0,2 %
b) 0,1 %

Seite 68, 10.
auf 120 %

Seite 68, 11.
Auf Cent gerundete Werte.

Kapital	5000 €	500 €	3000 €
Zinssatz	2 % p. a.	1,4 % p. a.	0,58 % p. a.
Zinsen (1 Jahr)	100 €	7,00 €	17,40 €

Kapital	45 000 €	4900 €
Zinssatz	1,2 % p. a.	1,2 % p. a.
Zinsen (1 Jahr)	540 €	58,80 €

Seite 68, 12.
10 500 €

Seite 69, 13.
a) 440 € b) 4459,79 €

Seite 69, 14.
Prozentsätze auf Zehntel gerundet.

	Erhalten	Abgegeben	Berechtigt
Müller	2295	51 %	23,9 %
Schmidt	1215	27 %	12,6 %
Funke	765	17 %	8,0 %
Ungültig	225	5 %	2,3 %
Nichtwähler	5110		53,2 %

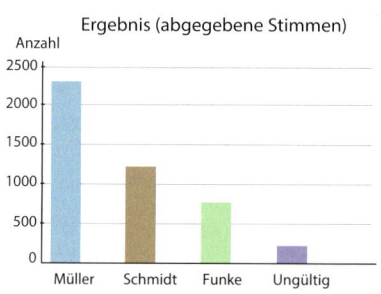

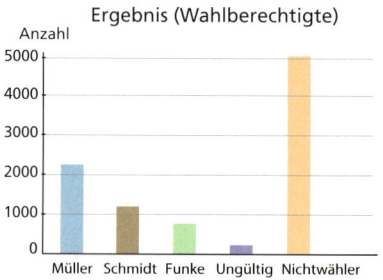

Seite 69, 15.

Zensur	1	2	3	4	5	6
Prozent	20	25	45	10	0	0

Lösungen

Seite 69, 16.
a) 25
b) 5

Seite 69, 17.
127 962,7 m²

Wiederholungsaufgaben

Seite 69, 1.
Flugzeuglänge im Bild (2,5 cm)
Flugzeuglänge im Original (73 m)
Schiffslänge im Bild (12,3 cm)
Schiffslänge im Original (etwa 359 m)

Seite 69, 2.
a) x = 2,5 b) a = 0 c) x = 45 d) x = 0,75

Seite 69, 3.
a) 0,05 € b) 50 dm² c) 3 h d) 2,136 kg

Seite 69, 4.
a) $1\frac{5}{8}$ b) $\frac{1}{2}$ c) $\frac{1}{3}$ d) $\frac{13}{28}$

Lösungen zu Kapitel 3: Rationale Zahlen

Dein Fundament (Seite 72/73)

Seite 72, 1.
a) A (1) B (3) C (4) D (8,5) E (13)
b) A (23) B (16) C (12) D (5) E (2)

Seite 72, 2.
a)
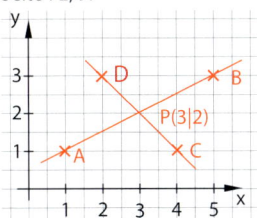

b)
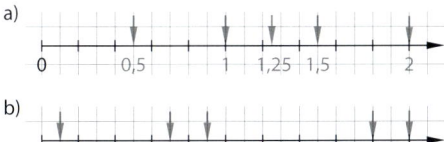

c)

Seite 72, 3.
a) 2 b) $\frac{3}{4}$ c) $\frac{1}{6}$ d) 1,7 e) 2,8

Seite 72, 4.
a) 181 > 179
b) $0,5 < \frac{5}{6}$
c) $1\frac{1}{3} > 1,27$
d) $17\frac{1}{5} > 17,2$

Seite 72, 5.
a) 75; 13; 11; 7; 5
b) 8862,62; 8862,49; 8468,48; 8462,46
c) 59 Mill.; 310 000; 8050; achttausendundfünf
d) 597; fünfhundertdreiundsiebzig; 537; 153,9; 53,9; $53\frac{3}{4}$

Seite 72, 6.
größte Zahl (85321); kleinste Zahl (12358)

Seite 72, 7.
Anton ist am ältesten, David am jüngsten.

Seite 72, 8.
a) 996 > 986 b) 401 < 409
c) 889 > 898 d) 913 < 923

Seite 72, 9.

Seite 73, 10.

Seite 73, 11.
a) Gerade, die parallel zur y-Achse ist und durch den Punkt auf der x-Achse mit dem x-Wert 3 geht.
b) Gerade, die parallel zur x-Achse ist und durch den Punkt auf der y-Achse mit dem y-Wert 2 geht.

Seite 73, 12.
a) 65 b) 11
c) 7 d) 4,2
e) 0,8 f) 0,1
g) 1 h) 0,5
i) $\frac{1}{4}$ j) $\frac{1}{6}$

Seite 73, 13.
a) 189 b) $\frac{12}{7}$ c) 188 d) $\frac{3}{4}$

Seite 73, 14.
a) 9 + 27 = 36 b) 21 + 31 = 52
c) 45 – 6 = 39 d) 79 + 18 = 97
e) 34 – 33 = 1 f) 129 – 29 = 100
g) 170 – 159 = 11 h) 0 + 12 = 12

Seite 73, 15.
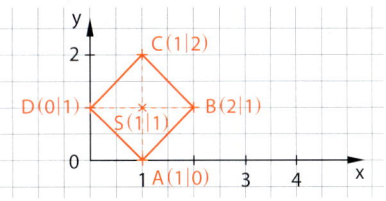

Seite 73, 16.
a) 3,4 b) 0,36 c) 0,0033 d) 6
e) 3 f) 1,1 g) 0,3 h) 9
i) $\frac{1}{5}$ j) $\frac{2}{5}$ k) 1 l) $\frac{1}{6}$
m) $\frac{3}{8}$ n) $\frac{5}{6}$ o) 2 p) 3

Seite 73, 17.
a) 790 · 100 = 79 000 b) 112 · 6 = 672
c) 107 · 4 = 428 d) 29 · 7 = 203

Lösungen

Prüfe dein neues Fundament (Seite 106/107)

Seite 106, 1.

a)

x	−0,2	0,6	−5	−$\frac{3}{4}$	3,3
|x|	0,2	0,6	5	$\frac{3}{4}$	3,3
−x	0,2	−0,6	5	$\frac{3}{4}$	−3,3
|−x|	0,2	0,6	5	$\frac{3}{4}$	3,3

x	$\frac{10}{3}$	−0,6	$1\frac{1}{3}$	0	3,33
|x|	$\frac{10}{3}$	0,6	$1\frac{1}{3}$	0	3,33
−x	−$\frac{10}{3}$	0,6	−$1\frac{1}{3}$	0	−3,33
|−x|	$\frac{10}{3}$	0,6	$1\frac{1}{3}$	0	3,33

Gebrochene Zahlen sind:
0,6; 3,3; 0,2; 5; 3_4; $\frac{10}{3}$; $1\frac{1}{3}$; 0; 3,33

b) −5; −$\frac{3}{4}$; −0,6; −0,2; 0; 0,6; $1\frac{1}{3}$; 3,3; 3,33; $\frac{10}{3}$

S. 106, 2.
$\frac{1}{4}$, −$\frac{1}{4}$ und −0,25 haben den Abstand 0,25 zur Null
−$\frac{3}{5}$ und 0,6 haben den Abstand 0,6 zur Null
0,4 und −$\frac{2}{5}$ haben den Abstand 0,4 zur Null

Seite 106, 3.
a)
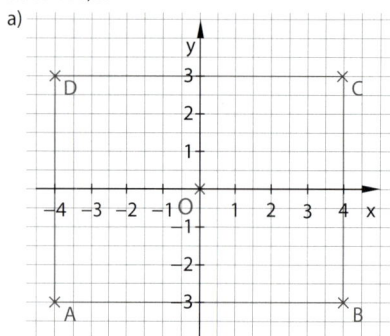

b) Punkt A liegt im dritten Quadranten.
Punkt B liegt im vierten Quadranten.
Punkt C liegt im ersten Quadranten.
Punkt D liegt im zweiten Quadranten.

c) Mittelpunkt von $\overline{AB}$; Punkt mit Koordinaten (0|−3)
Mittelpunkt von $\overline{BC}$; Punkt mit Koordinaten (4|0)
Mittelpunkt von $\overline{CD}$; Punkt mit Koordinaten (0|3)
Mittelpunkt von $\overline{AD}$; Punkt mit Koordinaten (−4|0)
Schnittpunkt der Diagonalen: O(0|0)

Seite 106, 4.
a) −7 b) −0,4 c) −100 d) −$\frac{8}{13}$
e) 0,3 f) 0 g) −72 h) 0
i) −$\frac{1}{7}$ j) −0,023 k) 0 l) −$\frac{2}{3}$
m) 2 n) −1 o) −$\frac{1}{4}$ p) −$\frac{1}{4}$
q) −0,6 r) 33 s) −20 t) 2

Seite 106, 5.
a)
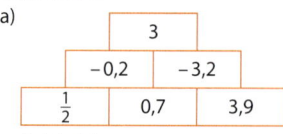
Subtraktion

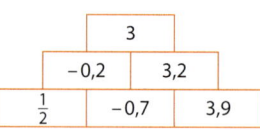
Addition

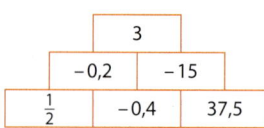
Multiplikation

b)
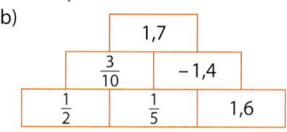
Subtraktion

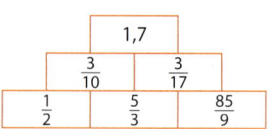
Division

Seite 106, 6.
a) −$\frac{4}{3}$ b) $\frac{9}{8}$ c) 0 d) −23
e) 0,5 f) −6 g) 0 h) 0

Seite 106, 7.
a) −50 b) 10 c) −5 d) −74
e) 40 f) 1 g) 50 h) −0,5

Seite 106, 8.
a) 3 b) −$\frac{4}{3}$ c) −$\frac{1}{3}$
d) −$\frac{17\,829}{475}$ = −41$\frac{354}{475}$ e) −1,5
f) $\frac{20}{77}$ g) $\frac{467}{310}$ = 1$\frac{157}{310}$ h) $\frac{297\,863}{300}$ = 99,287$\overline{6}$

Die Aufgaben d), g) und h) sollten mit einem Taschenrechner gelöst werden, sonst schriftlich.

Seite 106, 9.
a) 6 + 13 + 4 = 23 b) −2(1 − 2 − 3) = 8
c) −3 + 2 + 5 = 4

Seite 107, 10.

x	y	z	x · (y − z)	x · y − z	x · (y − 2z)
−3	−1	1	6	2	9
−3,5	−1,2	$\frac{1}{3}$	5,37	≈ 3,87	≈ 6,53

x	y	z	$\frac{x}{y-2z}$	x + y · z³	$\frac{x+y\cdot z}{z-y}$
−3	−1	1	1	−4	−2
−3,5	−1,2	$\frac{1}{3}$	≈ 1,88	−3,54	−2,54

Seite 107, 11.
Sparguthaben: 500,00 €; 482,20 €; 379,10 €; 529,10 €

Seite 107, 12.
a) Temperaturunterschiede (morgens zu abends):
   Mo: +1,7 °C   Di: +6,5 °C   Mi: +2,6 °C   Do: +6,1 °C
   Fr: −1,5 °C   Sa: −4 °C   So: −3,0 °C
b) Am Dienstag veränderte sich die Temperatur am meisten und am Freitag am wenigsten.

Wiederholungsaufgaben

Seite 107, 1.
a) 1,4   b) $-\frac{1}{40}$ c) 9

Seite 107, 2.
a) dm³ oder Liter   b) km²   c) mm oder cm
d) m oder cm   e) t   f) ml

Seite 107, 3.
a) 180,75   b) ≈ 75,7 %   c) 300
d) wahre Aussage   e) 230   f) wahre Aussage

Seite 107, 4.
a) 10 Tage   b) 2 €

Lösungen zu Kapitel 4: Kongruente Figuren

Dein Fundament (S. 110/111)

Seite 110, 1. (Aufgaben b) und d) individuelle Lösung)
① a) α – spitz; β – überstumpf c) α = 77°; β = 283°
② a) α, β, γ – spitze Winkel
   c) α = 45°; β = 85,1°; γ ≈ 49,1°
③ a) β – überstumpfer Winkel   c) β = 270°
④ a) γ – gestreckter Winkel   c) γ = 180°

Seite 171, 2.
a)
spitzer Winkel

b)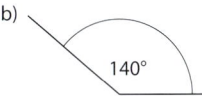
stumpfer Winkel

c)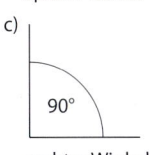
rechter Winkel

d)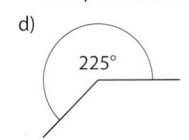
überstumpfer Winkel

e)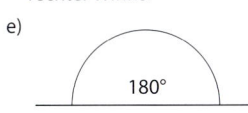
gestreckter Winkel

Seite 110, 3.
a) ③   b) ①   c) ④   d) ②

Seite 110, 4.
$α_1 = α_2 = γ_1 = γ_2 = 35°$ $δ_1 = δ_2 = β_1 = β_2 = 145°$

Seite 110, 5.
$α_1 = α_2 = α_5 = 23°$ $α_3 = α_6 = 67°$ $α_4 = α_7 = 90°$

Seite 110, 6. (Beispiele)

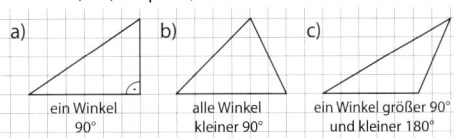

a) ein Winkel 90°
b) alle Winkel kleiner 90°
c) ein Winkel größer 90° und kleiner 180°

Seite 110, 7.
a)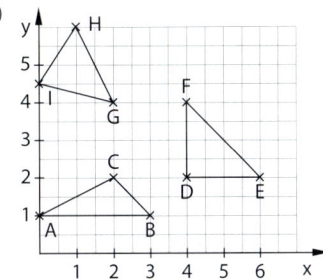

b) Dreieck ABC stumpfwinklig (unregelmäßig)
   Dreieck DEF rechtwinklig (gleichschenklig)
   Dreieck GHI spitzwinklig (unregelmäßig)

Seite 111, 8.
Begründung dafür, dass sie Innenwinkelsumme im Dreieck immer 180° beträgt. Die Innenwinkel α und β sind Nebenwinkel von γ am gestreckten Winkel.

Seite 111, 9.
a) γ = 74°   b) α = 45°   c) β = 30°
d) γ = 96°   e) β = 60°   f) γ = 30°

Seite 111, 10.
a) α = γ = 70°   b) α = β = γ = 60°   c) α = 40°; β = 80°

Seite 111, 11.
a)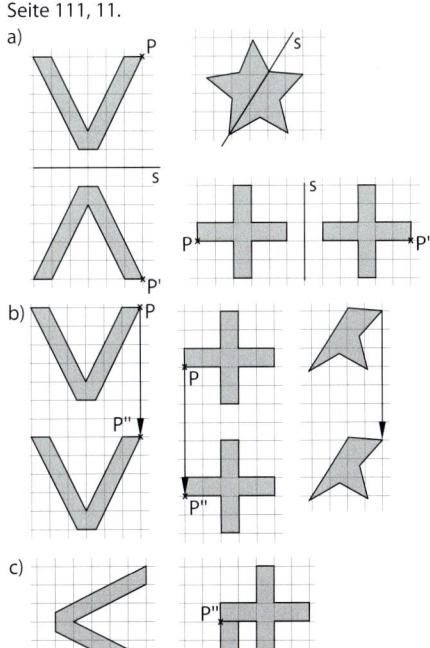

b)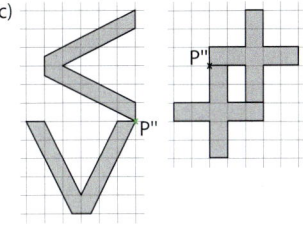

c)

Seite 111, 12.
Nein, da die Summe zweier Seitenlängen immer größer sein muss als die dritte Seitenlänge.

Seite 111, 13.
Zwei rechtwinklig-gleichschenklige Dreiecke

Seite 111, 14.
a) Wahr, denn es müssen nur die Seiten, gleich lang sein, die aufeinander abgebildet werden.
b) Wahr, da alle Seiten gleich lang sein müssen.
c) Wahr, da jeder Innenwinkel 60° beträgt.

Seite 111, 15.
Es hat seinen Kurs um 45° geändert.

Prüfe dein neues Fundament (S. 136/137)

Seite 136, 1.
Folgende Figuren sind zueinander kongruent, weil sie in Form und Größe übereinstimmen:
A ≅ G; B ≅ H; C ≅ I; E ≅ F

Seite 136, 2.

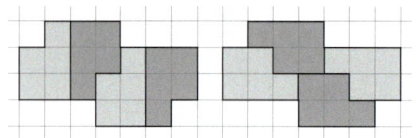

Seite 136, 3.
Dreiecke DEF und GIH: Sie haben beide einen rechten Winkel und stimmen in den beiden Seiten überein, die den rechten Winkel einschließen (sws).
Dreiecke ABC und LJK: Sie stimmen in allen Seiten überein (sss).

Seite 136, 4.
a) Ja, da sie in einer Seite und den anliegenden Winkeln übereinstimmen (wsw).
b) Nein, da die Bedingungen für den Kongruenzsatz Ssw nicht erfüllt sind.
c) Ja, da sie in einer Seite und den anliegenden Winkeln übereinstimmen (wsw).

Seite 136, 5.
Die Dreiecke ③ und ④ nach Kongruenzsatz sws.

Seite 137, 6.
a) Zeichne eine Strecke $\overline{AB}$ = c = 3,5 cm.
Zeichne um A und B Kreise mit r = 3,5 cm.
Verbinde Schnittpunkt C der Kreise mit A und B zum gesuchten Dreieck.
b) Zeichne Winkel β = 38° mit dem Scheitelpunkt B.
Zeichne um B zwei Kreise mit r_1 = 5,3 cm und r_2 = 6,5 cm. Die Kreise schneiden je einen Schenkel des Winkels in den Punkten A und C. Verbinde A und C zum Dreieck ABC
c) Zeichne Winkel β = 110° mit dem Scheitelpunkt B.
Zeichne um B einen Kreis mit r = 3,8 cm. Der Kreis schneidet einen Schenkel des Winkels im Punkt A. Zeichne um A einen Kreis mit r = 4,6 cm. Der Kreis schneidet den anderen Schenkel des Winkels im Punkt C des gesuchten Dreiecks.

d) Zeichne eine Strecke $\overline{AC}$ = b = 4,5 cm und trage in A den Winkel α = 65° an AC an. Trage am freien Schenkel von α den Winkel β = 80° an. Verschiebe den freien Winkel von β durch C und bezeichne das Dreieck ABC.

Seite 137, 7.
a) Das Dreieck ist nicht eindeutig konstruierbar:
a = 4,1 cm oder a = 8 cm
b) ① Das Dreieck ist eindeutig konstruierbar, da der angegebene Winkel gegenüber der längeren Seite liegt.
② Das Dreieck ist nicht eindeutig konstruierbar, da c nicht die längere Seite ist. Es entstehen zwei verschiedene Dreiecke.
③ Das Dreieck ist nicht eindeutig konstruierbar, da a nicht die längere Seite ist. Es entsteht kein Dreieck.
④ Das Dreieck ist eindeutig konstruierbar, da der angegebene Winkel zwischen den beiden Seiten liegt.

Seite 137, 8.

	a	b	c	α	β	γ
1	3,6 cm	5,2 cm	6,4 cm	34°	54°	92°
2	8,3 cm	5 cm	7 cm	86°	37°	57°
3	3,6 cm	5,2 cm	6,4 cm	34°	54°	92°

Seite 137, 9.
Das Fahrzeug legt ungefähr 101,1 m zurück.

Wiederholungsaufgaben

Seite 137, 1.
a) $\frac{5}{8}$ b) 1,1   c) $\frac{73}{30}$ d) 0,45

Seite 137, 2.
79 503

Seite 137, 3.
a) x = 4   b) x = 3   c) x = 8

Seite 163, 4.
Zeichnen der beiden Quadrate und des Kreises (mit dem äußeren Quadrat beginnend). Die Seitenmittelpunkte des äußeren Quadrates sind die Eckpunkte des inneren Quadrates. Kreis um Schnittpunkt der Diagonalen durch die Eckpunkte des inneren Quadrates.

Seite 137, 5.
a) Der Tank ist zu $\frac{3}{4}$ gefüllt.
b)

Lösungen

Lösungen zu Kapitel 5: Geometrische Konstruktionen

Dein Fundament (S. 140/141)

Seite 140, 1.

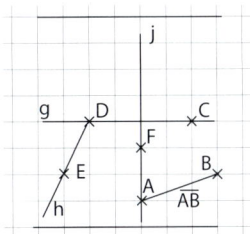

zu d) Es gibt zwei solche Geraden.

Seite 140, 2.

a) 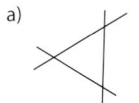 b)  c)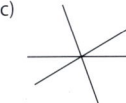

Seite 140, 3.

a) 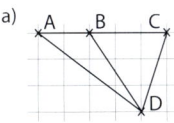 b)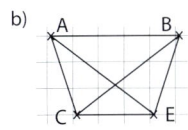

Es sind 6 Strecken: $\overline{AB}$; $\overline{AC}$; $\overline{AD}$; $\overline{BC}$; $\overline{BD}$; $\overline{CD}$

Es sind 6 Strecken: $\overline{AB}$; $\overline{AC}$; $\overline{AE}$; $\overline{BC}$; $\overline{BE}$; $\overline{CE}$

c)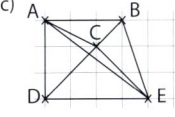

Es sind 10 Strecken: $\overline{AB}$; $\overline{AC}$; $\overline{AD}$; $\overline{AE}$; $\overline{BC}$; $\overline{BD}$; $\overline{BE}$; $\overline{CD}$; $\overline{CE}$; $\overline{DE}$

Seite 140, 4. (Beispiel)

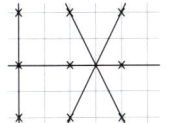

Seite 140, 5.

a)
b)
c)
d)

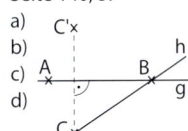

e)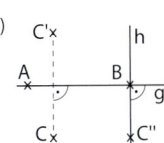

Seite 140, 6.

a)
b)

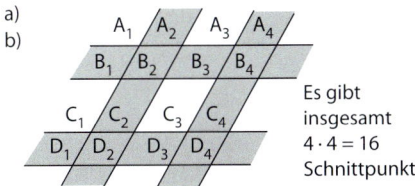

Es gibt insgesamt $4 \cdot 4 = 16$ Schnittpunkte.

Seite 141, 9.
① 72° ② 45° ③ 36° ④ 40° ⑤ 30° ⑥ 24°

Seite 141, 10.

a) 14:00 Uhr: spitzer Winkel   60°
   8:00 Uhr: stumpfer Winkel   120°
   9:00 Uhr: rechter Winkel   90°
   24:00 Uhr: Vollwinkel   360°
   6:00 Uhr: gestreckter Winkel   180°

b) 1:00 Uhr: spitzer Winkel   30°
   13:00 Uhr: spitzer Winkel   30°
   3:00 Uhr: rechter Winkel   90°
   15:00 Uhr: rechter Winkel   90°
   5:00 Uhr: stumpfer Winkel   150°
   16:00 Uhr: stumpfer Winkel   120°
   7:00 Uhr: überstumpfer Winkel 210°
   20:00 Uhr: überstumpfer Winkel 240°

Seite 141, 11.

a) $\alpha = 30° - 18° = 12°$ b) $\beta = 180° + 27° = 207°$
c) $\gamma = 90° - 28° = 62°$

Seite 141, 12.

a) $\beta = 37°$; $\alpha = 53°$; $\gamma = 90°$
b) α, β: spitze Winkel; γ: rechter Winkel
c) $b = 3$ cm; $a = 4$ cm; $c = 5$ cm
d) Nebenwinkel: $\gamma' = 90°$; $\alpha' = 127°$; $\beta' = 143°$

S. 141, 13.
$A(2|0)$; $B(0|2)$; $C(-2|0)$; $D(0|-2)$
Das Viereck ist ein Quadrat.

S. 141, 14.
a) wahre Aussage
b) wahre Aussage
c) wahre Aussage

Prüfe dein neues Fundament (S. 162/163)

Seite 162, 1.

a)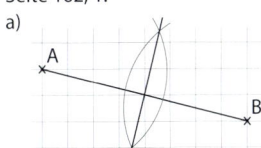

b)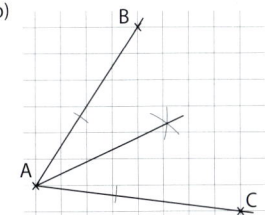

Seite 162, 2.

a)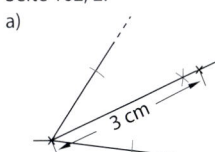

Seite 162, 3.

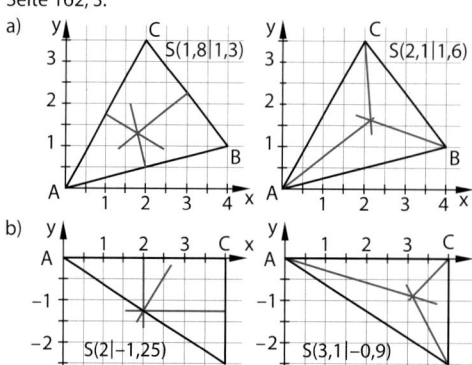

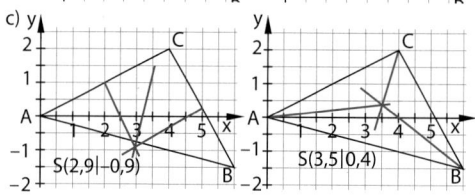

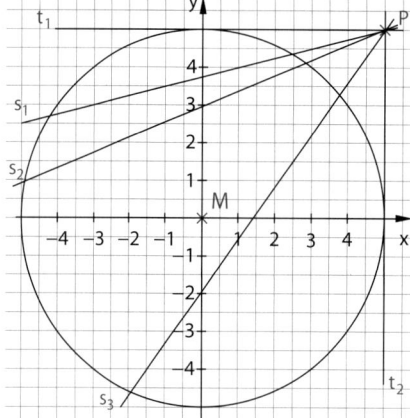

Seite 162, 4. (Beispiele)

Es gibt mehrere Lösungen.

Seite 162, 5. (Beispiele)

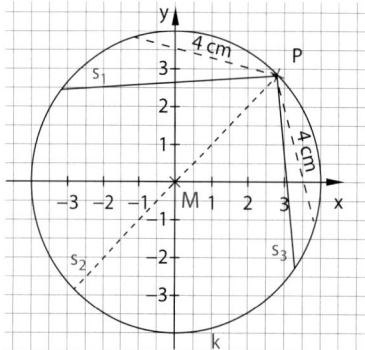

a) Es gibt mehrere Lösungen.
b) Die längste Sehne (hier s_2) ist d = 8 cm.
 Eine kürzeste Sehne gibt es nicht.
c) Es gibt zwei Lösungen.

Seite 162, 6. (Beispiele)

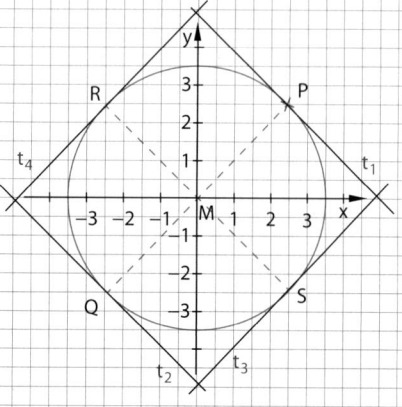

a) t_1 ist Lösung. (Tangente und Berührungsradius sind senkrecht zueinander.)
b) t_2 ist Lösung. (Berührungsradius verlängern. Es entsteht Punkt Q. Senkrechte zu $\overline{PQ}$ in Q zeichnen.)
c) Es gibt zwei Lösungen. ($\overline{PQ}$ mit 90° um M drehen. Es entstehen die Punkte R und S. Senkrechten zu $\overline{RS}$ in den Punkten R und S zeichnen.)

Seite 163, 7.
a) Die Mittelpunkte der Kreise liegen alle auf der Mittelsenkrechten von $\overline{AB}$.
b) Einen größten Kreis gibt es nicht.
 Der kleinste Kreis hat $\overline{AB}$ als Durchmesser.

Seite 163, 8.
a)
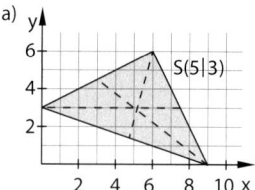

b)
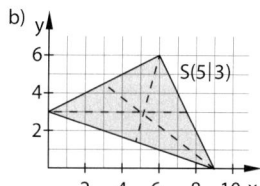

c)
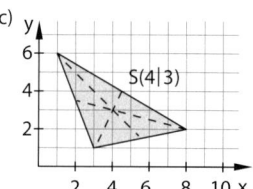

Seite 163, 9.
Werden die Endpunkte von einem Kreisdurchmesser mit einem beliebigen Punkt auf dem entsprechenden Kreis verbunden, erhält man immer ein rechtwinkliges Dreieck.

Seite 163, 10.

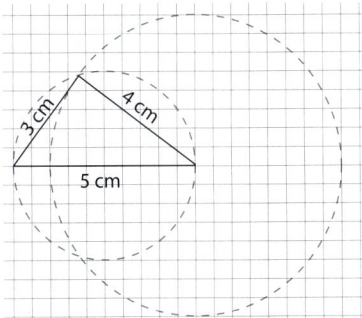

Seite 163, 11.
a) β = 90° − 30° = 60° und α = β = 60°
b) β = 90° − 65° = 25° und α = $\frac{90°}{2}$ = 45°
c) α = = $\frac{60°}{2}$ = 30° und β = 90° − 30° = 60°

Wiederholungsaufgaben

Seite 163, 1.
a)

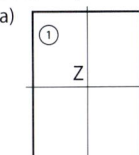 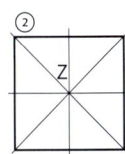 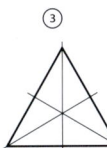

b) Rechteck und Quadrat sind sowohl achsen- als auch punktsymmetrisch. Das gleichseitige Dreieck hat drei Symmetrieachsen, ist aber nicht punktsymmetrisch.

Seite 163, 2.
a) 25 cm   b) 3,2 km   c) 8 h   d) 8,40 €

Seite 163, 3.
100 € + 0,5 € · x

Seite 163, 4.
70 Personen (27 + 15 + 5 + 23 = 70)

Lösungen zu Kapitel 6: Zufall und Wahrscheinlichkeit

Dein Fundament (Seite 166/167)

Seite 166, 1.
a) 0,25 (25 %)   b) 0,06 (6 %)   c) 0,17 (17 %)
d) 0,3 (30 %)   e) 0,75 (75 %)   f) 0,95 (95 %)

Seite 166, 2.
a) $\frac{1}{10}$ b) $\frac{5}{10} = \frac{1}{2}$ c) $\frac{125}{1000} = \frac{1}{8}$
d) $\frac{375}{1000} = \frac{3}{8}$ e) $\frac{75}{100} = \frac{3}{4}$ f) $\frac{5}{100} = \frac{1}{20}$

Seite 166, 3.
a) $\frac{1}{100} = 0,01$ b) $\frac{40}{100} = 0,4$ c) $\frac{5}{100} = 0,05$
d) $\frac{75}{100} = 0,75$ e) $\frac{22}{100} = 0,22$ f) $\frac{30}{100} = 0,3$

Seite 166, 4.

Prozentschreibweise	1 %	20 %	4 %	80 %	5 %
Bruch (Nenner 100)	$\frac{1}{100}$	$\frac{20}{100}$	$\frac{4}{100}$	$\frac{8}{100}$	$\frac{5}{100}$
Bruch (gekürzt)	$\frac{1}{100}$	$\frac{1}{5}$	$\frac{1}{25}$	$\frac{4}{5}$	$\frac{1}{20}$
Dezimalbruch	0,01	0,2	0,04	0,8	0,5

Prozentschreibweise	2 %	30 %	125 %	160 %
Bruch (Nenner 100)	$\frac{2}{100}$	$\frac{30}{100}$	$\frac{125}{100}$	$\frac{160}{100}$
Bruch (gekürzt)	$\frac{1}{50}$	$\frac{3}{10}$	$\frac{5}{4}$	$\frac{8}{5}$
Dezimalbruch	0,02	0,3	1,25	1,6

Seite 166, 5.
a) $0,33 < 0,5 < \frac{7}{9} < \frac{7}{8}$ b) $0,03 < \frac{1}{4} < 0,7 < \frac{4}{5} < 1,01$
c) $0,1 < \left(\frac{1}{2}\right)^3 < 0,13 < 0,5^2$

Seite 166, 6.
a) $\frac{5}{36}$ b) $\frac{4}{27}$ c) $\frac{26}{48} = \frac{13}{24}$ d) $\frac{6}{56} = \frac{3}{28}$
e) $\frac{3}{8}$ f) $\frac{1}{10}$ g) 0,25   h) 6,3
i) 0,016   j) 0,12

Seite 166, 7.
a) $\frac{7}{12} \approx 0,58$ b) $\frac{3}{8} \approx 0,38$ c) $\frac{11}{9} \approx 1,22$
d) $\frac{11}{20} = 0,55$ e) $\frac{3}{8} \approx 0,38$

Seite 166, 8.
a) 1   b) $\frac{15}{28}$ c) 1   d) $\frac{3}{5}$ e) $\frac{7}{8}$

Seite 166, 9.
a)

Sportart	Anzahl	Häufigkeit	Anteil in %
Fußball	||||		6	50
Handball	||	2	≈ 16,7
Tischtennis	||||	4	≈ 33,3

b)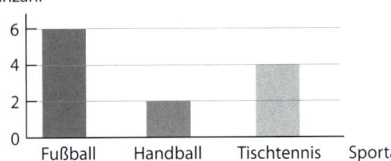

Seite 166, 10.
a) Zensurendurchschnitt: ≈ 2,62
b) Zensurenverteilung

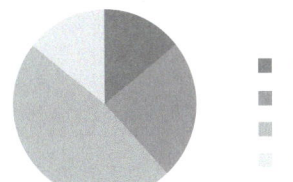

■ 1
■ 2
■ 3
■ 4

Lösungen

Seite 177, 11.
a) $\frac{4 \cdot 11 + 8 \cdot 12 + 12 \cdot 13}{24} \approx 12{,}3$
b) $\frac{4 \cdot 11 + 8 \cdot 12 + 12 \cdot 13 + 1 \cdot 14}{25} \approx 12{,}4$
Der Altersdurchschnitt steigt um etwa 1 %.

Seite 177, 12. (Beispiele)
$\frac{4}{16}$; $\frac{5}{16}$; $\frac{6}{16}$; $\frac{7}{16}$; $\frac{8}{16}$; $\frac{9}{16}$

Seite 177, 13.
a) 35 € b) 3 kg
c) 27 min d) 770 €

Seite 177, 14.
Für die Augensumme 2 gibt es nur eine Möglichkeit, beide Würfel zeigen die „1":
(1; 1).
Für die Augensumme 6 gibt es mehr als eine Möglichkeit:
(1; 5), (2; 4), (3; 3), (4; 2), (5; 1)

Seite 177, 15.
Eintrag in Zelle C4:
=A4·B4
Das Zahlenformat in Zelle B4 muss auf „Prozent" eingestellt sein.

Seite 177, 16.
Es gibt 3 · 2 = 6 Möglichkeiten.

Seite 177, 17.
a)

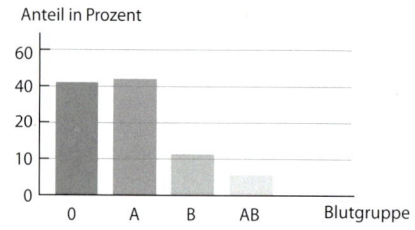

b)

Blutgruppe	0	A	B	AB
Anzahl	≈ 205	≈ 215	≈ 55	≈ 25

Seite 177, 18.
20 % aller Professuren in Deutschland sind an Frauen vergeben.

Prüfe dein neues Fundament (Seite 186/187)

Seite 186, 1.

	a)	b)	c)
Gelb	$\frac{5}{8}$	$\frac{1}{4}$	$\frac{1}{2}$
Orange	$\frac{3}{8}$	$\frac{1}{2}$	$\frac{1}{4}$
Blau	0	$\frac{1}{4}$	$\frac{1}{4}$

Seite 186, 2.
Das Glücksrad hat zehn gleich große Sektoren, die mit den Zahlen 0, 1, 2, 3, 4, 5, 6, 7, 8, 9 beschriftet sind.
Es sind vier Zahlen größer als 5: 6, 7, 8, 9
Es sind fünf Zahlen kleiner als 5: 0, 1, 2, 3, 4
Jeder Sektor hat die gleiche Chance erdreht zu werden. Somit beträgt die Gewinnwahrscheinlichkeit für Ben $\frac{4}{10}$ und für Svenja $\frac{5}{10}$.
Svenja hat also die größeren Gewinnchancen.

Seite 186, 3.
Die relativen Häufigkeiten sind:
0,44; 0,50; 0,42; 0,435; 0,423
Ein Schätzwert für die gesuchte Wahrscheinlichkeit wäre beispielsweise 0,43.

Seite 186, 4.
Es trifft nur die Aussage in Aufgabe c) zu.
Es ist unabhängig vom vorausgegangenen Wurf, welches Ergebnis im darauf folgenden Wurf erzielt wird.
Wenn die Münze „fair" ist, dann ist die Wahrscheinlichkeit sowohl für „Zahl" als auch für „Adler" bei jedem Wurf 0,5.

Seite 186, 5.

Anzahl n	5	10	15	20	25
h(n)	0,000	0,200	0,133	0,200	0,240

Anzahl n	30	35	40	45	50
h(n)	0,200	0,171	0,150	0,133	0,140

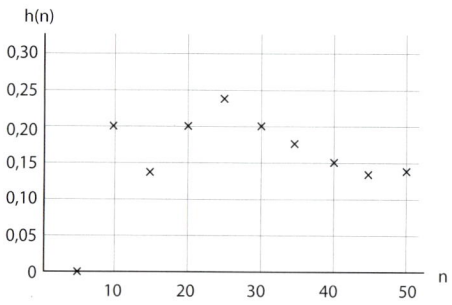

Seite 186, 6. (individuelle Lösung, Beispiel)
Jede Farbe wird durch eine ganzzahligen Zufallszahl 1, 2 oder 3 simuliert.
Zelle A1:
=Zufallsbereich(1;3)
Dieser Befehl wird bis in die Zelle A1000 kopiert.

	A	B	C	D	E
1	1	100	0,44	0,2	0,36
2	3	200	0,4	0,235	0,365
3	2	500	0,364	0,306	0,33
4	1	1000	0,357	0,301	0,342

In den Zellen C1 bis E4 wird zunächst gezählt, wie oft die Zufallszahlen 1; 2 oder 3 bei

Lösungen

100, 200, 500 bzw. 1000 Simulationen vorkommen.
Der Befehl dazu lautet:
ZÄHLENWENN(Bereich; Bedingung)
Diese Anzahlen werden dann durch 100, 200, 500 bzw. 1000 dividiert.

	C
1	=ZÄHLENWENN(A1:A100;1)/100
2	=ZÄHLENWENN(A1:A200;1)/200
3	=ZÄHLENWENN(A1:A500;1)/500
4	=ZÄHLENWENN(A1:A1000;1)/1000

	D
1	=ZÄHLENWENN(A1:A100;2)/100
2	=ZÄHLENWENN(A1:A200;2)/200
3	=ZÄHLENWENN(A1:A500;2)/500
4	=ZÄHLENWENN(A1:A1000;2)/1000

	E
1	=ZÄHLENWENN(A1:A100;3)/100
2	=ZÄHLENWENN(A1:A200;3)/200
3	=ZÄHLENWENN(A1:A500;3)/500
4	=ZÄHLENWENN(A1:A1000;3)/1000

Die Ergebnisse werden im Diagramm dargestellt.

Seite 186, 7.
a) $\frac{4}{30} = \frac{2}{15}$ b) $\frac{2}{3}$ c) $\frac{5}{30} = \frac{1}{6}$

Seite 197, 8.
a) Ja – alle Karten sind gleichwahrscheinlich.
b) Nein – Ergebnisse sind nicht gleichwahrscheinlich.
c) Nein – wenn es um die Farbe der Kugel geht.

Seite 187, 9.
a) 6,33
b) Nein, da es sich um einen Zufallsversuch handelt.

Seite 187, 10.
Für jeden der 25 Schüler wird eine ganzzahlige Zufallszahl aus der Menge {1, 2, 3, 4} erzeugt:
=ZUFALLSBEREICH(1;4)
Die Zufallszahl 1 ist eine Simulation für das Spielen mit dem Handy. Die Zufallszahl 1 erscheint mit der gleichen Wahrscheinlichkeit $\left(\frac{1}{4}\right)$, die die Umfrage für das Spielen mit dem Handy ergeben hat. Zählt man nun, wie oft bei den 25 Zufallszahlen (Zellen A1 bis Y1) das Ergebnis 1 vorkommt, hat man eine Simulation für die Anzahl der mit dem Handy spielenden Schülerinnen und Schüler der Klasse erhalten Zelle Z1:
=ZÄHLENWENN(A1:Y1; 1). Dieser Zufallsversuch wird sehr oft (beispielsweise 1000-mal) wiederholt. Es wird gezählt, wie oft dabei die Anzahl der Einsen größer als 0 war. Dieses Ergebnis wird durch 1000 dividiert, um einen Schätzwert für die gesuchte Wahrscheinlichkeit zu erhalten:
(Zelle AA1)

	...	A	B	C	D	E	D	E
1	...	1	1	3	1	2	7	0,996
2	...	4	3	1	4	3	7	

Hinweis:
Es ist so gut wie sicher, dass unter den 25 Schülerinnen und Schülern mindestens einer mit dem Handy in der Pause spielt.

Wiederholungsaufgaben

Seite 187, 1.
$4 \cdot (0 + 1) = 4$

Seite 187, 2.
u = 13 cm   A = 10 cm²

Seite 187, 3.
a) O(0|0), A(3|0), B(0|4),
   $M_{OA}(1,5|0)$, $M_{OB}(0|2)$, $M_{AB}(1,5|2)$
b) A = 6 cm²

Seite 187, 4.
In der Klasse sind 10 Mädchen.

Seite 187, 5.
a)

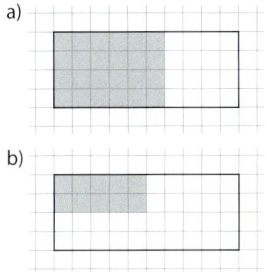

b)

Seite 187, 6.
a) $\frac{37}{56}$ (Brüche wurden nicht gleichnamig gemacht.)
b) $\frac{11}{20}$ (Zähler wurden nicht erweitert.)
c) 4 (Es wurden nur die Zähler dividiert.)
d) $\frac{10}{9}$ (Nenner darf nicht mit 5 multipliziert werden.)

Lösungen zu Kapitel 7:
Gleichungen

Dein Fundament (Seite 190/191)

Seite 190, 1.
a) $-7 + 28 = 21$ b) $9 - 3 \cdot 5 = -6$
c) $4 \cdot (12 + 8) = 80$ d) $0,5 \cdot (13 + 14 + 15) = 21$

Seite 190, 2.
Fünfte Zahl: 17, neunte Zahl: 33

Seite 190, 3.
a) $1 \xrightarrow{+1} 2 \xrightarrow{+2} 4 \xrightarrow{+3} 7 \xrightarrow{+4}$
   $11 \longrightarrow ...$
b) 16 und 22

Seite 190, 4.
a) $1 \xrightarrow{\cdot 3} 3 \xrightarrow{\cdot 3} 9 \xrightarrow{\cdot 3} 27 \xrightarrow{\cdot 3}$
$81 \xrightarrow{\cdot 3} 243$
b) $4 \xrightarrow{-1} 3 \xrightarrow{+2} 5 \xrightarrow{-1} 4 \xrightarrow{+2}$
$6 \xrightarrow{-1} 5 \xrightarrow{+2} 7 \xrightarrow{-1} 6 \xrightarrow{+2} 8$
c) $4 \xrightarrow{+1} 5 \xrightarrow{\cdot 2} 10 \xrightarrow{+1} 11 \xrightarrow{\cdot 2}$
$22 \xrightarrow{+1} 23 \xrightarrow{\cdot 2} 46 \xrightarrow{+1} 47$
$\xrightarrow{\cdot 2} 94$

Seite 190, 5.
a) Die Hälfte der Summe der Zahlen −7 und 3; Ergebnis −2
b) Das Produkt aus 4,1 und 3 weniger 7; Ergebnis 5,3
c) Das Fünffache der Summe der Zahlen 3,3 und 7,7; Ergebnis 55
d) Die Hälfte des Produkts aus −12 und 9; Ergebnis −54

Seite 190, 6
a) $5 \xrightarrow{\cdot 3} 15 \xrightarrow{-7} 8$ (Ergebnis 8)
b) $15 \xrightarrow{+3} 18 \xrightarrow{-0,5} 17,5$ (Ergebnis 17,5)
c) $8 \xrightarrow{:0,5} 16 \xrightarrow{-7} 9$ (Ergebnis 9)
d) $5 \xrightarrow{+4} 9 \xrightarrow{+3} 12 \xrightarrow{:2} 6$ (Ergebnis 6)

Seite 190, 7
a) $5 \xrightarrow{\cdot 2} 10 \xrightarrow{-2} 8 \xrightarrow{+4} 12$
b) z.B. $16 \xrightarrow{:2} 8 \xrightarrow{+6} 14 \xrightarrow{-7} 7$
c) z.B. $18 \xrightarrow{:6} 3 \xrightarrow{+5} 8 \xrightarrow{-9} -1$

Seite 190, 8.
a) 4   b) 14   c) 2

Seite 190, 9.
a) 62   b) 6   c) −2   d) 1   e) −1   f) 0

Seite 190, 10.
a) 246 − **15** = 231   b) **30** + 19 = 49
c) **3,3** − 1,3 = 2   d) 1,6 + **1,4** = 3

Seite 190, 11.
a) 24 · **4** = 96   b) **35** : 5 = 7
c) **10** · $\frac{1}{2}$ = 5   d) 8 : **0,5** = 16
e) 2 · **11** + 4 = 26   f) 3 · (**4,5** + 0,5) = 15
g) **24** : 2 + 4 = 16   h) 7 + **7** : 7 = 8

Seite 190, 12.
a) 40 − 17 = 23   b) 28 + 17 = 45
c) 470 : 2 = 235   d) 36 · 4 = 144

Seite 190, 13.
a) 12; 1; 1,2   b) 18; 1,5; 1,8
c) 3; $\frac{1}{4}$; 0,3   d) 60; 5; 6

Seite 191, 14.
$u = 2 \cdot 3\,cm + 2 \cdot 2\,cm = 10\,cm$
$A = 2\,cm \cdot 3\,cm = 6\,cm^2$

Seite 191, 15.
a) $V = 2\,cm \cdot 3\,cm \cdot 4\,cm = 24\,m^3$
b) $O = 2 \cdot 2\,cm \cdot 3\,cm + 2 \cdot 2\,cm \cdot 4\,cm + 2 \cdot 3\,cm \cdot 4\,cm$
$= 52\,cm^2$
c) $K = 4 \cdot 2\,cm + 4 \cdot 3\,cm + 4 \cdot 4\,cm = 36\,cm$

Seite 191, 16.
a) b = 9 cm; u = 26 cm   b) b = 4 cm; u = 16 cm
c) b = 11 cm; u = 30 cm   d) b = 1 cm; u = 10 cm
e) b = 100 cm; u = 208 cm

Seite 191, 17.
a) a = 2 cm   b) b = 3 cm   c) a = 4 cm   d) a = 5 cm

Seite 191, 18.
$6\,cm^3 = 3\,cm \cdot 2\,cm \cdot c$ (also gilt: c = 1 cm)

Seite 191, 19.
$\alpha + \beta + \gamma = 180° \Rightarrow \gamma = 180° - 30° - 90° = 60°$

Vermischtes

Seite 191, 20.
a) 6 €   b) 16,80 €   c) 2,52 ℓ   d) 45 ℓ   e) 11 €

Seite 191, 21.
90 g

Seite 191, 22.
100 g

Seite 191, 23.
$3 \cdot x + 4 \cdot x + 0{,}40\,€ = 8{,}80\,€ \qquad x = 1{,}20\,€.$

Prüfe dein neues Fundament (Seite 218/219)

Seite 218, 1.
a) $8 - 3 \cdot 7 = -13$ b) $(9 + 2 \cdot (-2)) \cdot (-2) = -10$
c) $-1 \cdot 1{,}5 - (-1) = -0{,}5$

Seite 218, 2.
a) ③ (x = Anzahl der Werktage)
b) ① (x = Länge des abgeschnittenen Stücks in cm)
c) ② (x = Anzahl der Zeilen)

Seite 218, 3.
a) 100 € + 0,5 € · 182 = 191 € werden gespendet.
b) 100 € + x · 0,5 €

Seite 218, 4.
a) Nicht äquivalent, z. B. für a = 2 sind die Termwerte verschieden (8 und 7)
b) Äquivalent, da 5b − 11b = −6b
c) Nicht äquivalent, z. B. für a = 1 und b = 1 sind die Termwerte verschieden (2 und 0)

Seite 218, 5.
a) 9a   b) 12b   c) 0,5x   d) 8,5y
e) 6x + 4   f) 5a + 7   g) −2y − 3   h) 0,5x − 5

Seite 218, 6.
① = ③   ④ = ⑧   ② = ⑥   ⑤ = ⑦

Seite 21, 7.
a) x = −2   b) a = 1 oder a = 0
c) b = 2   d) x = −1 oder x = 3

Seite 218, 8.
a) x = 42   b) a = −1   c) y = −6   d) 7

Seite 218, 9.
a) $10x = -60 \quad |:10$
   $x = -6$
b) $-9 = -3x \quad |:(-3)$
   $3 = x$
c) $4a = 6 \quad |:4$
   $a = 1{,}5$

Seite 218, 10.
a) $x = 12$ b) $s = 1$ c) $w = 5$
d) $x = 4$ e) $a = -\frac{16}{5}$ f) $x = -3$

Seite 218, 11.
a) $L = \{3\}$ b) $L = \{\ \}$ c) $L = \{\ \}$ d) $L = \mathbb{Q}$
e) $L = \left\{-\frac{2}{3}\right\}$ f) $L = \{\ \}$

Seite 218, 12.
$185\,cm - 5 \cdot x = 35\,cm \quad \Rightarrow \quad x = 30\,cm.$
Jedes Stück ist 30 cm lang.

Seite 219, 13.
$x + 10 = 2x - 3 \quad \Rightarrow \quad x = 13.$
Tom ist 13 Jahre alt.

Seite 219, 14.
a) $2 \cdot (x + 4) + 2 \cdot 2 = 2x + 2x + 2x$
   $2x + 12 = 6x$
Für $x = 3$ haben sie den gleichen Umfang.

Seite 219, 15.
Die Seitenlänge beträgt 4 cm.

S. 37, 16.
240 ml Bananennektar

Seite 219, 17.
a) Individuelle Lösungen b) $4n - 1$
c) $4 \cdot 10 - 1 = 39$
d) $4n - 1 = 89$ hat die Lösung 22,5. Die Anzahl der Punkte muss aber ganzzahlig sein. Daher gibt es keine Figur mit 89 Punkten.

Wiederholungsaufgaben

Seite 219, 1.
a)

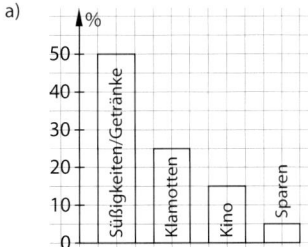

b) Süßigkeiten und Getränke: 100 Schüler
   Klamotten: 50 Schüler
   Kino: 30 Schüler
   Sparen: 20 Schüler

Seite 219, 2.
Der Auflauf muss um 12:11 Uhr aus dem Ofen geholt werden.

Seite 219, 3.
$u = 2 \cdot (3\,cm + 4\,cm) = 14\,cm,\ A = 3\,cm \cdot 4\,cm = 12\,cm^2$

Seite 219, 4.
Es gibt eine Symmetrieachse.

Wichtige Tätigkeiten im Mathematikunterricht

Der Mathematikunterricht im Gymnasium ist gekennzeichnet durch spezifische Arbeitsweisen, wie beispielsweise das Analysieren von Problemsituationen, das Auswählen, Anwenden und Werten von Problemlösestrategien sowie das Beurteilen und Reflektieren von Lösungsvorschlägen.

Die sprachliche Ausdrucksfähigkeit sowie ein präziser Sprachgebrauch, insbesondere beim Nutzen der mathematischen Fachsprache, haben große Bedeutung. Zum Lösen komplexer Aufgaben im Mathematikunterricht ist sicheres Wissen und Können aus mehreren Themengebieten erforderlich. Umfassende Kenntnisse über mögliche Lösungsverfahren und Sicherheit beim Anwenden dieser Verfahren sind dafür unabdingbare Grundlagen.

Beim Lösen müssen Zusammenhänge zwischen dem Gesuchten und dem Gegebenen gefunden werden. Gleichungen, Formeln, Skizzen, Tabellen und Diagramme sind dabei wichtige Hilfsmittel. Manchmal führt auch systematisches Probieren zum Ziel.

In den folgenden Übersichten werden, nach Anforderungsbereichen getrennt, Tätigkeiten erläutert, die Grundlage für ein erfolgreiches Arbeiten im Mathematikunterricht sind.

Diese Tätigkeiten werden in allen Klassenstufen des Gymnasiums geübt und in Lernstandserhebungen und im Abitur benötigt.

Anforderungsbereich I

Tätigkeit	Erläuterung
Gib an Nenne	Objekte, Sachverhalte, Begriffe, Daten ohne nähere Erläuterungen, Begründungen und ohne Darstellung von Lösungsansätzen oder Lösungswegen aufzählen.
Berechne	Ergebnisse von einem Ansatz ausgehend durch Rechenoperationen ermitteln.
Beschreibe	Strukturen, Sachverhalte und Verfahren mit eigenen Worten sprachlich angemessen (auch in Stichworten) wiedergeben.
Stelle dar	Sachverhalte, Zusammenhänge, Methoden (übersichtlich, fachlich sachgerecht, in vorgegebener Form) darstellen.
Skizziere	Wesentliche Eigenschaften von Sachverhalten oder Objekten zeichnerisch darstellen (Freihandskizzen sind möglich).
Zeichne Stelle grafisch dar	Einfache Objekte oder Daten exakt zeichnerisch (grafisch) darstellen.

Anforderungsbereich II

Tätigkeit	Erläuterung
Begründe	Einfache Sachverhalte auf Gesetzmäßigkeiten (Zusammenhänge) zurückführen. Dabei Regeln und mathematische Beziehungen nutzen.
Beschreibe	Strukturen, Sachverhalte und Verfahren unter Verwendung der Fachsprache sprachlich angemessen (auch in Stichworten) wiedergeben.
Ermittle	Einfache Zusammenhänge (Lösungswege) finden und Ergebnisse formulieren.
Entscheide	Sich bei Alternativen eindeutig und begründet auf eine Möglichkeit festlegen.
Erkläre	Sachverhalte mithilfe eigener Kenntnisse verständlich formulieren (nachvollziehbar machen) und in Zusammenhänge einordnen.
Leite her	Die Entstehung (Ableitung) gegebener (beschriebener) Sachverhalte (Gleichungen) aus anderen Sachverhalten (Gleichungen) darstellen.
Interpretiere	Einfache Zusammenhänge (Ergebnisse) begründet auf gegebene Fragestellungen beziehen.
Untersuche Prüfe	Sachverhalte (Probleme, Fragestellungen) nach fachlich üblichen (sinnvollen) Kriterien bearbeiten.
Vergleiche	Gemeinsamkeiten (Ähnlichkeiten) und Unterschiede ermitteln.
Zeichne Stelle grafisch dar	Komplexe Objekte oder Daten exakt zeichnerisch (grafisch) darstellen.
Zeige Weise nach	Einfache Aussagen (Sachverhalte) unter Nutzung von Schlussregeln, Berechnungen, Herleitungen oder logischen Begründungen bestätigen.

Anforderungsbereich III

Tätigkeit	Erläuterung
Begründe	Komplexe Sachverhalte auf Gesetzmäßigkeiten (Zusammenhänge) zurückführen. Dabei Regeln und mathematische Beziehungen nutzen.
Ermittle	Komplexe Zusammenhänge (Lösungswege) finden und Ergebnisse formulieren.
Beurteile	Zu Sachverhalten ein selbstständiges Urteil unter Verwendung von Fachwissen und Fachmethoden formulieren und begründen.
Beweise Widerlege	Beweise im mathematischen Sinne unter Verwendung bekannter mathematischer Sätze, logischer Schlüsse und Äquivalenzumformungen (auch unter Verwendung von Gegenbeispielen) führen.
Interpretiere	Komplexe Zusammenhänge (Ergebnisse) begründet auf gegebene Fragestellungen beziehen.
Zeige Weise nach	Komplexe Aussagen (komplexe Sachverhalte) unter Nutzung von Schlussregeln, Berechnungen, Herleitungen oder logischen Begründungen bestätigen.

Stichwortverzeichnis

Abstand 82
Abszisse 78
Abszissenachse 78
Addieren 100
– negativer Zahlen 87
– positiver Zahlen 87
– rationaler Zahlen 108
antiproportional 27, 29, 32
äquivalente Gleichungen 203
äquivalente Terme 196, 220
Äquivalenzumformungen 196, 202, 203, 220
Assoziativgesetz 100
Ausgangswert 10, 42
Aussage
– falsche 207
– wahre 207

Behauptung 158
Berührungsradius am Kreis 145
Beschreibungen von Zuständen 84
Betrag einer Zahl 82, 87, 88, 93, 94, 95
Beweis 158
Bruch 166
Bruchschreibweise 44, 166

CAS 210
Computer 188

Darstellungsformen 10, 42
deckungsgleich 113, 138
Dezimalbruch 44, 166
Diagramm 10, 42, 43, 166
direkt proportional 18, 20, 23, 32, 42
Distributivgesetz 100
Dividend 95, 108
Dividieren rationaler Zahlen 95, 108
Division 220
Divisor 95, 108
drehen 131
Dreieck 109, 110, 141, 152
– Inkreis 148, 149, 164
– Innenwinkel 111
– rechtwinkliges 155, 164
– Umkreis 148, 164
Dreiecke konstruieren 126
Dreisatz 23, 32, 42, 43, 45
Durchmesser 145, 164

Einheit 23, 32
entgegengesetzte Zahlen 74, 90, 108
Euler, Leonhard 161

Figuren
– deckungsgleiche 113
– kongruente 113
Flächeninhalt 113

ganze Zahlen 74, 75
Gegenzahlen 82, 108
GEOGEBRA 130
Geometrie 158
geometrischer Beweis 158
Gerade 42, 110, 130, 140
Gleichungen 42, 189, 199, 203, 220
– lösen 199, 200, 207, 210
Graph einer Zuordnung 13
Größer- und Kleinerbeziehung 81
Grundrechenoperation 190
Grundwert 43, 46, 49, 51, 53, 59, 70

Häufigkeit 166
– relative 169, 188
– stabilisierte 173, 188
Höhe 152, 164
Hyperbel 27, 42

Inkreis
– eines Dreiecks 148, 149, 164
Inkreismittelpunkt 164
Innenwinkel von Dreiecken 111

Jahreszins 59, 70

Kapital 59
Kapitalanlagen 60
Klammern auflösen 98
Kleiner- und Größerbeziehung 81
Kommutativgesetz 100
kongruente Figuren 112, 113, 138
Kongruenz 109, 112, 138
– von Dreiecken 123, 124
Kongruenzsätze 109, 123, 126, 138, 158
– sss 115
– SsW 121
– sws 117
– wsw 119
Konstruktionsbeschreibung 127
Koordinate 78
Koordinatensystem 42, 72, 78
Koordinatenursprung 78
Kreis 141, 145, 146
Kurve 27

lange Versuchsreihen 173
Laplace-Experiment 176, 188
Laplace, Pierre Simon de 176

Menge
– der ganzen Zahlen 108
– der gebrochenen Zahlen 108
Milet, Thales von 154
Mittel- 164
Mittelpunkt 145
Mittelsenkrechte 142, 148
Mittelwert 166
Multiplikation 220
Multiplizieren
– rationaler Zahlen 93, 94, 108
Münzen 179, 188

negativ 82
negative Zahl 108

Ordinate 78
Ordinatenachse 78

Stichwortverzeichnis

Parallele 130
Potenz 98
Produkt 42, 108
Produktgleichheit 29
Prognose 179, 188
proportional 42
Proportionalitätsfaktor 20, 42
Prozentrechnung 43, 46, 59, 70
Prozentsatz 43, 46, 49, 51, 53, 56, 59, 70
Prozentschreibweise 44, 166
prozentuale Veränderung 55
Prozentwert 43, 46, 49, 51, 53, 55, 59, 70
Punkt 13, 140

Quadrant 78
Quotient 42, 95, 108
Quotientengleichheit 20

Radius 145, 164
rationale Zahlen 74, 81, 82, 84, 87, 88, 108
– addieren 87, 108
– darstellen 76
– dividieren 93, 108
– multiplizieren 93, 108
– nichtnegative 81
– subtrahieren 108
– vergleichen 81
Rechengesetze 100
Rechenoperation 42, 98
– umgekehrte 42
Rechenregel 87, 88, 90, 93, 94, 95
Rechenvorteile 100
Rechnen
– mit rationalen Zahlen 87, 90, 93, 100
rechtwinkliges Dreieck 164
relative Häufigkeit 169, 188

Satz des Thales 154, 159, 164
Schätzwert 173, 180, 188
Schnittpunkt 148
Schwerpunkt 152, 164

Sehne 145, 164
Seitenhalbierende 152, 164
Seitenlänge 115
Sekante 145, 164
senkrechte 164
Senkrechte 130
Simulation 179, 180, 181, 188
Spalten 35
spiegeln 131
Stabilisierung relativer Häufigkeiten 173, 188
Strahl 140
Strecke 130, 140
Subtrahieren 90
– rationaler Zahlen 108
Subtraktion 108, 220
Summand 87, 88, 108
Summe 87, 88, 108
Summe der Wahrscheinlichkeiten 169
Summenregel 176, 188

Tabelle 10, 42
Tabellenkalkulation 35, 181
Tangente 145, 146, 164
Term 192, 193, 220
Termumformungen 196, 220
Termwert 192, 220
Thalessatz 154, 159
– Umkehrung des 154

Umkehroperation 32, 90
Umkreis 164
Umkreis eines Dreiecks 148
Umkreismittelpunkt 164

Variable 192, 193, 196, 197
Verhältnisgleichung 214
Verknüpfungsgesetz 100
verschieben 131
Vertauschungsgesetz 100
Verteilungsgesetz 100
Vielfache von Variablen 197
Viereck 141
Vorrangregel 98
Vorzeichen 74, 76, 84, 87, 88, 94, 108
– gemeinsames 87
– gleiches 87, 94, 95, 108

– unterschiedliches 88, 93, 108
– verschiedenes 93, 95

Wahrscheinlichkeit 173
Wertepaar 13
Winkel 110, 117, 119, 121, 140, 143
– antragen 132
– messen 140
– zeichnen 140
Winkelarten 110
Winkelhalbierende 142, 143, 148, 164
Würfel 179, 188

x-Achse 78

y-Achse 78

Zahl
– entgegengesetzte 74, 90
– ganze 74, 75
– negative 74, 108
– positive 74, 108
– rationale 74, 76, 84, 108
Zahlengerade 74, 75, 81, 87, 108
Zahlenstrahl 84, 87
Zinsen 63
Zinseszins 63
Zinseszinsen 63
Zinseszinsformel 63
Zinsrechnung 43, 59, 70
Zinssatz 59, 60, 70
zueinander kongruent 113, 117, 119, 121, 138
zufälliges Ereignis 168
Zufallsexperiment 168, 169, 170, 188
Zufallsgeräte 179, 188
Zufallszahlen 179, 188
Zuordnung 10, 18, 29, 32, 42
– antiproportionale 27
– direkt proportionale 18
– grafische Darstellung 13
– proportionale 18
Zustandsänderung 84

Bildnachweis

Illustrationen:
Cornelsen/Christian Böhning
Cornelsen/Gudrun Lenz
Cornelsen/Matthias Pflügner
Cornelsen/Nils Schröder, Berlin
Cornelsen/zweiband.media, Berlin

Abbildungen:

Einband: Shutterstock/jopelka | **7** Fotolia/Ingo Bartussek | **8** Fotolia/Quade | 9 Fotolia/Artur Synenko | **10** Fotolia/pico | **12** Fotolia/Nisakorn Neera | **13** Fotolia/ProMotion | **15** Fotolia/guukaa r. o.; Fotolia/ufotopixl10 r. u. | **18** Fotolia/VRD o.; Fotolia/ovydyborets o. l.; Fotolia/ovydyborets o. Mitte; Fotolia/ovydyborets o. r. | **20** Fotolia/soulphobia | **21** Fotolia/WoGi Mitte; Fotolia/VRD u. | **22** Fotolia/Matthew Cole Mitte o.; Fotolia/JiSign Mitte u. | **23** Fotolia/Africa Studio | **24** Fotolia freshidea Mitte l.; Fotolia/unpict.com Mitte o.; Fotolia/macrovector Mitte r.; Fotolia/archimashe-4ka Mitte u. | **25** Fotolia/AKS Mitte; Fotolia/mirexon Mitte l.; Fotolia/Eugene Sergeev Mitte r.; Fotolia/ZIQUIU o. | **26** Fotolia/neirfy o. l.; Fotolia/picsfive o. r.; Fotolia/havana1234 u. | **27** Fotolia/Sergejs Rahunok | **28** Fotolia/Denys Rudyi | **29** Fotolia/yvdavid | **30** Fotolia/Andreas Gradin | **31** Shutterstock.com/Roman Rybkin u. | **32** Fotolia/Mopic | **33** Fotolia/Karina Baumgart r. o.; Fotolia/3dmavr u. l.; Fotolia/Oleksandr Delyk u. Mitte; Fotolia/Brad Pict u. r.; Fotolia/fotomek u. r. | **34** Fotolia/Lorena Nasi Mitte; Fotolia/Yael Weiss o.; Fotolia/Marie Maerz u. | **35** Fotolia/Paulus Rusyanto | **37** Fotolia/Uwe Landgraf Mitte; Fotolia/michelaubryphoto o. | **38** Fotolia/rdnzl l.; Fotolia/ZebraArts o.; Fotolia/sudok1 u. | **39** Fotolia/He2 | **40** Fotolia/julien tromeu o.; Fotolia/Visual Concepts r. | **43** Shutterstock.com/MEzairi | **45** Fotolia/final09 | **46** Fotolia/barbaliss Mitte; Fotolia/VRD Mitte l.; Fotolia/reeel Mitte r. ; Fotolia/totallyout o. l.; Fotolia/fotomek o. r. | **47** Fotolia/nana | **48** Fotolia/abcmedia | **49** Fotolia/denis_pc | **50** Fotolia/Artalis Mitte; Fotolia/marcel o.; Fotolia/Kristina Afanasyeva u. | **52** Fotolia/photolars Mitte l.; Fotolia/Roman Samokhin Mitte r.; Fotolia/Alexandra Gl o. | **53** Fotolia/romvo | **54** Fotolia/crevis o. r.; Fotolia/Iakov Filimonov u. r. | **55** Fotolia/Oliver Boehmer bluedesign® | **56** Fotolia/SistaX | **57** Fotolia/ferkelraggae Mitte; Fotolia/viperagp Mitte; Fotolia/viperagp Mitte l.; Fotolia/viperagp Mitte r. | **58** Fotolia/abcmedia o.; Fotolia/Roman Ivaschenko u. | **59** Fotolia/fotomek | **61** Fotolia/Maygutyak Mitte hinten; Fotolia/JiSign Mitte vorn | **63** Fotolia/visivasnc o. hinten; Fotolia/BlueSkyImages o. vorn; Fotolia/Erwin Wodicka u. | **65** Fotolia/jokatoons Mitte; Fotolia/reel o. l.; Fotolia/reel o. r. | **66** Fotolia/sumire8 | **67** Fotolia/alain wacquier Mitte l.; Fotolia/alain wacquier Mitte r.; Fotolia/abcmedia o. | **68** Fotolia/Gstudio Group | **71** Fotolia/FRANCO BISSONI | **74** Fotolia/Andrey Khritin Mitte; Fotolia/Ben o. | **75** Fotolia/momanuma | **76** Fotolia/blueringmedia | **80** Fotolia/Henry Schmitt | **81** Fotolia/brandsolutions | **82** Fotolia/FROMServ&Com | **86** Fotolia/rbkelle Mitte l.; Fotolia/ET1972 Mitte r.; Fotolia/lesniewski o. | **90** Fotolia/Ben | **92** Fotolia/M. Schuppich u.; Fotolia/MH Mitt o.; Fotolia/Tatjana Balzer o.; Fotolia/VRD l. | **93** Fotolia/Fotosasch o.; Fotolia/ravennka Mitte | **94** Fotolia/Fotosasch o.; Fotolia/ravennka Mitte | **96** Fotolia/wargin23 | **100** Fotolia/Ben | **103** Fotolia/palau83 | **105** Fotolia/K.U. Häßler o.; Fotolia/vladischern o. | **107** Fotolia/iconshow Mitte o.; Fotolia/blobbotronic Mitte u. | **109** Fotolia/Kara | **116** Fotolia/PattySi | **126** Fotolia/diego1012 | **135** Fotolia/fusolino | **139** Fotolia/gaborphotos | **154** bpk o. l.; Liesenberg, Günter (Berlin) o. r. | **161** Shutterstock.com/German Vizulis | **165** Fotolia/M. Schuppich hinten; Fotolia/tunedin | **167** Fotolia/Marco Schwarz o.; Fotolia/Erwin Wodicka u. | **168** Fotolia/tang90246 o. l.; Fotolia/M. Schuppich o. r.; Fotolia/galichstudio Mitte | **169** Fotolia/Taffi | **170** Fotolia/Grum_l o. r.; Fotolia/jorgecacho Mitte; Fotolia/lucato u. | **171** Fotolia/Grum_l o. r.; Stephanie Charlotte Benner, Berlin Mitte r.; Fotolia/Marco Schwarz u. r. | **172** Fotolia/alsoush o. hinten; Fotolia/Schlegelfotos o. vorn; Fotolia/Nelson Marques r. | **173** Shutterstock/TakeStockPhotography | **176** Fotolia/agongallud | **178** Fotolia/Timo Kohlbacher | **179** Fotolia/hywards | **180** Fotolia/ohenze | **181** Fotolia/Taffi Mitte; Fotolia/Grum_l o. | **182** Fotolia/Christos Georghiou hinten; Fotolia/Grum_l l.; Fotolia/Michael Brown vorn | **183** Fotolia/jokatoons Mitte; Fotolia/Andre Bonn o. r.; Fotolia/fotomek u. l. | **184** Fotolia/Grum_l u. r.; Fotolia/Marco Schwarz o. r. | **185** Fotolia/Günter Slabihoud Mitte; Fotolia/LaCatrina o.; Fotolia/fabio986 u. | **186** Fotolia/seen Mitte l.; Shutterstock/Zyphyrus o. r. | **187** Fotolia/Christos Georghiou | **189** Fotolia/Freesurf | **192** Fotolia/Fotosasch | **194** Fotolia/Peter Atkin | **195** Fotolia/josef muellek o.; Fotolia/Fotoschlick u. | **199** Fotolia/egon1008 Mitte; Fotolia/Fotosasch o. | **206** Fotolia/Fotosasch | **213** Shutterstock/Luuk de Kok o.; Shutterstock/Dziurek u. | **214** Shutterstock.com/Toa55 u. | **215** Shutterstock/Upamano Wanchana o. l.; Shutterstock/Aleph Studio o. r. | **216** Fotolia/mostafa fawzy | **217** Fotolia/Shutterstock/Elena Dijour | **221** Fotolia/Luis Louro | **225** Fotolia/Trueffelpix o.; Fotolia/mopsgrafik u. vorn | **226** Fotolia/Marcin Sadlowski | **227** Fotolia/Ruediger Rau | **228** Fotolia/bystudio u.; Fotolia/Trueffelpix | **229** Fotolia/ArtemSam | **237** Fotolia/Marco2811

Die Screenshots auf den Seiten **130** und **230** wurden mit GeoGebra erstellt (© 2015 International GeoGebra Institute). Im Material wurde der TINspire TM CX CAS verwendet. Das Produkt ist eingetragenes Warenzeichen von Texas Instruments..